现代化学基础丛书 *38*

涂料化学
(第三版)

洪啸吟　冯汉保　申　亮　编著

科 学 出 版 社

北 京

内 容 简 介

本书以化学为中心,系统地介绍涂料科学的基础理论,涂料制备与应用原理,并将理论与实际相结合。内容包括成膜过程,与涂料有关的流变学、表面化学、颜色学以及溶剂、颜料和成膜物的作用、性质与制备方法等。除了介绍涂料中重要的品种外,还介绍了涂料科学的前沿课题及各种新型涂料。

本书可供从事涂料科学与高分子教学、研究、生产及应用的技术人员,大专院校的学生、研究生和教师参考。

图书在版编目(CIP)数据

涂料化学/洪啸吟,冯汉保,申亮编著. —3 版. —北京:科学出版社,2019.5

(现代化学基础丛书 38/朱清时主编)

ISBN 978-7-03-060581-8

Ⅰ.①涂… Ⅱ.①洪… ②冯… ③申… Ⅲ.①涂料-应用化学 Ⅳ.TQ630.1

中国版本图书馆 CIP 数据核字(2019)第 030917 号

责任编辑:杨 震 刘 冉 / 责任校对:杜子昂
责任印制:赵 博 / 封面设计:时代世启

科 学 出 版 社 出版
北京东黄城根北街 16 号
邮政编码:100717
http://www.sciencep.com
三河市骏杰印刷有限公司印刷
科学出版社发行 各地新华书店经销
*
1997 年 8 月第 一 版 开本:720×1000 1/16
2019 年 5 月第 三 版 印张:27 3/4
2024 年 1 月第三十次印刷 字数:560 000
定价:80.00 元
(如有印装质量问题,我社负责调换)

《现代化学基础丛书》序

如果把牛顿发表"自然哲学的数学原理"的 1687 年作为近代科学的诞生日，仅 300 多年中，知识以正反馈效应快速增长：知识产生更多的知识，力量导致更大的力量。特别是 20 世纪的科学技术对自然界的改造特别强劲，发展的速度空前迅速。

在科学技术的各个领域中，化学与人类的日常生活关系最为密切，对人类社会的发展产生的影响也特别巨大。从合成 DDT 开始的化学农药和从合成氨开始的化学肥料，把农业生产推到了前所未有的高度，以致人们把 20 世纪称为"化学农业时代"。不断发明出的种类繁多的化学材料极大地改善了人类的生活，使材料科学成为 20 世纪的一个主流科技领域。化学家们对在分子层次上的物质结构和"态态化学"、单分子化学等基元化学过程的认识也随着可利用的技术工具的迅速增多而快速深入。

也应看到，化学虽然创造了大量人类需要的新物质，但是在许多场合中却未有效地利用资源，而且产生了大量排放物造成严重的环境污染。以至于目前有不少人把化学化工与环境污染联系在一起。

在 21 世纪开始之时，化学正在两个方向上迅速发展。一是在 20 世纪迅速发展的惯性驱动下继续沿各个有强大生命力的方向发展；二是全方位的"绿色化"，即使整个化学从"粗放型"向"集约型"转变，既满足人们的需求，又维持生态平衡和保护环境。

为了在一定程度上帮助读者熟悉现代化学一些重要领域的现状，科学出版社组织编辑出版了这套《现代化学基础丛书》。丛书以无机化学、分析化学、物理化学、有机化学和高分子化学五个二级学科为主，介绍这些学科领域目前发展的重点和热点，并兼顾学科覆盖的全面性。丛书计划为有关的科技人员、教育工作者和高等院校研究生、高年级学生提供一套较高水平的读物，希望能为化学在新世纪的发展起积极的推动作用。

第 三 版 序

自《涂料化学》2005 年第二版发行以来，涂料科学和技术又有了很大发展，国内涂料领域更是发生了翻天覆地的变化，产量已达到两千万吨以上，成为世界第一涂料大国，不仅是涂料企业，许多高校、科研院所都投入了涂料研究，大大提高了国内涂料科技水平。近年来国家对环保要求更为严格，促使涂料界的产品升级换代，为提高科技水平提供了最好的机会。由于涂料的发展，大批科技人员迈入涂料领域，为了满足发展的需要，许多科研院校也重视对涂料人才的培养，有的学校还建立了涂料系。《涂料化学》一书的重要目的是为刚进入涂料领域的技术人员提供较全面的涂料基础知识，这一目的刚好契合这一时期的需要，不少单位还选择它为涂料教材，因此颇受欢迎，已印刷 23 次。

涂料虽然是一个古老学科，但未能成为一个成熟的学科，它是一门要求与时俱进的学科，随着其他领域科技的发展和种种新要求的出现，需要不断完善。《涂料化学》第二版已发行十余年，已不能完全反映国内外涂料的迅速发展情况，因此决定再版，以满足读者需求。

在第三版的编写中我们邀请了申亮教授参加，申亮教授在清华大学获博士学位，曾先后到美国利哈伊大学(Lehigh University)乳液聚合研究所和马萨诸塞大学高分子系进修，并多次参加北达科他州立大学等大学举办的多种涂料讲习班，因此他有坚实的涂料基础知识和宽广的国际视野，了解涂料的前沿，更重要的是他参加工作后，一直从事涂料教学科研工作，创办了国内第一个涂料系，同时他和许多企业有着合作关系。因此他不仅了解涂料教学中的重点难点，也了解涂料企业的实际需求。他加入编写，必使《涂料化学》一书大大增色，使基础内容更严谨全面，应用内容更接地气，更近前沿。

在编写第三版时，我们仍将重点放在基础知识上，改正了第二版中的个别错误，删减了一些不重要的内容，添加了一些必要内容，使基础知识更为严谨全面，并力图保持原书重点突出、简洁易读的原则。例如删去基团转移反应，因多年发展说明它的应用不如期望得那样大，但增加了活性聚合内容；在表面化学中增加了花瓣效应，它和荷叶效应结合在一起才能更好地了解表面；添加了一些最近发展的有关反应如非异氰酸酯聚氨酯的制备反应；在辐射固化涂料中扩展了 LED 灯的介绍，因为它是发展的方向；由于水性涂料日趋受到重视，适当增加了对乳液聚合和水可稀释性树脂的介绍；另外为了使读者对涂料研究热点有全面了解，我们增加了生物基涂料、自修复涂料、智能涂料和艺术涂料等内容。

　　本书编写过程中得到很多读者和朋友的支持，特致谢忱。我们特别要感谢江西科技师范大学涂料与高分子系老师的支持，除申亮教授参加编写外，付长清副教授也参加了编写工作。我也衷心感谢科学出版社杨震先生对本书的一贯支持。

　　本书难免存在不妥或不足之处，敬请批评指正。

涛啸吟

2019 年 5 月

第 二 版 序

编写《涂料化学》的初衷是为了提高我国涂料界技术人员的理论水平和高等院校学生理论联系实际的能力，并为刚进入涂料领域的技术人员提供比较全面的涂料基础知识。本书自发行以来，受到读者欢迎，已印刷五次，现在仍有需求，我们很感欣慰，同时也感谢读者对本书的肯定。

《涂料化学》一书第一版发行至今已近十年。在这期间，科学与技术发生了空前的进步，出现了不少新概念、新技术与新材料，它们对涂料界是巨大的推动，涂料中同样也出现了许多新概念、新技术与新品种，这些内容在第一版是不可能包含的。再版时，我们必须将其添加进去，例如，在第三章中增加了超支化聚合物的合成、性质与应用；在第四章中增加了纳米复合材料的介绍；在第五章中增加了荷叶效应和二氧化钛的光致超双亲性；在第六章中增加了超临界二氧化碳及溶剂与环境的内容；在第七章中增加了纳米颜料；在第十章中增加了聚脲；在第二十一章中增加了光固化粉末涂料与水性光固化涂料；在第二十三章中增加了防污涂料的新发展及吸波和透波涂料；等等。在这十年里，我国的涂料工业也有了飞速的发展，2003 年我国涂料的年生产量已达 241.5 万吨，成为世界第二大生产国，仅次于美国。涂料的发展越来越受到国人的关注，也有越来越多的人进入涂料行业。为了使读者对涂料的品种有较全面的认识，我们又增加了两章：第二十四章工业涂料，其中包括卷钢涂料、木器涂料、塑料涂料、汽车涂料、船舶涂料、家电涂料和美术涂料等；以及第二十五章建筑涂料，其中包括内外墙涂料、地面涂料和功能型建筑涂料等。

再版时除了增加上述相关内容外，还对第一版中存在的错误进行了修改。但由于水平所限，难免仍有错误与不妥的地方，敬请有关专家批评指正。希望本书的再版能够对我国从事涂料的研究、生产和应用的技术人员以及在高等院校学习涂料知识的同学有较大帮助。

本书的再版得到科学出版社杨震先生的热情支持和帮助，也曾得到涂料界朱传棨、江磐、程文环、刘国杰、梁曦等先生的鼓励。有关内容参考了杨永源、陈用烈、施文芳、石玉梅、钱伯容、李永德、李效玉、王献红、唐黎明和徐坚等先生的文稿，在此深表谢意。

第 一 版 序

　　作者于 1981~1985 年期间在美国北达科他州立大学(NDSU)的聚合物与涂料系工作,在那里有幸听了 Z. W. Wicks 教授、S. P. Pappas 教授、J. Ed. Glass 教授和 F. N. Jones 教授的有关现代涂料的课程,他们讲授的内容涉及面广,深入浅出,理论密切联系实际,非常引人入胜。当时国内对现代涂料缺乏了解,高等院校内尚无此类课程,也尚未见到有关理论的介绍。为此,我们于 1982 年介绍 Wicks 教授来华讲学,受到涂料界的广泛欢迎。1985 年作者回国后,又和 Wicks 教授一起在东北、内蒙古、山东等地讲学,认识了国内涂料界的许多朋友,了解到国内急需现代涂料的知识。于是作者先后应邀在北京红狮涂料公司、武汉飞虎涂料公司、武汉材料保护所、西安涂料总厂、杭州化工总公司和清华大学等为涂料界举办了多次现代涂料讲座班,对象是具有涂料生产和研究经验的技术人员以及刚进入涂料界的高校毕业生,目的是帮助他们提高理论水平和解决实际问题的能力。由于现代涂料科学是一门涉及化学(高分子化学、有机化学、无机化学、物理化学)、物理(光学、颜色学、流变学、力学)和工艺学的科学,综合性很强,对提高化学专业的高年级学生和研究生的理论联系实际和综合各科知识解决具体问题的能力,加深对专业理论的理解,很有益处,因此,作者先后在北京市化工研究院、北京大学化学系、清华大学化学系开设了现代涂料化学课程,并在浙江大学高分子系等单位举办了讲座。为了满足教学需要,我们于 1986 年编写了"涂料化学讲义",并先后由红狮涂料公司、北京大学、武汉飞虎涂料公司、西安涂料总厂和清华大学多次印刷,每次印刷都有修改。涂料化学讲义兼顾了涂料界技术人员和高等学校学生的需要,在帮助工业界技术人员提高理论水平和帮助提高高等院校学生理论联系实际能力方面均取得了较好的效果,受到广泛欢迎,并希望将其成书出版,以满足国内更多读者的需要,本书便是在原讲义基础上编写的。

　　本书主要是参考了美国北达科他州立大学数门有关涂料课程的内容,结合当前涂料发展的方向及我国的实际情况而编写的。因此,首先要感谢北达科他州立大学的各位教授,特别是 Wicks 教授对涂料教学所做出的贡献。听过本人讲授涂料课程的几百名涂料界技术人员和北京大学、清华大学的学生,曾对讲义内容提出过不少宝贵意见,并改正了讲义中诸多错误,使内容得以不断完善。在本书编写过程中,得到了马庆林、胡汉峰、章志瑄、项端士、蔡国衡、刘会元、战凤昌、余尚先以及许多涂料界前辈和同仁的支持与帮助,有的还曾提供他们所写的资料作为本书的参考。本书的出版得到了北京大学化学系冯新德院士，中国科学院化学研究所漆宗能教授的推荐和科学出版社的支持及中国科学院科学出版基金的资助。此外，清华大学化学系领导与同事曾给予大力支持，特别是李秀荣同志为本书的计算机输入和编排付出了大量精力，在此一并致谢。没有他们的支持和贡献，本书是难以问世的。

希望本书能对我国涂料科学与工业的发展起到一定作用。由于水平有限，错误在所难免，敬请批评指正。

目　　录

第一章 绪 论

1.1 涂料的发展

涂料是一种用途极为广泛的涂覆在各种材料表面的高分子材料。通过适当的方法，涂料能在物体表面形成一层连续的薄膜(涂层)，不管物体本体材料性质如何，所形成的薄膜可具有与构成物体的主体材料完全不同的结构、性能及色彩，在工业、国防与日常生活各个领域中，我们所接触到的产品和物体大多被涂料所覆盖。

涂料的应用开始于史前时代，我国使用生漆和桐油作为涂料至少有 4000 年以上的历史，秦始皇墓的兵马俑已使用了彩色的涂料，在马王堆出土的汉代文物中更有精美的漆器。埃及也早已知道用阿拉伯胶、蛋白等来制备色漆，用于装饰。11 世纪欧洲开始用亚麻油制备油基清漆，17 世纪含铅的油漆得到发展，1762 年在波士顿就开始了用石磨制漆，此后工业制漆得到较快的发展。尽管涂料的应用与生产有漫长的历史，但它只能以一种技艺的形式相传，而不能进入科学的领域。这种情况至今还影响着不少人对涂料的看法，认为涂料是靠经验传授的工艺。另一方面，我国最早的涂料所用原料主要是天然的桐油和大漆，因此涂料被称为油漆。

自然，现在的涂料已不是旧时的模样了，它已进入科学的时代。涂料第一次和科学的结合是 20 世纪 20 年代杜邦公司开始使用硝基纤维素作为喷漆，它的出现为汽车提供了快干、耐久和光泽好的涂料。30 年代 W. H. Carothers 以及其后他的助手 P. J. Flory 对高分子化学和高分子物理的研究，为高分子科学的发展奠定了基础，也为现代涂料的发展奠定了基础，此后涂料工业便和高分子科学的发展结下了不解之缘。30 年代开始有了醇酸树脂，后来它发展成为涂料中最重要的品种——醇酸漆。第二次世界大战时，由于大力发展合成乳胶，为乳胶漆的发展开阔了道路。40 年代 Ciba 化学公司等发展了环氧树脂涂料，它的出现使防腐蚀涂料有了突破性发展。50 年代开始使用聚丙烯酸酯涂料，聚丙烯酸酯涂料具有优良的性质，如优越的耐久性和高光泽，结合当时出现的静电喷涂技术，使汽车漆的发展又上了一个台阶，例如出现了高质量的金属闪光漆。在 50 年代，Ford Motor 公司和 Glidden 油漆公司发展了阳极电泳漆，以后 PPG 公司又发展了阴极电泳漆，电泳漆不但是一种低污染的水性漆，而且进一步提高了涂料防腐蚀的效果，为工业涂料的发展作出了贡献。60 年代聚氨酯涂料得到较快的发展，它可以室温固化，而且性能特别优异，尽管价格较贵，但仍受到重视，是最有前途的现代涂料品种之一。粉末涂料是一种无溶剂涂料，它的制备方法更接近于塑料成型的方法，50年代开始研制，由于受到涂装技术的限制，一直到70年代才得到很大发展，80年代涂料发展的重要标志曾被认为是杜邦公司发现的基团转移聚合方法，基团转移聚合可以控制聚合物的相对分子质量和分布以及共聚物的组成，是制备高固体分涂料用的聚合物的理想聚合方法。但由于受引发剂和催化剂的限制，近20年来尚未见有很大发展，但是各种活性聚合法的发展仍然是研制新的涂料成膜物和助剂的推动力。另一方面，由于对环境污染问题越来越重视，涂料的高固体分化、水性化和无溶剂化得到了迅速的发展。90年代关于纳米材料的研究，以及近期石墨烯的应用研究，是材料科学的前沿，有关研究在涂料中也成为研究热点。其他高性能的涂料如氟碳涂料的研究和使用也取得了重要进展。

尽管高分子科学的发展是涂料科学最重要的基础，但单是高分子科学并不能使涂料成为一门独立的学科。涂料不仅需要有聚合物，还需要各种无机和有机颜料以及各种助剂和溶剂的配合，借以取得各种性能。为了制备出稳定、合用的涂料及获得最佳的使用效果，还需要有胶体化学、流变学、光学等方面理论的指导。因此，涂料科学是建立在高分子科学、有机化学、无机化学、胶体化学、表面化学和表面物理、流变学、力学、光学和颜色学等学科基础上的新学科，正因为涂料科学涉及如此多学科的理论，因此，长期以来不能发展成为一门科学。当然，涂料并不是各种相关学科的简单并合，而是以它们为基础建立起具有本身特点的独立学科，包括涂料的成膜理论、表面结构与性能、涂布工艺及各种分析测试手段和理论，以及各种应用品种的有关理论等等。

自从20世纪80年代以来，能源、材料与环境已成为具有时代特征的三大课题。使用涂料是保护材料的重要手段，也是赋予材料新性能的最简便的方法。涂料中大量使用溶剂，它们是大气污染的重要来源，因此，发展低污染的涂料是环境保护的需要；另一方面，又由于有涂料的保护，从而减轻了材料的破坏所引起的环境污染；涂料更是美化环境的重要材料。自然，涂料的使用也和能源有一定的关系。现在，涂料已经和国民经济的发展、人民生活水平的提高、国家高科技和军事技术的发展有着密切的关系。可以说涂料工业的水平是国家现代化标志之一。

1.2 涂料的功能

最早的油漆主要用于装饰，并且经常和艺术品相联系。现代涂料更是将这种作用发挥得淋漓尽致。涂料将我们周围的世界，包括城市市容、家庭环境乃至个人装点得五彩缤纷。通过涂料的精心装饰，火车、轮船、自行车等交通工具变得明快舒畅，房屋建筑可以和大自然的景色相匹配，形成一幅绚丽多彩的图画，许多家用器具不仅具有使用价值，而且成为一种装饰品，可以说涂料的作用是油画家油墨的扩展，是美化生活环境不可缺少的，对于提高人们的物质生活与精神生活有不可估量的作用。

涂料的另一个重要功能是保护作用，它可保护材料免受或减轻各种损害和侵蚀。金属的腐蚀是世界上的最大浪费之一，有机涂料的使用可将这种浪费大大地降低。火灾是对人类生命安全最大的威胁之一，防火涂料是一重要的防火措施。涂料还可以保护各种贵重设备在严冬酷暑和各种恶劣环境下正常使用，可以防止微生物对材料的侵蚀。世界上许多古文物包括古埃及金字塔、我国的敦煌石窟，以及其他古建筑，由于缺乏涂料的合理保护，受到风雨侵蚀而面临破坏，使用现代涂料是防止它们被进一步损害的最重要的保护措施。

涂料的第三个作用是标志，特别是在交通道路上，利用涂料醒目的颜色可以制成各种标志牌和道路分离线，它们在黑夜里依然清晰明亮。在工厂中，各种管道、设备、槽车、容器常用不同颜色的涂料来区分其作用和所装物的性质。电子工业上的各种器件也常用涂料的颜色来辨别其性能。有些涂料对外界条件具有明显的响应性质，如温致变色、光致变色、电致变色、力致变色涂料等更可起到警示的作用。

除此之外，涂料还可赋予物体一些特殊功能，例如，电子工业中使用的导电、导磁涂料，航空航天工业上的烧蚀涂料、温控涂料，军事上的伪装与隐形涂料等，这些特殊功能涂料对于高技术的发展有着重要的作用。高科技的发展对材料的要求越来越高，而涂料是对物体进行改性的最便宜和最简便的方法，不论物体的材质、大小和形状如何，都可以在表面上覆盖一层涂料，从而得到新的功能，从这个意义上来说，涂料科学对高科技的发展具有重要的作用。

1.3　涂料的基本组成及其作用

一般涂料由三个组分组成，它们是成膜物、颜料和溶剂。除三个主要组分外，涂料中还加有各种助剂。

成膜物也称黏结剂或基料，它是涂料中的连续相，也是最主要的成分，没有成膜物的表面涂覆物不能称之为涂料。成膜物的性质对涂料的性能(如保护性能、机械性能等)起主要作用。成膜物一般为有机材料，在成膜前可以是聚合物也可以是齐聚物，但涂布成膜后都形成聚合物膜，例如干性油，各种改性的天然产物(如硝基纤维素、氯化橡胶等)以及合成聚合物等。无机的成膜物种类不多，用途有限，例如原硅酸乙酯和碱性硅酸盐等。

颜料一般是 0.2~10μm 的无机或有机粉末。颜料主要起遮盖和赋色的作用。但一些透明的不起遮盖作用的也被叫作颜料，前者是"真正"的颜料，后者有时被称为惰性颜料、填料或增量剂。除了遮盖和赋色作用外，颜料还有增强、赋予特殊性能，改善流变性能，降低成本的作用。

溶剂通常为能溶解或分散成膜物的易挥发有机液体，涂料在涂覆于表面后，溶剂应该基本上挥发尽，因此溶剂只是用来改善涂料的可涂布性，帮助成膜物/颜料混合物转移到被涂物表面上，而对最终涂膜的性质没有重要的影响。溶剂的挥发是涂料对大气污染的主要根源，对于溶剂的种类和用量各国都有严格的限制。

涂料的上述三个组分中溶剂和颜料有时可被除去，没有颜料的涂料被称为清漆，而含颜料的涂料被称为色漆。溶剂和成膜物相结合在制漆过程中又被称为漆料或载色剂。没有溶剂的涂料称为无溶剂涂料。

涂料中一般都加有助剂，例如催干剂、抗沉降剂、防腐剂、防结皮剂、流平剂等。

1.4　涂料的分类与命名

可从不同角度对涂料进行分类，如根据成膜物、溶剂、颜料、成膜机理、施工顺序和作用以及功能等。

从成膜物分类，可分为两大类，一类是转换型或反应型涂料，另一类是非转换型或挥发型涂料。前者在成膜过程中伴有化学反应，一般均形成网状交联结构，因此，成膜物相当于热固型聚合物。转换型涂料又分为两类，一类是气干型的，在常温下可交联固化，如醇酸树脂涂料；另一类是烘烤型的，需在高温下完成反应，如氨基漆等。非转换型涂料的成膜仅仅是溶剂挥发，成膜过程中聚合物未发生任何化学反应，成膜物是热塑型聚合物，如硝基漆、氯化橡胶漆等。这两类涂料的比较列于表1.1。

表 1.1　两类涂料的比较

性质	热塑性	热固性
在涂刷黏度下的固体含量(包括颜料)	低(20%~30%)	较高(50%~70%)
主要溶剂	酯类、酮类，价钱较贵	烃类，价钱便宜
漆干的条件	可自然干燥，也可在高温下进行。条件要求不严	条件比较严格。可能要求特殊条件和催化剂。可气干或烘干
漆膜的性质	对溶剂敏感，可重新溶解。损坏后易于修复。需用抛光的办法才能取得高光泽	漆膜不再可溶，修补困难。不需要抛光就可得到高光泽的漆面
单位面积(相同厚度)的漆膜需用量比较	2~3	<1

从溶剂来分类，可分为有溶剂涂料与无溶剂涂料。前者又可分为水性涂料和溶剂型涂料，溶剂含量低的又称高固体分涂料。无溶剂涂料包括粉末涂料、光固化涂料以及干性油等。

从颜料来分类，有无颜料的清漆和加颜料的色漆。色漆又可按颜料的品种及颜色分类。

从用途来分类则更是种类繁多，但主要有建筑涂料、汽车涂料、卷材涂料、罐头涂料、塑料涂料、纸张涂料、油墨等。从销售角度，国外通常分为原厂(OEM)涂料和外售涂料。

按施工顺序分类，可分为面漆(包括罩光漆)和底漆两大类。底漆又分为封闭底漆(sealer)、腻子或填孔剂、头道底漆、二道底漆等，其作用分别介绍如下。

封闭底漆：是一层薄涂层，用于防止涂层与底材间物质的渗透，一些多孔材质很容易吸收涂料中液体漆料，导致涂料的颜料体积浓度升高，封闭底漆的作用就是封闭底材的小孔。

腻子或填孔剂：是一种高颜料含量的涂覆物质，用于填平和嵌补被涂物表面的凹孔及较深的不平处，以便使物体在涂下一道漆时有一个平整的表面。

头道底漆：指直接涂在底材(或经过嵌填的平面)的涂料，它可以增加面漆对底材的黏附力，提供适当的弹性。

二道底漆(中间涂层)：二道底漆的颜料组分含量很高，容易用砂纸打磨，可增加涂膜厚度，为施工提供光滑平整的表面。

从成膜物种类来分类，我国一般将涂料分为17大类，详见表1.2。

表 1.2　涂料按成膜物分类

序号	涂料类别	主要成膜物
1	油脂漆	天然植物油、鱼油、合成油
2	天然树脂漆	松香及其衍生物、虫胶、乳酪素、动物胶、大漆及其衍生物
3	酚醛树脂漆	酚醛树脂、改性酚醛树脂、甲苯树脂
4	沥青漆	天然沥青、煤焦沥青、石油沥青等
5	醇酸树脂漆	醇酸树脂及改性醇酸树脂
6	氨基树脂	脲醛树脂、三聚氰胺甲醛树脂
7	硝基漆	硝基纤维素、改性硝基纤维素
8	纤维素漆	苄基纤维、乙基纤维、羟甲基纤维、乙酸纤维、乙酸丁酸纤维
9	过氯乙烯漆	过氯乙烯树脂(氯化聚氯乙烯)、改性过氯乙烯树脂
10	乙烯树脂漆	氯乙烯共聚树脂、聚乙酸乙烯及其共聚物、聚乙烯醇缩醛树脂、含氯树脂、氯化聚丙烯、石油树脂等
11	丙烯酸树脂漆	丙烯酸树脂
12	聚酯树脂漆	不饱和聚酯、聚酯
13	环氧树脂漆	环氧树脂、改性环氧树脂
14	聚氨酯漆	聚氨酯
15	元素有机漆	有机硅、有机氟树脂
16	橡胶漆	天然橡胶、合成橡胶及其衍生物
17	其他漆类	聚酰亚胺树脂、无机高分子材料等

1.5　　涂料面临的挑战

涂料发展的早期人们关心的只是其外观和保护性能，例如，最早的热塑性油漆，有的固含量仅为5%，这意味着有95%的溶剂飞逸到大气中成为污染物。随着人们对环境问题的日益关注，对于涂料的污染和毒性问题也越来越重视。1966年美国洛杉矶地区首先制定了"66法规"，禁止使用能发生光化学反应的溶剂，其后发现几乎所有涂料溶剂都具有光化学反应能力，从而修改为对溶剂用量的限制，涂料的固含量一般需在60%以上。自从"66法规"公布以后，其他地区及环保局也都先后对涂料有机溶剂的使用作了严格的规定。铅颜料是涂料中广泛使用的颜料，1971年美国环保局规定，涂料中铅含量不得超过总固体含量的1%，1976年又将指标提高到0.06%。乳胶漆中常用的有机汞也受到了限制，其含量不得超过总固体量的0.2%。以后又发现在水性涂料中使用的乙二醇醚和醚酯类溶剂对人体有害，从而被禁止或限制使用。这些严格的规定对涂料发展提出了挑战，因此涂料的研究必然要集中到应战这一目标上来。不言而喻，发展无毒低污染的涂料是涂料研究的首要任务，因此研究和发展高固体分涂料、水性涂料、无溶剂涂料(粉末涂料和光固化涂料)成为涂料科学的前沿研究课题。

涂料发展面临的另一挑战是对涂料性能的要求越来越高。随着生产和科技的发展，涂料被用于条件更为苛刻的环境中，因此要求涂料在性能上要有进一步的提高，例如石油工业中所用石油海上平台和油田管道的重防腐涂料、超疏水涂料、防覆冰涂料、自修复涂料，国防工业上用的耐高温涂料，微电子工业中用的耐高温、导热性好但绝缘的封装材料，以及其他具有特殊性能的专用涂料。发展这些高性能涂料不仅是涂料界研究的重要任务，也是其他行业的重要研究课题。

另外，由于很多高性能的涂料经常需要高温烘烤，能量消耗很大，为了节约能量，特别是电能，在保证质量的前提下，降低烘烤温度或缩短烘烤时间，也是涂料发展的一个方向。

1.6　　涂料的研究

涂料的研究工作和一般学科的研究工作不同，有它的一些特点，讨论如下：

(1) 涂料研究的实用性。不管是涂料的基础研究还是应用研究都一定有其实用背景，研究成果比较容易转化为生产力。由于涂料必须具备一些最基本的要求，如成膜性、必需的物理和化学性能，因此研究课题开始的时候，便有明确的边界条件，且要求用多因子统计的实验方法，最终效果则应由实用效果来判断，一般学科常用的单因子实验法，以及强化模拟条件的实验，其结果往往是不可靠的。

(2) 由于涂料品种的多样性，原料来源广泛和使用的普遍性，因此涂料的研究不仅在生产涂料的各大公司和高等学校的涂料专业中进行，实际上很多其他行业和研究机构都直接或间接地进行有关涂料的研究，其中包括生产各种聚合物和助剂的公司，使用涂料的建筑、汽车和交通部门，进行高科技研究的单位等等，有一些重大的涂料研究成果正是由这些单位取得的。另外，造纸、印刷、黏合剂等行业中的有关研究也和涂料研究相关。

(3) 涂料研究中各种学科的多交叉性。如前所述，涂料科学是建立在多学科发展的基础上的，因此涂料的研究必然和这些学科是相互关联的，特别是新产品的研究一般多是交叉性的研究。涂料科学涉及面广，增加了其研究的困难，但另一方面它又可容易地吸收其他学科的新成就成为自身发展的新起点。高分子科学的研究成果能迅速为涂料发展所利用，自不待言，即使像生物学科的研究有时也对涂料的发展起重要作用。例如，信息素等的研究，便可为新的具有杀虫或其他生物功能的涂料提供基础。

(4) 组合配方研究。涂料研究开发中，最大量的工作是配方研究，采用类似组合化学的研究方法，通过对组分及其含量的调节组合，同时配制大量的样品，利用快捷的测试技术，在短时间内从数目庞大的样品中优选出满意的配方。

第二章　漆膜的形成及有关的基本性质

2.1　固态漆膜的性质

涂料的作用在于能在物质的表面形成一层坚韧的固体薄膜。这里所谓的固体到底意味着什么呢？翻开辞典或一般教科书，我们可以看到固体的定义是"具有一定体积和形状的物质"。和固体的定义不同，"液体是具有一定体积但没有一定的形状的物质"。按照书面的定义来考察一下窗户上的玻璃，它们是固体吗？一般是肯定的回答。因为它们有一定体积和形状，我们看不到它们有什么变化。但如果这种考察延续几十年，且不是凭我们的眼睛，而是靠较精密的仪器测量，我们可以发现玻璃一直在流动，只不过流动得极慢，不易察觉罢了。因此，玻璃确切地说也是一种液体。实际上真正的"固体"只是晶体，它不会有任何流动。玻璃不是晶体，而是无定形态物质。从上述观点推论，我们可以看到从液体的涂料到固体的漆膜，在某种意义上讲只是流动的速度发生了变化。

从涂料的角度来看,具有明显结晶作用的物质(聚合物)作为成膜物一般是不合适的，因为：①漆膜会失去透明性，因为聚合物固体中同时存在结晶区和非结晶区，不同区域的折射率不同，因此透明性变差。②明显结晶作用会使聚合物的软化温度提高，软化范围变窄。而在一个较大温度范围内逐渐软化的性质对烘漆来说是很重要的，它能使漆膜易流平而不会产生流挂。③明显结晶作用会使聚合物不溶于一般溶剂，只有极强的溶剂才有可能使结晶性显著的聚合物溶解，在某些情况下，甚至强极性溶剂也无效。由此可见，为了使有结晶性的聚合物适用于涂料，必须采取措施减少其结晶倾向。

2.2　流动与黏度

我们知道流动速度和黏度有关。黏度是抵抗流动的一种量度。让我们用一种简单的模型来介绍黏度的概念(图 2.1)。

液态涂料是一种流体，它的流动性对于施工和固化后的外观关系很大。流动可由不同类型的外力引起，有剪切力引起的，也有拉伸力引起的。对涂料而言，以剪切流动最为重要，本书主要讨论有关剪切流动的问题。

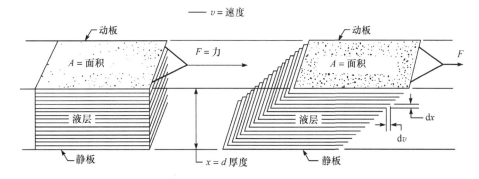

图 2.1 简单流动(牛顿流动)平行板模型的定量关系示意图

如图 2.1 所示,在两层薄板间夹有一层液体,上层薄板(动板)是可以移动的。下层薄板(静板)是固定的。其距离为 x。一个大小为 F 的力作用于上层可移动的薄板,使其按切线方向移动,其速度相对于底部是 v。在如此移动的时候,两层薄板之间多层液体也发生移动,其顶部的速度最高,底部速度则最低,中间的液体具有中等速度。定义速度梯度 dv/dx 为剪切速率(D),其单位是 s^{-1}。作用于顶部的力除以面积,即单位面积上所受的力(F/A)称为剪切力(τ),其单位是 Pa。黏度(η)是剪切力与剪切速率的比值,$\eta = \tau/D$,其单位是 Pa·s。剪切力一定时,黏度越大的液体,其剪切速率越小,内部的速率递降越小。总结起来可以得到下面的三个公式:

$$\text{剪切速率 } D = \frac{dv}{dx}\left(\frac{cm \cdot s^{-1}}{cm} = s^{-1}\right)$$

$$\text{剪切力 } \tau = \frac{F}{A}\left(\frac{N}{m^2} = Pa\right)$$

$$\text{黏度 } \eta = \frac{\tau}{D}\left(\frac{Pa}{s^{-1}} = Pa \cdot s\right)$$

下面应用这些概念做一道题。一个 15cm 的刷子,用于涂刷黏度为 0.2Pa·s 的油漆,在平板上刷得膜厚为 0.0075cm 的漆膜(湿),刷子的宽度是 2.5cm(涂刷过程中刷子宽度按 2.6cm 计算),刷的速度是 1.22m/s。试计算剪切速率和拉力。

解 漆膜厚为 0.0075cm 时,刷子与平板间的平均间隙大约应是漆膜厚度的 2 倍,即 0.015cm。所以有如下数据:

黏度 = 0.2Pa·s

厚度 = 0.015cm

速度 = 122cm/s

面积 = 39cm^2 = 3.9×10^{-3}m^2

于是可以得到:

$$\tau = \frac{F}{3.9 \times 10^{-3}} = 256 \cdot F \text{ (Pa)}$$

$$D = \frac{122\text{cm/s}}{0.015\text{cm}} = 8130 \text{ (s}^{-1}\text{)}$$

$$\eta = 0.2(\text{Pa} \cdot \text{s}) = \frac{256 \cdot F}{8130} \text{ (Pa} \cdot \text{s)}$$

由第三式可得：

$$F = \frac{0.2 \times 8130}{256} = 6.35(\text{N})$$

所以剪切速率是 8130s^{-1}，拉力是 6.35N。

前面提到液体和固体的区别在于其黏度不同，那它们的数值差别到底有多少呢？一般说来有以下的情况：

水　　　　　　　　　　　　　　0.001　Pa·s
液体涂料(用于刷涂)　　　　　0.1~0.3　Pa·s
触干漆膜　　　　　　　　　　10^3　Pa·s
实干漆膜　　　　　　　　　　10^8　Pa·s
玻璃　　　　　　　　　　　　10^{12}　Pa·s

黏度可由多种方法测量，包括常用的毛细管黏度计[图 2.2(a)]、黏度杯[图 2.2(b)]以及旋转黏度计[图 2.2(c)]等。毛细管黏度计和黏度杯主要适用于牛顿型或近似牛顿型流体，而旋转黏度计则适用于非牛顿型高黏度流体。

(a)　　　　　　　　　(b)　　　　　　　　　(c)

图 2.2　黏度计

(a) 毛细管黏度计；(b) 黏度杯；(c) 旋转黏度计

关于涂料的黏度和流变性问题以后还要讨论。

2.3　聚合物溶液的黏度与相对分子质量

清漆的黏度实质便是聚合物溶液的黏度，而溶剂型色漆的黏度则是由聚合物溶液贡献的黏度(外相黏度)与颜料所贡献的黏度(内相黏度)所组成的，因此了解聚合物溶液的黏度对了解涂料黏度行为有重要意义。

2.3.1　聚合物溶液黏度的几种表示法

对于聚合物溶液的黏度，除了测定其绝对黏度外，为了表明聚合物对黏度的贡献，还经常采用下列几种黏度的表示法：

1. 相对黏度

$$\eta_r = \frac{\eta}{\eta_0}$$

η 是溶液的黏度，η_0 是溶剂的黏度，η_r 表示溶液黏度相对于溶剂黏度的倍数。

2. 增比黏度

$$\eta_{sp} = \frac{\eta - \eta_0}{\eta_0} = \eta_r - 1$$

表示在溶剂黏度的基数上，溶液黏度增大的倍数。

3. 比浓黏度

$$\frac{\eta_{sp}}{c} = \frac{\eta_r - 1}{c}$$

表示聚合物在浓度 c 的情况下对溶液的增比黏度的贡献，其值随浓度而改变。浓度单位为 g/mL 或 g/L。

4. 对数比浓黏度

$$\eta_{inh} = \frac{\ln \eta_r}{c}$$

表示聚合物在浓度 c 的情况下对溶液黏度(对数相对黏度)贡献的另一种形式。

5. 特性黏数

$$[\eta] = \left(\frac{\eta_{sp}}{c} \right)_{c \to 0}$$

或

$$[\eta] = \left(\frac{\ln \eta_r}{c} \right)_{c \to 0}$$

$[\eta]$定义为在溶液浓度无限稀释$(c \to 0)$时的比浓黏度或对数比浓黏度，其数值不随浓度而变，在规定的浓度、溶剂及温度下，取决于聚合物的结构及其相对分子质量。其意义是"单位质量的聚合物分子"在溶液中所占的体积(mL/g)，因此可用来反映聚合物相对分子质量的大小。对于同一聚合物，在不同溶剂中由于链的伸展情况不同，其$[\eta]$是不同的。在良溶剂中$[\eta]$较大，因为链是伸展的，而在不良溶剂中$[\eta]$较小，因为链是蜷缩的。一般用特性黏数来测定相对分子质量，常用下列公式：

$$[\eta] = KM^{\alpha}$$

式中，K 值变化不大，仅随相对分子质量的增大而略有减小，随温度的升高也略有减小；α 值和所用溶剂及聚合物本身有关，一般聚合物在良溶剂中，α 值在 0.7~1 之间，在不良溶剂中，α 值在 0.5~0.7 之间。因此当我们测得$[\eta]$值时，需说明其所用的溶剂。

6. 拉伸黏度

聚合物溶液流动时，聚合物链会产生拉伸，拉伸会对流动产生附加阻力，这种阻力用溶液的拉伸黏度 η_e 来表示。对于一维简单拉伸，温度为 T 时，η_e 以轴向张应力 σ_{11} 与纵向速度梯度 E 的比值来表征：

$$\eta_{e(E,T)} = \sigma_{11}/E$$

η_e 随流体拉伸速度和拉伸时间的变化而变化。涂料和油墨在辊涂和喷涂过程中均存在拉伸黏度，如在喷涂过程中，如果成膜物的相对分子质量足够大，拉伸黏度足够大，则可从喷枪中喷出丝状物，虽然涂料在离开喷头后，已不存在剪切作用，但却产生了拉伸力，导致涂料被拉伸成丝。

2.3.2 聚合物浓溶液的黏度

在许多高分子著作和文献中详尽地讨论了聚合物稀溶液的性质，包括有关黏度的理论。但作为涂料中的聚合物溶液是浓溶液，它的性质和稀溶液不同，例如在稀溶液中同浓度的聚合物溶液在良溶剂中的黏度比在不良溶剂中高，但在中到高浓度时情况往往相反，在同浓度下不良溶剂的溶液黏度高，如图 2.3 所示。这是因为在稀溶液中，聚合物线团是彼此分离互不相关的，当溶液浓度增大，聚合物分子互相接近，发生重叠，相互作用，浓度更高时便会互相缠绕，因此溶液的热力学性质与分子尺寸都会发生变化,稀溶液的理论就不完全适合了。从图 2.3 中可以看出聚合物溶液的黏度随浓度增高而增加,到达一定浓度时,黏度增大得更为急剧,该浓度称为临界浓度。在临界浓度以前为稀溶液,在临界浓度以后为浓溶液。临界浓度随相对分子质量的增加而降低。从图中可以看出不良溶剂的溶液变化特别显著。所谓良溶剂是指

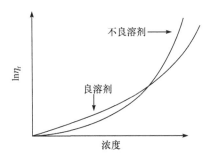

图 2.3　高分子溶液黏度与浓度的关系(示意)

溶剂分子与聚合物分子链段间的吸引作用大于聚合物链段间的吸引作用的溶剂,这时聚合物分子链在溶液中呈伸展状态,反之,即为不良溶剂,聚合物分子在溶液中卷曲收缩。当溶剂分子与聚合物链段间的吸引力与聚合物链段自身间的吸引力相同时,这时的溶剂称为 θ 溶剂。

聚合物溶液是一种真溶液,但在同样的浓度下,它比低分子溶液和胶体溶液的黏度要大得多。它的黏度行为受各种因素的影响,非常复杂。聚合物溶液的黏度一般随相对分子质量的增加而增加,并且还受相对分子质量分布的影响,这种关系以后还要讨论。

温度对聚合物溶液的黏度影响也很大,一般是温度升高,黏度下降,但它和浓度以及相对分子质量等因素的影响都是复杂地交织在一起的。某些聚合物溶液的浓度达到一定程度或温度降低时,溶液会失去流动性,这时即为冻胶,冻胶是由非键力交联形成的,如氢键或范德华力,加热可将其拆散,使冻胶溶解。实际上冻胶有两种形式,上述的冻胶为分子间交联的冻胶,另一种为分子内交联的冻胶,即分子内形成非键力的交联,此时高分子链成为球状结构不能伸展,黏度很低,若将此溶液真空浓缩成为浓溶液,其中每一个聚合物分子本身便是一个冻胶,因此可以得到黏度低而浓度高的溶液。有时可通过加热的方法将分子内的冻胶转化为分子间交联的冻胶,这时黏度急剧增加。因此配制方法不同,其黏度相差可非常大。必须提及的是冻胶和凝胶不同,凝胶是聚合物链间由化学键形成的交联结构的溶胀体,加热不能溶解也不能熔融,它既是高分子的浓溶液,又是一种高弹性的固体,小分子物质能在其中渗透或扩散。交联的聚合物不能为溶剂所溶解,却能吸收一定量的溶剂溶胀,成为凝胶。和分子内交联冻胶相似,可以将一些微小的凝胶看成是分子内交联的凝胶,一般称为微凝胶。另外,混溶有一定量的增塑剂(即高沸点低挥发性的小分子物质)的聚合物也可看成一种高浓度的高分子溶液。浓聚合物溶液的流变性质和聚合物熔体的流变性非常相似。

2.3.3　聚合物的平均相对分子质量与相对分子质量分布

　　"纯化合物"的概念是指该物质具有一定的相对分子质量，并且组成该化合物的每一分子的相对分子质量都相同。相对分子质量可以从所包含的原子的相对原子质量求得。但是对于高分子化合物不可能给出一个确定的相对分子质量，不能说聚苯乙烯的相对分子质量是 200 000 之类的话，只能说聚苯乙烯的平均相对分子质量是 200 000，因为高分子化合物的相对分子质量是多分散的。有的相对分子质量可能是 1 000 000，也有的可能只有 1000。大部分处于这两者之间，也就是说高分子化合物是由不同相对分子质量的大分子的混合物组成的。

　　根据计算平均相对分子质量的统计方法不同，聚合物的平均相对分子质量有多种不同形式。其中主要有重均相对分子质量和数均相对分子质量，分别用 $\bar{M}_{\mathrm{w}}$ 和 $\bar{M}_{\mathrm{n}}$ 表示，其定义可表示如下：

$$\bar{M}_{\mathrm{w}} = \frac{\sum_i W_i M_i}{\sum_i W_i} = \frac{\sum_i N_i M_i^2}{\sum_i N_i M_i} \tag{2.1}$$

$$\bar{M}_{\mathrm{n}} = \frac{\sum_i N_i M_i}{\sum_i N_i} \tag{2.2}$$

式中，N_i 为具有相对分子质量为 M_i 的聚合物分子的个数；W_i 为相对分子质量为 M_i 的聚合物分子的质量。不同的相对分子质量的测定方法得出不同的平均相对分子质量。用冰点降低、渗透压法等依数性方法测出的平均相对分子质量为数均相对分子质量，用光散射方法求得的为重均相对分子质量。黏度法测定的平均相对分子质量称为黏均相对分子质量，它和重均相对分子质量接近，可以看作是重均相对分子质量。

　　聚合物的平均相对分子质量相同，但是具体的聚合物相对分子质量分布情况可以相差很大，例如平均相对分子质量为 100 000 的聚苯乙烯，它可以由相对分子质量为 95 000 和 105 000 间的各种大小相差不大的聚合物分子组成，也可以由相对分子质量从 1000 到 1 000 000 的大小相差悬殊的聚合物分子组成。我们将前者称为窄相对分子质量分布，后者称为宽相对分子质量分布。这种情况在聚合物相对分子质量分布曲线上可以看得更为清楚，如图 2.4 所示。图 2.4 中横坐标用聚合度(X)表示。平均聚合度和平均相对分子质量间的关系为 $\bar{M}_{\mathrm{n}} = \bar{X}_{\mathrm{n}} \cdot M$ 和 $\bar{M}_{\mathrm{w}} = \bar{X}_{\mathrm{w}} \cdot M$，$M$ 为聚合物链节的相对分子质量。从式(2.1)和式(2.2)的比较以及从图 2.4 上都可以看出 $\bar{M}_{\mathrm{w}}$ 总是大于 $\bar{M}_{\mathrm{n}}$ 的，只有当所有聚合物分子的相对分子质量相同时，$\bar{M}_w$ 和 $\bar{M}_n$ 才可以相等。相对分子质量分布 (MWD)的情况一般用重均相对分子质量和数均相对分子质量的比值来表示：

$$MWD = \bar{M}_w / \bar{M}_n = \bar{X}_w / \bar{X}_n$$

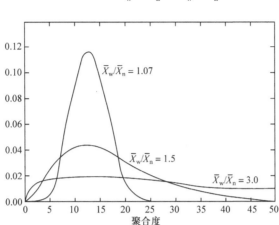

图 2.4　相对分子质量分布曲线

当聚合物的相对分子质量分布为单分散时，即聚合物是由同一相对分子质量的聚合物分子组成时，$\bar{M}_w / \bar{M}_n = 1$。$\bar{M}_w / \bar{M}_n$ 值愈大，相对分子质量分布愈宽；其值愈小，相对分子质量分布愈窄。另一方面，也应注意到，相对分子质量不同的分子对各种平均相对分子质量的贡献所占的比重是不同的。$\bar{M}_n$ 对相对分子质量小的分子较敏感，相对分子质量大的分子对 $\bar{M}_w$ 的贡献比对 $\bar{M}_n$ 的大。例如以相对分子质量不同的聚合物各 1mol 相混，混合物的平均相对分子质量列于表 2.1，它们的差异明显地说明了这一概念。

表 2.1　二组分混合的聚合物平均相对分子质量

编号	混合前二组分的相对分子质量	混合物的平均相对分子质量 $\bar{M}_n$	混合物的平均相对分子质量 $\bar{M}_w$	$\bar{M}_w / \bar{M}_n$
I	1000 与 5000	3000	4333	1.44
II	3000 与 10 000	7500	8333	1.1
III	1000 与 10 000	5500	9182	1.67

相对分子质量与相对分子质量分布对于性能的影响直接影响涂料配方的设计。如以聚甲基丙烯酸甲酯为主体的丙烯酸热塑性涂料为例，一方面希望在应用黏度下具有最高的固体分，另一方面希望所得漆膜具有最好的保光性。对固体分的要求来说，最好使用低相对分子质量的聚合物，因为相对分子质量愈低，黏度也愈低，但对室外保光性来说，则要求用相对分子质量高的聚合物，这两个要求是互相矛盾的。在设计这种涂料时，需要作一平衡。根据实验结果，相

对分子质量定在 90 000 左右为宜，超过 90 000 保光性变化便不大了(图 2.5)。
在同一平均相对分子质量的情况下，相对分子质量分布的情况对聚合物的性能
影响非常大，分布太宽往往不能用于涂料。当我们希望制备高固体分的涂料时，
相对分子质量分布更是一项决定性的指标，发展窄分布的聚合物制备方法是非
常重要的。

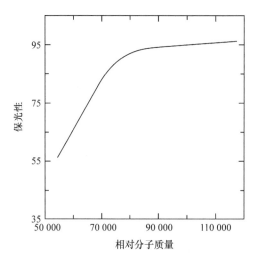

图 2.5　相对分子质量与保光性的关系

2.4　无定形聚合物的玻璃化温度与自由体积理论

无定形聚合物与晶体或高结晶度的聚合物的物理状态随温度变化的情况是
非常不同的，例如温度和比容的关系，这可由图 2.6 和图 2.7 的比较看出。温度
升高时，晶体的比容(单位质量的体积)变化甚微，温度升高到某一点后，比容
突然迅速增加，晶体同时熔化，此点称为熔点 T_m(图 2.6)。无定形聚合物则不同，
温度升高，比容开始时变化也甚微；到某一温度后，比容增加比较明显，但聚
合物尚未熔融，只是质地变软呈弹性，此点称为玻璃化温度(T_g)(图 2.7)，高于
此点的聚合物处于所谓的高弹态，低于此点则称为玻璃态。晶体在低于熔点时，
也可称为玻璃态，但没有高弹态出现。无定形聚合物的温度进一步升高，也会
融化，但从固态到液态的转变无明显的界限，只有一个熔融的范围，通常用软
化温度来表示这一温度范围。聚合物的 T_g 不仅对了解聚合物的力学性质非常重
要，而且对于了解涂料中有关黏度行为也十分重要。

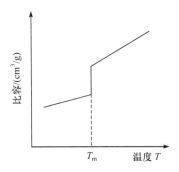
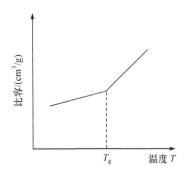

图 2.6　晶体的温度与比容关系　　　　　图 2.7　聚合物的温度与比容关系

2.4.1　自由体积理论

关于玻璃化转变现象，已经提出了很多理论来解释。但对了解涂料各种行为来说，自由体积理论是最重要的。

自由体积理论最初是由 Fox 和 Flory 提出来的。他们认为液体或固体物质的体积是由两部分组成的，一部分是被分子占据的体积，另一部分是未被占据的自由体积，后者以空穴的形式分散于整个物质中。只有存在足够自由体积时，分子链才可能进行各种运动。当聚合物冷却时，自由体积逐渐减少，到某一温度时，自由体积将达到一最低值，这时聚合物进入玻璃态，在玻璃态下由于链段运动被冻结，只有原子基团和小链段的短程振动，自由体积，即"空穴"的大小及其分布也将基本维持固定。因此玻璃化温度就是自由体积达到某一临界值的温度。在玻璃态以下，聚合物随温度升高而发生的体积膨胀是由于正常的分子膨胀过程所造成的，包括分子振动幅度的增加和链长的变化，这种膨胀和晶体的膨胀有相同的性质。到玻璃化转变点时，分子热运动已具有足够的能量，再进一步升温时，自由体积开始解冻并参加到整个膨胀过程中去，这样链段获得了足够的能量和必要的自由空间，因而从冻结进入运动。在高弹态的聚合物分子，链段的运动、链节的内旋转及构象的变化都较容易，在力的作用下，链段可进行长程运动。这种在玻璃化温度以上和以下的膨胀情况可由图 2.8 来描述。如果以 V_0 表示单位质量玻璃态聚合物在绝对零度时所占有的体积(分子绝对体积)，V_f 为玻璃状态时的自由体积，那么在玻璃化温度的单位质量的聚合物的总体积(V_g)为

$$V_g = V_f + V_0 + \left(\frac{\mathrm{d}V}{\mathrm{d}T}\right)_g T_g$$

当 $T > T_g$ 时，其总体积 V_r 为

$$V_r = V_g + \left(\frac{dV}{dT}\right)_r (T - T_g)$$

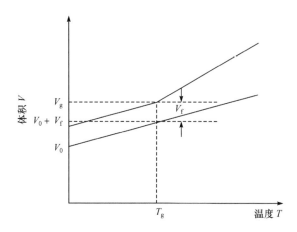

图 2.8　自由体积理论示意图

在温度 T 时，自由体积则为

$$(V_r)_T = V_f + (T - T_g) \left[\left(\frac{dV}{dT}\right)_r - \left(\frac{dV}{dT}\right)_g\right]$$

其中 $(dV/dT)_r$ 和 $(dV/dT)_g$ 为 T_g 以上和以下聚合物的膨胀系数，它们的差就是 T_g 以上自由体积的膨胀率。如果将在 T_g 上下的聚合物膨胀系数分别定义为 α_r 和 α_g，则

$$\alpha_r = \frac{1}{V_g} (dV/dT)_r$$

$$\alpha_g = \frac{1}{V_g} (dV/dT)_g$$

这样在 T_g 附近的自由体积膨胀系数 α_f 就是 T_g 上下聚合物体积膨胀系数之差 $\Delta\alpha$，

$$\alpha_f = \Delta\alpha = \alpha_r - \alpha_g$$

聚合物的自由体积分数定义为

$$V_f(T)/[V_0(T) + V_f(T)]$$

$V_f(T)$，$V_0(T)$ 分别为给定温度下的自由体积与分子占有的体积，于是在玻璃化温度以上某温度的自由体积分数 (f_T) 可以由下式表示：

$$f_T = f_g + \alpha_f (T - T_g) \qquad (T > T_g)$$

式中，f_g 是玻璃态聚合物的自由体积分数，当温度低于玻璃化温度时：

$$f_T = f_g \qquad (T < T_g)$$

自由体积理论简单明了，Zeno Wicks 曾用它来解释涂料中的许多事实并预测有关效应，非常有用。但必须注意，关于自由体积的概念存在着若干不同定义，容易引起混淆，阅读有关材料时，应予注意。另一方面，玻璃化温度测定非常困难，它和测量手段及测量时加热或冷却速度有关，因此所得数据往往差异较大，是否有绝对的玻璃化温度因此而受到怀疑。

2.4.2　自由体积与黏度的关系

无定形聚合物黏流态或溶液流动的机理非常复杂，但一定与自由体积存在着某种联系。可以这样来解释流动现象：当体系未受到外力作用时，分子或分子链段不断地进行布朗运动，即可在分子间的空穴中跳跃，一旦加上外力，跳动便按力的方向进行，这种带有方向性跳动累积的综合结果便是流动。黏度是抵抗这种流动作用的量度，因此黏度既和提供跳跃的自由体积有关，也和在应力作用下的综合效果有关。黏度和自由体积的关系，即和玻璃化温度以及 $(T-T_g)$ 的关系，可用 WLF 方程来表示：

$$\ln \eta_{(T)} = \ln \eta_{(T_g)} - \frac{A(T - T_g)}{B + (T - T_g)}$$

式中，$\eta_{(T)}$ 和 $\eta_{(T_g)}$ 分别是温度 T 和 T_g 时的聚合物黏度；A 和 B 为常数，一般 $A=40.2$，$B=51.6$。由于 $\eta_{(T_g)}=10^{12}\text{Pa·s}$，因此上式可以改写成

$$\ln \eta_{(T)} = 27.6 - \frac{40.2\,(T - T_g)}{51.6 + (T - T_g)}$$

涂料中漆膜触干、实干既是黏度大小的反映，也是自由体积大小的一种反映，因而也和 $(T-T_g)$ 有关，它们的对应关系大致是

触干　　$T-T_g \approx 55℃$

实干　　$T-T_g \approx 25℃$

玻璃态　$T-T_g \leqslant 0$

在涂装过程中，涂装温度(如室温)是不变的，因此从液态油漆变为坚韧固体的过程中，涂料的玻璃化温度是不断增加的。

2.4.3 影响玻璃化温度的多种因素

1. 玻璃化温度与聚合物相对分子质量的关系

数均相对分子质量增加,聚合物的玻璃化温度升高,但当聚合物的数均相对分子质量大至 25 000~75 000 时,T_g 变化很少,基本为一定数。一般文献中所引的聚合物的玻璃化温度都是指高相对分子质量的聚合物的 T_g。在涂料中我们经常用低聚物,此时的 T_g 和文献数据有很大的出入。交联可以使玻璃化温度上升,微量的交联对 T_g 影响不太大,但到某一程度后,交联度稍有上升,T_g 就急剧上升。相对分子质量分布对 T_g 也有影响。相对分子质量分布宽,T_g 低;相对分子质量分布窄,T_g 高。

2. 玻璃化温度和聚合物结构的关系

(1) 聚合物主链越柔顺,玻璃化温度越低。主链越僵硬,玻璃化温度越高。这主要是和高分子链的旋转运动有关。例如,硅氧键和碳碳键相比,硅氧键较易转动,所以聚硅氧烷的玻璃化温度较低。

(2) 侧链的影响,比较聚乙烯和聚苯乙烯,聚苯乙烯 T_g 比聚乙烯 T_g 要高 200℃,这是由于苯乙烯上侧链苯基的影响,它使整个高分子链变得刚性。在涂料中为了提高聚合物的玻璃化温度经常加入含苯环组分,就是因为苯环比其他基团都僵硬。聚乙烯和聚丙烯相比,玻璃化温度只差 90℃:

$$\begin{array}{cc} & T_g \\ \vdash CH_2 - CH_2 \dashv_{\overline{n}} & -100℃ \end{array} \qquad \begin{array}{cc} & T_g \\ \vdash CH_2 - CH \dashv_{\overline{n}} & 100℃ \\ \quad | & \\ \quad C_6H_5 & \end{array}$$

$$\begin{array}{cc} \vdash CH_2 - CH \dashv_{\overline{n}} & -10℃ \\ \quad | & \\ \quad CH_3 & \end{array} \qquad \begin{array}{cc} \vdash CH_2 - CH \dashv_{\overline{n}} & 106℃ \\ \quad | & \\ \quad COOH & \end{array}$$

当含有两个侧链时,也可使玻璃化温度升高。例如,聚甲基丙烯酸酯比聚丙烯酸酯的 T_g 要高:

$$\begin{array}{ccc} \vdash CH_2 - CH \dashv_{\overline{n}} & & \begin{array}{c} CH_3 \\ | \\ \vdash CH_2 - C \dashv_{\overline{n}} \\ | \end{array} \\ \quad | & & \\ \quad COOCH_3 & & COOCH_3 \end{array}$$

$$T_g: \qquad 9℃ \qquad\qquad 105℃$$

但是并非双取代的聚合物总是具有较高的 T_g。例如,聚偏氯乙烯和聚异丁烯要分别比聚氯乙烯和聚丁烯的 T_g 低得多:

$$\begin{array}{cccc}
\cdots CH_2-CH\cdots_n & \cdots CH_2-\overset{\displaystyle Cl}{\underset{\displaystyle Cl}{C}}\cdots_n & \cdots CH_2-CH_2-CH\cdots_n & \cdots CH_2-\overset{\displaystyle CH_3}{\underset{\displaystyle CH_3}{C}}\cdots_n \\
\mid & & \mid & \\
Cl & & CH_3 &
\end{array}$$

T_g:　　　　　　87℃　　　　　　　　−17℃　　　　　　　−10℃　　　　　　　−65℃

这是因为虽然第二个基团的加入使链的旋转能变大，但不对称的聚氯乙烯和聚丁烯，更为极性，因而排列得比较紧密。

　　侧链对 T_g 的影响，也受侧链本身柔顺性的影响，如不同的丁基基团对 T_g 的影响：

　　　　　　　　　　　　　　　　三级丁基　　　二级丁基　　　正丁基

$$\cdots CH_2-CH\cdots_n \atop \qquad\qquad\mid \atop \qquad\qquad COOBu \qquad 43℃ \qquad\quad -22℃ \qquad\quad -56℃$$

因为其中正丁基链最为柔顺，所以其玻璃化温度最低。另外，下面具有烷基链的聚合物：

$$\cdots CH_2-CH\cdots_n \atop \mid \atop CH_2-\cdots CH_2\cdots_m R$$

其玻璃化温度一般随 m 的上升而下降。

　　3. 玻璃化温度的加和性，共聚物、增塑剂、溶剂的玻璃化温度

　　一个由不同组分构成的均匀体，其玻璃化温度可以由其多组分的玻璃化温度加和而成。当纯的均聚物的玻璃化温度过高或过低时，常加入第二组分，使它们共聚合。例如聚甲基丙烯酸甲酯(PMMA)均聚物的玻璃化温度为105℃，作为涂料，此 T_g 值太高，于是可以加入一些丙烯酸丁酯进行共聚。聚丙烯酸正丁酯的玻璃化温度为−56℃，它在室温时，其 $T-T_g$=25−(−56)=81℃，此差数大于触干 $T-T_g$=55℃ 的要求，因此也不能单独作为涂料(但可作为黏合剂)使用。但由甲基丙烯酸甲酯(MMA)和丙烯酸丁酯(BA)共聚却可以得到具有满意 T_g 的共聚物。这时共聚物的 T_g 由各组分的 T_g 和各组分所占的质量分数来决定，可由下式粗略计算：

$$\frac{1}{T_g^\infty} = \frac{W_1}{T_{g1}^\infty} + \frac{W_2}{T_{g2}^\infty} + \cdots + \frac{W_n}{T_{gn}^\infty}$$

注意其中 T_g 是相对分子质量很大时的 T_g(用热力学温度表示)。

　　现在来计算一个实例：若需要甲基丙烯酸甲酯与丙烯酸丁酯共聚物在室温时可达到实干的程度，问 BA 和 MMA 在共聚物中的比例各应为多少？

解　设 W_1，W_2 分别为 BA 与 MMA 在共聚物中的质量分数，$W_2=1-W_1$。

于是

$$\frac{1}{T_g} = \frac{W_1}{-56+273} + \frac{1-W_1}{105+273}$$

实干要求为

$$T-T_g \leq 25℃$$

令

$$T-T_g = 25℃$$

于是

$$(25+273)K-T_g = 25K，\quad T_g = 273K$$

代入上式：

$$\frac{1}{273} = \frac{W_1}{217} + \frac{1-W_1}{378} = \frac{217+161W_1}{217×378}$$

解得

$$W_1 = 0.52(BA)，\quad W_2 = 1 - W_1 = 0.48(MMA)$$

此时丙烯酸丁酯为 52 份，MMA 至少为 48 份。

除了用共聚的办法降低体系的玻璃化温度外，常用的方法还有加入增塑剂。增塑剂通常是相对分子质量低的不易挥发的化合物。增塑剂的作用在于降低聚合物链间的相互作用，从而提高链段的运动。用增塑剂降低 T_g 的方法称为外增塑，用共聚降低 T_g 的方法称为内增塑。它们之间各有优缺点，其对照见表 2.2。

表 2.2　内增塑与外增塑的比较

内增塑	外增塑
增塑部分和漆膜是一体的，不会失去	增塑剂可以逸出，因此膜易老化。另外还会损坏附着力。乳胶漆中，往往利用可挥发的增塑剂(助成膜剂)来帮助成膜
共聚单体往往比较贵	可以选用不同种类、不同量的增塑剂并可进行组合
共聚单体量过高时，机械性能受影响	增塑剂的用量较内增塑的小，原聚合物的性质损失较少

加入溶剂和加入增塑剂在本质上是一样的。溶剂也具有玻璃化温度，它同样可以降低聚合物的 T_g，不同点是溶剂是易挥发的，溶剂的 T_g 测量比较困难，一般在 −100℃ 以下。表 2.3 中列出了若干溶剂的玻璃化温度。当聚合物溶于溶剂时，其溶液的玻璃化温度可以是聚合物的玻璃化温度和溶剂玻璃化温度的加和。聚氯乙烯的 T_g 为 81℃，按下列配比制成溶液时，其玻璃化温度可以降到 −100℃。

　　　　聚氯乙烯(PVC)　　　20 份
　　　　甲基乙基酮(MEK)　　40 份
　　　　甲苯　　　　　　　　40 份

它在 25℃ 时的黏度为 0.1Pa·s 左右，因此可以用来涂装。

表 2.3　溶剂的 T_g

溶剂	T_g/K	溶剂	T_g/K
乙二醇	154~155	正丁醇	111~118
环己醇	150~161	氯甲烷	99~103
叔丁基苯	140	丙醇	98
正己基苯	137~140	乙醇	97~100
水	136~139	甲醇	96~110
正丁基苯	125~130	丙酮	94
正丙基苯	122~128	3-甲基己烷	88
甲苯	113~117	甲基环己烷	85~87

2.5　膜 的 形 成

用涂料的目的在于在基材表面形成一层坚韧的薄膜。一般说来，涂料首先是一种流动的液体，在涂布完成之后才形成固体薄膜，因此是一个玻璃化温度不断升高的过程。成膜方式主要有下列几种。

2.5.1　溶剂挥发和热熔的成膜方式

一般聚合物只在较高的相对分子质量下才表现出较好的物理性质，但相对分子质量高，玻璃化温度也高，为了使它们可以涂布，必须用足够的溶剂将体系的玻璃化温度降低，使($T-T_g$)的数值大到足够使溶液可以流动和涂布。当溶液黏度在室温下接近 0.1Pa·s 时，可以用于喷涂。在涂布以后溶剂挥发，于是形成固体薄膜，这便是一般可塑性涂料的成膜形式。为了使漆膜平整光滑，需要选择好溶剂。如果溶剂挥发太快，浓度很快升高，表面的涂料可因黏度过高而失去流动性，结果漆膜不平整；另外，挥发太快，由于溶剂蒸发时失热过多，表面温度有可能降至雾点，会使水凝结在膜中，导致漆膜失去透明性而发白或使漆膜强度下降；溶剂不同会影响漆膜中聚合物分子的形态。如前所述，在不良溶剂中的聚合物分子是卷曲成团的，而在良溶剂中的聚合物分子则是舒展松弛的。溶剂不同，最后形成的漆膜的微观结构也有很大差异，如图 2.9 所示，前者分子之间较少缠绕而后者是紧密缠绕的，前者往往有高得多的强度(参见第10.2.6 小节)。这种成膜方式可以用罐头内壁聚氯乙烯漆来说明，将聚氯乙烯溶于甲乙酮和甲苯混合溶剂中，使所得聚氯乙烯溶液 25℃时的黏度达到 0.1Pa·s左右。涂布以后溶剂逐渐挥发，T_g 不断上升。三天以后，T_g 可达室温左右，即$T-T_g=0$，这意味着自由体积已达最低，不能充分提供分子运动的孔穴，溶剂不易再从膜内逸出，但此时大约还有 3%~4% 的溶剂束缚在膜内，这些溶剂必须在180℃加热(即增加 $T-T_g$ 数值)2min 以上才能被除去。

不良溶剂　　　　　　　　　　　良溶剂

图 2.9　溶剂与漆膜结构的关系

　　为了使聚合物成膜，除了加溶剂降低体系的 T_g 外，也可用升高温度的办法来增加 $(T-T_g)$ (即增加自由体积)，使聚合物达到可流动的程度，即加热使聚合物熔融。流动的聚合物在基材表面成膜后予以冷却，便可得到固体漆膜，这是热塑性涂料成膜的另一种形式，即热熔成膜，例如涂在牛奶纸瓶上的聚乙烯就是用这种方法成膜的。粉末涂料也是热熔成膜的：聚乙烯、聚氯乙烯、聚丙烯酸酯等可塑性聚合物都可被粉碎成粉末，然后用静电或热的办法将其附在基材表面上，并被加热至熔融温度以上，熔融的聚合物黏流体流平后，冷却即得固体漆膜。粉末涂料中主要是热固性粉末涂料，它在加热熔融成膜过程中还伴有交联反应，有关粉末涂料的内容以后还要讨论。

2.5.2　化学成膜方式

　　化学成膜是指先将可溶的(或可熔的)低相对分子质量的聚合物涂覆在基材表面以后，在加温或其他条件下，分子间发生反应或发生交联使平均相对分子质量进一步增加而成坚韧的薄膜的过程。这种成膜方式是热固性涂料包括光固化涂料、粉末涂料、电泳漆等的共同成膜方式。其中，干性油和醇酸树脂通过和氧气的作用成膜，氨基树脂与含羟基的醇酸树脂、聚酯和丙烯酸树脂通过醚交换反应成膜，环氧树脂与多元胺交联成膜，多异氰酸酯与含羟基低聚物间反应生成聚氨酯成膜以及光固化涂料通过自由基聚合或阳离子聚合成膜等等，这些内容将在以后的章节中逐个讨论。需要指出的是在发生化学反应之前或同时，一般也包含一个溶剂挥发的过程。

2.5.3　乳胶的成膜

　　在讨论乳胶成膜之前要明确区分一下乳胶与乳液的不同：乳胶是固体微粒分散在连续相水中，而乳液则是液体分散在水中。一般乳胶是通过乳液聚合制备的。乳胶的特点是其黏度和聚合物的相对分子质量无关，因此当固含量高达 50%以上时，即使相对分子质量很高也有较低的黏度。乳胶在涂布以后，随着水分的蒸发，胶粒互相靠近，最后可形成透明的、坚韧的、连续的薄膜，但是也有的乳胶干燥后只得到粉末而得不到坚韧的薄膜。乳胶是否能成膜和乳胶本身的性质特别是它的玻璃化温度有关，也和干燥的条件有关。由于乳胶在涂料和其他方面用途极广，而且大都需要乳胶成膜，因此了解乳胶成膜机理是非常重要的。乳胶成膜的过程比较复杂，目前的看法也不甚相同，这里仅作简单介绍。

乳胶在涂布以后，乳胶粒子仍可以以布朗运动形式自由运动，当水分蒸发时，它们运动逐渐受到限制，最终达到乳胶粒子相互靠近成紧密的堆积。由于乳胶粒子表面的双电层的保护，乳胶中的聚合物之间不能直接接触，但此时乳胶粒子之间可形成曲率半径很小的空隙，相当于很小的"毛细管"，毛细管中为水所充满。由水的表面张力引起的毛细管力可对乳胶粒子施加很大的压力，其压力(p)的大小可由 Laplace 公式估计：

$$p = \gamma \left(\frac{1}{r_1} + \frac{1}{r_2} \right)$$

式中，γ为表面张力(或界面张力)；r_1 和 r_2 分别为曲面的主曲率半径。水分再进一步挥发，表面压力随之不断增加最终导致克服双电层的阻力，使乳胶内的聚合物间直接接触。聚合物间的接触又形成了聚合物-水的界面，界面张力引起新的压力，此种压力大小也和曲率半径有关，同样可用 Laplace 公式计算。毛细管力加上聚合物和水的界面张力互相补充，这个综合的力可使聚合物粒子变形并导致膜的形成。压力的大小和粒子大小相关，粒子越小，压力越大。

上述讨论只说明了促使乳胶成膜的力的来源，乳胶粒子在此种力的作用下是否能成膜还取决于乳胶粒子本身的性质。如果乳胶粒子是刚性的，具有很高的玻璃化温度，即使再大的压力，它们也不会变形，更不能互相融合。粒子间的融合需要聚合物分子的相互扩散，而这便要求乳胶粒子的玻璃化温度较低，使其有较大的自由体积供分子运动。扩散融合作用又称自黏合作用，通过这种作用最终可使粒子融合成均匀的薄膜，并将不相溶的乳化剂排除出表面。因此，一方面，乳胶是否成膜取决于由表面(或界面)张力引起的压力，而这种力是和粒子大小相关的；另一方面，又要求粒子本身有较大的自由体积，如果成膜时的温度为 T，乳胶粒子的玻璃化温度为 T_g，$(T-T_g)$必须足够大，否则不能成膜。例如聚氯乙烯乳胶在室温下便不能成膜。为使其成膜，必须加热至某一温度，此温度称为最低成膜温度；也可以在乳胶中加增塑剂，使乳胶的 T_g 降低，这样可将"最低成膜温度"降至室温。在涂料中往往是加一些可挥发的增塑剂(溶剂)来降低最低成膜温度，此种可挥发的增塑剂又称为助成膜剂，它们在乳胶成膜后可挥发掉，使薄膜恢复到较高的 T_g。

2.5.4　聚氨酯水分散体的成膜

聚氨酯水分散体是聚氨酯聚合物分散于水中形成的分散体，它的结构类似乳胶，但它不是由乳液聚合制备的，一般称之为聚氨酯分散体。聚氨酯水分散体的成膜过程也是聚合物粒子凝聚成膜的过程，与乳胶成膜过程相同。有时可以不加助成膜剂，其原因在于氨基甲酸酯键与水能以强氢键键合，分散体粒子吸附大量水，水便成为助成膜剂，使玻璃化温度降低，因此尽管聚氨酯的 T_g 较高，但仍可在无助成膜溶剂存在下室温成膜。

2.6　热固性涂料的贮存稳定性与固化速度问题

对于热固性涂料，例如，以后将要讨论的用三聚氰胺甲醛树脂(MF 树脂)作为交联剂的醇酸、聚酯和丙烯酸树脂涂料，以及环氧、聚氨酯涂料等，希望它们能在室温有较长的贮存寿命(对于单组分涂料)或操作寿命(对于双组分涂料)，同时又希望在加温时它们能以较快的速度固化。为此，需要对配方进行很好的设计。但是配方设计是受动力学参数限制的，并非任何要求都能达到。为了了解这种限制，首先要了解温度和反应速度的关系，反应速度 R 与反应物浓度的关系有如下表达式：

$$R = K[C] \text{ 或 } R = K[A][B]$$

式中，[C]，[A]和[B]为反应物浓度。对于同一个固化体系，低温和高温下反应速度是不同的，但它们的浓度是相同的。在同浓度下反应速度 R 和反应速度常数 K 成正比，因此可相对地用反应速度常数来表示反应速度的高低。反应速度常数和温度的关系可以用阿伦尼乌斯公式表示：

$$K = A\mathrm{e}^{-E_a/RT}$$

$$\ln K = \ln A - E_a/RT$$

式中，E_a 为活化能；A 为碰撞因子。用 $\ln K$ 和 $1/T$ 作图可得一直线(图 2.10)，直线的斜率为 E_a，在温度无限高处的截距($1/T = 0$)为 A_0，若以 T_a 表示环境温度，T_c 表示固化温度，与此相应的 K_a 和 K_c 分别为环境温度下的反应速度和固化温度下的反应速度。增加室温的稳定性也就是要降低在 T_a 下的反应速度；降低固化时间，即增加在 T_c 下的反应速度，比较图 2.10(a)中的直线(1)和(2)，直线(2)在 T_a 下 K_a 较低，T_c 下 K_c 较高。(2)的斜率较(1)的大，截距也大。这意味着公式中 E_a 和 A 都增加了，因此要想增加室温稳定性并同时增加固化速度需要同时增加体系的反应活化能和碰撞因子。如果仅仅增加两项中的一项将会有什么结果呢？例如使体系的 E_a 不变，只改变 A 值，那么可得两条相平行的直线[图 2.10(b)]，因此当增加了高温固化速度，就牺牲了室温稳定性。如果 A 值不变，则降低室温反应速度时，高温下反应速度也随之下降[图 2.10(c)]。

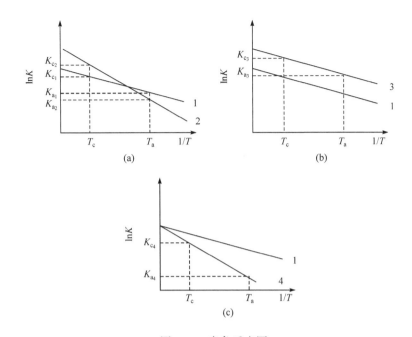

图 2.10 竞争反应图

(a) $A(1)<A(2)$, $E_a(1)<E_a(2)$; (b) $A(3)>A(1)$, $E_a(1)=E_a(3)$; (c) $A(4)=A(1)$, $E_a(4)>E_a(1)$

重要的问题是能否将体系设计成具有高的 E_a 值和 A 值的体系。为此，首先要根据要求计算出所需的 A 值和 E_a 值，然后看看在实际中有无可能。

根据动力学公式和必要的简化，可以按要求计算出所需的 E_a 值和 A 值，如假定反应程度低于 5%以前都属于稳定期，反应程度高于 80%时为固化，可得如表 2.4 所示结果。

表 2.4　固化温度的动力学参数

环境稳定性(30℃)	固化温度(10min)	E_a/(kJ/mol)	A/s^{-1}
6 个月	175℃	109	10^{10}
6 个月	150℃	121	10^{12}
6 个月	125℃	146	10^{17}
6 个月	100℃	188	10^{24}
48h	100℃	126	10^{15}
48h	75℃	180	10^{24}
30min	75℃	92	10^{11}
30min	60℃	130	10^{18}

因此，如果要求涂料能在 30℃贮存半年，而在 125℃、10min 固化则需要有 E_a 为 146kJ/mol 和 A 为 10^{17}s^{-1}。从动力学上看，E_a 是和反应的能量变化相关的，是键的断裂和形成的平衡，反应有较多键断裂时，E_a 就比较大，当有较多的键形成时 E_a 则较小，一般单分子反应有较高的 E_a 值。而 A 值是和反应体系

的熵变(ΔS)相关的，ΔS愈大，即反应后混乱度愈大，则A值愈大。

表2.4中所要求的E_a值为92~188kJ/mol是比较容易达到的,关键在于A值。有关物理化学的研究指出，在溶液中的单分子反应的A值可以大至$10^{16}\mathrm{s}^{-1}$，而双分子反应则低于$10^{11}\mathrm{s}^{-1}$，由此可知单分子反应对低温稳定性和高温快速固化是有利的。交联固化一般都是双分子反应，这对提高A值很不利，因此要设法将双分子反应的体系变为单分子反应控制反应速度的体系。利用潜催化剂或封闭的反应物可以达到这一目的(参见13.1.3小节和16.2节),反应过程用下式表示：

$$C–X \longrightarrow C+X \quad 慢$$
$$A+B \xrightarrow{C} A–B \quad 快$$

或
$$A–X \longrightarrow A+X \quad 慢$$
$$A+B \longrightarrow A–B \quad 快$$

式中，C为催化剂；A，B为反应物；C–X为潜催化剂，A–X为封闭的反应物。用潜催化剂，如加热分解生成强酸的潜酸催化剂，属于前一类型；用低分子物和异氰酸酯反应生成的封闭型异氰酸酯在高温下可分解出异氰酸酯，属于后一类型。但是无论如何，单分子反应的A值不可能大于$10^{16}\mathrm{s}^{-1}$，所以单从动力学考虑，涂料的室温稳定性为6个月，而要求在125℃、10min固化是不可能的；作为双组分涂料要求操作寿命为30min,而在60℃用10min固化也是不可能的。

改善室温稳定性与提高固化速度，还可以采取其他措施：

(1) 反应物之一是在固化条件下才出现的,在贮藏时体系中没有此种反应物或其前体。例如湿气固化的聚氨酯，水作为异氰酸酯的反应物存在于大气中，而不存在于树脂中(参见16.3.3节)。

(2) 挥发性阻聚剂或挥发性单官能团反应物:丙烯酸酯类单体的聚合为空气中的氧气所阻聚，当排除空气之后便可迅速固化；在作为交联剂的六甲氧基甲基三聚氰胺(HMMM)中加入过量的甲醇和丁醇，使其在室温下比较稳定，高温下，由于甲醇、丁醇可挥发掉，反应活性大大提高。

(3) 利用相变的方法：反应物之一或催化剂是不溶于体系的固体，只有当温度上升到达熔点时，才能参与反应。

(4) 微胶囊法：将反应物之一或催化剂包于微胶囊中，微胶囊可在机械搅拌下破坏，或其膜的玻璃化温度与固化温度相当，因此可析出催化剂或反应物参加反应。

2.7　涂装技术

将涂料薄而均匀地涂布于基材表面的施工工艺称为涂装。为了使涂料取得应有的效果，涂装施工非常重要。俗话说"三分油漆，七分施工"，虽然夸张一点，但也说明了施工的重要性。涂料的施工首先要对被涂物表面进行处理，然后才可进行涂装。涂装的方法非常多，一般要根据涂料的特性、被涂物的性质和形状及质量要求而定。关于涂装技术已有很多专著可供参考，这里只作简要的介绍。

2.7.1 被涂物的表面处理

表面处理有两种意义，一方面是消除被涂物表面的污垢、灰尘、氧化物及水分、锈渣、油污等等，另一方面是对表面进行适当改性，包括进行化学处理或机械处理以消除缺陷或改进附着力。不同的材质有不同的处理方法，这里仅对金属、木材、塑料三种最常见的材质简要地加以介绍。

1. 金属表面处理

除锈：金属表面的氧化物和锈渣必须在涂漆之前除尽，否则会严重影响附着力、装饰性与寿命。除锈的办法包括：手工除锈，即用砂纸、钢丝刷等工具除锈；机械除锈，是用电动刷、电动刷轮及除锈器等除锈；喷砂除锈是一种效率高、除锈比较彻底的方法，附着在金属表面的杂质可一并清除干净，且能在表面造成较好的粗糙度，有利于漆膜的附着力。除了用物理方法除锈外，还可用化学方法除锈，例如将钢铁部件用酸浸泡以洗去氧化物。

除油：最常用的除油方法是碱液清洗、有机溶剂和乳液(有机溶剂分散于水中的乳液)清洗以及表面活性剂清洗。清洗方式可以是浸渍法，也可用喷射法。

除旧漆：在各种涂装施工中，经常有一些旧漆需脱除。脱除方法包括：火焰法，用火焰将漆膜烧软然后刮去；碱液处理法，如用 5%~10%的氢氧化钠溶液浸洗擦拭金属器件；脱漆剂处理法，主要是借助有机溶剂对漆膜的溶解或溶胀作用来破坏漆膜对基材的附着，以便于清除。脱漆剂中通常用的有机溶剂为酮、酯、芳烃和氯代烃等，配方中还加有石蜡以防溶剂过快地挥发，同时还加有增稠剂，如纤维素醚等以防流挂。当脱漆剂将漆膜软化后即可刮除漆膜并用水冲洗。

磷化处理：磷化处理是将金属通过化学反应在金属表面生成一层不导电的、多孔的磷酸盐结晶薄膜，此薄膜通常又被称为转化涂层。由于磷化膜有多孔性，涂料可以渗入到这些孔隙中，因而可显著地提高附着力；又由于它是一层绝缘层，可抑制金属表面微电池的形成，因而可大大地提高涂层的耐腐蚀性和耐水性。磷化的方法很多，有化学磷化、电化磷化和喷射磷化，也可用涂布磷化底漆来代替磷化处理。磷化处理材料的主要组成为酸式磷酸盐，可以 $Me(H_2PO_4)_2$ 来代表，为了防止磷酸和金属反应时放出的氢气对磷化膜结晶造成损害，并将二价铁离子转变为三价铁离子，磷化液内应加有氧化剂，如亚硝酸钠。磷化过程可用下面的反应式表示：

$$4Fe + 3Me^{2+} + 6H_2PO_4^- + 6[O] \longrightarrow 4FePO_4\downarrow + Me_3(PO_4)_2 + 6H_2O$$
$$\qquad\qquad\qquad\qquad\qquad\quad (淤渣)\qquad\quad (磷化膜)$$

钝化处理：经磷化处理或经酸洗的钢铁表面，为了封闭磷化层孔隙或使金属表面生成一层很薄的钝化膜，使金属与外界各种介质分离，可进行钝化处理，以取得更好的防护效果。例如经铬酸盐处理，能生成三价和六价铬的钝化层。

2. 木材表面处理

木材施工前要先晾干或低温烘干(70~80℃)，控制含水量在 7%~12%，这不仅可防木器因干缩而开裂、变形，也可使涂层不易开裂、起泡、脱落。施工前还要除去未完全脱离的毛束(木质纤维)，其方法是经多次砂磨，或在表面刷上虫胶清漆，使毛束竖起发脆，然后再用砂磨除去。木器上的污物要用砂纸或其他方法除去，并要挖去或用有机溶剂溶去木材中的树脂。为了使木器美观，在涂漆之前还要漂白和染色。

3. 塑料表面处理

塑料一般为低能表面，不经处理很难有满意的涂装质量，为了增加塑料表面的极性，可用化学氧化处理，例如用铬酸处理，也可用火焰、电晕或等离子体等进行处理；另一方面为了增加涂料中成膜物和塑料表面间的扩散，也可用溶剂如三氯乙烯蒸气进行侵蚀处理，处理后即涂装。另外塑料上往往残留有脱膜剂和渗出的增塑剂必须预先进行清洗。

2.7.2　涂装方法

1. 手工涂装

包括刷涂、辊涂、揩涂、刮涂等。其中刷涂是最常见的手工涂装法，适用于多种形状的被涂物，省漆，工具简单。涂刷时，机械作用较强，涂料较易渗入底材，可增强附着力。辊涂多用于乳胶涂料的涂装，但只能用于平面的涂装。刮涂则多用于黏度高的厚膜涂装方法，一般用来涂布腻子和填孔剂。

2. 浸涂和淋涂

将被涂物浸入涂料中，然后吊起滴尽多余的涂料，经过干燥而达到涂装目的的方法称为浸涂。淋涂则是用喷嘴将涂料淋在被涂物上以形成涂层，它和浸涂方法一样适用于大批量流水线生产方式。对于这两种涂装方法最重要的是控制好黏度，因为黏度直接影响漆膜的外观和厚度。

3. 空气喷涂

空气喷涂是通过喷枪使涂料雾化成雾状液滴，在气流带动下，涂到被涂物表面的方法。这种方法，效率高，作业性好。喷涂装置包括喷枪、压缩空气供给和净化系统、输漆装置等。喷涂应在具有排风及清除漆雾的喷漆室中进行。如果在施工前将涂料预热至 60~70℃，再进行喷涂，称为热喷涂，热喷涂可节省涂料中的溶剂。

4. 无空气喷涂

无空气喷涂是靠高压泵将涂料增压至 5~35MPa，然后从特制的喷嘴小孔(口径为 0.2~1mm)喷出，由于速度高(约 100m/s)，随着冲击空气和压力的急速下降，涂料内溶剂急速挥发，体积骤然膨胀而分散雾化，并高速地附着在被涂物上。这种方法大大减少了漆雾飞扬，生产效率高，适用于高黏度的涂料。无空气喷涂的喷枪和喷嘴也适用于以超临界二氧化碳(见 6.1.7 小节)作稀释剂的涂料，喷枪喷出的涂料液通常含 10%~50%超临界二氧化碳，涂料离开喷枪口时，二氧化碳快速气化击碎已雾化的液滴，可使液滴尺寸与空气喷枪所获得液滴大小相当，而比无空气喷枪获得的液滴尺寸小；由于二氧化碳在液滴到达涂覆表面前已挥发，导致落在涂装表面的涂料黏度较高，不易流挂，可减少过喷和废物处理的问题。

5. 静电喷涂

静电喷涂是利用被涂物为阳极，涂料雾化器或电栅为阴极，形成高压静电场，喷出的漆滴由于阴极的电晕放电而带上负电荷，它们在电场作用下，沿电力线被高效地吸附在被涂物上。静电喷涂是手工喷涂的发展，可节省涂料，易实现机械化和自动化或由机器人操作，生产率高，适用于流水线生产，且所得漆膜均匀，质量好。用于静电喷涂的涂料的电阻和溶剂的挥发性需要进行适当调节。

6. 粉末涂装和电泳涂装

分别是粉末涂料和水性电泳漆的涂装方法，均为低污染的现代涂装方法，在以后的章节中将要讨论。

第三章 聚 合 反 应

聚合物通常是由简单的有机化合物(单体)通过聚合反应形成的。聚合反应一般可分为两大类:一是逐步聚合反应;二是加聚反应。逐步聚合的聚合物是通过分子间官能团的逐步反应生成的,聚合物主链中保持有官能团,如酯基、酰胺基等。加聚反应一般通过活性中心进行链式反应完成,聚合物分子主链中一般没有官能团,加聚聚合物一般比逐步聚合的聚合物相对分子质量高。

3.1　逐步聚合反应

逐步聚合反应是由具有两个或两个以上反应性官能团的低分子化合物(即单体)相互作用生成大分子的过程。单体仅有两个反应性官能团时得到线型高分子化合物,反应是一个逐步增长的过程,一般是先生成二聚体,然后由二聚体生成四聚体,或由二聚体和单体生成三聚体,再进一步生成五聚体、六聚体、七聚体和八聚体,并依次不断地生成更高聚合度的聚合体。因此聚合物的平均链长或平均聚合度和反应程度有密切关系。当两种反应性官能团为等当量时,平均聚合度 $\bar{X}_n$ 和反应程度 P 分别用式(3.1)和式(3.2)表示:

$$\bar{X}_n = \frac{\text{系统中总的单体单位数}}{\text{系统中总的分子数}} = N_0/N \tag{3.1}$$

$$P = 2(N_0 - N)/N_0 f_0 = \frac{\text{反应后消失的反应性官能团数}}{\text{反应前总的反应性官能团数}} \tag{3.2}$$

其中,N_0 和 N 分别为反应前后的单体分子数;f_0 为单体的平均官能度数。所谓官能度数,即一个单体分子能同时和几个分子发生反应的数目,通常也称为活泼官能团的数目。必须注意,式中所不是指的平均聚合度指的是单体的单位数,并不是重复单元数。逐步聚合反应进行后,单体很快消失。

逐步聚合反应通常分为逐步加聚反应和缩聚反应两大类。逐步加聚反应和缩聚反应都是通过含有亲电官能团的单体和含有亲核官能团的单体间发生反应,逐步形成高相对分子质量的聚合物的聚合反应,不同的是逐步加聚反应的两个单体分子间是加成反应,没有小分子生成,而缩聚反应是两个单体分子间反生缩合反应,有小分子生成,逐步加聚反应生成的聚合物有聚氨酯、聚脲,缩聚反应生成的聚合物有聚酯和聚酰胺等。此二类反应非常相似,本章主要以缩聚反应为例进行讨论。

3.1.1　线型缩聚

单体仅有两个官能团时，大分子只能向两个方向增长，得到的聚合物必然是线型分子，一般有两种类型单体，一种单体是同时具有两种可相互反应的基团，如氨基酸、羟基酸等，它们的聚合反应可用以下通式表示：

$$2n\ a\text{–}A\text{–}B\text{–}b \longrightarrow a(A\text{–}B\text{–}A\text{–}B)_n b + (n\text{–}1)(a\text{–}b)$$

另一种是两种不同的单体，通过它们所带的反应性基团进行反应，例如二元酸和二元醇或二元酸和二元胺的反应等，表示如下：

$$n\ a\text{–}A\text{–}A\text{–}a + n\ b\text{–}B\text{–}B\text{–}b \longrightarrow a(A\text{–}A\text{–}B\text{–}B)_n b + (n\text{–}1)(a\text{–}b)$$

线型缩聚物只有在相对分子质量较高时才有较好的物理性质，例如平均聚合度 $\bar{X}_n$ 在 50 以上。要达到平均聚合度为 50，反应进程需在 98% 左右。为了达到高的相对分子质量，必须注意以下几点：

(1) 严格控制两种不同单体的配比为 1∶1。单体的配比对相对分子质量的影响非常大，其关系可用式(3.3)表示：

$$\bar{X}_n = \frac{r_0 + 1}{r_0 + 1 - 2r_0 P_A} \tag{3.3}$$

式中，r_0 为含官能团 A 和 B 的两种单体的摩尔比 $N_a/N_b(N_a \leqslant N_b)$；$P_A$ 指单体 A 的反应程度。当 $P_A=1$ 时，

$$\bar{X}_n = \frac{1 + r_0}{1 - r_0} \tag{3.4}$$

如果两种单体配比为 1∶1，即 $r_0=1$ 时，

$$\bar{X}_n = \frac{1}{1 - P_A} \tag{3.5}$$

为了控制聚合度的大小，可以改变 r_0 的数值。从式(3.4)可以看到，当 r_0 趋近于 1 时 $\bar{X}_n$ 可为无穷大，但实际上由于反应程度很高时，体系黏度会非常之高，不可能达到理想程度。另外，单体的升华、蒸发等都经常使预定的配比被改变。

(2) 避免副反应发生和防止杂质干扰。一般在缩聚反应进行的同时常伴有各种副反应，例如，在用二元酸和二元醇制备聚酯的过程中，便常有环化、脱羧、氧化等反应发生，这些反应的发生不仅改变了原定的单体配比，而且同时生成了不能再生长的低相对分子质量物质。单体中存在的杂质或反应中引入的杂质

同样可改变配比，有些杂质为单官能团的化合物，如一元酸或一元醇的存在，可使链增长的反应终止。

(3) 大部分缩聚反应是平衡反应，正反应和负反应速度相等时，相对分子质量不再上升，要使反应继续进行，使相对分子质量增大，需要排除缩聚反应中生成的低相对分子质量化合物。

3.1.2 体型缩聚

当单体中含有两个以上官能团如三个官能团时，大分子便可向三个方向生长，得到的是网状的或体型的聚合物。这种类型的聚合物不能溶解和熔融，难以使用。在涂料中经常采用的方法是在二官能团单体中加入一些多官能团单体，如二元醇中混入一些三元醇，这样生成的聚合物中可以含有反应性官能团的侧链，这些活性侧链如果进一步反应就可将线型的聚合物连接在一起形成高相对分子质量的聚合物或网状聚合物。因此，当单体中含有多官能团单体时，我们只需制备低相对分子质量的聚合物，称为低聚物或齐聚物，待使用时再使它们进一步反应成具有优良性质的高相对分子质量或交联的网状聚合物。

如何制备含有三个官能团以上单体的缩聚物是一个重要的问题，因为这种缩聚反应如果控制不当，进行到一定程度时，反应系统的黏度会突然增加，并形成弹性凝胶，这种现象称为凝胶化。出现凝胶时的反应程度(P_c)称凝胶点。涂料中所用的醇酸树脂、聚酯和聚氨酯的制备中都涉及三官能团的单体，因此控制凝胶点，防止出现凝胶具有特别重要的意义。

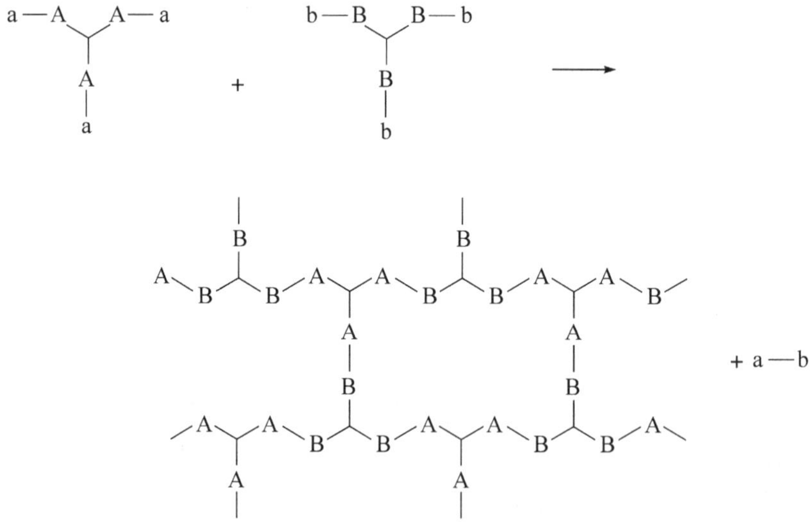

关于凝胶点的预测已有很多方法，其中卡洛泽尔法最为简便。我们将式(3.2)改写为式(3.6)：

$$P = \frac{2}{f} - \frac{2}{\dfrac{N_0}{N} \cdot f} \qquad (3.6)$$

将式(3.1)代入式(3.6)便得式(3.7)：

$$P = \frac{2}{f} - \frac{2}{\overline{X}_n \cdot f} \qquad (3.7)$$

当聚合物的平均聚合度无限大时，便出现凝胶，此时式(3.7)中的第二项成为零，于是 P 值即为凝胶点：

$$P_c = \frac{2}{f} \qquad (3.8)$$

必须注意，f 在这里是有效的平均官能度数，如某种官能团过量，其过量部分应被当作惰性基团。所以对于仅含两种单体 A 和 B 的体系，当 B 过量时，f 可以表示为

$$f = \frac{2(N_A \times f_A)}{N_A + N_B} \qquad (3.9)$$

式中，f_A 为单体 A 的官能度数。例如，两种单体均为三官能度且官能团数等量时，

$$P_c = \frac{2}{3} = 0.666$$

即反应进行到 66.6%即凝胶化了。再以二元酸和甘油反应为例，当羟基数和羧基数相等时，即 3mol 二元酸和 2mol 甘油反应，其平均官能度数为

$$f = \frac{2 \times 3 + 3 \times 2}{2 + 3} = 2.4$$

于是

$$P_c = \frac{2}{2.4} = 0.833$$

表示反应程度为 83.3%便会凝胶化。为了使反应不致凝胶化，非常明显，必须使 $f<2$。为了使 $f<2$，可以使甘油过量，即使部分羟基不参与反应，使平均官能度下降，例如，当甘油过量 50%和 80%时，其平均官能度数根据式(3.9)可为

$$f = \frac{2(3 \times 2)}{3 + 2 \times (1 + 0.5)} = \frac{12}{3 + 3} = 2.0$$

$$f = \frac{2(3 \times 2)}{3 + 2 \times (1 + 0.8)} = \frac{12}{3 + 3.6} = 1.82$$

它们相应的凝胶点分别为 100% 和 110%，后者表示不可能发凝胶。为了降低平均官能度数，也可以在体系中加入单官能度的化合物。

当然通过计算来预测凝胶点，只可能是一个参考数，实际情况更为复杂，需要通过实验验证。

必须注意，当平均官能度高于 2 时，凝胶的出现将是突发的，其原因可由下面的例子说明：若 $f = 3$，根据式(3.7)计算，$\bar{X}_n = 100$ 时，$P = 0.66$，而 $\bar{X}_n \to \infty$ 时，$P_c = 0.666$，由此可知，反应程度只需少许增加(由 0.66 增至 0.666)便可凝胶。

3.1.3　几种逐步聚合反应

许多有机反应可以扩展成为逐步聚合反应，但使用于涂料中的逐步聚合反应，为数并不多，举例如下。

1. 聚酯

二元酸和二元醇通过酯化反应生成聚酯和水，是一个非常重要的聚合反应。

$$n \ HO-\underset{\underset{O}{\|}}{C}-R'-\underset{\underset{O}{\|}}{C}-OH + n \ HO-R''-OH \longrightarrow$$

$$HO \left(\underset{\underset{O}{\|}}{C}-R'-\underset{\underset{O}{\|}}{C}-O-R''-O \right)_{\overline{n}} H + (n-1) H_2O$$

其中聚对苯二甲酸乙二醇酯(PET)和聚对苯二甲酸丁二醇酯(PBT)分别是合成纤维和工程塑料的重要工业聚合物，它们一般不用于涂料，因为它们相对分子质量高并有结晶倾向，难以溶解，但它们的废料(如涤纶的废料)经过降解改性后可以成为涂料中的成膜物。涂料中使用的聚酯和上述聚酯不同，分子内含有反应性官能团，可以用于进一步反应，这将在以后讨论。醇酸树脂也是一种聚酯，只是它使用了脂肪酸和甘油作为单体，情况较为复杂。

2. 酚醛树脂

酚醛树脂是最早用于涂料的合成树脂，它主要用于油基树脂漆中，但也可与环氧树脂并用，制备抗化学性能优良的涂料。酚醛树脂是由酚和甲醛缩合而成，随反应条件，如配比、催化剂及酚的种类的不同，其产品性能有很大的不同。一般塑料工业上使用的酚醛树脂，主要有两种，一种是热固性树脂，又称立索尔(resol)；另一种是热塑性树脂，又称诺伏拉克(novalac)，前者一般是带有

较多羟甲基的相对分子质量较低的缩合物,后者是线型的没有羟甲基的聚合物,其合成反应表示如下:

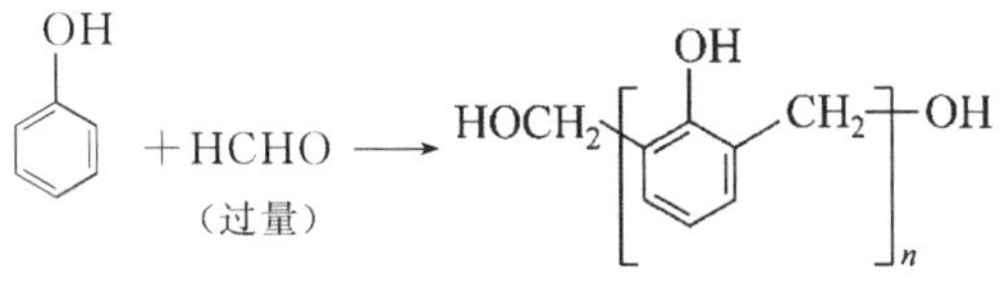

立索尔

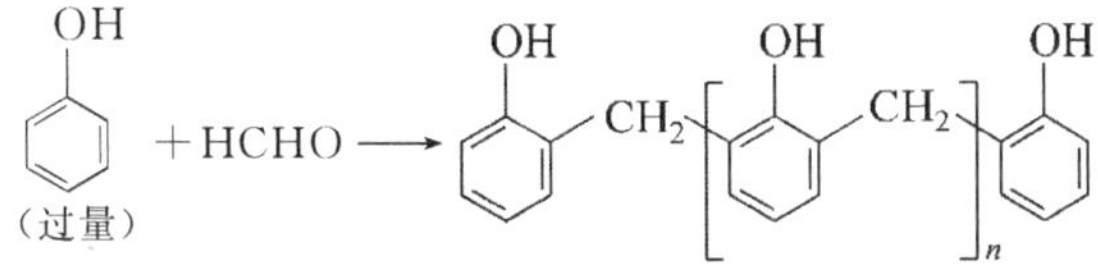

诺伏拉克

立索尔加热可进一步交联固化,而诺伏拉克只有加入固化剂(如六亚甲基四胺等)才能加热固化。上述两种类型的树脂只能溶于醇,在涂料中应用价值不大。涂料中应用的酚醛树脂是油溶性的,其方法是将上述的树脂改性,如将立索尔型的树脂和松香反应得到松香改性的酚醛树脂,另一重要途径是用烷基取代苯酚,例如,用对叔丁基苯酚,此时无论用酸还是碱为催化剂,都得到油溶性的酚醛树脂,油溶性的立索尔结构表示如下:

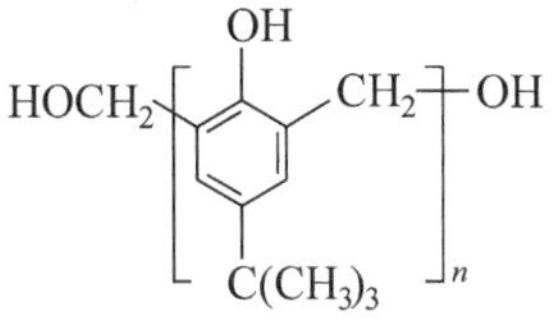

3. 氨基树脂

甲醛和胺或酰胺可形成各种含羟甲基的产物,它们进一步反应可得到聚合物,其反应表示如下:

$$R-X-NH_2 + HCHO \xrightarrow{OH^-} R-X-NH-CH_2OH \xrightarrow{H^+} 聚合物$$

$$X= \overset{O}{\underset{\|}{-C-}} , \quad -CH_2-$$

当脲和甲醛反应时,便得脲醛树脂,脲醛树脂广泛用于黏合剂,在涂料中用途有限。三聚氰胺和甲醛反应得到三聚氰胺甲醛树脂,是涂料中非常重要的一类氨基树脂,它可和含羟基的聚合物反应形成交联的结构,这在以后将详细讨论。

丙烯酰胺和甲醛的反应产物羟甲基丙烯酰胺是一类重要的反应性单体,它常作为共聚单体使用,含有它的共聚物在酸性催化剂存在下,它们自身或和其他羟基均可发生缩合反应,使聚合物交联,其反应表示如下:

$$H_2C{=}CH{-}\overset{\overset{\displaystyle O}{\|}}{C}{-}NH_2 + HCHO \longrightarrow H_2C{=}CH{-}\overset{\overset{\displaystyle O}{\|}}{C}{-}NHCH_2OH$$

$$P{-}\overset{\overset{\displaystyle O}{\|}}{C}{-}NHCH_2OH + HOCH_2NH{-}\overset{\overset{\displaystyle O}{\|}}{C}{-}P$$

$$\downarrow -HCHO,H_2O$$

$$P{-}\overset{\overset{\displaystyle O}{\|}}{C}{-}NH{-}CH_2{-}NH{-}\overset{\overset{\displaystyle O}{\|}}{C}{-}P$$

4. 环氧树脂

环氧树脂广泛用在黏合剂和涂料中，它可由环氧氯丙烷与双酚 A 制备，将在以后详细讨论，它反应时无小分子析出。

5. 聚氨酯

异氰酸酯和多元醇反应生成聚氨基甲酸酯(聚氨酯)，反应用下式表示：

$$n\ OCN{-}R'{-}NCO + n\ HO{-}R''{-}OH \longrightarrow {\left[\overset{\overset{\displaystyle O}{\|}}{C}{-}NH{-}R'{-}NH{-}\overset{\overset{\displaystyle O}{\|}}{C}{-}O{-}R''{-}O\right]}_n$$

这是一类非常重要的聚合物，在工业上(包括黏合剂和涂料)有着广泛的应用，将在以后详细讨论。

3.2　自由基聚合反应

加聚反应包括自由基聚合反应、阳离子聚合反应、阴离子聚合反应、配位聚合反应，它们的特点在于是由一个活性中心引发单体聚合。聚合物是通过单体的连锁反应生成的，和逐步聚合反应相比，其不同点总结于表 3.1。

表 3.1　加聚反应与逐步聚合反应之比较

加聚反应	逐步聚合反应
1. 大多是不可逆的	1. 一般是可逆的
2. 链式反应	2. 逐步反应
3. 链增长通过单体加在活性中心	3. 增长反应是聚合体与聚合体,聚合体与单体的反应
4. 单体浓度逐渐减少	4. 单体浓度在反应初期即迅速下降并趋于 0
5. 迅速生成高相对分子质量聚合物,相对分子质量为定值	5. 反应过程中相对分子质量逐渐增大
6. 反应时间增加,产率增加,相对分子质量变化不大	6. 反应时间增加,产率变化不大,相对分子质量变大

3.2.1 自由基聚合反应的历程和反应速度

自由基聚合主要包括四种反应：引发、链增长、链终止和链转移。

1. 引发

主要包括两个步骤：引发剂(I)分解生成初级自由基 R· 和初级自由基与单体反应生成单体自由基。

$$I \xrightarrow{K_d} 2R\cdot$$
$$R\cdot + M \xrightarrow{K_i} RM\cdot$$

这里 M 代表单体。一般 K_d 在 $10^{-4} \sim 10^{-6}$L/(mol·s)，是比较慢的一步。

2. 链增长

生成的单体自由基和单体连续加成：

$$RM\cdot + M \xrightarrow{K_p} RMM\cdot$$
$$RMM\cdot + M \xrightarrow{K_p} RMMM\cdot$$

K_p 是链增长速度常数。对于大部分单体，K_p 在 $10^2 \sim 10^4$L/(mol·s)，比一般所见的反应都快。

3. 链终止

两个生长链 $M_n\cdot$ 和 $M_m\cdot$ 之间发生反应，使链增长终止。有两种反应方式：

(1) 双基结合

$$M_n\cdot + M_m\cdot \xrightarrow{K_{tc}} M_{m+n}$$

(2) 歧化

$$M_n\cdot + M_m\cdot \xrightarrow{K_{td}} M_n + M_m$$

链终止速度常数比链增长速度常数大几个数量级，但因体系中自由基浓度很低，所以链增长反应可顺利进行。

4. 链转移

因为自由基反应活性很大，不仅可和单体反应，也可能和体系中其他物质如溶剂、已生成的聚合物等反应。链转移反应的结果是生成一个稳定的大分子和一个新自由基：

$$\mathrm{M}_n \cdot + \mathrm{XA} \xrightarrow{K_{tr}} \mathrm{M}_n\mathrm{X} + \mathrm{A} \cdot$$

XA 可以是溶剂、引发剂、聚合物等。

实际的聚合过程比较复杂，转化率对聚合速度有很大影响，一般有 4 个阶段，如图 3.1 所示。

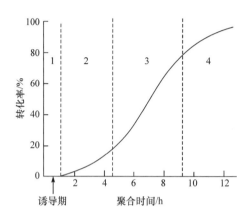

图 3.1　聚合动力学示意图

(1) 诱导期：当聚合体系中含有阻聚剂及其他杂质时，生成的自由基首先被消耗掉。

(2) 等速阶段：转化率在 10%~20%以下，此时黏度较低，体系中自由基数目大致不变，处于所谓稳态阶段，$v_i = v_t$。

(3) 加速阶段：此时反应体系黏度加大，单体可自由扩散到长链自由基处进行链增长，但链自由基不易自由扩散而使链终止难以发生，因此 K_t 下降，聚合速度上升，平均聚合度增大，发生所谓自动加速效应。此时反应放热严重，很易引起爆聚，需要特别注意。

(4) 减速阶段：此时黏度更大，扩散困难，单体浓度也下降，聚合速度减慢。

聚合速度的理论推导是根据稳态条件为前提进行的，可以表示为

$$V = R_p = K_p[\mathrm{M}](fk_d[\mathrm{I}]/K_t)^{1/2} \tag{3.10}$$

或

$$R_p = K_p[\mathrm{M}][R_i/2K_t]^{1/2} \tag{3.11}$$

式中，K_t 为链终止速度常数，包括双基终止与歧化终止。f 为引发剂效率，因为引发剂分解的自由基并非 100%有效地和单体反应，f 一般在 0.5~1.0 之间。R_i 为引发速度。

式(3.10)中以链增长速度代表聚合速度。这是因聚合速度(单体消失速度)虽然由链增长和链引发速度两者组成，但后者数值很小，可以忽略。

从式(3.11)可知，聚合速度和单体浓度[M]成正比，但只和引发速度 R_i 的平方根成正比。因此引发速度增长 1 倍，聚合速度并不增加 1 倍。除了单体浓度以外，影响 R_p 就是 R_i，若单体浓度相同，那么比较聚合速度实质上就是比较引发速度。从能量消耗的角度来看，聚合反应的能量主要消耗在引发阶段上，也就是引发剂分解的反应上。一般单体聚合的活化能都很低，约在 21kJ/mol，完全可在低温下进行，但要在低温下聚合，其关键在于低温是否能引发，因此引发体系与引发速度在整个聚合反应中有特殊重要的地位。

3.2.2 引发体系

引发体系主要有热分解体系和氧化还原引发体系，另一类是射线引发体系。热引发体系是由引发剂受热分解生成自由基的一种形式。可以作为引发剂的物质，其分解能应在 105~167 kJ/mol 之间。主要有两大类：

1. 偶氮化合物

主要品种有偶氮二异丁腈(ABIN)和偶氮二异庚腈(ABVN)。后者可在低温下使用，效率较高。它们受热分解生成两个自由基并放出 N_2：

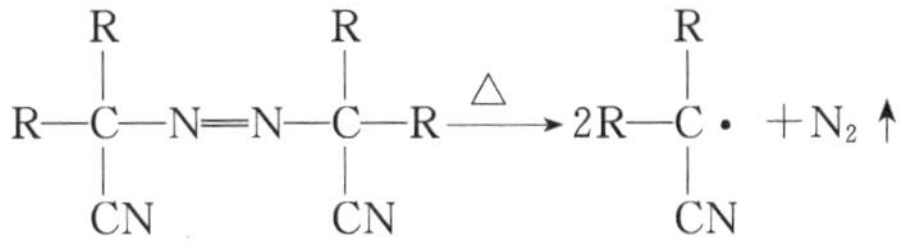

2. 过氧化物

主要有过氧化酰类、过氧化氢类和过氧化酯类。常用引发剂有过氧化苯甲酰(BPO)、叔丁基过氧化氢、过氧化特戊酸叔丁酯(BPP)、过氧化二碳酸二异丙酯(IPP)、过氧化二碳酸二环己酯(DCPD)、过氧化苯甲酸叔丁酯。以过氧化苯甲酰为例，它受热时可析出 CO_2，并生成苯基自由基：

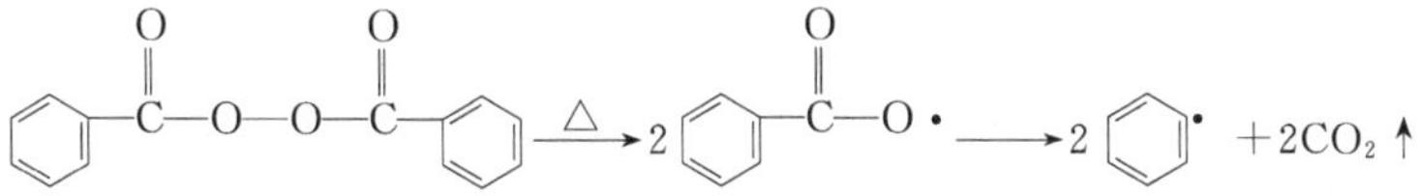

在选择引发剂的时候，既要考虑在特定温度下的分解速度，也要考虑其室温稳定性。在实际应用中常用引发剂的半衰期来表示它们的分解速度。半衰期是指在指定温度下引发剂分解一半所需的时间。在选择引发剂时要选择那些半衰期与期望的聚合反应时间在同一数量级的引发剂。一般选用半衰期为 5~10h 为宜。表 3.2 是一些常用引发剂的半衰期。

表 3.2　引发剂的半衰期

名称	温度/℃	半衰期/h
过氧化二碳酸二环己酯(DCPD)	50	4.1
过氧化二碳酸二异丙酯(IPP)	50	4.0
过氧化特戊酸叔丁酯(BPP)	50	20
	70	1.6
过氧化苯甲酰(BPO)	70	14
	90	1.2
过氧化乙酸叔丁酯	90	6.1
过氧化苯甲酸叔丁酯	110	6
过氧化二叔丁基	130	6.4
偶氮二异丁腈(ABIN)	70	7
偶氮二异庚腈(ABVN)	50	28
	70	1.4
	90	1.2

　　除了考虑引发剂的半衰期外，还应考虑引发剂的引发效率，偶氮引发剂的效率较过氧化物的为高。过氧化物分解成自由基后和偶氮化合物一样可发生重结合作用，但除此外，它还可发生诱导分解作用。以 BPO 为例：

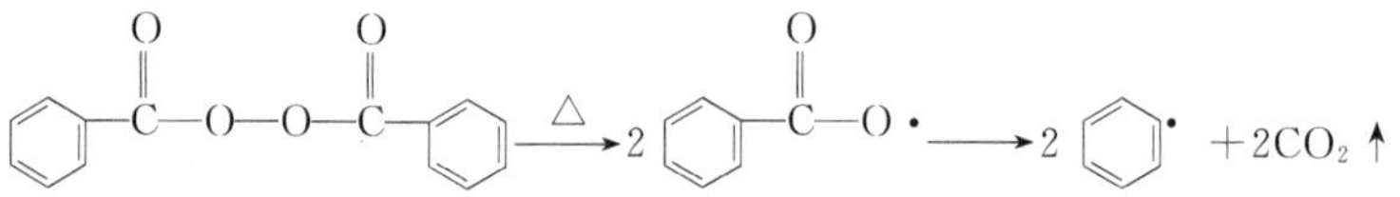

重结合：

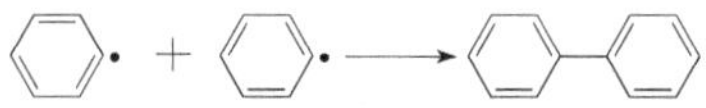

诱导分解：

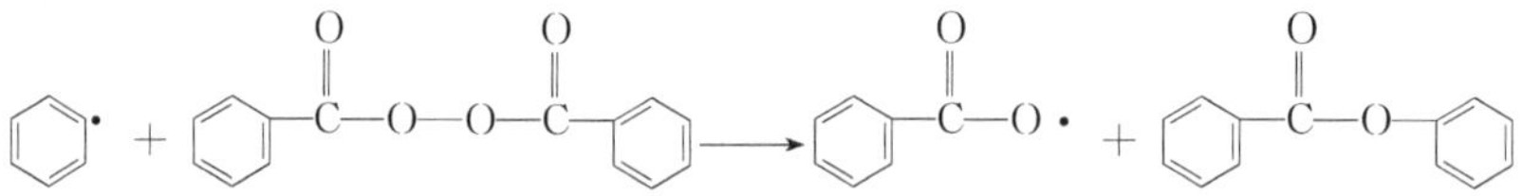

诱导分解也可由溶剂等引起。很明显，诱导分解降低引发剂效率。

　　工业中最常用的两种典型引发剂偶氮二异丁腈和过氧化苯甲酰有一个突出的区别：用 BPO 为引发剂时，所得自由基很容易进攻聚合物，并提取氢原子，而由 AIBN 所得的自由基不易夺取氢原子，因此用 BPO 为引发剂制备的聚合物分枝较多。在制备高固含量的丙烯酸酯聚合物涂料时，应避免使用 BPO；但当需要进行接枝共聚合时，则 BPO 比 AIBN 效果好。

　　氧化还原引发体系主要是利用过氧化物的还原分解产生自由基。氧化还原反应可导致过氧化物分解的活化能大大降低，如：

$$HO—OH \longrightarrow HO \cdot + \cdot OH$$

$$E_a = 226\text{kJ/mol}$$

$$HOOH + Fe^{2+} \longrightarrow HO\cdot + Fe^{3+} + OH^-$$

$$E_a = 39.4\ \text{kJ/mol}$$

因此可以用于低温聚合反应，增加聚合速度。上述反应也可叫做单电子转移反应。其中 Fe^{2+}为还原剂，它给出一个电子；过氧化氢为氧化剂，得到一个电子。在乳液聚合反应中经常使用水溶性过氧化物为引发剂，如过硫酸铵、过硫酸钾等，为了降低聚合温度，常加入还原剂如亚硫酸氢钠、硫酸亚铁、雕白粉等，使其成为氧化还原体系。丙烯酸酯类单体还常常用 BPO-二甲苯胺(DMA)的引发体系，以便在室温进行聚合，此引发机理比较复杂，并非典型的氧化还原反应：

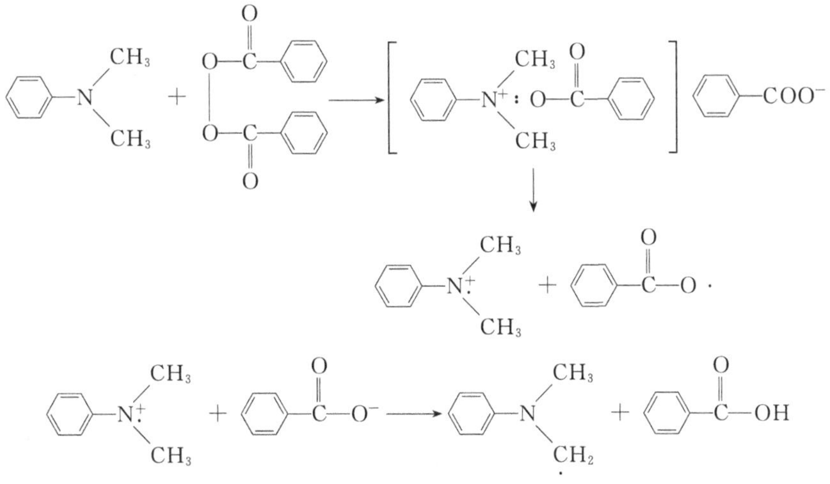

和 BPO 本身比较有如下结果：

BPO	半衰期：	13h (70℃)
BPO-DMA		13h (20℃)

醇酸树脂中的催干剂也有类似反应。例如二价铬离子，它和树脂生成的过氧化氢基团反应导致自由基的生成：

$$\sim\!\sim OOH + Cr^{2+} \longrightarrow \sim\!\sim O\cdot + OH^- + Cr^{3+}$$

$$\sim\!\sim OOH + Cr^{3+} \longrightarrow \sim\!\sim OO\cdot + H^+ + Cr^{2+}$$

氧化还原体系的缺点是引发效率低，有时转化率往往不高。为了有较好的效果，需要选择好还原体系的成分和配比，一般还原剂浓度不宜太高。例如，对 $K_2S_2O_8$ 与亚铁的体系，生成的自由基 $SO_4^-\cdot$与还原剂的反应速度常数往往大于单体的引发速度常数，如：

$$SO_4^- \cdot + Fe^{2+} \xrightarrow{k_0} SO_4^- + Fe^{3+}$$

$$SO_4^- \cdot + M \xrightarrow{k_i} SO_4^- M \cdot$$

$$k_0 \gg k_i$$

因此用少量的还原剂所得转化率反而要高。一般氧化剂加入量为单体量的 0.1%~1%，而还原剂为 0.05%~1%。

3.2.3 阻聚与缓聚

为了避免贮藏时单体聚合，使聚合反应进行到一定程度时停止下来，进行烯类单体的反应以及蒸馏等都需要加阻聚剂。阻聚剂也就是自由基终止剂，阻聚剂与生成的自由基 R·反应，自由基消耗了，阻聚剂也消耗了，所以阻聚剂是有时间限制的。以对苯二酚(氢醌)为例，一般认为它既可以和自由基又可以和氧作用生成醌，它也很容易与长链自由基 P·反应：

P· + HO—⟨⟩—OH ——→ PH + ·O—⟨⟩—OH

P· + ·O—⟨⟩—OH ——→ PH + O=⟨⟩=O

2·O—⟨⟩—OH ——→ O=⟨⟩=O + HO—⟨⟩—OH

P· + O=⟨⟩=O ——→ PO—⟨⟩—O·

P· + PO—⟨⟩—O· ——→ PO—⟨⟩—OP

直接用醌效果比氢醌要好得多，因为它的最后一个反应比前面的反应容易进行。作为阻聚剂一般要满足两个要求，一是要容易与长链自由基 P·反应，二是生成的自由基要稳定，它不再引发反应。两个条件中有一个不符，就不是好的阻聚剂，因为其中仍会有链生长反应，这时仅是将聚合速度降低了，因而是缓聚剂。同一种化合物对某种单体是阻聚剂，对另一种单体可能只是缓聚剂。氢醌对涂料中常用的单体甲基丙烯酸甲酯并非很好的阻聚剂，但在丙烯酸酯单体中仍常用它作阻聚剂，氢醌单甲醚常用来代替氢醌，以减少颜色。少量的阻聚剂在工业生产中常不脱除，特别是用过氧化物为引发剂时，氢醌作为还原剂还有可能促进反应。

氧气通常是一种阻聚剂，它和长链自由基 P·反应生成 POO·，不活泼的 POO·不能引发聚合，只能与另一 P·结合。但此种氧化物在较高温度下可裂解，生成能引发单体聚合的自由基。因此在高温下 O_2 可作为引发剂，在一般情况下 O_2 的阻聚作用比较明显。铜盐、稳定的自由基如受阻胺的自由基(Ⅰ)及一些抗氧剂也可作为高效的阻聚剂。加有高效阻聚剂的单体在使用前要除去阻聚剂，否则诱导时间太长。

$$\text{R}-\overset{\underset{\displaystyle |}{\text{CH}_3\quad \text{CH}_3}}{\underset{\underset{\displaystyle \text{CH}_3\quad \text{CH}_3}{|}}{\text{N}-\text{O}\cdot}}$$

（Ⅰ）

3.2.4 聚合物的平均相对分子质量

自由基聚合物平均相对分子质量可以用平均聚合度 $\bar{X}_n$ 表示：

$$\bar{M}_n = \bar{X}_n \times 单体相对分子质量 \tag{3.12}$$

根据定义，$\bar{X}_n$ 和聚合速度与链终止速度有如下关系：

$$\bar{X}_n = \frac{单体消失速度}{聚合物生成速度} \tag{3.13}$$

在不考虑链转移反应时，平均聚合度 $\bar{X}_n$ 可表示为

$$\bar{X}_n = \frac{K_p^2[\text{M}]}{(K_{tc} + 2K_{td})R_p} \tag{3.14}$$

如果考虑有链转移反应，平均聚合度则可表示为

$$\frac{1}{\bar{X}_n} = \frac{1}{\bar{X}_{n0}} + C_s[\text{XA}]/[\text{M}] \tag{3.15}$$

式中，[XA]为链转移剂浓度；C_s 称链转移常数，是链转移速度常数和聚合速度常数的比值：

$$C_s = \frac{K_{tr}}{K_p} \tag{3.16}$$

从式(3.14)中可能会得出平均聚合度和聚合速度 R_p 成反比的印象，但因为 R_p 的大小主要取决于引发速度，所以平均聚合度受引发速度和链终止速度的影响，链终止的形式对平均聚合度也有影响。

由于平均相对分子质量的控制对于涂料来说特别重要，因此需要特别注意，现将有关反应条件对平均相对分子质量的影响总结如下：

(1) 温度的影响：一般说来，温度升高，平均聚合度减少，温度可以改变各种速度常数，但因引发剂分解活化能大于链生长活化能，所以温度升高，引发剂的分解速度增加比链增长的速度要快得多，温度升高表示有更多的自由基生

成。因此相对分子质量下降。另外，温度升高，也有利于双基歧化的反应，因为双基歧化的活化能要比双基终止的高，其结果也是平均聚合度下降，链转移速度上升是聚合度下降的另一原因。

(2) 引发剂浓度的影响：引发剂浓度愈高，生成的自由基愈多。也就是大分子数目愈多，在同样的单位浓度下，平均相对分子质量明显下降。

(3) 单体浓度：单体浓度愈高，平均相对分子质量愈高，溶液聚合和本体聚合(包括悬浮聚合)相比，后者单体浓度高，又没有可作为链转移的溶剂，因此平均相对分子质量比较高。

(4) 溶剂的影响：若溶剂的链转移常数较大，则所得的聚合物平均聚合度下降。溶剂的链转移常数和结构有关。芳烃的链转移常数 C_s 大小有如下顺序：

$$
\underset{\underset{CH_3}{|}}{\overset{\overset{CH_3}{|}}{\underset{}{C_6H_5-CH}}} > C_6H_5-CH_2CH_3 > C_6H_5-CH_3 > \underset{\underset{CH_3}{|}}{\overset{\overset{CH_3}{|}}{C_6H_5-C-CH_3}} > C_6H_6
$$

卤化物的 C_s 顺序为：$RI > RBr > RCl$。醇的 C_s 顺序为：$R_2CHOH > RCH_2OH > CH_3OH$。

C_s 值因单体不同也有不同，当 $C_s > 1$ 时，即 $K_{tr} > K_p$，此种化合物可作为相对分子质量调节剂，加少量即可控制平均相对分子质量，使平均相对分子质量不至于过高。表 3.3 中是一些常用相对分子质量调节剂的数据。

表 3.3　一些相对分子质量调节剂的 C_s

相对分子质量调节剂	C_s(60℃)			
	S(苯乙烯)	VAc	MMA	MA
四溴化碳	2.2	>39	0.27	0.41
正丁硫醇	22	>48	0.67	1.7
特丁硫醇	3.6		0.18	

当链转移常数较低，不够相对分子质量调节剂的要求时，可称为调聚剂，如四氯化碳、氯仿、乙醇、乙酸乙酯等。加入相对分子质量调节剂，一般不会影响聚合速度，如

$$
\underset{\underset{Cl}{|}}{\overset{\overset{Cl}{|}}{H-C-Cl}} + R \cdot \longrightarrow \underset{\underset{Cl}{|}}{\overset{\overset{Cl}{|}}{\cdot C-Cl}} + RH
$$

生成 $Cl_3C\cdot$ 仍可继续反应。若有硫醇，因为它可以作为过氧化物的还原剂，甚至可使反应加快。

在聚合反应过程中，各种因素都是随着转化率的变化而变化的，而且聚合过程中还有自动加速效应等复杂情况，因此所得产物的相对分子质量必有一定

的分布，为了使相对分子质量分布窄一些，应尽量保持反应条件一致。

3.2.5 活性/可控自由基聚合

活性聚合是指在聚合过程中，聚合反应的活性种一直保持在增长链末端，即活性种一直活着，理论上一个引发剂可以产生一个高分子链。

由于自由基很活泼，两个链自由基容易发生双基终止，导致自由基聚合过程与聚合物的结构及相对分子质量可控性较差，所谓可控自由基聚合是通过一些物质在聚合物链的生长末端可逆地与自由基结合、释放来调节链增长和终止速率，以满足活性聚合的动力学要求。活性/可控自由基聚合通过休眠种与活性种即链增长自由基之间的快速可逆平衡而实现，因为快速的可逆平衡可使得大部分聚合物链等概率增长，休眠种采用钝化或失活的方式将活性大的链自由基形成可逆的共价键，一方面可减少自由基的浓度，降低发生双基终止的概率；另一方面，休眠种可活化为链自由基继续与单体加成聚合。活性聚合产物的数均相对分子质量与单体转化率呈线性关系，而单体转化率的对数与聚合时间呈线性关系，可以通过聚合时间来控制相对分子质量。可控聚合的相对分子质量分布系数在 1.3 以内。原子转移自由基聚合(ATRP)与可逆加成-断裂链转移(RAFT)活性自由基聚合为最有代表性的两类活性自由基聚合方法。

ATRP 以有机卤代物(RX)为引发剂，过渡金属(M_t)的卤化物($M_t^n X_n$)为催化剂，电子给体(L)为配体，反应机理如下图所示，ATRP 反应过程中卤原子在休眠种(R—X)与活性种($R\cdot$)间转移，休眠种与活性种间存在快速可逆平衡，经重复反应可将所有的单体(M)反应完。ATRP 的问题在于重金属残留、引发剂及配体的毒性以及成本较高。

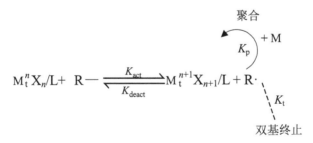

RAFT 聚合与传统自由基聚合非常相似，只是在配方中加入 RAFT 试剂来实现活性聚合，RAFT 试剂的代表结构为二硫代羧酸酯和三硫代碳酸酯。链自由基多次向 RAFT 试剂转移，每次链转移都生成一个自由基，捕捉单体进行聚合，由于 RAFT 链转移速率较快，活性链短暂增长后很快就会转变为休眠种，并置换出一个新的活性链，使得体系中所有的聚合物链保持相近的增长概率，从而控制相对分子质量分布。RAFT 活性聚合的问题在于 RAFT 试剂的成本较高，且自带颜色。

ATRP 与 RAFT 聚合适用单体面广且对单体纯度不敏感，聚合条件温和，可采用溶液聚合和乳液聚合等多种聚合方法来实施，通过控制单体的加料顺序，活性可控聚合可制备嵌段共聚物、交替嵌段共聚物、星形、接枝和高度支化的共聚物及梯度共聚物。理论上，采用活性可控聚合大规模制备涂料用树脂具有可行性，但高成本阻碍了它的快速商业化，有一些通过此方法制备的含极性基团的嵌段共聚物，已被用作颜料分散剂。例如采用 RAFT 活性聚合制备的丙烯酸乙酯与丙烯酸的嵌段共聚物，数均相对分子质量为 5000~10000，这种聚合物可作为水性涂料的有效分散剂。采用 ATRP 制备 AB 型嵌段共聚物颜料分散剂的过程如下：①采用 ATRP 引发剂引发甲基丙烯酸缩水甘油酯的均聚制备嵌段 A；②加入聚乙二醇单甲醚的甲基丙烯酸酯单体聚合制备亲水性嵌段 B；③加入十一酸开环嵌段 A 的环氧基，得到疏水性嵌段 A；④除去铜盐，将 AB 嵌段物溶于水制成 70% 的水溶液，用二甲基乙醇胺中和至 pH 为 8。

3.3　共聚合反应

所谓共聚合是指将两种或两种以上不同的单体放在一起进行聚合，其结果是聚合物主链中具有两种或两种以上的单体链节，此种聚合物称共聚物。共聚物可分为无规共聚物、交替共聚物、嵌段共聚物和接枝共聚物等，如果以 A 和 B 代表两种不同的单体，它们可分别表示如下：

无规共聚物　　　　　ABBABABABAAB

交替共聚物　　　　　ABABABABAB

嵌段共聚物　　　　　AAAABBBBB

接枝共聚物　　　　　AAAAAAAAA
　　　　　　　　　　　　　|
　　　　　　　　　　　BBBBBBBB

涂料中所用的成膜物大多是共聚物，因此了解共聚合反应的有关理论相当重要。由于自由基共聚合规律的研究比较成熟，应用又比较广泛，本节主要讨论自由基共聚合反应。

3.3.1　共聚合反应的目的

共聚合反应是对成膜物改性的重要手段，在涂料中共聚合有如下重要应用。

1. 调节玻璃化温度

例如，聚甲基丙烯酸甲酯的玻璃化温度为 105℃，用于涂料成膜物，漆膜太脆，而且溶解性能差；聚丙烯酸丁酯的玻璃化温度为 -56℃，用于涂料的成膜物，漆膜因不能"干燥"而发黏，但将两者的单体共聚，可得到玻璃化温度适中的丙烯酸丁酯与甲基丙烯酸甲酯共聚物。

2. 改善聚合物的附着力

在很多聚合物中常常加入一些含有羟基、氨基或羧基的共聚单体以改善涂料对底材的附着力，例如，在丙烯酸涂料中所用的丙烯酸丁酯与甲基丙烯酸甲酯共聚物中常加入少量第三单体(如丙烯酸)以改善附着力。

3. 引入反应性基团

对于热固性涂料，其成膜物中需要有一定的活性反应基团，例如羟基、氨基等。在聚酯中我们常加入三羟甲基丙烷、季戊四醇等和其他二元醇共聚，得到线型的侧链含羟基的聚酯。丙烯酸羟乙酯、羟甲基丙烯酰胺等则常用于丙烯酸酯的共聚。

4. 改善聚合物的化学性质

聚乙酸乙烯酯是很容易水解的聚合物，但用乙酸乙烯酯和叔碳酸乙烯酯共聚合所得聚合物，具有非常优良的耐水解性能。甲基丙烯酸甲酯和其他单体共聚后，可改善其热降解性能。

5. 改变溶解性能

为了制备水溶性成膜物，常常在聚合物中引入各种含羧基的单体，例如，在烯类聚合物中引入丙烯酸、甲基丙烯酸、马来酸酐等单体。在聚酯中也常用偏苯三酸酐作为聚酯的共聚单体，其结果是在聚合物中含有一定量的羧基。

6. 成膜物的功能化

对于一些具有特殊用途的涂料来说，将成膜物功能化是一个重要的方法，例如，将含有有机锡的单体和其他单体共聚，可以得到具有防污能力的成膜物。

3.3.2 自由基共聚合反应

1. 共聚合反应动力学分析

既然共聚合对于结构改性具有比较广泛的意义，那么是不是任何两种单体放在一起都能共聚合呢？事实并非如此。例如，苯乙烯和乙酸乙烯酯便不能共聚，只能形成均聚物的混合物，但是一些不能均聚的烯类化合物却能很好地与另一种单体进行共聚。例如，苯乙烯与马来酸酐：

这是研究共聚需要了解的一个问题。

第二个问题是共聚合时所用的配料在极大部分情况下不等于共聚物中两种链节的比例。它们的规律是什么? 要回答上述两个问题需要从共聚合反应和速度方程着手。

自由基共聚合反应机理基本上和自由基聚合反应机理是一致的,但是,由于有两种单体,因此出现两个链引发方程、四个链增长方程及三个链终止方程,表示如下:

链引发

链增长

$$RM_1 \cdot \xrightarrow[k_{11}]{M_1} RM_1M_1 \cdot \tag{1}$$

$$\xrightarrow[k_{12}]{M_2} RM_1M_2 \cdot \tag{2}$$

$$RM_2 \cdot \xrightarrow[k_{21}]{M_1} RM_2M_1 \cdot \tag{3}$$

$$\xrightarrow[k_{22}]{M_2} RM_2M_2 \cdot \tag{4}$$

链终止

$$\sim\!\!\sim M_1 \cdot + \sim\!\!\sim M_1 \cdot \longrightarrow \sim\!\!\sim M_1\!\!-\!\!M_1 \sim\!\!\sim$$
$$\sim\!\!\sim M_1 \cdot + \sim\!\!\sim M_2 \cdot \longrightarrow \sim\!\!\sim M_1\!\!-\!\!M_2 \sim\!\!\sim$$
$$\sim\!\!\sim M_2 \cdot + \sim\!\!\sim M_2 \cdot \longrightarrow \sim\!\!\sim M_2\!\!-\!\!M_2 \sim\!\!\sim$$

在均聚时,乙酸乙烯酯(VAc)的链增长速度要比苯乙烯(S)快得多,若以 S 为 M_1,VAc 为 M_2,那么按照上式,则

$$k_{22} > k_{11}$$
$$(k_{22} = 3700, \ k_{11} = 176)$$

但这两个数据彼此没有共同基础。因为它们分别是从 $RM_2 \cdot$ 和 $M_2 \cdot$ 与 M_1 和 $RM_1 \cdot$ 的反应得来。在共聚体系里需要用比较 k_{11} 与 k_{12} 或 k_{22} 与 k_{21} 来比较 M_1 和 M_2 的活性。通过共聚合研究得到如下结果:

$$k_{11} = 176$$
$$k_{12} = 3.2$$
$$k_{22} = 3700$$
$$k_{21} = 370\ 000$$

由于 $k_{21} > k_{22}$，所以一旦有～VAc·，则主要生成～VAc—S·；由于 $k_{11} > k_{12}$，所以一有～S·，则主要是生成～SS·。这样将 S 和 VAc 放在一起，主要是按(1)式和(3)式方式进行，结果都以苯乙烯均聚为主，主链中只含有少量的乙酸乙烯酯，所以可以说苯乙烯与 VAc 不能共聚。进一步看，如果在 VAc 中加少量 S，由于 $k_{21} \gg k_{22}$，所以很容易生成～VAc—S·，又因为主要成分是 VAc，所以主要按(2)式方式进行，生成～VAc—S—VAc·，但 k_{22} 高于 k_{12} 近千倍，所以使 VAc 的聚合速度大大下降，可以说 S 对 VAc 有缓聚作用。

2. 竞聚率与共聚方程

从四个链生长方程出发，两个不同单体(M_1 及 M_2)对同一自由基～M_1·或～M_2·的反应是相互竞争的，它们各自的速度常数比叫做竞聚率 r_1 或 r_2：

$$r_1 = k_{11}/k_{12}, \quad r_2 = k_{22}/k_{21}$$

从四个链生长反应中可导出：

$$\frac{d[M_1]}{d[M_2]} = \frac{[M_1]}{[M_2]} \times \frac{r_1[M_1] + [M_2]}{r_2[M_1] + [M_2]} \tag{3.17}$$

式(3.17)就是所谓的共聚方程。式中 $d[M_1]/d[M_2]$ 是两种单体在共聚物中的比例，而 $[M_1]$，$[M_2]$ 分别为单体 M_1 和单体 M_2 的浓度。这个公式还可用另一形式表示，用 F_1 和 F_2 分别表示单体 M_1 和 M_2 在共聚物中的摩尔分数，用 f_1，f_2 表示配料中的单体的摩尔分数，于是可得

$$f_1 = 1 - f_2 = \frac{[M_1]}{[M_1] + [M_2]} \tag{3.18}$$

$$F_1 = 1 - F_2 = \frac{d[M_1]}{d[M_1] + d[M_2]} \tag{3.19}$$

结合式(3.17)、式(3.18)和式(3.19)，可得

$$F_1 = \frac{r_1 f_1^2 + f_1 f_2}{r_1 f_1^2 + 2f_1 f_2 + r_2 f_2^2} \tag{3.20}$$

这个公式比式(3.17)要直观得多，以此式作图得曲线，称为共聚合曲线(图 3.2)。其曲线的前半段斜率为

$$\frac{\partial F_1}{\partial f_1} = \frac{1}{r_2} \qquad (f_1 \rightarrow 0)$$

后半部分为

$$\frac{\partial F_2}{\partial f_2} = \frac{1}{r_1} \qquad (f_2 \to 0)$$

3. 共聚物的组成和共聚物组成分布

根据 r_1 和 r_2 的不同，共聚合的即时配料比与共聚物组成关系有三种情况：

(1) 交替共聚合[图 3.2(d)]：当 $r_1 \approx 0$，$r_2 \approx 0$ 时，发生交替共聚合，即无论两单体配比如何，共聚物组成均为 1:1，例如苯乙烯和马来酸酐的共聚。

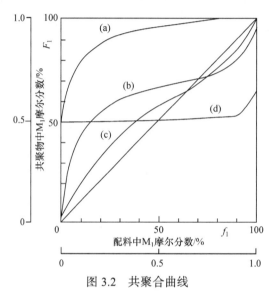

图 3.2　共聚合曲线

(a) r_1=55，r_2=0.01(S—VAc)；(b) r_1=0.4，r_2=0.04(S—AN)；

(c) r_1=0.52，r_2=0.48(S—MMA)；(d) r_1=0.01，r_2=0(S—MAn)

(2) 恒比共聚合[图 3.2(c)和(b)]：当 r_1=r_2=1 时，共聚合曲线即为对角线，此时配料比与共聚物的组成完全一致。当 r_1=r_2<1，此时共聚曲线与对角线在中点相交。中点为聚合的恒比聚合点。其数值愈接近于 1，则曲线愈和对角线接近；愈接近于 0，则曲线愈偏离对角线，而出现平坦。r_1<1，r_2<1 时，共聚曲线也和对角线相交，其交点随 r_1 和 r_2 相对大小变化。当固定 r_2 改变 r_1 时，r_1 越小，交叉点越靠前移(左下方)。当 r_1>1，r_2>1 时，不能进行共聚。

以上两种情况和对角线都有一个交点。在交点位置配料比与共聚组成是一致的，所以称为恒比共聚合。在恒比点 F_1=f_1，由式(3.21)可求出其位置。

$$(f_1)_c = F_1 = \frac{1-r_2}{(1-r_2)+(1-r_1)} \tag{3.21}$$

(3) 曲线不通过对角线[图 3.2(a)]：r_1、r_2 中有一个大于 1，另一个小于 1，曲线不和对角线相交。r_1 和 r_2 的差数越大，偏离对角线越远，如 S—VAc(55–0.01)，基本不能共聚合，不管配比多少，总是先得 S 的均聚物。当 $r_1 \times r_2 = 1$ 时，可以得对称曲线。若将 $r_1 \times r_2 = 1$ 代入共聚合方程，可得

$$dM_1/dM_2 = r_1 \times [M_1]/[M_2]$$

即配料比与共聚物组成简单的关系，如同液体组成与蒸气组成的曲线，所以称理想共聚合。实际上只有当 r_1 接近于 1 时，共聚合才比较理想。

从上述讨论可知，只有当 r_1，r_2 满足恒比共聚合或交替聚合的条件时，所得共聚合物的组成可以不随转化率变化而改变，否则共聚物组成将随转化率而变化。因为配料比和共聚物组成比不一致。配料比中两种单体比是逐步变化的，所以共聚物组成也随之变化。从应用角度看，共聚物组成不均匀，分布宽，既不利于加工，也不利于产品性能。因为组成不同，性能也不同，有的甚至不能相容，难以加工，有时引起产品不透明。为了使组成均匀，可以有两个办法：一是从 F-f 曲线作出共聚物组成-转化率的工作曲线，选择一个合适的配比，然后控制转化率。图 3.3(a)为 S—AN 的共聚合的工作曲线，由图可知欲制备含 70%S 的共聚物，起始 S 的质量分数应为 0.60 左右，转化率控制到 80%。二是用滴加单体的方法使体系中两种单体的浓度保持不变。后者是常用的办法，因为有时共聚物的组成随转化率的变化常常太大，如 VC—VAc 共聚合[图 3.3(b)]，工作曲线法不适用。

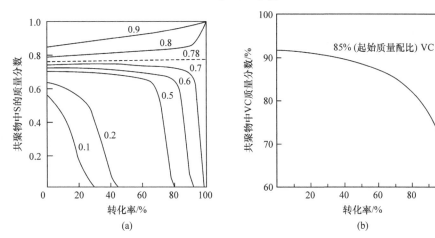

图 3.3　共聚合曲线与转化率关系

(a) S—AN(图内数字为起始配比)；(b) VC—VAc 共聚合

3.3.3　逐步共聚合反应

两种以上的 A-B 型单体或三种以上的 A-A，B-B 型单体的逐步聚合反应，称为逐步共聚合反应。共聚物的性质和原来聚合物的性质有很大不同，例如结晶度、柔顺性、T_g 和 T_m。一般说来，共聚合反应可降低结晶度、熔点和玻璃化温度，并使溶解性能变好。

逐步共聚合反应的方法和原理基本上与一般逐步聚合反应相同。不同的聚合方法和条件可以得到不同形式的共聚物。用高温溶液和熔融聚合可以得到多种链节统计分布的无序共聚物，而用界面聚合或低温溶液聚合时，可以获得嵌段共聚物。交替共聚物很难合成，因此也没有什么实际应用。

共聚物的组成取决于各种单体参加链增长的相对速度，例如，三种单体参加共缩聚反应时，可进行如下处理：

$$X{-}R{-}X+Y{-}R'{-}Y \xrightarrow{\ k_1\ } X{-}R{-}Z{-}R'{-}Y+a$$

$$X{-}R{-}X+Y{-}R''{-}Y \xrightarrow{\ k_2\ } X{-}R{-}Z{-}R''{-}Y+a$$

若 C_A、C_B 和 C_C 分别为基团 —RX、—R'Y 和 —R''Y 的浓度，则

$$-\mathrm{d}[C_B]/\mathrm{d}t = k_1[C_B][C_A]$$

$$-\mathrm{d}[C_C]/\mathrm{d}t = k_2[C_C][C_A]$$

两式相除

$$\mathrm{d}[C_B]/\mathrm{d}[C_C] = \frac{k_1}{k_2} \cdot \frac{[C_B]}{[C_C]}$$

令 $k_1/k_2 = r$，则

$$\mathrm{d}[C_B]/\mathrm{d}[C_C] = r \cdot \frac{[C_B]}{[C_C]}$$

积分后，得

$$C_B/C_{B0} = (C_C/C_{C0})^r$$

C_{B0} 和 C_{C0} 是具有同种官能团的单体的起始浓度，而 C_B 和 C_C 则是反应达到某程度时的单体浓度，由此可知，在一定时间内大分子的组分和单体的相对活性与组成有关，端基相同的两种单体其活性是不同的，在链增长开始时，活性高的单体参加反应较多，浓度逐渐下降，因此活性低的单体参加反应的机会会逐渐增多。若两者活性相差很大，那么只有活性高的单体差不多消失后，活性差的单体才能上去。因此活性相差不大，得到无序的共聚物，活性相差很大，得到嵌段的共聚物。若在高温下进行缩聚，由于大分子间的交换反应迅速，大分子的组分可由多分散而转为均匀。

除了用单体进行共聚外，也可用多种不同的聚合物共熔来制备共聚物，这完全是靠交换反应进行的，初期形成嵌段共聚物，随着反应不断进行可生成无序的共聚物。不同类型的缩聚物，如聚酰胺和聚酯，可通过共熔得到聚酯-聚酰胺的共聚物。这种共聚物可溶于苯中，温度愈高，大分子间链交换愈快，溶于苯的共聚物含量也愈多，但低于 250℃，则不管加热时间多长，只生成少量溶于苯的共聚物。嵌段共聚物也可以通过低聚物反应制备。低聚物可以通过其末端基反应，或通过第三者为媒介互相连接在一起。例如：

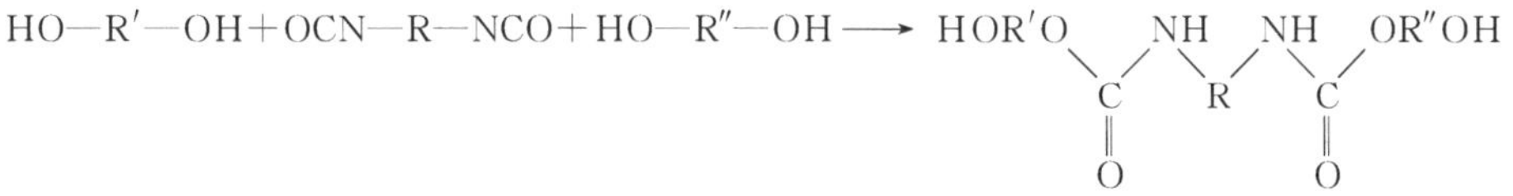

$$HO-R'-OH+OCN-R-NCO+HO-R''-OH \longrightarrow HOR'O \underset{\underset{O}{\parallel}}{\overset{\underset{C}{}}{}} NH \overset{R}{} NH \underset{\underset{O}{\parallel}}{\overset{\underset{C}{}}{}} OR''OH$$

式中，R'，R″为低聚物的代表。

3.4 聚合反应方法

将单体转化为聚合物的聚合反应方法，通常有本体聚合、悬浮聚合、溶液聚合和乳液聚合。对于涂料来说，溶液聚合和乳液聚合最为重要，后面将重点介绍。

3.4.1 本体聚合

本体聚合是单体本身聚合，不另加溶剂或水，所得聚合物含杂质少，纯度高，由于没有分散介质，聚合过程中，体系很黏稠，聚合热不易扩散，温度难以控制，聚合物一般以固体形式得到，对于溶剂型涂料来说，使用前需溶解或分散，因此使用不多。但本体的逐步聚合反应适用于粉末涂料的制备。

3.4.2 悬浮聚合

悬浮聚合是以水为介质，在机械搅拌下，将不溶于水的单体分散为无数小液珠，并加有分散剂(悬浮剂)使小珠稳定，引发剂是油溶性的，可溶于单体。聚合在小珠内进行，在小珠内聚合情况和本体聚合是一样的。其优点是，因为有水为分散介质，聚合热容易扩散，聚合反应易控制，聚合物相对分子质量分布比本体聚合所得的要均匀，但是因有分散剂，聚合物不纯。悬浮聚合的聚氯乙烯常用于制备有机溶胶。

3.4.3 溶液聚合

将单体溶解于溶剂中进行聚合的方法叫做溶液聚合。所生成的聚合物能溶于溶剂者称为均相溶液聚合，不溶而析出者叫做沉淀聚合。涂料中广泛使用均相溶液聚合，如丙烯酸酯和其他乙烯基类聚合物的制备。聚合所得溶液可直接用于涂料。

溶液聚合可用溶剂回流来控制反应温度，溶剂作为传热介质，聚合温度容易控制，不易生成因链自由基向大分子转移而形成的支化或交联的产物。溶液聚合的另一个特点是各种自由基除了和单体反应外，还可以和溶剂分子进行自由基转移反应，不同溶剂的反应快慢和方式可以不同。生成的溶剂自由基有的仍很活泼，要继续进行聚合反应，但降低了相对分子质量；有的不能再引发单体聚合，滞慢了聚合反应的进行。因此所用溶剂的种类和数量要有选择，在生产高固体分的聚合物溶液时，可以选择链转移常数大的溶剂。水溶性的单体(如丙烯酸、丙烯酰胺等)也常用水作为溶剂进行溶液聚合，得到水溶性的高分子电解质。逐步聚合反应也通常以溶液聚合方式进行。

3.4.4　乳液聚合

乳液聚合是单体在搅拌和乳化剂作用下，在水中形成乳液而进行的聚合反应。它有如下特点：

(1) 聚合速度快，聚合物相对分子质量高，相对分子质量分布较溶液聚合的窄。

(2) 生成的乳胶黏度低，乳胶的黏度和聚合物的平均相对分子质量基本无关，因此固含量可以很高，可直接用于涂料。

(3) 聚合反应温度低，传热易于控制。但是因聚合反应中加有大量乳化剂，聚合物不纯。

除以水为分散相的乳液聚合外，还有以非水介质为分散相的，用途最多的是以水为分散相的乳液聚合。

乳液聚合和溶液聚合及本体聚合(包括悬浮聚合)有很大不同，需要进一步讨论。

1. 乳化剂体系及其作用

乳化剂或乳化剂体系是乳液聚合本质所在。例如，甲基丙烯酸甲酯和丙烯酸丁酯是不溶于水的单体，加入水中分为两层，搅拌可以分散成悬浮体系。若加少量乳化剂(即表面活性剂)，如十二烷基硫酸钠，则可得到比悬浮体更细的乳液。这样的分散作用叫做乳化作用，乳化剂分子通常由两部分组成：一部分是亲油的长链烷基，另一部分是亲水基。乳化剂中，十二烷基硫酸钠和十二烷基磺酸钠是所谓的阴离子表面活性剂，十六烷基三甲基溴化铵等为阳离子表面活性剂，壬基酚聚乙二醇醚及多元醇的烷基酯等为非离子表面活性剂。若以"——○"表示乳化剂，其中"——"表示亲油性基团，○表示亲水性基团，少量乳化剂加入分层的单体和水中时，就分布于两层之间，如图 3.4(a)，如果加以搅拌，则单体分散于水中，分散的单体微粒周围有乳化剂分子包围，如图 3.4(b)所示(用一个粒子放大表示)。由于乳化剂的包围使分散了的单体不易碰撞而结合，因此可以使分散体系稳定。

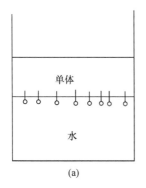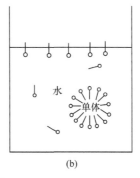

图 3.4　乳化剂的作用

单体在水中可以分散得很细，主要不是由于搅拌，而是因为表面活性剂降低了水的表面张力，因而增加了对单体的分散能力。表面张力低的液体总是倾向于覆盖表面张力大的液体(或固体)，这是一个规律。当水的表面张力降至低于单体时，水就可包围单体形成水包油的乳液。在不加乳化剂时，表面张力大小有如下顺序：

汞>水>醇>苯>汽油

因此当苯水混合时，水成为小珠。但加少量表面活性剂(0.01%)以后，水表面张力可降低一半，因此苯可成小珠分散于水中。不仅如此，乳化剂溶于水中超过一定的浓度自身就成为胶束，胶束是由 50~100 个乳化剂分子组成的集体，直径在 50Å 左右。它们可能是棒状，也可能是球状(图 3.5)。乳化剂的乳化能力往往用这个乳化剂能够形成胶束的最低浓度来表示，此最低浓度也叫临界胶束浓度(简称 CMC)。CMC 越小，表示越易成胶束，即乳化能力越强。形成胶束后，单体就可溶于胶束中，结果使单体在水中的溶解度增加，这叫做增溶作用。一般说来，阴离子表面活性剂的 CMC 较低，而非离子表面活性剂的 CMC 较高。少量的电解质常可降低 CMC，这是提高乳化能力的一个方法。

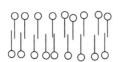

图 3.5　胶束

2. 引发体系

乳液聚合一般都用水溶性引发剂(如过氧化物)和氧化还原体系。例如过硫酸铵，它加热分解成为自由基。

生成的硫酸根自由基有两种可能，一是进入胶束引发单体聚合，一是在水相引发溶于水的单体聚合。例如丙烯酸类单体在水中溶解度较大，因此在水中引发单体的可能性很大。单体自由基在水中继续生长，一定长度后，水溶性降低，油溶性增加，此时即进入胶束中与胶束中的单体反应，生成以极性基团—OSO_3NH_4 为末端的聚合物，它相当于表面活性剂，可以进一步稳定生成的胶粒。利用过硫酸铵时，因为其共价键键离解能在 126 kJ/mol，需在回流温度下聚合，此时不需通 N_2。使用氧化还原体系如 $(NH_4)_2S_2O_8$ 和 $NaHSO_3$ 或亚铁盐可在低温聚合，此时需要通 N_2。H_2O_2 和 Fe^{2+} 也是常用的氧化还原引发体系。

3. 乳液聚合过程与动力学

乳液聚合的基本过程，常以苯乙烯为例来说明。体系中有三相，一是水相，其中溶有少量乳化剂，少量单体、引发剂等；二是油相，即乳化了的单体，颗粒直径为 5000 Å 至 1 μm，油相中也包含溶于单体的引发剂；三是胶束相，主要是含有增溶的单体的胶束，胶束的直径大至 50Å 左右，若溶有单体可大至 100Å 左右。此三相组成都是动态平衡，在聚合过程中不断地变动。一般说来，胶束的浓度为 10^{18} 个/mL，单体颗粒为 10^{10}~10^{11} 个/mL，即胶束的数量远远大于单体颗粒(可达亿倍)。

水溶性的引发剂分解生成的自由基[一般 10^{12}~10^{14} 个自由基/(mL·s)]也是水溶性的。当单体在水中具有一定溶解度时，如丙烯酸酯和乙酸乙烯酯在 80~90℃ 溶解度为 1.5%，相当 10^{20} 个分子/mL。自由基首先和溶于水的单体反应，当聚合到一定聚合度时链自由基水溶性减少，此时易进入胶束(也有部分和其他乳化剂形成新的胶束)，其原因是和单体颗粒相比，胶束的个数多，表面体积大。在胶束内部单体浓度很大，当在胶束内部聚合时，单体逐渐减少，外界的单体可以通过水溶液不断扩散进入胶束从而形成含有聚合物的增溶胶束，它也叫聚合物-单体颗粒(用 M/P 表示)。因为粒径愈来愈大，为了保持胶束形式，水中的乳化剂要不断地被吸附到聚合物-单体颗粒上去，最后使溶液中的乳化剂浓度低于 CMC，于是一些没有被活化的胶束便溶入水中，此时活化的胶束由于迅速的膨胀而被撑破，不再是胶束而成为单体溶胀的聚合物颗粒，由于聚合不断进行，直径逐渐增大，当聚合完了，得到的是外层有乳化剂包围的乳化颗粒(乳胶粒子)。所以胶束的变化是：胶束—增溶胶束—单体聚合物颗粒—乳胶颗粒。乳胶大小一般可在 0.05~1μm 之间。

作为油相的单体，它自身很少有机会进行聚合，它是一个单体储存库，在胶束聚合过程中，单体逐渐扩散，通过水相进入单体-聚合物颗粒，于是逐渐变小，直到消失。

从乳化剂的分布来看，油相单体周围包有乳化剂，当颗粒逐渐减少时，它周围的乳化剂也相应减少，相反，活化了的胶束在聚合过程中逐渐变为 M/P 颗粒而加大，因此包围它的乳化剂相应增加，还有一部分乳化剂则存在于水相中。乳化剂的变化反映在表面张力与转化率的关系上，分为 3 个阶段，如图 3.6 和图 3.7 所示。

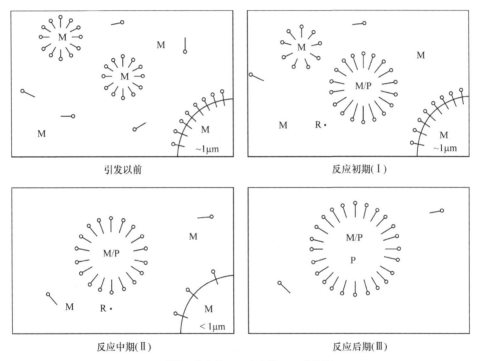

引发以前　　　　　　　　　　　反应初期(Ⅰ)

反应中期(Ⅱ)　　　　　　　　　反应后期(Ⅲ)

M 单体；P 聚合物；R·自由基；o—乳化剂

图 3.6　乳液聚合各阶段的示意图

图 3.7 中 3 个阶段的情况解释如下：

(1) 反应初期有未活化的胶束，可以保持乳化剂浓度不变，表面张力很低，因为 M/P 颗粒增加，此时反应速度上升。

(2) 反应中期，由于胶束已不存在，而 M/P 颗粒数目不变化，但迅速增大，因此水中乳化剂浓度下降，表面张力迅速增加，但反应速度平稳。

(3) 反应后期 M/P 颗粒大小基本不变，单体颗粒消失，因此表面张力只有稍微的增加，由于单体来源没有了，颗粒内的单体浓度下降，因此反应速度迅速下降。

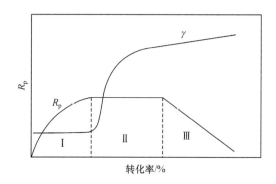

图 3.7 表面张力及聚合速度与转化率的关系

在乳液聚合中，聚合物的链增长过程在胶束中进行，因为一般引发剂生成自由基速度为 10^{13} 个/(mL·s)，而胶束数为 10^{18} 个/mL。自由基同时进入胶束的概率很小，因此在胶束内不易有链终止反应，相对分子质量可以很大(随着大相对分子质量聚合物的生成，T_g 上升，黏度变大。因此即使有两个自由基存在于 M/P 颗粒内，也不易发生终止反应)。在 M/P 颗粒内一个链自由基的终止只有当第二个自由基进入该颗粒时才能发生。一般 M/P 颗粒数为 $10^{13}\sim10^{15}$ 个/mL，典型的情况是 M/P 颗粒数为 10^{14} 个/mL，而自由基数为 10^{13} 个/(mL·s)。因此一个自由基扩散到一个颗粒内平均为 10s。可以设想：M/P 颗粒获得一个自由基后要等 10s 才进入第二个自由基，引起链终止，再在 10s 以后，又有一个自由基进入，又重新开始聚合。按照这样的设想，在某一段时间内只有一半的 M/P 颗粒含有自由基，而另一半没有自由基，因此自由基浓度为 M/P 的半数，按照自由基反应机理

$$R_p=k_p[M][M\cdot]=k_p[M] \times N/2$$

式中，N 为 M/P 颗粒数，这就是 S-E-H(Smith-Ewart-Harkins)方程。可以看出，M/P 颗粒的多少决定聚合速度，同时也与平均聚合度有关：

$$\bar{X}_n = \frac{k_p[M]\cdot N/2}{P/2} = \frac{k_p[M]N}{P}$$

式中，P 为自由基生成速度(终止反应需要两个自由基，故除以 2)。M/P 颗粒的多少则和乳化剂浓度及引发剂浓度有关。对于典型的苯乙烯乳液聚合(苯乙烯是不溶于水的)，其关系为

$$N\propto [E]^{0.6}[I]^{0.4}$$

其中，[E]为乳化剂浓度。

另外一种理论和上述假设不同，认为引发地点不在胶束内部，而在颗粒表

面，所以聚合速度依赖于乳化后增溶颗粒表面积，导出另一公式：

$$R_p = K[E]^{0.5}[I_0]^{0.5}$$

具有一定水溶性的单体如乙酸乙烯酯，MMA 等和上述结果有很大出入。乙酸乙烯酯在水中的溶解度为 2.4%。因此能同时在胶束和水相中进行聚合，它也容易发生链转移，生成溶于水的自由基，它的速度和乳化剂浓度无关，和 N 数目关系不太大：

$$R_p \propto N^{0.15}$$
$$R_p \propto [E]^0[I_0]^{1.0}$$

丙烯酸酯类在水中的溶解度也较高，也不完全符合 S-E-H 速度方程，如丙烯酸甲酯：

$$R_p \propto [E]^{0.16\sim0.23}$$

其原因在于它们在水相中聚合生成的低聚物自由基可以进入胶束，具有乳化剂作用。

4. 乳液聚合中颗粒大小的控制

最终颗粒的大小的调节，首先也是和乳化剂浓度有关，浓度高，胶束多，生成 M/P 颗粒也多，因而乳胶颗粒就小；如果要求颗粒大，则乳化剂浓度要低。其次是水与单体之比，例如单体与水之比为 1:1 和 1:2 时，1:1 颗粒较大，因为相对单体量多时，更多的乳化剂被吸附在单体颗粒的外围，形成胶束的粒子数就少了。第三个因素是温度，温度降低，乳化剂的乳化效率降低，胶束数目减少，因此 M/P 颗粒减少，乳胶颗粒增大。由于温度降低，乳化能力降低，有时会出现凝胶。另外，引发剂的用量和种类，以及聚合反应过程中形成的湍流和搅拌强度也会影响乳胶颗粒的大小。

5. 乳胶的稳定性与保护胶体

乳化剂，如阴离子表面活性剂，在乳胶颗粒外面形成双电层，由于电荷的相斥使乳胶粒子不易靠近。另外一种保护作用是空间保护作用，也叫熵保护作用。例如，用非离子表面活性剂，当两个粒子靠近时，吸有大量水的表面活性剂的极性部分就要被压缩，此时可能的构象数就要减少，熵也就减少，自由能增大，因此不易靠近。一般说来，阴离子表面活性剂较非离子表面活性剂 CMC 低，但易起泡。使用时一般用混合表面活性剂。阳离子表面活性剂一般太贵。

当体系中加水溶性的保护胶体如聚乙烯醇时，它们在聚合过程中，因为链转移，可生成支链，以 I· 代表自由基，表示如下：

$$I \cdot + \overset{H}{\underset{OH}{\overset{|}{C}}}—CH_2—\overset{H}{\underset{OH}{\overset{|}{C}}}—CH_2\rightsquigarrow \longrightarrow \rightsquigarrow \overset{H}{\underset{OH}{\overset{|}{C}}}—CH_2—\overset{\cdot}{\underset{OH}{\overset{|}{C}}}—CH_2\rightsquigarrow + HI$$

$$\rightsquigarrow\overset{H}{\underset{OH}{\overset{|}{C}}}—CH_2—\overset{\cdot}{\underset{OH}{\overset{|}{C}}}—CH_2\rightsquigarrow \xrightarrow{MMA} \rightsquigarrow\overset{H}{\underset{OH}{\overset{|}{C}}}—CH_2—\overset{MMA\cdot}{\underset{OH}{\overset{|}{C}}}—CH_2\rightsquigarrow \xrightarrow{nMMA} \rightsquigarrow\overset{H}{\underset{OH}{\overset{|}{C}}}—CH_2—\overset{(MMA)_{n+1}}{\underset{OH}{\overset{|}{C}}}—CH_2\rightsquigarrow$$

生成的支链是憎水的，因此可溶入胶粒中，形成一层保护层。在聚合体系中加入少量丙烯酸单体，将酸引入共聚物主链，同样可以作为稳定乳胶之用。

6. 乳液聚合中的平均相对分子质量

如果配方中乳化剂、单体和水的比例一定，引发剂浓度高，意味着每个引发剂活性种引发聚合的单体平均量降低，体系的平均相对分子质量降低。如果引发剂的用量确定，乳化剂量增加，则胶束量增加，M/P 粒子数增加，自由基在 M/P 中的寿命延长，使得聚合时间增长，因此平均相对分子质量会变大。

7. Pickering 乳液聚合

Pickering 乳胶是指由吸附于油水界面的固体颗粒来稳定的乳胶，所用固体颗粒称为 Pickering 乳化剂或颗粒乳化剂，如二氧化硅、二氧化钛、氧化锌、氧化铁、黏土及氧化石墨烯等。颗粒乳化剂必须具有较平衡的两亲性结构，亲水性和亲油性太强的固体颗粒因不能吸附在油-水界面上，而不能用作乳化剂。颗粒乳化剂的尺寸、浓度、表面润湿性和表面电荷电量是影响 Pickering 乳液聚合过程及乳胶稳定性的主要因素。Pickering 乳液聚合制备的乳胶为具有核壳结构的有机无机杂化乳胶，兼具高分子材料的韧性、高模量以及纳米材料的特性，但所制备的复合乳胶稳定性差、固含量低。

3.5　超支化聚合物及其合成

树枝状聚合物(dendrimers)和超支化聚合物(hyperbranched polymers)都是类似树枝形状的化合物，具有高度支化的结构和大量的末端基。两者的主要区别是：树枝状聚合物拥有完美的对称结构，可以看成是一种化合物[图 3.8(a)]，而超支化聚合物的分子内部仍有未反应的官能团形成的线型单元，具有一定的相对分子质量分布，实际上是一种混合物[图 3.8(b)]。独特的结构使得它们在引发剂、催化剂、药物载体、非线性光学材料、涂料、表面改性剂等领域具有广泛的应用前景。自 20 世纪 80 年代以来，其研究工作越来越受到人们的关注。由于超支化聚合物合成相对简单，在涂料中有广泛的应用前景，也受到涂料界的重视。本节主要介绍超支化聚合物。

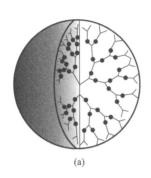 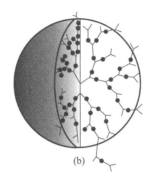

图 3.8　树枝状聚合物(a)和超支化聚合物(b)示意图

3.5.1　超支化聚合物的性质

和线型聚合物不同，因为缺少分子链之间的缠绕，超支化聚合物表现出较差的机械性能。通常是一种很脆的无定形物质，不能作为结构材料来使用。正是因为这一点，尽管 Flory 早在 20 世纪 50 年代就详细地描述了这种聚合物，但是由于认为它缺少实际应用价值，因此 30 多年的时间里，它一直没有受到应有的重视。超支化聚合物与线型聚合物的主要区别在于它的性能强烈地受到末端基团的影响。这是因为超支化聚合物的末端基团在分子中占有很大的比例，而对线型聚合物来说，末端基团几乎可以忽略不计。超支化聚合物的特性总结如下。

1. 极高的末端官能团密度

这是超支化聚合物在结构上最主要的特性。这种特性使得它的反应活性大大高于线型聚合物，因此更容易进行端基改性，实现功能化。

2. 良好的溶解性

跟组成相似的线型聚合物相比，超支化聚合物一般具有良好的溶解性，并且在很大程度上受到末端基团的影响。例如，超支化聚苯在许多溶剂中具有非常好的溶解性，在它的末端引入一些强极性基团，如羧酸酯基，它甚至能溶于水中。相比较而言，线型聚苯很难溶解，并且溶解性几乎不受末端基团影响。

3. 较低的黏度

和相同相对分子质量的线型聚合物相比，由于缺少分子链之间的缠绕，超支化聚合物具有更低的黏度，并表现出一定程度的牛顿流体的特性。它的流变性能使它可作为线型聚合物的改性剂。

4. 可控的玻璃化温度

超支化聚合物的玻璃化温度 T_g 受末端基团影响非常大。有报道说，一种超支化芳香族聚酯，其末端基团从羧基变为酯基时，T_g 的变化可达 100℃。通过端基修饰，可以很容易地改变 T_g。

3.5.2　超支化聚合物的合成

树枝状聚合物与超支化聚合物的合成都是以重复单元 AB_x 为骨架制备得到的，若单体 AB_x 与一个引发核心 B_y 在优化条件下逐步反应，并在每一步反应后进行仔细的分离和纯化，就可以得到分支完整、内部没有未反应的 B 官能团、结构高度对称的近乎完美的树状大分子。如果单体反应时未加以控制，生成的高分子就是超支化聚合物。树枝状聚合物的合成方法主要有两种：发散合成法和汇聚合成法。

发散合成法指由核心向外扩展，一代一代地逐步得到最终产物。得到每一代产物都需要经过脱保护活化、反应、分离纯化等步骤。随反应进行，反应中心呈几何级数增加，反应也越来越难以进行完全，通常采用加入过量单体的办法。由于反应中生成的产物和副产物结构类似，分离工作非常困难。

汇聚合成法是从最终成为表面端基的基团开始，向内部连接单体而逐渐长大。与发散合成法相比，其优点在于每一步反应总是限制在有限几个活性中心进行，不像发散法那样反应中心以几何级数迅速增长，因而避免了使用大为过量的试剂，并降低由于反应不完全产生"瑕疵"的概率，而且有利于把不同的树状片段组装成一个分子。此外，汇聚法产生的副产物和最终产物差别很大，易于产物的分离纯化。同样，生成每一代也需要活化、反应、分离等步骤。

在这两种主要合成方法的基础上，为了简化合成步骤和分离纯化步骤，又相继开发了多种合成方法，如超核合成法、枝化单体法、固相合成法等。不过，无论采取何种合成方法，在合成过程中都要经历烦琐复杂的保护—反应—脱保护—分离纯化等步骤。要得到树枝状聚合物需要很高的合成技巧和艰苦的劳动，成本非常高。

目前大多数超支化聚合物都是以 AB_x 型单体进行逐步聚合反应，通过一锅法方式合成的。为了得到预期的产物，而不发生凝胶，在反应中应注意以下几点：

(1) 官能团 A 和 B 必须经过适当的活化(如光、热或催化剂作用)，使它们只能互相反应，而自身不能反应；

(2) 官能团 A 和 B 的反应活性要足够高，并且不随反应进行而变化；

(3) 官能团 A 和 B 的反应性应该是专一的，以便能抑制各种副反应的发生；

(4) 分子内不会发生环化反应。

此外，为了降低产物的分散性，可以用 AB_x 型单体与 B_y 型单体共聚。

图 3.9 是一锅法制备聚酯型超支化聚合物的示意图，聚酯型超支化聚合物已经商品化。

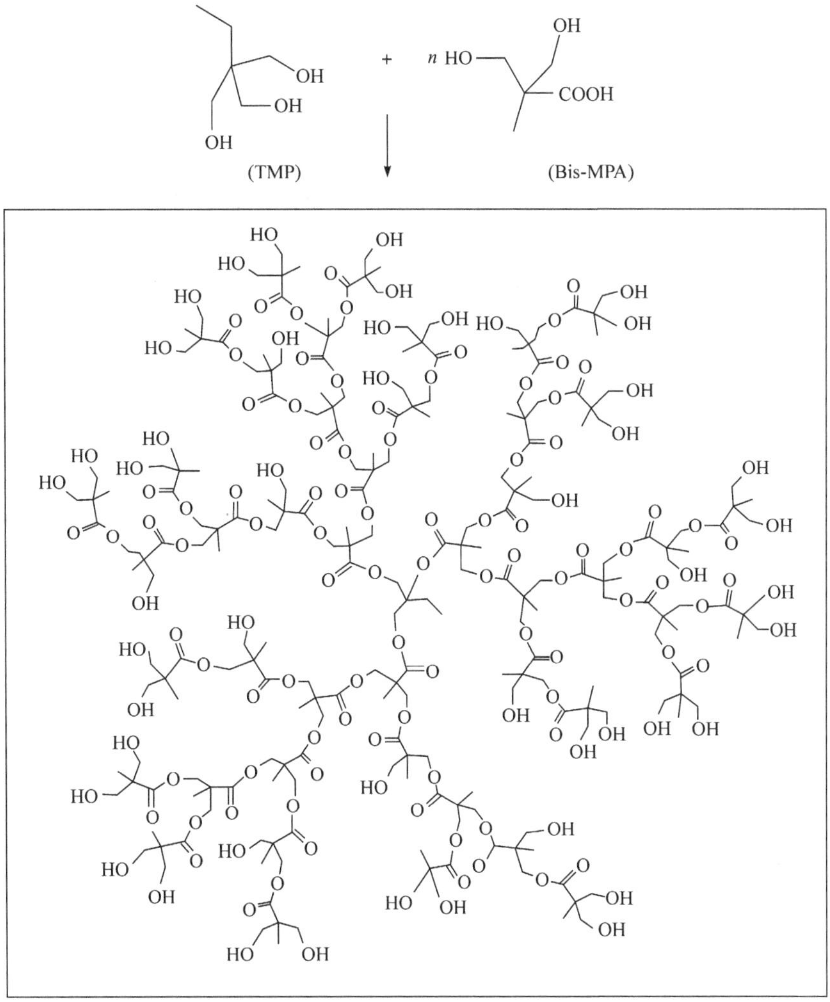

图 3.9 聚酯型超支化聚合物一锅法合成

3.5.3 超支化聚合物的应用

随着超支化聚合物合成方法逐渐成熟，人们对它结构与性能的理解逐渐加深，它在涂料中的应用已有一定的成效。归纳起来，主要有以下几个方面。

1. 作成膜物

超支化聚合物具有与传统的线型聚合物不同的、独特的结构特点，尤其是它的低黏度和高官能度，与线型聚合物配合可用作涂料成膜物。将它用于光固化涂料中作为成膜物，具有黏度低、溶解性好、活性高等特点；可加快成膜速度，改善膜的性能。例如，用丙烯酸酯化聚酯型超支化聚合物后，将其用于自由基紫外光固化中，不仅能快速固化，而且 O_2 对固化的阻聚作用很小。丙烯酸酯化的超支化聚合物有望用作紫外光固化粉末涂料。

2. 作黏度改性剂

超支化聚合物由于没有链的缠绕，黏度较低，并且表现出牛顿流体行为。将它与非牛顿型聚合物混合可有效地降低其黏度。因此，它用作涂料的黏度改性剂，可以改善涂料的流变性能，降低涂料中的挥发性有机溶剂的含量。

3. 作引发剂、交联剂

超支化聚合物末端具有密集的官能团，可用于涂料中作引发剂和交联剂。

第四章　聚合物改性

为了得到合用的成膜物，单纯的聚合物需要进行改性，聚合物的改性可以用物理方法和化学方法进行。

物理方法改性，即掺合改性，有三个方面：

(1) 用助剂改性，如添加增塑剂、抗氧剂、光稳定剂。

(2) 高分子共混改性。

(3) 复合材料：在聚合物中添加颜料和纤维等，两者之间不要求相容。加有颜料的涂料就是一种复合材料。

化学方法改性，也称为结构改性，主要有两个方面：

(1) 共聚合：包括一般共聚，接枝共聚与嵌段共聚。

(2) 化学反应：如聚氯乙烯氯化、纤维素的硝化和酯化反应等。

4.1　聚合物的反应

通过大分子的反应可以改变聚合物的性质，或者制备新的聚合物，例如聚丙烯腈可以水解为聚丙烯酰胺，聚丙烯酰胺可以部分水解为丙烯酰胺-丙烯酸共聚物，聚乙酸乙烯酯可转变为聚乙烯醇，聚乙烯醇可转变为聚乙烯醇缩甲醛或缩丁醛，聚氯乙烯可氯化为氯化聚氯乙烯，纤维素可以酯化为硝化纤维素，等等。聚合物间的交联反应，聚合物的接枝和老化等也是另一种形式的大分子反应。聚合物的反应对于涂料来说，无论是从制备角度，还是从涂料性能方面来看都是极重要的。

4.1.1　聚合物的基团反应特点

聚合物侧链上官能团的反应能力，基本上和小分子化合物相似，但由于聚合物是把多个基团固定在主链上的，和小分子孤立的情况有所不同，所以又有其特殊性。

1. 结晶性影响

聚合物一般只有在无定形区的官能团可以参与反应，试剂一般很难接近结晶区，因此只有在无定形区，聚合物基团反应才和类似的小分子化合物类似。

2. 溶解度变化的影响

反应开始时是在均相进行的，但随着一些基团的反应，聚合物的物理性质发生变化，导致不能再溶解在原来的介质中，因此其反应转化率将被阻滞，反应速度也愈来愈慢，但有时也可因沉淀而增加反应速度。

3. 孤立的官能团

当反应包含着聚合物链上相邻的一对官能团的反应时，其最高转化率就由在主反应的官能团对中间的孤立官能团数决定，例如聚氯乙烯用锌粉脱氯，其中孤立的氯不能再和锌反应。孤立氯的量可用统计方法算得，一般只有 86.5% 的氯可参加反应。

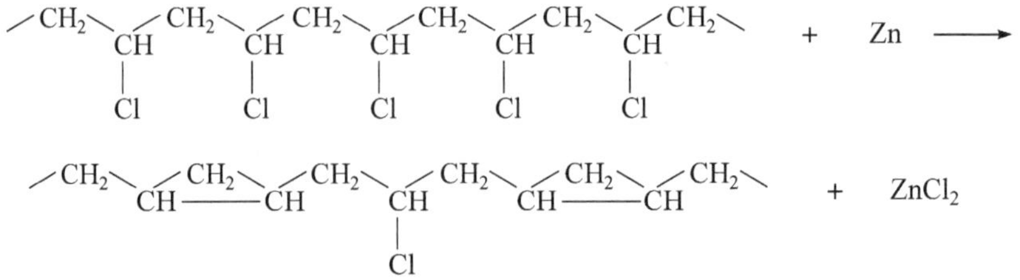

$$
\begin{array}{c}
\text{—CH}_2\text{—CH—CH}_2\text{—CH—CH}_2\text{—CH—CH}_2\text{—CH—CH}_2\text{—CH—CH}_2\text{—} \\
\quad\quad |\quad\quad\quad |\quad\quad\quad |\quad\quad\quad |\quad\quad\quad | \\
\quad\quad \text{Cl}\quad\quad \text{Cl}\quad\quad \text{Cl}\quad\quad \text{Cl}\quad\quad \text{Cl}
\end{array}
\quad + \quad \text{Zn} \longrightarrow
$$

$$
\begin{array}{c}
\text{—CH}_2\text{—CH——CH——CH}_2\text{—CH——CH——CH}_2\text{—} \\
\quad\quad\quad\quad\quad\quad | \\
\quad\quad\quad\quad\quad\quad \text{Cl}
\end{array}
\quad + \quad \text{ZnCl}_2
$$

聚乙烯醇缩醛化反应，也有相同情况。

4. 邻近基团效应

高分子链上的邻近基团相隔显然很近，因此相互影响比小分子化合物来得明显，例如聚丙烯酰胺的水解，在稀 NaOH 作用下，水解程度只有约 70%，这是由于与剩下的酰胺相邻的基团都是 COO^-，对 OH^- 进攻起屏蔽作用，见图 4.1。

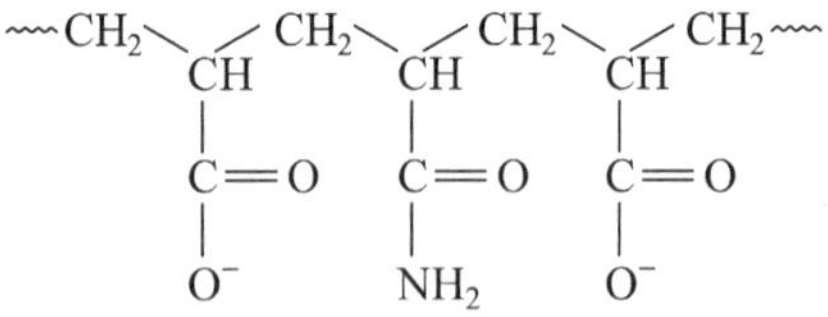

$$
\begin{array}{c}
\text{~CH}_2\text{—CH—CH}_2\text{—CH—CH}_2\text{—CH—CH}_2\text{~} \\
\quad\quad\quad |\quad\quad\quad\quad |\quad\quad\quad\quad | \\
\quad\quad\quad \text{C}=\text{O}\quad\quad \text{C}=\text{O}\quad\quad \text{C}=\text{O} \\
\quad\quad\quad |\quad\quad\quad\quad |\quad\quad\quad\quad | \\
\quad\quad\quad \text{O}^-\quad\quad\quad \text{NH}_2\quad\quad \text{O}^-
\end{array}
$$

图 4.1　邻近基团屏蔽作用

另一方面，邻近基团也可促进反应，聚丙烯酰胺初期水解速率几乎与小分子丙烯酰胺相同，随后，水解速率迅速增快至几千倍，表现出自催化作用，这是因为已生成的羧基与邻近酰胺基的 C=O 基有静电作用，有助于酰胺基中—NH_2 基的脱离而迅速地水解。

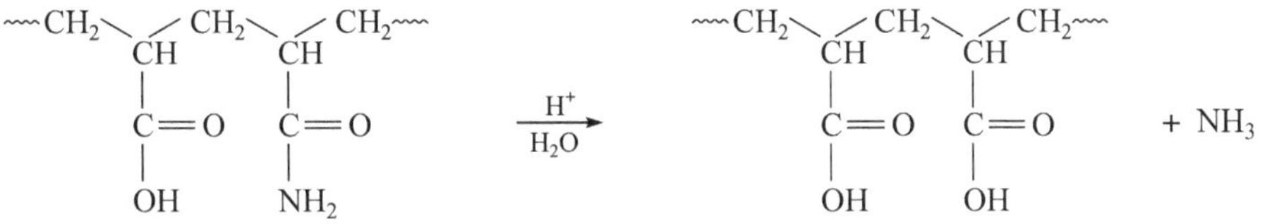

$$\sim CH_2 \begin{matrix} \\ CH \end{matrix} CH_2 \begin{matrix} \\ CH \end{matrix} CH_2 \sim \qquad \xrightarrow[H_2O]{H^+} \qquad \sim CH_2 \begin{matrix} \\ CH \end{matrix} CH_2 \begin{matrix} \\ CH \end{matrix} CH_2 \sim \qquad + NH_3$$

在涂料常用的聚合物中，聚乙酸乙烯酯或其共聚物有一个明显的缺点，即耐碱性差，因为乙酸酯很容易水解，但当乙酸乙烯酯和叔碳酸乙烯酯共聚后，生成的共聚物耐水解性却极好，这不仅是因为叔碳酸酯本身因空间阻碍不易水解，而且它巨大的基团也阻滞了邻近乙酸酯的水解(见 19.2.3)。

5. 构型效应

同一聚合物若其构型不同，反应性也往往不同，例如全同的聚乙烯酯醇缩醛要比间同构型的稳定得多，因此不易水解。

4.1.2 几种聚合物的改性

1. 纤维素的改性

纤维素是植物纤维组织的主体，其中棉花是最纯的纤维素，纤维素可以看作是葡萄糖的聚合物，可以表示如下：

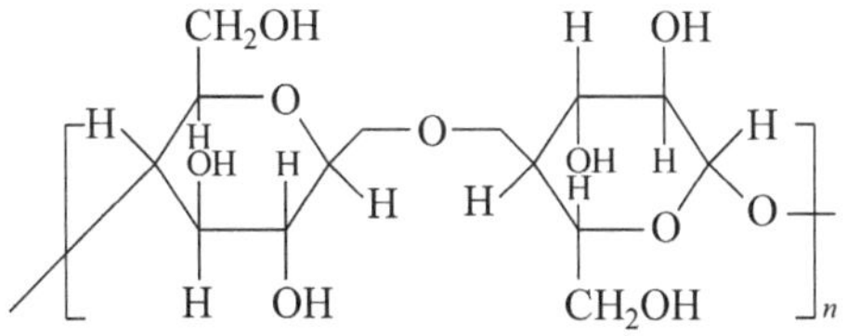

纤维素的相对分子质量很大，而且由于沿着分子链两侧有氢键的作用，分子间的结合很牢固，并排列得十分规整，具有一定的结晶性，因此不能被水和其他普通溶剂所溶解，难以用于涂料的成膜物或其他方面。若将纤维素分子中葡萄糖环上的羟基进行反应，例如，用无机酸或有机酸酯化，或用醇进行醚化，便可得纤维素酯或纤维素醚，它们可溶于溶剂，因而能用作成膜物，有的则可溶于水，可以作为增稠剂等。前者最重要的是纤维素硝酸酯和乙酸酯或称硝基纤维素和乙酸纤维素，后者重要的有甲基纤维素、羧乙基纤维素等。

硝基纤维素是最早用于涂料的天然聚合物改性的成膜物，它是硝基漆的主体，是用硝酸和硫酸混合酸硝化纤维素得到的，但纤维素上的羟基并非全部被硝化，大概是平均每个葡萄糖结构上只有 2~2.25 个羟基被硝化(氮含量为10.7%~12.2%)。其结构表示如下：

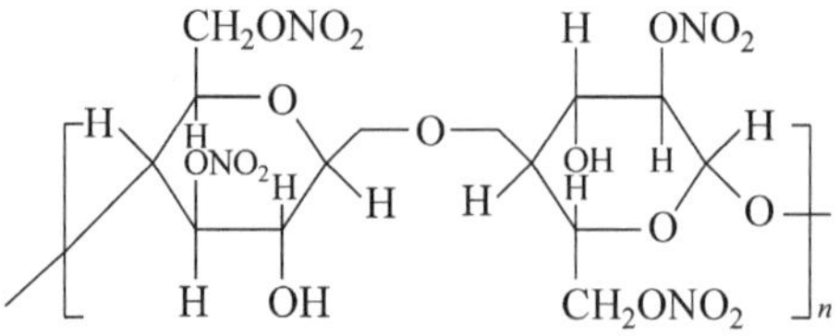

（上方为硝化纤维素结构式图，含 CH_2ONO_2、ONO_2、OH、H、O 等基团，右下标 n）

低硝化值的可用作塑料，高硝化值(氮含量高于 12%)的则是炸药。硝基纤维素用于涂料通常还要进行降解，并加入增塑剂，如樟脑等。

2. 聚乙烯醇的缩醛化

聚乙烯醇本身不能由乙烯醇聚合得到，它是由聚乙酸乙烯酯醇解得到的，聚乙烯醇是一种水溶性聚合物，作为涂料的成膜物需要对其进行改进，主要是用缩醛化的方法，其反应表示如下：

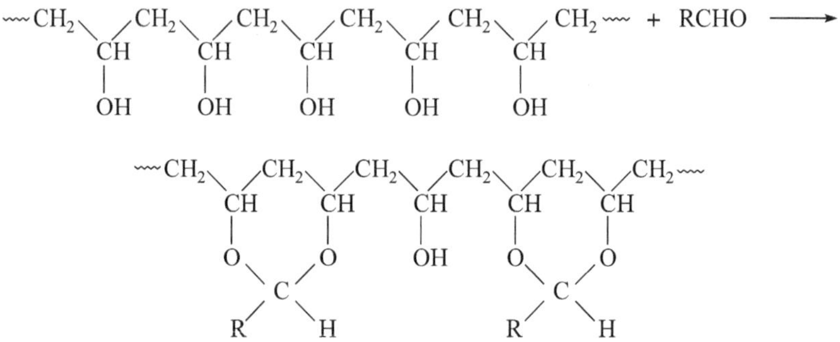

（聚乙烯醇与 RCHO 反应的结构式图，含 CH_2、CH、OH、O、C、R、H 等基团）

根据缩合所用醛的种类，分别可得到聚乙烯醇缩甲醛、聚乙烯醇缩丁醛等。合成纤维"维尼纶"便是用甲醛缩合了的聚乙烯醇纤维。在涂料中聚乙烯醇缩甲醛可以由聚乙酸乙烯酯直接制备，这样可以在分子链上保留多一些乙酸酯，因而可在苯和乙醇中溶解，可用于电气绝缘漆等。通常，聚乙烯醇溶液加甲醛，部分缩合后可以提高聚乙烯醇作为黏结剂的强度和耐水性，如市售的 107 胶。

聚乙烯醇缩丁醛具有非常好的附着力，是防腐涂料中磷化底漆的主要成分，它也是安全玻璃的黏结剂。

3. 聚合物的氯化

橡胶、聚乙烯、聚丙烯和聚氯乙烯经氯气氯化后，可以改善它们的溶解性、抗化学性、耐老化性和其他性质，因而广泛用作涂料中的成膜物。由于含有较多的氯原子，此类聚合物具有较好的阻燃性能，而且透 H_2O 的能力差，因此可用于防火涂料和防腐蚀涂料。

氯化橡胶可由天然橡胶的四氯化碳溶液直接氯化而得，氯化反应过程包含加成、取代和部分环化反应，可以表示如下：

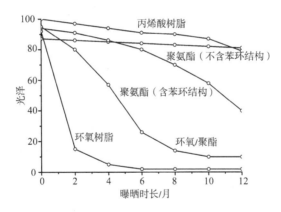

氯化聚氯乙烯又称过氯乙烯树脂，它由聚氯乙烯的氯苯溶液在较高温度下氯化得到，聚丙烯和聚乙烯则可用水悬浮或乳胶进行氯化。

4.2 成膜物的老化和防老化

漆膜大部分是直接暴露在大气中的，光、空气、二氧化碳、水以及生物等均可引起漆膜的损坏。其中漆膜发黄、变脆是最常见的现象，这主要是成膜物老化所引起的。

图 4.2 为不同类型粉末涂料的佛罗里达户外曝晒数据，可从图中看出不同聚合物的老化情况。

图 4.2 不同类型粉末涂料的佛罗里达户外曝晒数据

4.2.1 老化的各种类型

老化的原因很多，但主要是聚合物链的降解，包括热降解、氧化降解和光氧化降解、水解以及生物降解等，常温使用的一般涂料的主要老化方式为光氧化降解。

1. 氧化降解与光氧化降解

不饱和聚烯烃很容易受氧的进攻(自动氧化)，它们和氧反应可形成过氧化氢物或环状过氧化物，然后进一步裂解交联。对于饱和碳链聚合物，氧化通常是从那些弱的 C—H 键处开始的，例如，聚丙烯中的叔碳原子上的 C—H 键，环氧树脂中醚键 α 碳上的 C—H 键，聚苯乙烯上叔碳原子上的 C—H 键等。这种氧化作用比较缓慢，但一些过渡元素(如 Fe，Cu，Mn，Ni 等)可促进此类氧化反应。颜料中的 TiO_2 也是一种氧化的催化剂。紫外光可大大加速氧化反应，在光照作用下的氧化又称光氧化，涂料的老化主要是光氧化反应，以聚苯乙烯作为代表，其反应表示如下：

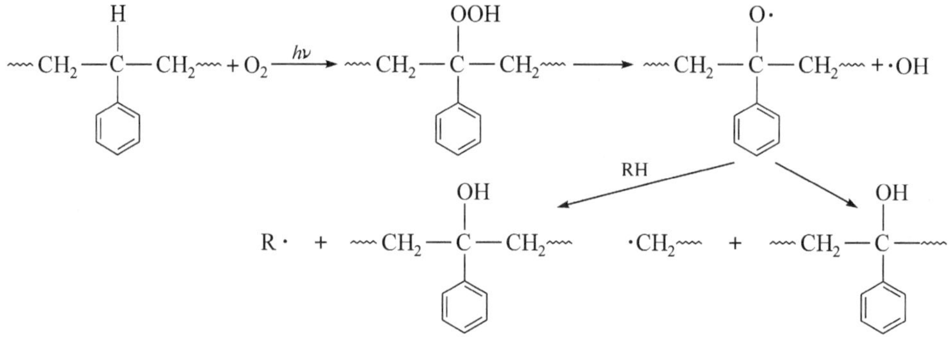

反应中生成的自由基可和 O_2 结合生成过氧化物自由基，再进一步夺氢形成过氧化氢物，于是形成链式反应。聚丙烯、聚乙烯等有类似氧化过程。

2. 通过水解的链降解

聚合物链是通过官能团联系在一起的(如聚酯、聚酰胺、多糖和聚甲醛)，它们的化学降解很容易理解。这些聚合物可以用酸或碱作为催化剂进行水解，也可以用酶来水解。只要聚合物在水中溶解或至少溶胀，聚合物链的水解就非常容易。淀粉多糖能被降解是因为其主链含缩醛键；聚酯和聚酰胺水解后，端基分别生成羧基及氨基或羟基；对苯二甲酸酯具有较大的稳定性，由于它易结晶，结晶区较无定形区更难水解；邻苯二甲酸酯易水解，因为有邻近基团效应。

不同聚合物由于结构不同，水解速度也不同。聚丙烯酸类是较耐水解的聚合物。

3. 热降解

聚氯乙烯、聚偏氯乙烯和聚丙烯腈等加热到 80~160℃时会变色，起初变黄最后变黑。当颜色变深时，机械性能也变差，特别是聚氯乙烯。聚氯乙烯在受热时分裂出 HCl，结果形成共轭双键，而生成的 HCl 又是进一步脱 HCl 的催化剂。

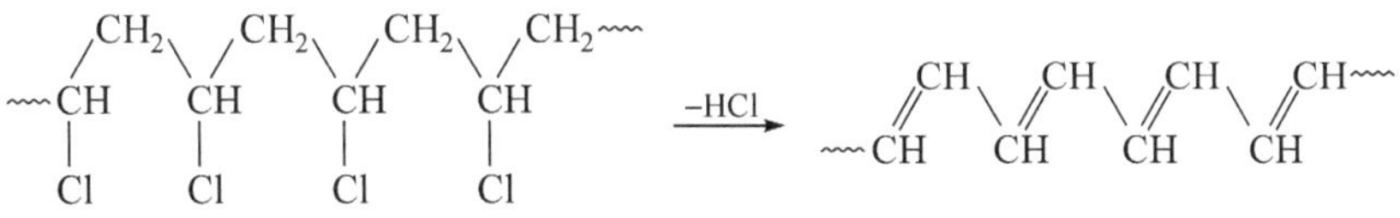

除了分裂出 HCl 外，还有氧化断裂发生，这一反应最终导致材料完全破坏，为此需要加稳定剂，它们大多是可与 HCl 反应的化合物。

解聚反应也属于热降解反应。一般含季碳原子的聚合物，易裂解为单体，因为自由基只能内部歧化，如 PMMA(Ⅰ式)；而叔碳原子带有 H，生成的活性链易发生链转移(Ⅱ式)。

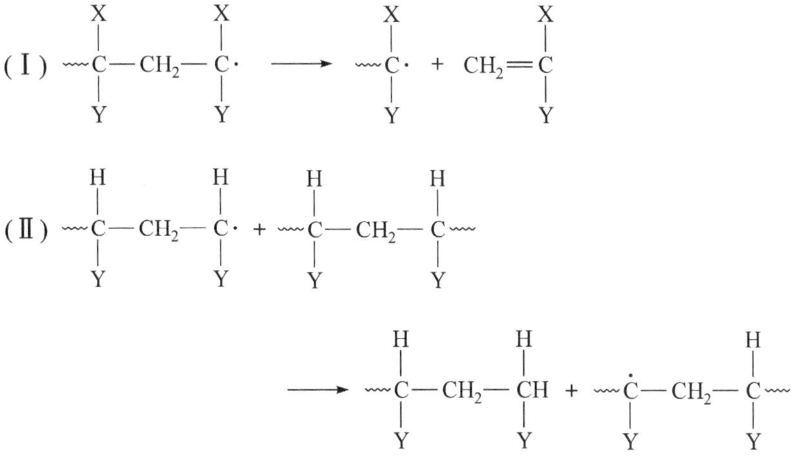

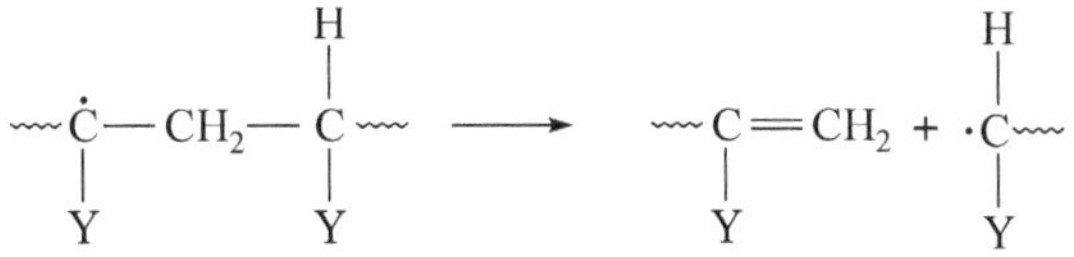

4.2.2 聚合物的防老化与稳定剂

为了防止聚合物的老化，涂料中最常采用的方法是添加稳定剂(如抗氧剂、光稳定剂)和共聚合的方法，本节讨论前者。目前聚合物稳定剂选择仍多凭经验，但作为一个合用的稳定剂必须具备下列条件：①与聚合物相容性好；②长效，挥发性和萃取性低；③不带有碍于表观的颜色；④无毒无臭；⑤对化学药品和热稳定；⑥效率高，如一种稳定剂可同时起多种作用。主要类型介绍如下。

1. 抗氧剂

抗氧剂实质是自由基终止剂及链反应的抑制剂，主要有受阻酚和芳香胺类。其中三烷基酚是使用最广的抗氧剂之一，芳香胺由于易带色，主要用于深色材料。以受阻酚为例，用下式说明其抗氧化机理：

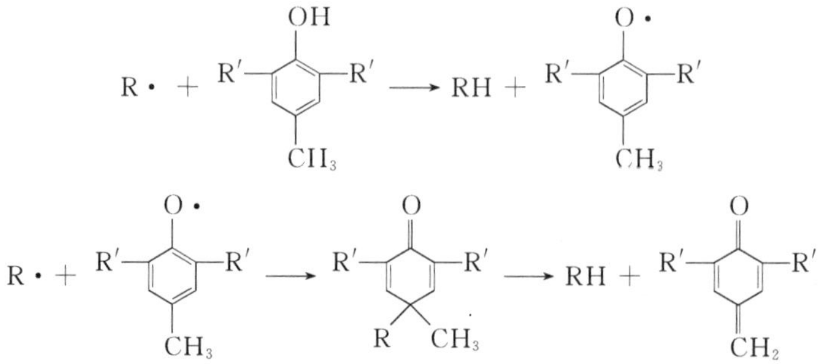

式中，R·为大分子的自由基，由于R·或ROO·自由基从受阻酚上夺氢的速度要比从聚合物链上夺氢的速度快得多，这样便抑制了链式反应。

2. 助抗氧剂

助抗氧剂即过氧化氢的分解剂。老化过程中生成的过氧化氢物可用含硫或含磷的化合物与之反应使形成稳定的羟基化合物，使反应终止。主要有各种硫醚、二硫化合物、亚磷酸酯等，它们的反应表示如下：

(1) 硫醚化合物

$$R'—S—R'' + ROOH \longrightarrow R'—S(\rightarrow O)—R'' + ROH$$

$$R'—S(\rightarrow O)—R'' + ROOH \longrightarrow R'—S(\rightarrow O)_2—R'' + ROH$$

(2) 含磷化合物

$$(R'O)_3P + ROOH \longrightarrow ROH + (R'O)_3PO$$

3. 光稳定剂

光稳定剂由于稳定机理不同而分为以下几种类型。

(1) 光屏蔽剂：能反射和吸收紫外光，使光不透入聚合物内部，如炭黑，它兼有吸收紫外光和抗氧化作用。

(2) 紫外吸收剂：能吸收290~400nm波长的紫外光的化合物，它们吸收紫外光而激发，在回到基态时，可将光能转换为热能，或同时放出弱的荧光或磷光，如2-羟基二苯甲酮，其紫外光吸收过程表示如下：

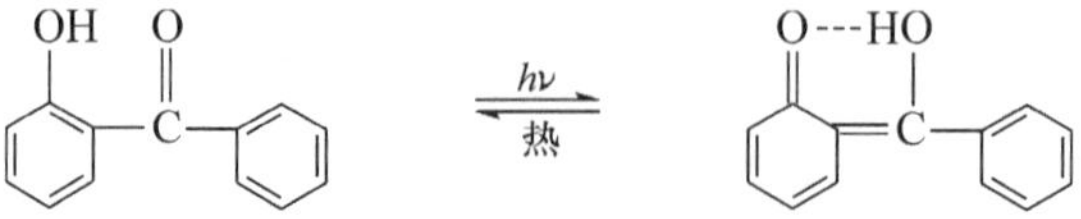

紫外吸收剂除 2-羟基二苯酮类外, 还有邻羟基三嗪类与苯并三氮唑类, 如 2-(2 - 羟基-5-甲基苯基)苯并三氮唑, 这是一类无色透明的紫外吸收剂。

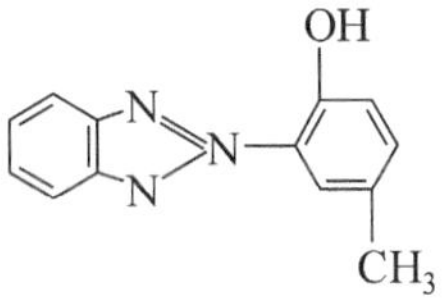

(3) 猝灭剂: 主要是二价镍的有机螯合物, 它们可与受光照而激发的聚合物分子作用, 通过猝灭反应, 夺取聚合物激发态的能量, 使其回到基态, 得到的能量可以热的形式消耗掉。其结构可用硫代双(4-叔辛基苯酚镍)为代表:

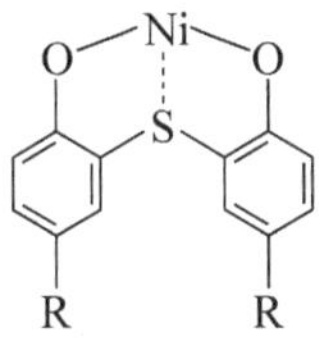

R 代表叔辛基

(4) 受阻胺光稳定剂: 这是一种高效的防光老化剂, 它不同于前三种, 其作用包括单线态氧的猝灭剂、自由基的捕捉剂、过氧化氢的分解剂, 因此综合了抗紫外光氧化的各种作用。受阻胺的品种很多, 广泛用于涂料, 其一般形式表示为

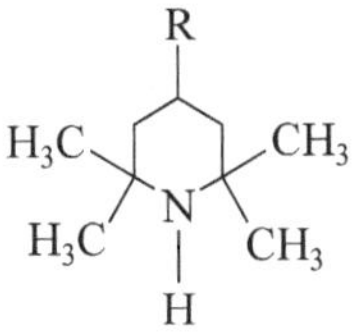

4. 金属钝化剂

某些微量金属离子可加速聚合物的自氧化过程, 故对涂料有不良影响。金属钝化剂实际是能与金属生成络合物的螯合剂, 例如水杨醛肟, 它可与铜形成络合物:

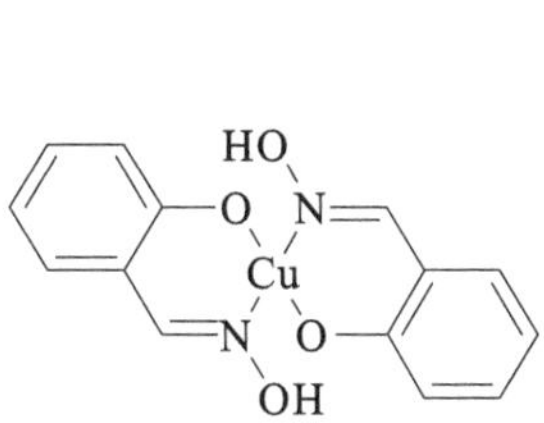

5. 小分子吸收剂

聚氯乙烯分解出来 HCl，可进一步促使聚氯乙烯分解。加入各种金属盐，如硬脂酸的钙盐、钡盐和锌盐；环氧化合物，如环氧大豆油；有机金属化合物，如有机锡(常用的有二丁基二月桂酸锡)等，可用来吸收 HCl。

4.3　聚合物基复合材料

复合材料是一种多相材料，它是由聚合物材料、无机非金属或金属材料(如纤维和颗粒状填料等)通过复合工艺构成的一种新型材料。复合材料的特点在于它不仅能保持原组分的特色，而且还可通过复合效应使之具有原有组成材料所不具备的性能，它可以根据需要进行设计，从而最合理地达到使用要求的性能，从这一点看，与简单的混合有明显的区别。实际上涂料便是一种复合材料，而且是历史最早的复合材料，例如，早在 2000 年前我国便出现了用麻丝与大漆构成的漆器。从复合材料的角度来研究涂料，即如何将现代复合材料的理论和新技术与涂料研究相结合，对于提高涂料的水平将是有意义的。

聚合物复合材料和涂料一样有连续相和非连续相(分散相)，聚合物基的复合材料便是以聚合物为连续相，而填料(颜料)为非连续相，一般来说，填料可以是粒状的和纤维状的或它们的混合，而且它们的长短或粗细的分布可各不相同，颗粒填料主要有炭黑、SiO_2、碳酸钙、玻璃微珠、金属粉末等，纤维填料有纤维素、合成纤维、碳纤维、石棉、玻璃纤维以及晶须形金属等。一些普通的复合材料的填料和涂料中的颜料是相近似的。

复合材料最重要的特点是可以大大改善力学性质，可制备高强度、高模量、具良好抗疲劳性及耐摩擦自润滑性的材料，如我们熟悉的玻璃纤维增强塑料或碳纤维增强塑料等。复合材料也可改善高温耐热性、化学稳定性、隔热性、抗烧蚀性以及其他特殊性能，这些性能是一些特种涂料所必需的。

4.4　聚合物合金

将两种或两种以上的聚合物以一定形式组合起来，形成具有不同于原组分聚集态结构与性能的新材料称之为聚合物共混物或聚合物合金，实际上聚合物合金也是聚合物复合材料的一种。聚合物合金的特点在于可通过已有的聚合物进行共混改性，不仅可以获得各组分性能互补的、综合性能优异的新材料，而且和复合材料一样通过复合效应可得到原组分不具有的性能，而且可根据需要进行设计。聚合物合金的理论和应用的发展和复合材料一样将对涂料发生重要的影响。

聚合物合金可以改进聚合物材料的力学性质，现以橡胶和塑料的混合来说明这一特点(图 4.3)。若以塑料如聚苯乙烯为主要成分，高抗张的聚苯乙烯便成为连续相，软而韧的橡胶成为分散相(微区)，由于这类材料的基质为聚苯乙烯，所以保留了硬而强的特点，当材料受到冲击时，处于高弹态的橡胶粒子的存在有利于能量吸收，使橡胶的韧性得以发挥，因而可得到高抗冲的聚苯乙烯。另一方面，若以橡胶为主要成分，则橡胶为基质，构成连续相，塑料为分散相，这样的体系保留有橡胶的特点，

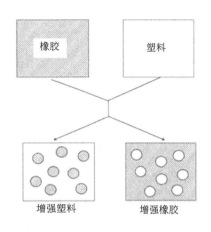

图 4.3 聚合物合金示意图

即模量小易变形，但塑料微区的存在又可补偿橡胶低抗张的弱点，成为增强的橡胶。若橡胶和塑料间的分子存在化学键，塑料分散相不仅起增强作用，还能使橡胶在变形时避免大分子间的滑移，这就是所谓的热塑弹性体。由以上讨论可知，上述合金体系都是两相结构，正因为两相的存在，两组分的特点才得以保存，材料才能实现这些有利性能的结合。但是，这种相分离不像一般在低分子体系那样可以进一步发展成宏观的两相，聚合物合金是处于一种亚稳的状态。聚合物的合金能否形成和两组分的相容性有关，相容性太差，两者根本混合不起来，即使混合起来，材料通常呈宏观相分离，出现分层现象。两者相容性越好，得到的材料两相分散得越细，越均匀。相容性好的极限是形成均匀的一相，即分子水平的分散，此时在聚集体结构上没有新的特点，因而和增塑体系相似。

合金可以分为两大类，一类是简单共混体系和互穿网络体系，两种聚合物间无化学键，另一类是共聚合体系，主要是嵌段共聚物和接枝共聚物。

(1) 简单共混体系：借助于溶剂或热量实现组分间尽可能密切地分散和接触，共混的途径有熔融共混、乳液共混和溶液共混。

(2) 互穿网络体系(IPN)：这是一种采用特殊的制备方法得到的共混物，两组分聚合物间虽无化学键联结，但两区尺寸较小，可达到相互贯穿交错，因而赋予材料较好的力学性能和其他特殊性能。制备 IPN 的方法很多，如将交联聚合物用含有引发剂和交联剂的单体溶胀，然后再进行聚合，这样的方法称分步IPN(图 4.4)。IPN 也可用同步聚合的方法得到，但在涂料上有实用意义的主要是乳胶 IPN。乳胶 IPN 一般按种子聚合的方法制备：首先用乳液聚合的方法制备一交联度不太大的乳胶，将此乳胶作为种子，再加单体和引发剂进行乳液聚合，于是得一核壳结构，这样的聚合重复多次，便得多重的乳胶，但为了成膜，最后一层应是不交联的，各层的交联度也不应太高。

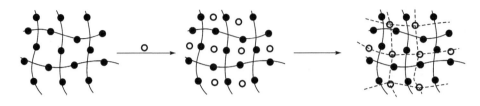

图 4.4　IPN 示意图

(3) 嵌段共聚合：嵌段共聚合常由阴离子聚合和活性自由基聚合制备，因为是活性聚合，其生长链是"活"的，当加入第二种单体后可继续聚合。嵌段聚合可将两种不相容的聚合物用化学键相连在一起，在成形以后，和聚合物混合物一样是一种多相体系，这和一般共聚物是不同的，一般共聚物不具备聚合物合金的性质。

4.5　纳米复合材料

4.5.1　纳米材料与纳米复合材料概念

纳米是长度单位，纳米材料定义为在任何维度尺寸为 0.1~100nm 之间的粒子。纳米粒子是由数目较少的原子或分子组成的原子群或分子群，其尺寸大小处于原子团簇与亚微米级体系之间，是介于微观体系和宏观体系之间的一种新的介观物理态，有着许多奇异的物理、化学特性。纳米粒子的表面与界面效应、小尺寸效应和宏观量子效应三大效应，使纳米材料的声、光、热、电磁、力学、催化等方面同宏观物质有很大的差别。将纳米材料与其他材料相结合，如与高聚物制成复合材料，可使材料获得特殊功能或大幅度提高其物理与化学性能。

纳米复合材料是指复合材料中分散相尺度有任何维度的尺寸在 100nm 以内的复合材料。聚合物纳米复合材料是以有机聚合物为基材，无机纳米粒子为分散相的有机-无机纳米复合材料。

4.5.2　纳米粒子的表面改性

纳米固体材料由于粒径小，表面能极高，易形成团聚体。在制备聚合物/无机纳米复合材料时为了使粒子分散，必须要对纳米粒子进行表面改性。当前改性方法主要有：①表面包覆处理；②表面接枝处理，利用化学反应在粒子表面接枝带有不同功能基团的聚合物，使之与基体聚合物黏结更加紧密；③高能处理法，利用紫外线、微波、等离子体、电子射线等处理粒子表面，使粒子在基质中的分散性得到改善。

4.5.3　纳米复合材料的制备方法

目前发展的纳米复合材料制备方法主要有：

(1) 纳米粒子直接分散法。这是制备聚合物/无机纳米复合材料最直接的方法，适用于各种形态的无机纳米粒子。由于粒子之间聚集作用很强，常规方法不能克服粒子与聚合物基体之间的高界面能，采用传统的机械共混、熔融共混方法制备的复合材料很难达到纳米分散水平，即使是经过表面预处理的粒子，要达到理想的纳米级分散，其难度仍然很大。因此纳米粒子的直接分散法仍然是该领域中的一个技术难点。为了达到纳米级分散，需要一些更有效的方法，其中包括采用在液体介质中用超声波法或其他高效的方法分散纳米粒子，得到纳米分散的浆料，然后再与聚合物基料混合。或者采用聚合物单体为分散介质，分散后再进行原位聚合，最后得到聚合物纳米复合材料。

(2) 溶胶-凝胶(sol-gel)法。溶胶-凝胶法是 20 世纪 60 年代发展起来的一种胶体化学方法。溶胶-凝胶法最初用于制备玻璃、陶瓷等无机材料，后来被广泛用于制备纳米粒子，如纳米二氧化钛、纳米二氧化硅、纳米氧化锡等，也被用于制备纳米/有机基体复合材料或涂料。其基本原理是将无机粒子的前驱体(烷氧基金属或金属盐等)和有机溶剂或/和单体混合制成溶液，然后加入水和催化剂，使无机前驱体水解缩合，原位生成纳米级粒子的溶胶，若将溶剂和水升温除去，便得凝胶，最后烘干成纳米粒子。若将有机单体原位聚合并除去残留溶剂即制成聚合物纳米复合材料。例如，前驱体采用四乙氧基硅烷，便可制得纳米二氧化硅或聚合物纳米二氧化硅复合材料或成膜材料。该法特点是反应条件温和，可制备出高纯度、高均匀度并易于加工成型的复合材料。

(3) 插层/剥离复合法。插层是指用化学或物理方法将某些离子、分子、官能团或高分子插入到另外一些层状物质的层间空间里。插层/剥离复合法是单体或聚合物插进层状无机物片层之间，进而将片层结构基本单元剥离，使其均匀分散于聚合物基体中，从而实现纳米尺度上的复合。按照纳米插层/剥离复合的过程，可将插层复合法分为两种：①插层/剥离聚合法，即将合适的单体插入层状无机材料片层之间，然后引发单体聚合，即得纳米复合材料；②聚合物插层/剥离复合法，直接用聚合物插入层状材料并进一步使之剥离的方法。插层聚合法对单体的限制较大，所以聚合物直接插层/剥离法就成为当前的主要方法。利用插层方法得到的复合材料称插层复合物。

自然界有很多层状无机矿物，如石墨、云母、金属氧化物、层状硅酸盐等，但是能用于制备插层复合物的只有蒙脱土、高岭土、海泡石等少数几种层状硅酸盐矿物。主要原因在于它们有较大的层间距并有可交换的阳离子。用蒙脱土制备的复合材料具有代表性。蒙脱土是一种含水的层状铝硅酸盐 $Na_x(Al_{2x}Mg_x)(Si_4O_{10})\cdot mH_2O$，其结构片层是纳米尺度，包含三个亚层，在两个硅氧四面体亚层中间夹着一个铝氧八面体亚层，亚层间通过氧原子以共价键连接，结合很牢固。由于铝氧八面体亚层中的部分铝原子被低价原子取代，片层带负电荷。层间过剩负电荷靠游离于层间的钠、钙、镁等阳离子平衡，这些离子易与烷基季铵盐或其他有机阳离子进行交换生成有机蒙脱土，有机蒙脱土具有亲油性，易于在油性溶剂中分散。交换后的蒙脱土层间距加大，一些单体和聚合物熔体可以进入层间，层间的单体聚合或熔体的作用可导致蒙脱土剥离，纳米尺度的片层可均匀地分散于聚合物基体中形成聚合物/层状硅酸盐纳米复合材料。这种方法实现了无机相在有机基体中纳米级均匀分散、无机与有机相界面强结合，因而与传统的聚合物/无机颜料的复合材料相比有无法比拟的优点，它们具有优异的力学性能、热学性能、气液阻隔性能和光学性能。

　　一些新型聚合物纳米复合材料也相继出现，如含碳纳米管(CNT)、低聚倍半硅氧烷多面体(POSS)和石墨烯的纳米复合材料。碳纳米管和 POSS 是新型多功能的强化材料。石墨烯是由一个碳原子与周围三个近邻碳原子结合形成蜂窝状结构的碳原子单层，具有优异的导电性、导热性和力学性能，其应用形式包括石墨烯粉体与浆料、石墨烯纤维及石墨烯薄膜。它们都具有纳米级的超微形态，可以采用直接混入法来制备纳米复合材料。

　　纳米复合材料的研究方兴未艾，它的研究成果为发展高性能涂料开辟了新途径，有的研究成果已在涂料中得到应用。

第五章　涂料中的流变学与表面化学

在涂料的涂布及成膜过程中出现的问题很多都是流变学与表面化学的基本问题，因此有必要结合涂料的特点予以介绍。

5.1　涂料中的流变学问题

流变学是研究流动和变形的科学。涂料的制备和应用与流变学关系很大。流变学的内容很广，流动现象非常之复杂，分析它需要复杂的数学。我们这里只简要介绍和涂料有关的内容。

5.1.1　流体的类型

1. 黏度的定义与牛顿型流体

关于黏度我们在第二章已经介绍。所谓黏度就是抗拒液体流动的一种量度。使液体流动的力有剪切力和拉伸力。液体的剪切黏度定义为

$$\eta = \frac{\tau}{D}$$

式中，τ 为剪切力；D 为剪切速率；τ 的单位是 Pa，D 的单位是 s^{-1}，η 的单位是 Pa·s，以前常用的单位叫 $P(dyn·s/cm^2)$：

$$1Pa·s = 10P$$

这是绝对黏度。20℃水的绝对黏度为 0.001Pa·s，亚麻油的黏度约为 0.05Pa·s，蓖麻油的黏度为 1Pa·s。黏度为 0.05~0.5Pa·s 的液体能按经验用眼辨别。当液体黏度低于 0.01Pa·s 或高于 2Pa·s 就很难判断了，它们流动得太快或太慢。

绝对黏度通常和动力学黏度相混淆。动力学黏度的定义如下：

$$\nu = \frac{\eta}{\rho}$$

其中，ρ 为液体的密度。动力学黏度的单位为 m^2/s，以前曾用 St 为单位（$1St=10^{-4}m^2/s$）。通常用和重力下落有关的黏度计测量的黏度，都是动力学黏度。用锥板黏度计可测得绝对黏度。

若用于涂布的涂料的黏度为 0.2Pa·s，是不是意味着在所有条件下都是 0.2Pa·s 呢？回答是否定的，改变温度、剪切力、剪切速率甚至改变时间都有可能改变其黏度值。只有所谓牛顿型的液体能够在一定温度下保持一定的黏度，这是一种理想的液体，它在剪切速率变化时，黏度保持恒定。涂料的许多原材料如水、溶剂、矿物油和某些树脂(低相对分子质量)的溶液都是牛顿型液体，然而最终的涂料产品很少是牛顿型液体。

当液体的黏度随剪切力或剪切速率变化而变化，即黏度不再是一个常数时，该液体称为非牛顿型液体。涂料的流动性一般是非牛顿型的。

2. 非牛顿型流体

液体的黏度随剪切速率的增加而减少(剪切稀释)时称为假塑性流体(图 5.1 和图 5.2 中的 p)。当流体的黏度随剪切速率的增加而增加(剪切增稠)时，称为膨胀性流体(dilatant fluid)(图 5.1 和图 5.2 中的 d)。涂料大部分是假塑性流体，膨胀性流体在涂料中很少见到。有的流体(宾汉流体，B)必须在一定的剪切力之上才能发生流动，这个最小的剪切力叫做屈服值，在此值以下其性质类似弹性固体。由此可知，非牛顿型流体的黏度不是定值，我们将在某一剪切条件下测得的黏度称为表观黏度。

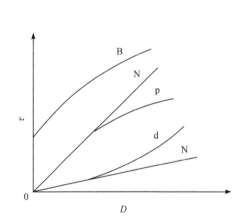 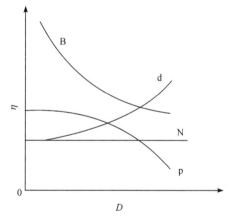

图 5.1　剪切力与剪切速率的关系　　　图 5.2　剪切速率与黏度的关系

N 为牛顿型流体；p 为假塑性流体；d 为膨胀性流体；　N 为牛顿型流体；p 为假塑性流体；d 为膨胀性流体；

B 为宾汉流体　　　　　　　　　　　　B 为宾汉流体

从图 5.2 中我们可以找到和一定剪切速率相对应的黏度值，它应该和测定黏度是否经过激烈搅拌无关，也就是和它的历史无关。但事实上，我们发现有的流体不能找到与一定剪切速率相对应的固定的黏度值，它们的流动性和进行测试前的经历和测试的方式都有关系。当假塑性流体的流动行为和其历史有关，也就是对时间有依赖时，称其为触变性流体。人们经常将触变性流体和假塑性(剪切稀释)流体混为一谈。对于触变性流体，从低剪切速率逐步增加至高剪切速率测得各点的黏度，然后由高剪切速率逐渐减少至低剪切速率，测得各点的黏度是不重合的，如图 5.3 所示。

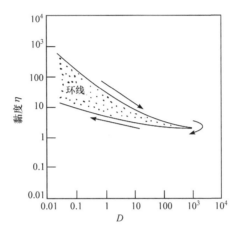

图 5.3　触变性流体剪切速率与黏度的关系

触变性在涂料中可起很好的作用。我们经常有意地设法使涂料具有触变性，如在涂料中加一些助剂等。触变性可使涂层性能得到改善。在高剪切速率时(刷涂时)，黏度低，可方便涂刷并使涂料有很好的流动性，在低剪切速率时(静置或涂刷后)，具有较高的黏度，可防止流挂和颜料的沉降。

触变性的起因之一在于静止时体系内有某种很弱的网状结构形成，如通过氢键形成的聚合物间的物理交联和颜料为桥由极性吸附形成聚合物间的"交联"。这种网状结构在剪切力作用下被破坏。一旦撤去剪切力，网状结构又慢慢恢复。

5.1.2　分散体系的黏度

乳胶是一个分散体系，加有颜料的溶剂型涂料也是一个分散体系。这种体系的黏度和溶液的不同，例如，乳胶体系的黏度与相对分子质量是无关的。它们的黏度可用 Mooney 公式来表示：

$$\ln \eta = \ln \eta_0 + \frac{K_{\mathrm{E}} V_{\mathrm{i}}}{1 - \dfrac{V_{\mathrm{i}}}{\phi}} \tag{5.1}$$

式中，η 为体系黏度；η_0 为体系外相的黏度，如乳胶中水相的黏度，色漆中树脂溶液的黏度；K_{E} 叫做爱因斯坦因子，它和分散体的形状有关，当分散体为球形，其值为 2.5，形状变化其值也变化；V_i 为分散体(内相)在体系中所占的体积分数；ϕ 是堆积因子，当分散体为大小相同的球体时，无论球体的大小(篮球或是小珠子)，其值都是 0.639，但若球形分散体大小不同时(如有篮球，也有小珠子)其值将增加(因大球之间的空隙可填入小球)。分散体的大小分布越宽时，ϕ 值越大。

此公式只有在分散体是刚性粒子并且在无相互作用的情况下才适用，涂料中的黏度值虽然很难和此公式符合，但可以定性地解释一些涂料的现象。

式(5.1)中的黏度只和分散粒子的大小、形状和含量有关，而与相对分子质量的大小及分布无关。当体系分散体(内相)的体积增加时，因外相黏度不变，总的体系黏度增加。式中第二项为内相对体系黏度的贡献。同样增加外相黏度也可增加体系的黏度。

乳胶粒子通常是可以变形的，假定它是球形，在搅拌时，因受剪切力作用，可以变形为橄榄球形，此时 ϕ 值增加，K_E 值减少，式中第二项的值将减少，黏度下降。一般涂料中的颜料外面都吸附有一层树脂，像一个弹性体，在剪切力作用下同样可以变形，使黏度有所下降。当外力撤去时，又可恢复原状(图 5.4)，体系黏度恢复。

图 5.4　剪切作用下的弹性粒子

乳胶粒子外层吸附有一层乳化剂和水，颜料外层也吸附有一层树脂。这不仅提供了变形的可能性，而且增加了内相的体积。粒子愈细，所吸附的量愈多。如果将一个大的粒子，分成数个小的粒子，V_i 便要大大增加(图 5.5)。

图 5.5　大小粒子吸附量的比较

因为 V_i 体积包括两部分：

$$V_i = V_p + V_A \tag{5.2}$$

V_p 为粒子本身体积，V_A 为吸附层体积对 V_i 的贡献。因此，在体积相同时，粒子愈细，黏度愈大。

当乳胶或涂料发生絮凝时，黏度可以大大上升，也是因内相 V_i 增加的结果。

在一个絮凝的大粒子中，含有很多小粒子。小粒子之间为外相液体所填满，这些外相的液体成为内相体积的一部分(图 5.6)：

$$V_i = V_p + V_A + V_T \tag{5.3}$$

式中，V_T 为截留在絮凝粒子内的外相液体体积，V_i 增加了，于是体系黏度上升，当用搅拌破坏絮凝粒子使重新分散时，黏度又可下降。

图 5.6　乳胶粒子絮凝时 V_i 的变化

5.2　表　面　化　学

涂料的生产和应用是和表面或界面的作用密切联系的，什么是界面？物质气、液、固三相相互间的分界面即为界面，因此有气-液、气-固、液-液、固-固界面，一般把有气体组成的界面称为表面。研究表面和界面的情况对于涂料具有特别重要的意义。

5.2.1　表面张力

　　如果没有外力的影响或影响不大时，液体趋向于成为球状，像水银球和荷叶上的水珠那样。体积一定的几何形体中，球体的表面积最小，一定量的液体由其他形状变为球形时伴随着表面积的缩小，所以液体表面有自动收缩的趋势。把液体做成液膜(图 5.7)，为保持表面平衡，就需要有一适当的与液面相切的力 f 作用于宽度为 l 的液膜上。平衡时必有一个与 f 大小相等方向相反的力存在，如图 5.7 所示，这就是表面张力，其值为

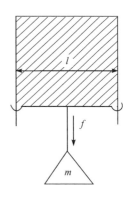

$$f = \gamma \times l \times 2 \tag{5.4}$$

图 5.7　表面张力本质示意

此处由于膜有两面，故乘以 2，比例系数 γ 称为表面张力系数，单位为 N/m(过去的单位为 dyn/cm)，它被表达为垂直通过液体表面上任一单位长度与液面相切的收缩表面的力。表面张力系数通常简称为表面张力。

　　表面张力也可以看作是表面自由能，液体表面自动收缩的趋势可从能量角

度来了解，若图 5.7 中的外力 $f = m \cdot g$ 减少无限小的一点，液膜就要上升，同时提升重物 m，这表示膜收缩时可以做功，就是说有自由能，若上升 $\delta(m)$，则所做最大的功为

$$W = mg \cdot \delta = \gamma l \cdot 2 \cdot \delta = \gamma \cdot a \tag{5.5}$$

式中，a 为收缩的表面面积，此式给出表面张力的第二个定律，它等于产生新表面每单位面积所需之功，单位为 J/m²：

$$\gamma = \frac{W}{a}$$

上述两种定义的单位是可以互换的，即

$$N/m = N \cdot m /m^2 = J/m^2 \tag{5.6}$$

表面张力是液体的基本物理性质，一般都在 0.1N/m 以下。表面张力随温度的上升而降低；表面活性剂加入水中，可以大大降低水的表面张力。

5.2.2 润湿作用与接触角

润湿作用指表面上一种流体被另一种流体所代替，如固体表面上的气体被液体所代替。润湿作用分为三类，即沾湿、浸湿和铺展(图 5.8)。

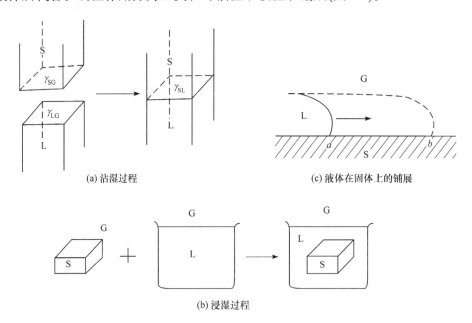

图 5.8 沾湿(a)、浸湿(b)和液体在固体上铺展(c)示意图

S：固相；L：液相；G：气相

1. 沾湿

沾湿指液体与固体接触过程，也就是液/气界面和固/气界面变为液/固界面的过程[图 5.8(a)]，例如涂料的液滴有效地附于基材表面之上，或农药的雾滴停留在植物叶子之上，这个过程的自由能变化是

$$\Delta G = \gamma_{SL} - (\gamma_{SG} + \gamma_{LG}), \quad 令 -\Delta G = W_a$$

W_a 称为黏附功，若 $W_a > 0$，此过程可进行。

若将上述过程的固体改为液体，则可得另一公式，即

$$\Delta G = 0 - (\gamma_{LG} + \gamma_{LG}) = -2\gamma_{LG}, \quad 令 -\Delta G = W_c$$

W_c 称为内聚功，反映液体自身结合的牢固度，是液体分子间相互作用力大小的表征。

2. 浸湿

浸湿指的是把固体浸入液体的过程，如颜料置入漆料过程，也就是将固/气界面变为固/液界面的过程[图 5.8(b)]，该过程的自由能变化是

$$\Delta G = \gamma_{SL} - \gamma_{SG}, \quad 令 -\Delta G = W_i$$

W_i 称黏附张力，$W_i > 0$，固体可被浸湿。

3. 铺展

将涂料涂于基材时，不仅要求涂料附于其上，而且要求其流动，其过程实质是以固/液界面代替固/气界面的同时，液体表面也同时扩展。当铺展面积为单位面积时，自由能变化为

$$\Delta G = (\gamma_{SL} + \gamma_{LG}) - \gamma_{SG}, \quad 令 -\Delta G = S$$

S 称为铺展系数，若 $S > 0$，在恒温恒压下液体可在固体表面自动展开。若在式中采用黏附功和内聚功概念，于是有

$$S = \gamma_{SG} - \gamma_{SL} + \gamma_{LG} - 2\gamma_{LG} = W_a - W_c \tag{5.7}$$

即固液黏附力大于液体内聚力时，液体可自行铺展。凡能铺展的必能沾湿与浸湿。

由于固体表面张力常难以测定，能否润湿，常用接触角来作标准，接触角是液体表面的一个参数，定义为三相交界处在液体中量得的角，如图 5.9 所示。

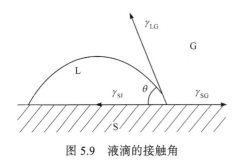

图 5.9 液滴的接触角

接触角以 θ 表示。当液滴在固体表面上平衡时,平衡接触角与固/气、固/液、液/气界面自由能(界面张力)有如下关系:

$$\gamma_{SG} - \gamma_{SL} = \gamma_{LG} \cos\theta \qquad (5.8)$$

它是润湿的基本方程,又叫杨氏方程,将含接触角的润湿方程用于上述各式,可得

$$W_a = \gamma_{LG}(1 + \cos\theta)$$
$$W_i = \gamma_{LG} \cos\theta$$
$$S = \gamma_{LG}(\cos\theta - 1)$$

因此,原则上测定了液体的表面张力和接触角,就可以得到黏附功、黏附张力和铺展系数。不难看出,接触角大小是各种润湿情况的衡量。当 $\theta \leqslant 180°$ 时,可沾湿;$\theta \leqslant 90°$ 时可浸湿;当 $\theta \leqslant 0°$ 时,可铺展。习惯上以 $\theta = 90°$ 为标准,称 $\theta > 90°$ 为不润湿,$\theta < 90°$ 可润湿。θ 愈小,润湿愈好,$\theta = 0$ 或不存在,可铺展。固体表面的润湿和其表面能相关,一般有机物及高聚物为低能表面,不易为水润湿,而氧化物、硫化物、无机盐等为高能表面,易被润湿。

涂料应用过程中不仅触及液体在固体表面的铺展,有时也触及液体在液体表面上的铺展。关于液体在液体表面上的铺展可作如下分析:

将一滴液体石蜡滴在水面上,就形成一个油滴,好像一个凸透镜镶在水面上,这是油的表面张力(γ_{OG})、水的表面张力(γ_{WG})和油/水界面张力(γ_{OW})三力平衡的结果(图 5.10),即

$$\gamma_{WG} = \gamma_{OG} \cos\theta_1 + \gamma_{OW} \cos\theta_2$$

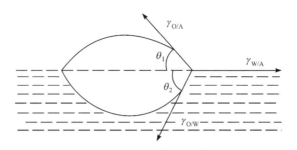

图 5.10 水面的油滴

若将石蜡油换成表面张力小的油类,油珠就会变扁平,它铺展的条件也是铺展系数大于零。

$$S_{OW} = \gamma_{WG} - (\gamma_{OG} + \gamma_{OW}) > 0$$

若两层液体间可以混溶，因此不存在界面张力，此时铺展系数可以写为

$$S_{ab} = \gamma_b - \gamma_a \tag{5.9}$$

γ_a 为液滴的表面张力，γ_b 为底液的表面张力，凡 $\gamma_a < \gamma_b$ 者皆能铺展。此情况可以进一步引申为表面张力低的液体有向表面张力高的液体铺展的倾向。

5.2.3　粗糙表面的润湿

杨氏方程反映了表面化学组成对接触角的影响，但忽略了表面微观形貌对接触角的影响，因此仅适用于平滑表面。式(5.8)中的接触角是指在平滑表面上的接触角，可称之为本征接触角。液体表面在正常情况下是平滑的，或经过流动可达到平滑。所有表面均要保持最小表面面积，这是液体最终取得平滑的原因。但固体不同，固体表面常常是粗糙的，而且这种粗糙是被固定的，一般以 i 表示其粗糙程度：

$$i = A_i/A_L$$

式中，A_i 为真实的表面积；A_L 为 A_i 的投影面积，即理想的几何学面积。对于液体，$i = 1$，对于固体，$i \geqslant 1$。

前面讨论的表面润湿全以理想的平滑平面为基础，当固体为非平滑表面时，其润湿性能有很大变化，因此对原有各个公式均应予以校正。设固体投影面积为单位面积，i 则为其实际面积，a 为液体与固体的实际接触面积，由于粗糙表面中的孔隙并不能为液体所充满，所以一般 $a < i$。$a = i$ 表示液体完全和固体表面接触，$a = 0$，则完全不接触。注意，当固液接触面积为 a 时，气液界面的面积不是 $i - a$，而是 $(i - a)/i$，因为气液表面是平滑的，这样，当完全未接触时，气液表面积为单位面积，完全接触时为 0。图 5.11 为粗糙表面润湿情形的图解。从图 5.11 我们可得如下公式：

$$W_a = \frac{a}{i}\left[(\gamma_{SG} - \gamma_{SL})i + \gamma_{LG}\right] \tag{5.10}$$

$$W_i = \frac{a}{i}\left[(\gamma_{SG} - \gamma_{SL})i - \gamma_{LG}\frac{(i-a)}{a}\right] \tag{5.11}$$

$$S = \frac{a}{i}\left[(\gamma_{SG} - \gamma_{SL})i - \gamma_{LG}\frac{(2i-a)}{a}\right] \tag{5.12}$$

当界面完全接触时，即 $a = i$ 时，可得

$$W_{\mathrm{a}} = i(\gamma_{\mathrm{SG}} - \gamma_{\mathrm{SL}}) + \gamma_{\mathrm{LG}} \tag{5.13}$$

$$W_{\mathrm{i}} = i(\gamma_{\mathrm{SG}} - \gamma_{\mathrm{SL}}) \tag{5.14}$$

$$S = i(\gamma_{\mathrm{SG}} - \gamma_{\mathrm{SL}}) - \gamma_{\mathrm{LG}} \tag{5.15}$$

用本征接触角来表示液体对固体的润湿情况时，也需加入校正，经推导可得下式：

$$W_{\mathrm{a}} = \gamma_{\mathrm{LG}}(i\cos\theta + 1) \tag{5.16}$$

$$W_{\mathrm{i}} = \gamma_{\mathrm{LG}}i\cos\theta \tag{5.17}$$

$$S = \gamma_{\mathrm{LG}}(i\cos\theta - 1) \tag{5.18}$$

根据以上的讨论可总结如表 5.1 所示。

表 5.1　润湿条件总结

表面张力大小	$\gamma_{\mathrm{SG}} > \gamma_{\mathrm{LG}}$		$\gamma_{\mathrm{SG}} < \gamma_{\mathrm{LG}}$			
光滑固体表面的接触角			<90°		>90°	
表面性质	光滑	粗糙	光滑	粗糙	光滑	粗糙
沾湿	是	是	是	是	是	a
浸湿	是	是	是	是	否	否
铺展	b	c	否	d	否	否

a. $i\cos\theta < -1$，是；$i\cos\theta > -1$，否

b. $(\gamma_{\mathrm{SG}} - \gamma_{\mathrm{SL}}) > \gamma_{\mathrm{LG}}$，是；$(\gamma_{\mathrm{SG}} - \gamma_{\mathrm{SL}}) < \gamma_{\mathrm{LG}}$，否

c. $i(\gamma_{\mathrm{SG}} - \gamma_{\mathrm{SL}}) > \gamma_{\mathrm{LG}}$，是；$i(\gamma_{\mathrm{SG}} - \gamma_{\mathrm{SL}}) < \gamma_{\mathrm{LG}}$，否

d. $i\cos\theta > 1$，是；$i\cos\theta < 1$，否

(1) 本征接触角 θ 低于 90°时，可发生自发沾湿，当本征接触角大于 90°时，是否可沾湿依赖于表面粗糙度，当 i 值很高时，便不能沾湿，由于式中 $i\cos\theta$ 有可能大于−1。

(2) 本征接触角低于 90°时，可自发浸湿，超过 90°，不会浸湿。

(3) 本征表面粗糙可诱导本征接触角低于 90°液体的铺展。

通过下面的习题，可进一步对粗糙度与润湿之间的关系有所了解：一液体在固体表面上本征接触角 $\theta = 60°$，为了使液体在固体上自发铺展，固体表面应有何种程度的粗糙度？

解　根据式(5.18)，

$$S = \gamma_{\mathrm{LG}}(i\cos\theta - 1) = 0$$

令 $i\cos\theta - 1 = 0$

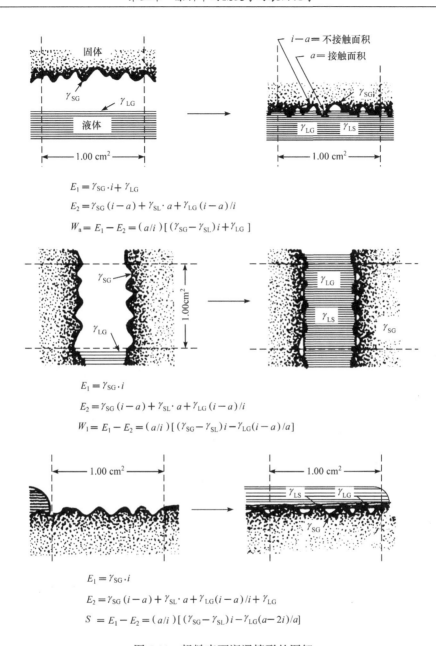

$$E_1 = \gamma_{SG} \cdot i + \gamma_{LG}$$

$$E_2 = \gamma_{SG}(i-a) + \gamma_{SL} \cdot a + \gamma_{LG}(i-a)/i$$

$$W_a = E_1 - E_2 = (a/i)[(\gamma_{SG} - \gamma_{SL})i + \gamma_{LG}]$$

$$E_1 = \gamma_{SG} \cdot i$$

$$E_2 = \gamma_{SG}(i-a) + \gamma_{SL} \cdot a + \gamma_{LG}(i-a)/i$$

$$W_1 = E_1 - E_2 = (a/i)[(\gamma_{SG} - \gamma_{SL})i - \gamma_{LG}(i-a)/a]$$

$$E_1 = \gamma_{SG} \cdot i$$

$$E_2 = \gamma_{SG}(i-a) + \gamma_{SL} \cdot a + \gamma_{LG}(i-a)/i + \gamma_{LG}$$

$$S = E_1 - E_2 = (a/i)[(\gamma_{SG} - \gamma_{SL})i - \gamma_{LG}(a-2i)/a]$$

图 5.11　粗糙表面润湿情形的图解

于是得
$$i = \frac{1}{\cos\theta} = 2$$

可见，当粗糙度为 2 时，在平滑表面上不能自发铺展的液体，可在粗糙表面上铺展。

　　通过这一习题也可以纠正通常的一种误解，即认为对于建筑涂料来说，疏水的涂料表面一定较亲水的表面防脏，并不全面。疏水的表面为润湿差的表面，水在表面成珠状，若表面有一定的粗糙度且能为水所润湿时，水可在墙面铺展而流掉，这样积聚在表面的水量要比疏水表面水珠的量要少得多。珠状水珠中的脏物最后将留在墙面，而流淌的水可冲刷表面的脏物。

　　本征接触角与表面亲疏水性的关系如图 5.12 所示。

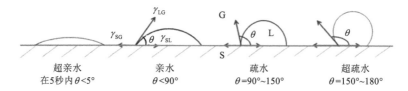

　　　　　　超亲水　　　　　亲水　　　　　　疏水　　　　　　超疏水
　　在5秒内 $\theta<5°$　　　$\theta<90°$　　　$\theta=90°\sim150°$　　　$\theta=150°\sim180°$

图 5.12　本征接触角与表面亲疏水性的关系

5.2.4　荷叶效应与双疏表面

　　当表面上水的接触角大于 90°时，为疏水表面，而接触角大于 150°时，称为超疏水表面，不仅疏水也疏油，成为所谓双疏表面。由于水的表面张力为 72mN/m，而油为 20~30mN/m，仅通过表面张力的改变是很难达到双疏表面的。但人们发现自然界的荷叶，芸苔表面仅为一般的蜡覆盖，但与水的接触角可达 160°，表现出超疏水的性质，这种现象被称为荷叶效应。水在蜡上的接触角不可能有如此之高，是什么原因使荷叶等具有如此好的超疏水性呢？经研究证明这些天然植物表面无一例外地都非常粗糙。荷叶表面由无数微米级乳突组成，每个微米级乳突上又为无数纳米级乳突所覆盖，这种微纳结构造成荷叶具有极高的粗糙度。正是荷叶特殊的表面微观形貌，使它具有超疏水性。为了更好地了解荷叶效应，这里再一次讨论杨氏公式，将杨氏公式改写为

$$\cos\theta = (\gamma_{SG} - \gamma_{SL}) / \gamma_{LG}$$

可以看出，杨氏公式中本征接触角的大小只取决于表面张力，而表面张力是由化学组成决定的。从上节讨论知道接触角不仅和表面张力有关，也和表面粗糙度有关，杨氏公式忽略了表面微观形貌对接触角的影响，因此杨氏公式只适用于平滑表面。当在粗糙表面上时，将粗糙度 i 引入公式，得到下式：

$$\cos\theta' = i(\gamma_{SG} - \gamma_{SL}) / \gamma_{LG}$$

θ' 为在粗糙表面上的接触角。也可表示为

$$\cos\theta' = i\cos\theta$$

　　当液体在平滑表面上的接触角大于 90°时，i 增加时，θ' 逐渐增大，直至获

得超疏水表面或双疏表面。

在粗糙表面上的液滴并不一定能充满所有沟槽,在液体下可能有空气存在,如图 5.11 所示,即有 $a<i$ 的情况。$a<i$ 时,表观(实际)接触角实际是由固体和气体共同组成的复合表面上的接触角,上述杨氏公式可进一步改写为

$$\cos\theta' = f(1+\cos\theta)-1$$

式中,θ 为本征接触角;θ' 为表观接触角;f 为液固接触面积分数 a/i。根据这个公式,具一定亲水性质的表面,若其表面具有高粗糙度的特殊纳米级微观结构,可使表面稳定地存在一定面积的空气,使液体与一定空气接触,也可得到超疏水表面。例如,在各种材料的表面上若有纳米尺寸几何形状互补的微观结构,如凹凸相间的纳米结构,由于纳米尺寸的凹的表面可使吸附气体稳定存在,所以宏观表面上相当于有一层稳定的气体薄膜,使油和水无法直接和表面完全接触,此时表面便可呈超双疏性。

5.2.5　花瓣效应与滚动角

静态接触角只能用来描述一个表面的静态疏水性,液滴在表面滑动或滚动的过程中,液滴边缘在前进方向的接触角会变大,而在后缘的接触角会变小,两者间的差值为接触角滞后,接触角滞后越小,越有利于液滴在表面运动。因此静态接触角不足以全面描述表面疏水性,需进一步引入滚动角(α)来理解材料表面的动态疏水性。滚动角是液滴在倾斜表面上发生滚动时的临界角度,θ_A 为下滑时液滴前坡面所必须增加到的角度;θ_R 为下滑时液滴后坡面所必须降低到的角度,如图 5.13 所示。超疏水表面应同时具有较大的静态接触角和较小的滚动角,其滚动角一般小于 5°。滚动角的大小和表面结构有关,有一种观点认为在具有疏水性的平滑表面,水珠只会滑动,不会滚动。对于疏水性粗糙表面,当水珠可以部分地渗透浸润固体表面的沟槽时,水珠与固体表面之间封存的空气以及固液界面间的范德华力,使水滴在涂层表面显示出高黏附性,阻碍水珠的滚动,这种现象称为花瓣效应;当水珠无法渗透进入粗糙表面的沟槽时,滚动角会急剧下降,以荷叶为例,水珠与叶面接触的面积大约只占总面积的 2%~3%,若将叶面倾斜,则滚动的水珠会吸附起叶面上的污泥颗粒,一同滚出叶面,达到自清洁效果。

超双疏的漆膜表面具有十分重要的意义。超双疏涂料可以作为自清洁涂料,用于防止生物生长的舰船防污涂料和减阻涂料。现在已有很多方法用于制造超疏水表面,如等离子表面聚合法、升华制孔法、化学沉积法、相分离法、模板刻蚀法和一步成膜法等,但以上的物理或化学方法对制备大面积的涂层都是非常困难的。具有微纳结构的超双疏表面的结构尺度小,易被损坏而失去双疏性,因此这类涂层的耐久性较差。

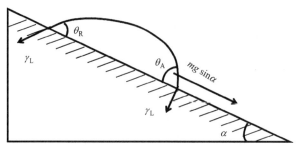

图 5.13　滚动角示意图

5.2.6　二氧化钛的光致超双亲性

　　二氧化钛的表面为亲水表面,其与水的本征接触角为 81°。1997 年 Fujishima 研究组在 *Nature* 上报道了二氧化钛的表面具有可逆的紫外光诱导超双亲性现象,即经紫外光照射以后可使水和油在二氧化钛的表面接触角变为 0°,可以完全铺展,呈超双亲特性。但光照停止后,又可逐渐恢复到相对较疏水的 81°。二氧化钛表面的这种紫外光诱导超双亲性的机理较复杂,经研究认为,这种光致超双亲性是不同于光催化性能的另一种表面光诱发效应,超双亲性是光照下表面结构变化引起的。在光照条件下,由于价带电子的激发,在表面形成的三价钛离子和氧空位可导致形成均匀分布的纳米尺寸分离的亲水和亲油微区,由于水或油滴尺寸远远大于微区尺寸,可分别为亲水区和亲油区所吸附,宏观上表现出双亲特性。光照停止后,二氧化钛恢复到基态性质,表面也逐渐恢复到原来的性质。

　　这一现象的发现引起了人们的极大兴趣,科学家尝试制备了具高粗糙度的特殊微纳结构的二氧化钛纳米薄膜,它在光照下呈超双亲性,而在暗处呈现超双疏性,实现了双亲性和双疏性的光致互变。

5.2.7　润湿的动力学

　　即使在热力学上是能被润湿的,实际上也有可能润湿不好,原因是动力学方面的,即润湿速度。如果把粗糙表面的缝隙当作毛细管,黏度为 η 的液体流过半径为 r,长度为 l 的毛细管所需时间 t 可按下式计算:

$$t = \frac{2\eta l^2}{r \cdot \gamma_{LG}\cos\theta} \tag{5.19}$$

因为各种有机液体的表面张力相差不大,在毛细管尺寸一定时,润湿时间取决于 η 和接触角 θ。低黏度的液体可以很快润湿这些孔隙,高黏度的则需很长的时间,如几分钟或几小时。如果在润湿完成之前涂料即失去流动性,那么就会形成动力学的不润湿。常温固化的涂料，如果黏度较高，比较容易形成这种动力学不润湿，其结果是附着力差。烘漆由于在高温下涂料黏度下降很多，不容易有动力学不润湿的情况发生。在颜料分散时，为了保证效率，要求外相的黏度不能太高，这样润湿时间可较短。

5.2.8 毛细管力

若自小管吹出一肥皂泡，停止吹气并让小管另一端连通大气后，则可见肥皂泡缩小以至消失，这说明气泡内外有压力差。自小管挤出小液珠的情形也如此。此种压力差与曲面的曲率半径有关，其值 Δp 可按 Laplace 公式计算(参见 2.5.3 小节)：

$$\Delta p = \gamma_{LG}\left(\frac{1}{r_1} + \frac{1}{r_2}\right) \tag{5.20}$$

式中，Δp 为压力差；r_1 和 r_2 为曲面的主曲率半径。当液面为球形时，可按式(5.21)计算：

$$\Delta p = 2\gamma_{LG} / r \tag{5.21}$$

如果液面为一个凹面，则 r 为负值，此时的 Δp 为负值。从式中可以看出，曲率半径越小，Δp 越大，这种力是发生毛细管现象的原因，所以也可称它为毛细管力。

在第二章已讨论过了毛细管力对乳胶成膜的影响，毛细管力促使乳胶粒子紧密接触，最后导致胶粒间的融合。因乳胶粒子相互紧密接触时形成的毛细管弯月面半径大约为乳胶粒子半径的 15.5%，因此可形成巨大的压力。

毛细管力也会导致颜料粒子间紧密聚结，当粉状粒子被液体弄潮湿或大气中的水汽凝结于粉体时，这些液体可聚在粒子间的缝隙中，从而形成很大的聚集力。在液体中分散颜料时，毛细管力也会引起困难，如加料过快，成团的颜料外层被润湿，在毛细管力作用下，这一层成了一层紧密的外壳，封闭了干燥的颜料，使之不能进一步与液体接触，核内的气体也不能排出并成为液体进入干核的另一阻力。因此在分散固体粉末时必须遵守混合时的操作规程，以免发生表面润湿、内部干粉的现象。

由于毛细管力，液体或漆料可较快地被吸入颜料粒子的间隙或基材上的细小间隙中，其速率和间隙(毛细管口)的大小，即半径 r，液体或漆料的表面张力 γ，接触角及渗透深度 l 有关，可用式(5.22)表示：

$$\frac{dl}{dt} = \left(\frac{\gamma\cos\theta}{\eta}\right) \cdot \left(\frac{r}{4l}\right) \tag{5.22}$$

5.2.7 小节中的式(5.19)便是由此式积分后得到的。

5.3 流平与流挂

流平和流挂是涂料施工中非常重要的问题，它影响涂层的表观和光泽。涂料施工后能否达到平整光滑的特性，称为流平性。当涂料涂刷在基材上时，将留下刷痕，此刷痕可因涂料未干燥前的流动而减轻。当涂料流平性差时，用肉眼便可以看出涂层表面不平的情形。如图 5.14(a)所示，刷痕有如一个波形。图中 x 为平均膜厚，λ 为刷痕间的距离(波长)，a_0 为振幅。当 $2a_0$ 低于 $1\mu m$ 时，肉眼看不出差别来，此时称漆膜是平的。漆膜由不平流向平滑的推动力不是重力，而是表面张力。在天花板上的涂层同样可以流平。流平用 Orchard 公式评价：

$$\Delta t = \lg \frac{(a_0 / a_t)\lambda^4 \eta}{226\gamma x^3} \tag{5.23}$$

式中，γ 为表面张力；a_0 表示起始时的振幅；a_t 为 t 时的振幅；Δt 为流平到 a_t 时所需的时间。从式中可以看出，当涂料的黏度低时，Δt 小；x 值高时，Δt 小。Δt 值小表示流平好，因此涂料黏度低，涂层厚时，流平好。

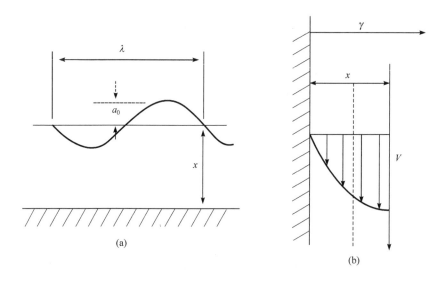

图 5.14　流平(a)与流挂(b)

乳胶漆一般流平性较差，原因在于在低剪切力情况下其黏度高，当涂刷于多孔基材时，由于毛细管力外相可以迅速进入孔隙中，而乳胶粒子不能进入小孔，此时体系黏度会更高，流平更差。溶剂型漆的溶剂挥发是逐步的，黏度逐步增加，可以较好地流平。乳胶漆中当水挥发到一定程度，乳胶粒子碰到一起时立刻成半硬的结构，因此也不利于流平。

流挂的情况和流平不同，当涂料涂布于一个垂直面时，由于重力，涂料有向下流动的倾向，流挂便是由重力引起的流动[图 5.14(b)]。涂料的黏度是抗拒流动的量度，因此是防止流挂的因素。经数学分析，流挂的速度公式表示如下：

$$V = \frac{\rho g x^2}{2\eta} \tag{5.24}$$

式中，ρ 为涂料的密度；g 为重力加速度；x 为涂层厚度。因此黏度大，流挂速度小；涂层薄，流挂速度也小。控制流挂主要是控制黏度，因为涂层厚度是由遮盖力和干膜性能决定的，不能太薄。

根据上述的讨论并结合流变学一节，可以看到，涂料的黏度对其应用性能影响很大，总结于表 5.2。

表 5.2 中所列的黏度要求看起来是互相抵触的，照顾了甲就会损害乙。但涂料工作者已经用控制涂料流变性能的方法，较好地解决了这个问题。

表 5.2 涂料对流变性的要求

对涂料要求	剪切力情况	要求黏度/η
颜料沉降速度要慢	低	高
上刷要好	中等	中等
不易溅落	低	高
容易涂刷	高	低
抗流挂	低	高
流平好	低	低

5.4 涂料施工中的表面张力问题

涂料施工后，有的流平很好，有的则会发生各种弊病，这些现象大多和表面张力有关。

如前所述，流平力来自表面张力，流平可以减少液体的表面积；在涂层的薄处，气体挥发得相对较快，表面张力上升得快，周围高处的涂料有向其铺展的趋向。涂料在固化之前应有足够的流动时间，以保证流平。

1. 厚边现象

涂层的边缘表面较大，挥发得较快，因此温度下降，表面张力升高，附近的涂料自动向其铺展，于是形成边缘变厚的现象。

2. 缩孔(cratering)现象

湿的涂层上若落上一滴表面张力低的液体，如烘箱中凝聚后滴下的溶剂或脏物(如油)，可使邻近的涂料表面张力降低，并向周围表面张力较高处铺展，于是形成一个火山口的现象，这种现象称为缩孔(图 5.15)。

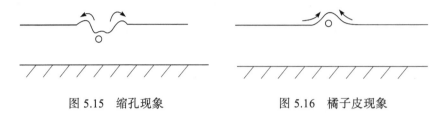

图 5.15　缩孔现象　　　　　　　　　图 5.16　橘子皮现象

3. 橘子皮现象

橘子皮现象是指涂层表面微微地起伏不平，形状有如橘皮的情况。形成橘皮的原因很多，例如在喷涂时，喷枪的距离控制不好或涂料和溶剂配合不好，雾化情况不好等都可引起橘皮。喷涂时，雾化的小滴经过较长的距离，溶剂挥发很多后，落在湿膜上，由于这种小滴浓度高，表面张力大，周围的涂料便自动向此小雾滴铺展，于是形成突起(图 5.16)。橘子皮现象也和所谓的贝纳尔漩流窝有关。

4. 贝纳尔漩流窝

涂料在干燥过程中，随着溶剂的蒸发，表面浓度升高，温度下降，表面张力升高。由于表层和底层的表面张力不同，于是产生一种很大的推动力，使涂料从底层往上层运动，这种运动导致局部涡流，形成所谓贝纳尔漩流窝(Benard cell)，如图 5.17 所示。涡流原点有如火山口，向外喷发出下层涂料，这些表面张力低的涂料向周围表面张力高的表层铺展，于是形成隆起部分，并使湿膜形成规则的六角形，其中心与边缘颜料浓度将有不同。如果涂料流平性不好，在漆膜干燥后便留下凹凸起伏的橘皮。

5. 发花和浮色现象

发花是指施工后漆膜中颜料不均匀分布，使外观呈花斑(蜂窝状条斑)。浮色是指漆膜表面颜色不同于底层，施工后漆膜颜色呈均匀变化，这是由不同颜料在漆膜层间分布不均匀引起的(图 5.18)。发花和浮色的原因很复杂，但引起颜料分布不均匀(分离)的原因都与溶剂蒸发形成的贝纳尔漩流窝有关：当漆料运动时也带动悬浮的颜料粒子运动，如果颜料颗粒的大小、比重不同，就可引起颜料的重新分布，其结果是一种颜料在表面上或表面的某些部位上呈较高的浓度。

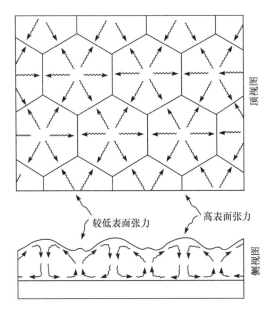

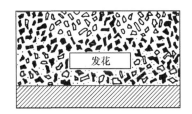

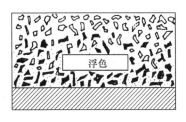

图 5.17 贝纳尔漩流窝

图 5.18 发花与浮色

6. 流平剂

为了克服漆膜中的弊病，在涂料中常加有流平剂，以帮助漆膜在干燥之前完成流平过程。流平剂可以是一些高沸点的溶剂，也可以是长烷基链的聚合物，如丙烯酸树脂和有机硅树脂等。流平剂分为两大类，一类是不易挥发的溶剂或其他化合物，用以调整溶剂挥发速度，改善流动性，减缓表面固化时间，延长流平时间；另一类是低表面能液体，用以降低涂料表面张力，改善涂料对底材的润湿性，消除各种弊病。一些流平剂往往同时具有两种作用。

5.5 表面活性剂及其应用

表面活性剂是由至少两种以上极性或亲媒性显著不同的官能团所构成的化合物，例如肥皂分子(硬脂酸盐)，它是由非极性(亲油或疏水性)原子团的长链烃基和极性相当高的亲水性原子团羧基所组成。这种构造赋予它两种基本性质：

(1) 虽然具有双重亲媒结构，但溶解度较低。在通常浓度下大部分以胶束(缔合体)形式存在于溶剂中。

(2) 在溶液与它相接的界面上，基于官能团作用而产生定向吸附，使界面(或表面)的状态或性质发生显著变化，可大大降低表面张力或界面张力。

涂料中大量使用表面活性剂，就是利用上述的两种特性。例如，应用于乳液聚合中的乳化剂，颜料分散中的润湿剂、稳定剂以及流平剂等。

5.5.1 表面活性剂的类型

根据表面活性剂的极性基和非极性基的性质，可分为四大类。

1. 阴离子表面活性剂

阴离子表面活性剂的极性基团为阴离子，它们一般是水溶性的或只溶于水中，水溶液呈碱性。主要有长链羧酸基(如肥皂)、高级醇硫酸盐(如十二烷基硫酸钠)、烷基苯磺酸盐(如十二烷基苯磺酸钠)等，主要用于水介质。

2. 阳离子表面活性剂

极性基团为阳离子，主要有脂肪胺与羧酸形成的铵盐、四级铵盐等。阳离子表面活性剂很贵。它和表面具有负电荷的金属氧化物、玻璃和纸等有很强的作用力，从而容易置换出表面上已吸附的水汽。它和颜料作用时，其极性基与颜料表面作用，非极性基朝向介质，使颜料表面成为亲油的，因而易于使颜料润湿，阳离子和阴离子表面活性剂不能混用。

3. 非离子表面活性剂

它在水中无离解，其极性部分一般为羟基或醚基，它们水合的情况比离子化的极性基团低。但由于这种非离子基的数目很多，因而也可取得同等的水合量，主要有酯型、醚型、胺型和酰胺型等，如聚氧化乙烯烷基酯醚 $RCOO(CH_2CH_2O)_nH$，多元醇烷基酯(甘油单酯)，聚氧化乙烯烷醚 $RO(CH_2CH_2O)_nH$，聚氧化乙烯芳基醚 $RPhO(CH_2CH_2O)_nH$ 等。非离子表面活性剂在水中溶解度随聚氧乙烯链的增长而增加，可分为三类：①油溶性或微溶于水；②在水中可自分散；③溶于水中。水溶性非离子表面活性剂可代替大部分离子型表面活性剂的应用，它具有泡沫小的特点。低氧乙烯基含量的非离子表面活性剂可用于有机介质中颜料的润湿。在水介质中非离子表面活性剂经常和阴离子表面活性剂合用。

4. 两性表面活性剂

同时含有碱性基团和酸性基团的表面活性剂，在酸性介质中可以形成阳离子，在碱性介质中可离解成阴离子。如

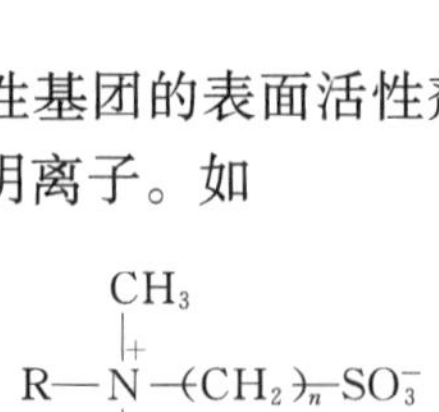

$$R-\overset{\overset{\displaystyle CH_3}{|}}{\underset{\underset{\displaystyle CH_3}{|}}{N^+}}-(CH_2)_n-SO_3^-$$

豆油精制时的副产物卵磷脂(lecithin)是一种便宜的两性表面活性剂。

5.5.2　表面活性剂的 HLB 值

　　HLB 值是用来衡量亲水和亲油部分对表面活性剂性质所做贡献的物理量，每一种表面活性剂都有一特定的 HLB 值，一般在 1~40 之间。HLB 值越高，亲水性越高，HLB 值越小，亲油性越高。为确定 HLB 值，需首先确定亲水基团和亲油基团，然后查表(如表 5.3)得基团常数并用下式计算：

$$HLB = 7 + \Sigma \, 亲水基团常数 - \Sigma \, 亲油基团常数$$

表 5.3　基团常数

亲水性		亲油性	
—OSO₃Na	38.7	—CH₃	0.475
—COOK	21.1	—CH₂—	0.475
—COONa	19.1	＝CH—	0.475
—SO₃Na	11	—CH	0.475
酯(自由)	2.4	—(C₃H₆O)—	0.15
—COOH	2.1	—CF₂	0.870
OH(自由)	1.9		
—O—	1.3		
—(C₂H₄O) —	0.33		

　　HLB 值不同，性质不同，用途不同，总结于表 5.4。

表 5.4　HLB 值与表面活性剂的用途

HLB 范围	用途
3~6	油包水(W/O)乳化剂
7~9	润湿剂
8~18	水包油(O/W)乳化剂
13~15	洗涤剂
15~18	增溶剂

第六章 溶 剂

涂料中的溶剂(包括稀释剂)除水外都是可挥发的有机物。它们用于溶解或分散成膜物(主要是聚合物),调节由成膜物和颜料组成的复合体系的黏度和流变性能,使其成为易于涂布的流体涂料。涂料在涂布于基材上之后,溶剂应从漆膜中挥发掉,使漆膜具有较好的机械物理性能。除此之外,溶剂还可以用来调节静电涂装涂料的电阻;也可作为聚合反应溶剂,用来控制聚合物的相对分子质量与分布。从广义上来说,增塑剂也是一种溶剂,但在成膜以后,它不易挥发,基本保留于漆膜中。

6.1 溶剂的分类

溶剂现在大多来源于石油化工产品,其主要品种介绍于后。

6.1.1 石油溶剂

石油溶剂是指用蒸馏或热裂石油的方法得到的溶剂,前者得到的主要是烷烃类化合物,但含有部分芳香族化合物,后者得到的是芳香族含量高的溶剂。通常称为石油醚的溶剂是指低沸点的石油馏分,只含 1%~5%的芳烃。石油醚一般分三个馏分,40~60℃,60~80℃和 80~100℃,它们的相对密度为 0.645~0.676。漆用溶剂汽油或称白油或松香水,一般含 15%~18%的芳烃,沸点范围为 150~190℃,挥发较慢,可以溶解大部分天然树脂,以及含油量高的醇酸树脂,但对合成树脂一般溶解力较差。白油除用作溶剂外,也用于清洗溶剂。高芳烃含量的石油溶剂,芳烃含量可高达 80%~93%,主要是各种三甲苯的混合物,沸点在 100~210℃,它有很高的溶解力,有淡的不难闻的气味。

6.1.2 苯系溶剂

主要有工业甲苯和二甲苯。甲苯常用于混合溶剂,用于气干乙烯基涂料、氯化橡胶涂料的溶剂以及硝基漆的稀释剂。二甲苯是涂料中最重要的溶剂之一,它的溶解力强,挥发速度适中,广泛用于醇酸树脂、氯化橡胶、聚氨酯以及乙烯基树脂的溶剂。它的溶解力还可以通过加入 10%~20%的丁醇而增加,是用于烘漆、快干气干漆的溶剂,具有很好的抗流挂性能。苯类溶剂是有毒溶剂,使用受到限制。

6.1.3 萜烯类溶剂

主要有松节油、二戊烯和松油等，松节油是从松树等针叶树及其分泌物中提取的清亮、无色而有刺激味的液体，主要成分是 α-蒎烯、β-蒎烯、莰烯和二戊烯等。松节油的沸程一般在 140~220℃。松节油的来源不同，溶解力也不同，一般用木材蒸馏而得的因含有较多二戊烯，溶解力较好。因松节油中含有不饱和化合物，它们可以被氧化或聚合，生成的物质可成为漆膜的一部分，这种特性使它有助于干性油的干燥，所以广泛用于油基漆中。松节油的挥发速度适中，溶解力强，用于烘漆中能改进流平性，增加光泽度。其沸点在 175~195℃间。松油具有更高的沸点(200~230℃)，它通过分馏得到，主要成分为萜烯醇。

6.1.4 醇和醚

醇类主要有乙醇和丁醇。乙醇中常加入少量甲醇成为变性乙醇，它是挥发快的溶剂，常用作聚乙酸乙烯酯、虫胶、聚乙烯醇缩丁醛等的溶剂，也可以用于硝基纤维素的混合溶剂。正丁醇挥发速度较慢，可和烃类溶剂及亚麻油等混溶，可用作油基漆、氨基漆和丙烯酸树脂、聚乙酸乙烯酯的溶剂，也可用在硝基漆的混合溶剂中。二丙酮醇(Ⅰ)是一种无味的高沸点(167℃)溶剂，它是硝基漆的良溶剂，溶解力很高。在受热时可分解出丙酮。

$$\begin{array}{ccc} & O & CH_3 \\ & \| & | \\ H_3C-C-CH_2-C-CH_3 \\ & & | \\ & & OH \end{array}$$

（Ⅰ）

醚类一般在涂料中较少使用，但乙二醇的单醚和醚酯，如乙二醇单乙醚、乙二醇单乙醚醋酸酯、乙二醇单丁醚等都曾是涂料中的重要溶剂，可和烃类溶剂混溶，大部分还可和水混溶，是不少树脂的优良溶剂。它们常作为共溶剂的组分，特别是用在水性涂料中作为共溶剂和乳胶涂料中作为助成膜剂。但是，除乙二醇异辛醚和乙二醇丁醚以外，乙二醇的衍生物毒性太大，属有毒空气污染物(HAP)，因此不宜继续使用，它们的代用品是丙二醇的单醚或醚酯。

6.1.5 酮和酯

酮类溶剂主要有丙酮、甲乙酮和甲基异丁基酮。丙酮挥发很快，溶解力很强，可用于烯类聚合物和硝基纤维素的溶剂，它常和其他溶剂合用。甲乙酮或称丁酮也是挥发快和溶解力强的溶剂，可用在烯类共聚物、环氧树脂、聚氨酯涂料中作溶剂，它也常和一些溶解力差的溶剂混用以改进涂料的成膜性和涂布性能。甲基异丁基酮用途和甲乙酮类似，但其挥发速度较慢。环己酮也是一种优良的溶剂，挥发速度较慢，但有难闻的味道。

含有支链的酮有一定毒性，美国将涂料中常用的甲乙酮和甲基异丁基酮列在有毒空气污染物(HAP)中，限制了它们的使用，有的公司使用不在 HAP 中的甲基正丙基酮和甲基正辛基酮来代替它们。丙酮没有毒性，且光化学反应活性低，称为非 VOC 溶剂，使用上不受什么限制，但太易挥发。甲乙酮和甲基异丁基酮的毒性也并不太大，但目前还没有能从美国的 HAP 中除去。

酯类主要有乙酸乙酯和乙酸丁酯，以前主要用于硝基漆，现在使用更为广泛，可用于多种合成树脂，特别是乙酸丁酯挥发速度较慢，更为合用。乙酸乙酯和丁酯的溶解力都低于酮类溶剂，酮类溶剂也较便宜，但乙酸乙酯和丁酯的味道比酮容易为人所接受。

乙酸甲酯光化学反应活性低，对大气污染较轻，在美国被认为是一种非VOC 溶剂。甲酸甲酯和乙酸叔丁酯光化学反应活性也较低，但还未被批准为非VOC 溶剂。有关 VOC 的问题将在 6.3 介绍。

6.1.6 氯代烃和硝基烃

氯代烃和硝基烃主要有二氯乙烷、三氯甲烷、1,1,1-三氯乙烷、三氯乙烯、四氯乙烷、硝基甲烷等等。它们都有很好的溶解性能，由于高极性，可用于调节静电喷涂涂料的电阻，但毒性大，属 HAP 溶剂，不宜在涂料中大量使用。部分卤代烃作为溶剂不起光化学反应，但可损耗同温层的臭氧层。

6.1.7 超临界二氧化碳

当温度为 31.1℃和压力为 7.25MPa 时，CO_2 达到临界点被液化成液体，此时气液界面分明。当温度高于 31℃和(或)压力超过 7.38MPa 时，二氧化碳形成气液不分的混沌状态，气体摩尔体积与液体摩尔体积相同。此时的二氧化碳便是超临界流体，它既具有液体的高密度、强溶解性和高传热系数的特征，又有气体低黏度、低表面张力和高扩散系数的特点。体系的性质随温度和压力的变化而有较大变化。超临界二氧化碳是一种优良的溶剂或分散介质。它的溶解力很强，可以直接溶解碳原子数在 20 以内的有机物，加入适当的表面活性剂，可以溶解或分散油脂、聚合物、水及重金属等。因此将它用作涂料制备中的介质，作为涂料的溶剂或稀释剂具有无毒、无污染的优点，是很有使用前景的环保型溶剂。

6.2 溶剂的挥发性

当要估计挥发速度时，很多人要看一看沸点。但仅从沸点高低来估计挥发速度，可能会犯错误。一些溶剂在 25℃的挥发速度与沸点的关系见表 6.1。

表 6.1 部分溶剂沸点与相对挥发度

溶剂	沸点/℃	25℃时的相对挥发度
乙醇	79	1.6
苯	80	6.3
正丁醇	117.1	0.4
乙酸丁酯	126.5	1

乙醇比苯的相对分子质量要小，但沸点相近，而且乙醇比苯的挥发慢得多，这是由于乙醇分子间生成氢键的缘故：

$$
\begin{array}{c}
\qquad\qquad\qquad\text{H}\text{----} \\
\cdots\text{O}\!-\!\text{H}\text{----}\text{O} \\
\text{CH}_3\text{CH}_2 \qquad\quad \text{CH}_2\text{CH}_3
\end{array}
$$

正丁醇比乙酸丁酯的挥发速度也慢得多，这也是氢键的缘故。挥发速度除受物质结构上的差异影响外，还受下列因素的影响：

　　蒸汽压
　　气流
　　温度
　　表面积/体积比
　　湿度

温度的高低有时很难确定，因为溶剂挥发时，要吸热，留下的溶剂温度就要下降。将气温和溶剂的温度混为一谈，是不确切的。

挥发度一般用相对挥发度为好。在标准条件下，即一定的体积和表面积(常用滤纸做试验)，标准气流和气流温度(25℃)以及相对湿度为 0 的条件下，测得挥发失去 90%的溶剂(体积和质量均可)的时间，以乙酸正丁酯的相对挥发度为 1(或 100)作为标准，于是得到一系列溶剂的相对挥发度(表 6.2)。

$$
相对挥发度 = \frac{t_{90}(乙酸正丁酯)}{t_{90}(待测溶剂)} \tag{6.1}
$$

式中，t_{90} 为挥发失去 90%的溶剂所需时间。t_{90} 数值越大，挥发越慢。

表 6.2 部分溶剂的相对挥发度

溶剂	滤纸	平底铝池
丁烷	8.7	27.0
丙酮	5.02	9.33
甲苯	1.93	2.10
甲基异丁基酮	1.51	1.52
异丁醇	0.86	1.06
乙酸丁酯	1.0	1.0
水	0.36	0.64

从表 6.2 中可以看出，当用滤纸和平底铝池作为实验容器时，数据相差很大。其原因在于二者的表面积/体积比的不同。滤纸的表面积大，挥发快，但导热性差，冷却得快，因此挥发慢。当溶剂为水和醇等含氧溶剂时，因和滤纸上的纤维分子可形成氢键，其挥发速度也会降低。相对挥发度受实际测试条件影响太大，非常难以测定。

涂料中的溶剂挥发情况对涂料性能影响很大。溶剂从涂料中挥发分两个阶段(图 6.1)。第一阶段是湿的阶段。溶剂的挥发主要取决于溶剂本身的挥发度，随着溶剂的挥发，涂层的黏度愈来愈大。第二阶段是干的阶段，溶剂的挥发主要由溶剂在涂层中扩散速度所决定，它和漆膜中的聚合物的 T_g、溶剂分子的大小与形状有关，但不与溶剂的挥发性与溶解性相平行。例如，乙酸正丁酯和乙酸异丁酯的挥发性在两个阶段的秩序是相反的。第一阶段乙酸异丁酯挥发较快，而第二阶段是乙酸正丁酯较快。第二阶段溶剂挥发速度极慢，少量溶剂可能长期存在于漆膜之中。在干的阶段，用真空干燥无效，因扩散与大气压、蒸汽压等无关。在湿和干的阶段之间有一过渡阶段。

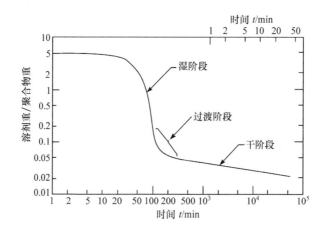

图 6.1　溶剂挥发的两个阶段

溶剂选择不好，可引起各种弊病。如挥发太快，流平性不好，还易使漆膜发白与起气泡等。发白的原因是溶剂挥发太快，涂装时涂料表面迅速冷却，使周围达到露点温度以下，水汽凝结成小滴渗入漆膜中，表面成半透明的白色，待最后水分挥发后，留下了很小的空隙，由于散射，漆膜没有光泽。气泡是因为挥发速度太快，表面很快固化，底层溶剂不能逸出，在进入烘箱时，残留的溶剂从底层挤到表面，于是形成气泡。另外，良溶液与不良溶液对漆膜结构和对颜料分散稳定性都有非常重要的影响，需要妥善选择。从挥发快慢考虑，涂料溶剂的选择要平衡下列各种要求：

(1) 快干：挥发要快；

(2) 无流挂：挥发要快；

(3) 无缩孔：挥发要快；

(4) 流动性好、流平好：挥发要慢；

(5) 无边缘变厚现象：挥发要快；

(6) 无气泡：挥发要慢；

(7) 不发白：挥发要慢。

6.3 溶剂的溶解力

6.3.1 溶解度与溶解度参数

当一种固体或液体溶解时，结构单元彼此分离，它们之间的空隙被溶剂分子所占据。因此在溶解时必须提供能量以克服分子或离子间的作用力，这种力是从哪里来的呢？它是由溶质质点与溶剂分子之间的新吸引力提供的。离子型化合物溶解时，这些吸引力为离子-偶极键。非离子型的化合物的溶解度主要取决于它们的极性：非极性或极性弱的化合物溶于非极性或极性弱的溶剂；极性强的化合物溶于极性强的溶剂。"相似者相溶"是一个极有用的经验规律。在涂料中，烃类溶剂是烃类聚合物的溶剂，含氧溶剂(酮类和酯类)是含氧树脂(纤维素、聚乙酸乙烯酯)的溶剂。但相似者相溶毕竟是经验性的，通过进一步的研究，提出了溶解度参数(δ)的概念，认为溶解度参数相似者相溶。但是又发现，当有氢键存在时，很难用溶解度参数预测聚合物的溶解情况，于是又进一步将溶解度参数分成三个部分，即色散力(δ_d)、极性(δ_p)和氢键(δ_h)三部分(表 6.3)。所谓色散力是由于分子间瞬间偶极矩所引起的力，是范德华引力的重要组成部分。

表 6.3 溶剂和聚合物的溶解度参数(单位为 h)

溶剂	δ_d	δ_p	δ_h	δ
水	6.00	15.3	16.7	23.50
甲醇	7.42	6.0	10.9	14.28
乙醇	7.73	4.3	9.5	12.92
正丁醇	7.81	2.8	7.7	11.30
乙二醇	8.25	5.4	12.7	16.30
二氧六烷	9.30	0.9	3.6	10.00
丙酮	7.58	5.1	3.4	9.77
甲乙酮	7.77	4.4	2.5	9.27

溶剂	δ_d	δ_p	δ_h	δ
四氢呋喃	8.22	2.8	3.9	9.52
四氯化碳	8.35	0	0	8.65
三氯甲烷	8.65	1.5	2.8	9.21
三氯乙烯	8.78	0.5	2.6	9.28
苯	8.95	0.7	1.0	9.15
甲苯	8.82	0	1.0	8.91
己烷	7.24	0	0	7.24
环己烷	8.18	0	0	8.18
乙酸乙酯	15.8	5.3	7.2	18.2
乙酸正丁酯	15.8	3.7	6.3	17.4
天然橡胶	8.15	0	0	8.15
聚苯乙烯	8.95	0.7	0	7.7
聚乙烯	8.1	0	0	8.1
聚氯乙烯	8.16	3.5	3.5	8.88
聚乙酸乙烯酯	7.72	4.8	2.5	9.43
聚甲基丙烯酸甲酯	7.69	4.0	3.3	9.28
丁苯橡胶(75∶25)				8.1
乙基纤维素				8.3
环氧树脂				10.2
聚对苯二甲酸乙二酯				10.7

溶解度参数是与溶剂和溶质的内聚能密度相关的。内聚能密度可以用下列形式表示出来:

$$内聚能密度 = \frac{\Delta E}{V} = \frac{\Delta H - RT}{V} \qquad (6.2)$$

ΔE 为物质(如溶剂)的摩尔蒸发能;V 为摩尔体积(等于 M/ρ,M 是相对分子质量,ρ 是密度);R 为摩尔气体常量;T 为热力学温度;ΔH 为蒸发潜热。内聚能密度的物理意义是将 1cm^3 的液体或固体中的分子固定在一起所需的能量。自然,倘若要将这些分子分散就需要克服这个能量。

溶质溶于溶剂时,也就是溶剂和溶质互相混合时,自由能 ΔG 需要减少,即

$$\Delta G = \Delta H - T\Delta S < 0 \qquad (6.3)$$

否则,这一过程不能自发进行。式(6.3)中 ΔH 为混合焓,ΔS 为混合熵变。在溶解过程中 ΔS 一般为正值,因溶解过程是由有序到无序,熵总是增加的。因为 ΔS

是正值，所以 $T\Delta S$ 一项总是正值。为使 ΔG 为负值，主要取决于热焓的变化。为了溶解可以进行，ΔH 越小越好。ΔH 为式(6.4)所决定：

$$\Delta H = V\Phi_1\Phi_2\left[\left(\frac{\Delta E_1}{V_1}\right)^{1/2} - \left(\frac{\Delta E_2}{V_2}\right)^{1/2}\right]^2 \tag{6.4}$$

式中，V 为混合后的平均摩尔体积；V_1 和 V_2 分别为溶剂和溶质的摩尔体积；Φ_1 和 Φ_2 为溶剂和溶质的摩尔分数；$\frac{\Delta E_1}{V_1}$ 和 $\frac{\Delta E_2}{V_2}$ 分别为溶剂和溶质的内聚能密度。内聚能密度的平方根称为溶解度参数，用 δ 表示，即

$$\delta = \left(\frac{\Delta E}{V}\right)^{1/2} \tag{6.5}$$

于是可得

$$\Delta H = V\Phi_1\Phi_2(\delta_1-\delta_2)^2 \tag{6.6}$$

δ 的单位为$(\text{J/cm}^3)^{\frac{1}{2}}$，简称为 h。从式(6.6)可推出溶解度参数的一般规律：

(1) 溶剂和溶质的溶解度参数相等或相接近时，如 $\delta_1=\delta_2$ 时，则 $\Delta H=0$，此时溶剂和溶质间的溶解可以发生。

(2) $|\delta_1-\delta_2| > 2.0$ 时，$\Delta H \gg 0$，溶剂和溶质间的溶解不会发生。

溶剂的溶解度参数可以从汽化热求得，也可以从表面张力数据及化学结构，溶剂间的比较匹配的方法求得。聚合物的溶解度参数如何得到呢？最通用的方法是制备聚合物轻度交联的样品，由于它是三维结构，在任何溶剂中都只能溶胀，不能溶解。测量一系列不同溶剂中的溶胀程度，将聚合物的溶解度参数定为引起最大平衡溶胀的溶剂的溶解参数，这样可得一系列的聚合物溶解度参数。另一个方法是根据其化学结构通过摩尔引力常数，按式(6.7)求得

$$\delta = \left(\frac{\rho}{M}\right)\sum G \tag{6.7}$$

式中，M 为聚合物的重复单元的相对分子质量；G 为所谓的引力常数(见表 6.4)；ρ 为密度。

表 6.4 摩尔引力常数(25℃)

基团	G	基团	G
—CH$_3$	214	H	80~100
—CH$_2$—	133	O(醚)	70

续表

基团	G	基团	G
—CH—	28	Cl(平均)	260
—C—	−93	Cl(单)	270
=CH_2	190	Cl(二连)	260
=CH—	111	Cl(三连)	250
=CH—CH_2—	785	CO(酮)	275
—C=CH_2	19	COO(酯)	310
共轭结构	20~30	OH(烃)	约 320
苯基	735	亚苯基	658
五元环	110	六元环	100

现在以环氧树脂(密度 1.15g/cm³)为例，计算其溶解度参数。环氧树脂有如下重复单元结构：

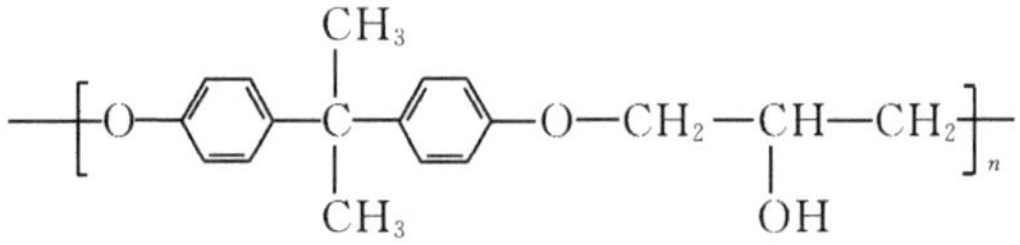

解　将环氧树脂的重复基团、摩尔引力常数及各摩尔引力常数之和一一列出：

基团	摩尔引力常数	基团数	G
—CH_3	214	2	+428
—CH_2	133	2	+266
—CH	28	1	+28
—C—	−93	1	−93
—Ph	658	2	1316
—OH	320	1	320
—O—	70	2	140

计算得

$$\Sigma G = 2498 - 93 = 2405$$

重复单元相对分子质量 $= 18 \times 12 + 20 \times 1 + 3 \times 16 = 284$

将算出数据代入方程(6.7)

$$\delta = \frac{1.15}{284} \times 2405 = 9.7 \text{(h)}$$

计算得到的结果是和实测结果接近的。

当将测得的一系列溶解度参数进行考察时，发现当聚合物和溶剂间有氢键形成时，其预测结果很不准确。这是因为氢键对溶解度影响很大。为此，Hansen 提出了三维溶解度参数的概念。液体的汽化热是由三部分所共同做的贡献，即色散力(非极性分子间力)、极性力和氢键，因此认为溶解度参数也是由三部分组成的，即

$$\frac{\Delta E}{V} = \frac{\Delta E_d}{V} + \frac{\Delta E_p}{V} + \frac{\Delta E_h}{V} \tag{6.8}$$

$$\delta^2 = \delta_d^2 + \delta_p^2 + \delta_h^2 \tag{6.9}$$

$$\delta_d = \left(\frac{\Delta E_d}{V}\right)^{1/2}, \quad \delta_p = \left(\frac{\Delta E_p}{V}\right)^{1/2}, \quad \delta_h = \left(\frac{\Delta E_h}{V}\right)^{1/2} \tag{6.10}$$

各种普通溶剂的 δ_d、δ_p 和 δ_h 可以通过近似计算得到。总的溶解度参数分成的三部分，可用一个三维空间的坐标来表示。对于聚合物也同样可用 δ_d、δ_p 和 δ_h 来表示，它在三维空间，可定位在一点，以它为原点，半径大约为 2h 内可包括进对聚合物为溶剂的所有液体。一般规定 10mL 溶剂溶解 1g 聚合物为可溶。

在三维空间坐标中，可将 δ_d 作为纵坐标，其值一般为 7~10，可分为两部分。上部为高色散力部分，一般为芳香族化合物，其值在 8.4~10.0。下部一般为脂肪族化合物，其值在 7.0~8.3。作为涂料的溶剂大部分是在下层。因为色散力一般相差不大。可以略去 δ_d 坐标，而在 δ_p 和 δ_h 两维图上考虑问题。聚合物的三种参数难以直接测得，但已有了大量溶解性数据(34 种聚合物，94 种溶剂)，根据这些数据可以制出各种聚合物基于 δ_p 和 δ_h 的溶解区。图 6.2 是几种聚合物在 δ_p 和 δ_h 平面中溶解度参数区。其中虚线为低色散力层，实线为高色散力层。S 表示溶解区，I 表示不溶区。关于溶解区的应用将在 6.5.2 节讨论。

6.3.2　聚合物溶解的特点

所谓溶解度，是指在一定温度下，某物质在 100 g 溶剂中达到饱和状态时所溶解的质量，它们都可在工具书中查到，但没有任何关于聚合物溶解度的数据。无论是无机物和有机物的溶解度都是指在一定量溶剂中，可溶解溶质的上限，但一般说来，聚合物在溶剂中溶解只有下限没有上限，例如 10 g 某聚合物可溶于 100 g 溶剂，此 100 g 溶剂一定可溶解 11 g，100 g，1000 g 和更多聚合物，但它不一定能溶解 9.9 g 或更少。其原因在于聚合物不是纯的化合物，而是系列化合物相混的混合物，因此不可能有所谓的溶解度。由于相似相溶，低相

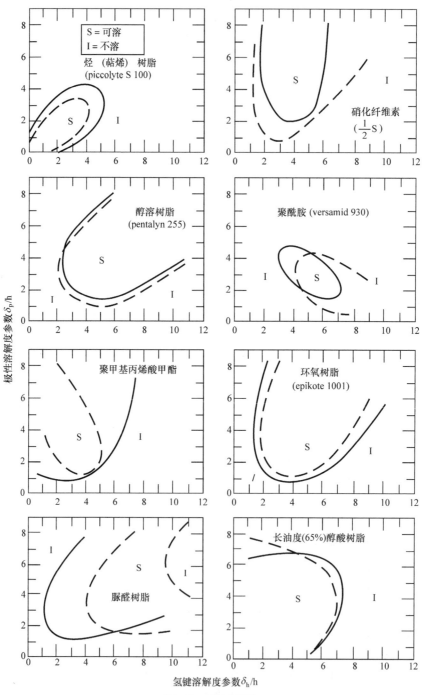

图 6.2 溶解区图

对分子质量聚合物是高相对分子质量聚合物的良溶剂，外加的任何溶剂的溶解力均低于它。即聚合物溶液可看成是高相对分子质量聚合物溶于低相对分子质量聚合物与溶剂组成的混合溶剂中。当聚合物溶液被外加溶剂稀释时，混合溶剂中的低相对分子质量聚合物的含量下降，导致混合溶剂的溶解力变差，高相对分子质量的聚合物可析出；而往聚合物溶液中外加聚合物时，混合溶剂中的低相对分子质量聚合物的占比增大，导致混合溶剂的溶解力增强而可以溶解更多的聚合物。所以高浓度时溶解，稀释时反而析出沉淀。

聚合物的相对分子质量高且有多分散性，分子结构有线型、支化和交联，聚集态又有无定形和晶态，因此溶解过程比小分子复杂。由于溶剂的分子尺寸比聚合物分子小得多，聚合物溶解过程首先是溶剂分子渗入聚合物内部，即溶剂分子与聚合物中的某些部位混合，使聚合物体积膨胀，即溶胀；然后聚合物分子均匀分散在溶剂中，形成均相，称为溶解。

聚合物溶液与聚合物之间具有类似于乙醇与水之间的相溶性，它们可以完全混溶而不出现饱和现象，这正是溶剂型涂料所要求的。由于聚合物的溶解也有温度依赖性，聚合物溶液也会发生相分离，例如，一个均匀的溶液冷却到所谓临界温度时，便可以分成两相，一相为凝胶液相，即聚合物含量高的浓相，也可称其为沉淀；另一相则为对应的稀相。由于很难用溶解度数值来评价溶剂对聚合物的溶解力，所以一般是用溶解度参数和黏度等来进行评价。

在使用溶解度参数"相似者相溶"这一概念时，还须注意到 δ_h 的特殊情况，即溶剂和聚合物的 δ_h 完全相同时，其溶解力并不一定最好，相反，两者之间稍有差别往往更好。这和溶剂与聚合物间形成的氢键性质有关。例如甲乙酮和甲醇，对于多羟基的预聚物，甲乙酮的溶解性能比甲醇更好，因为前者为氢键受体，而后者既是氢键的受体又是给予体，但溶解度参数中未曾考虑这一区别，所以一旦有氢键形成时，用溶解度参数去判断溶解力便不准确。为了简便地判断溶剂对聚合物的溶解力，可将溶剂分为三类，即低、中、高氢键三类溶剂。第Ⅰ类弱氢键溶剂，主要是烃类和卤代烃类，第Ⅱ类中等氢键溶剂，主要是酮、酯、醚类，第Ⅲ类高氢键溶剂，主要是醇、酸和水。第Ⅰ类具有很弱的亲电子性质，第Ⅱ类为给电子性溶剂，主要是氢键受体，第Ⅲ类具有强亲电性，既是氢键受体又是氢键给体，能形成强的氢键。聚合物也可按基团性质分为三大类，第Ⅰ类为弱亲电子性聚合物，包括聚烯烃及含氯高聚物；第Ⅱ类为给电子性聚合物，包括聚醚、聚酯、聚酰胺等；第Ⅲ类为强亲电子性及氢键高聚物，包括聚乙烯醇、聚丙烯酸、聚丙烯腈及含—COOH，—SO$_3$H 基团的高聚物。当高聚物与溶剂的溶解度参数接近时，Ⅲ类溶剂可溶解Ⅱ类高聚物，因有较强的溶剂化作用或能形成氢键；同样Ⅱ类溶剂可溶解Ⅰ，Ⅲ类高聚物；同属给电子的溶剂与高聚物，因不利于溶剂化，而不易相溶，即Ⅱ类溶剂不易溶解Ⅱ类聚合物，但含酯基的有可能相混溶，因为酯基有两性偶极基团。同样，Ⅰ类极性溶剂也不易溶解Ⅰ类极性聚合物。Ⅲ类因相互成强氢键可以混溶。

6.4　溶剂对黏度的影响

溶剂对溶液黏度影响的因素很复杂，但有两个因素需要考虑，一是溶剂本身黏度，一是溶剂与树脂分子间的相互作用。人们往往忽视溶剂本身黏度的影响，实际上影响非常之大，溶剂黏度差不大于 0.2mPa·s，可导致聚合物溶液的黏度相差 2000mPa·s。黏度在 0.1~10Pa·s 范围内时，可以用下式简单地予以表示：

$$\ln \eta_{溶液} = \ln \eta_{溶剂} + K(C)$$

式中，C 为浓度；K 为聚合物浓度与黏度相关的常数，它可以由两个不同浓度下的黏度确定。

溶剂与树脂的作用(包括极性作用和氢键作用)大小决定溶剂是良溶剂还是不良溶剂，在稀溶液中良溶剂中树脂动力学体积大(分子呈伸展状)，不良溶剂中动力学体积小(分子呈卷曲状)。因此良溶剂中黏度较高。聚合物的动力学体积主要是反映了溶剂与聚合物分子的作用，但树脂与树脂间的相互作用对黏度的影响也很重要，也需要考虑。溶剂和树脂作用较弱时，如在不良溶剂中，树脂分子间或多或少可形成瞬间分子簇，从而有分散体系流动的性质。特别是在高浓度情况下，树脂分子间的作用更为突出，更容易形成团簇，从而使黏度增加，因团簇可在剪切力下分解或变形使流体为非牛顿型流体。

在考虑溶剂对聚合物溶液黏度的影响时，特别要注意氢键的作用。溶液黏度的大小和氢键关系很大，含有大量羟基和羧基的低聚物溶液，由于相互间的氢键作用，黏度可以很高，但加一些像环己酮这样的溶剂，可使黏度降低很多。下式表示羧基在酮类溶剂中氢键的情况：

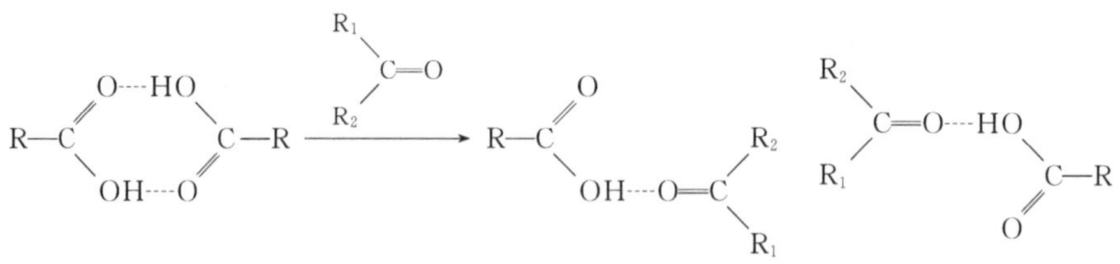

因为酮是氢键接受体，而不是氢键给予体，可以破坏分子间的氢键形成的"网状"结构，从而大大降低黏度。聚氨酯中由于氢键的作用，很易形成胶冻，加入酮类溶剂可使其恢复流动。当含羧基的低聚物的溶解度参数和溶剂的溶解度参数接近时，溶液的黏度有时反而较两个溶解度参数有一定的差距的高，当然，

溶解度参数差别较大时，黏度又会上升，其机理也可用上述氢键的情况说明。氢键形成与否对触变型流体的形成也有重要作用，因为氢键可在机械作用下分解，而在静置时又可慢慢恢复。

溶剂降低黏度的能力，也被看作为溶剂对漆料的溶解能力，一般以溶剂指数表示：

$$溶剂指数 = \frac{用标准溶剂调稀的涂料黏度}{用被测溶剂调稀的涂料黏度}$$

标准溶剂和被测溶剂是在等重条件下比较的，溶剂指数大于 1，表示被测溶剂溶解能力强。另外，溶剂亦可明显影响涂料的表面张力，因而对涂布性能产生很大影响。

6.5　混　合　溶　剂

为了控制挥发度，降低成本，改善溶解力，工业上经常使用混合溶剂。

6.5.1　混合溶剂的挥发性

混合溶剂的相对挥发度可用下式表示：

$$E_T(总) = (CeE)_1 + (CeE)_2 + \cdots + (CeE)_n \tag{6.11}$$

式中，C 为各自的浓度(体积分数)；E 为各自的相对挥发度；e 为逃逸系数，它是一个补偿因子，用以调整几种溶剂共混的相互作用，溶剂间的化学结构相差越大，其值也越大，它可由相关数据用计算机计算，也可从已发表的概括图(如图 6.3)中近似地估算出来。用 E_T 除式(6.11)两边，得

$$1 = \frac{(CeE)}{E_T} + \frac{(CeE)_2}{E_T} + \cdots + \frac{(CeE)_n}{E_T} \tag{6.12}$$

CeE/E_T 值的大小表示空气中各组分的多少，其值大，表示逸入空气中的速度快。混合溶剂的各组分是不断变化的，例如硝基纤维素经常是用混合溶剂的，当各组分挥发时，溶剂的组成不断变化，应该调整好各组分，使溶解能力保持一定，以免产生漆膜的各种弊病。混合溶剂一般较单独溶剂挥发得快(一般逃逸系数都大于 1)。

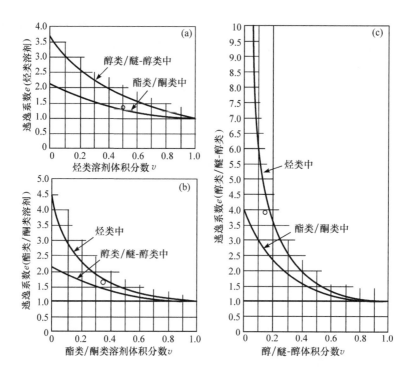

图 6.3　按溶剂种类和溶剂体积分数对(a)烃类溶剂，(b)酯类及酮类溶剂，(c)醇/醚类溶剂等的逃逸系数图

现用下列问题来作具体说明：某推荐的硝化纤维素溶剂配方包括 35%(体积分数)乙酸正丁酯，50%(体积分数)甲苯(E_v=2.0)，10%(体积分数)乙醇(E_v=1.7)及 5%(体积分数)正丁醇(E_v=0.4)，试计算混合溶剂的相对挥发度，并说明挥发进行时，体积组成的变化。

解　从图 6.3 找出四种溶剂的逃逸系数 e，为了便于参考，图上圈出的地方即为数值位置，将此数据代入公式(6.11)，求得相对挥发度并代入式(6.12)，求得逃逸空气的组成分数。

$$E_T=(0.35\times1.6\times1.0)+(0.50\times1.4\times2.0)$$
$$+(0.05\times3.9\times0.4)$$
$$=0.56(乙酸正丁酯)+1.4(甲苯)+0.66(乙醇)+0.08(正丁醇)$$
$$=2.7 \tag{6.13}$$
$$1.00=\frac{0.56}{2.7}+\frac{1.4}{2.7}+\frac{0.66}{2.7}+\frac{0.08}{2.7}$$

$$=0.21(乙酸正丁酯)+0.52(甲苯)+0.24(乙醇)+0.03(正丁醇) \tag{6.14}$$

由式(6.13)和式(6.14)比较可知，乙酸正丁酯在蒸气相中的浓度低于原始混合溶剂的浓度(0.21 与 0.35),结果是蒸发进行时,在体系中所占比例愈来愈高;而甲苯则是蒸气相中的含量高(0.52 对 0.50),因此体系中含量愈来愈低。同理,乙醇和正丁醇在溶液相中的浓度也分别会逐渐降低和升高。这样体系中高溶解力的组成愈来愈富集,溶解力不会随挥发而下降,因而不会导致针孔、发白弊病等等。

6.5.2 混合溶剂的溶解度

混合溶剂的溶解度参数可按下式计算:

$$\delta=(\Phi\delta)_1+(\Phi\delta)_2+(\Phi\delta)_3+\cdots+(\Phi\delta)_n \tag{6.15}$$

Φ为体积分数,溶解度参数的三部分也可用同样方式表示:

$$\delta_d=(\Phi\delta_d)_1+(\Phi\delta_d)_2+(\Phi\delta_d)_3+\cdots+(\Phi\delta_d)_n \tag{6.16}$$

$$\delta_p=(\Phi\delta_p)_1+(\Phi\delta_p)_2+(\Phi\delta_p)_3+\cdots+(\Phi\delta_p)_n \tag{6.17}$$

$$\delta_h=(\Phi\delta_h)_1+(\Phi\delta_h)_2+(\Phi\delta_h)_3+\cdots+(\Phi\delta_h)_n \tag{6.18}$$

有些聚合物可以在两种溶剂组成的混合溶剂中溶解,但不能在混合溶剂中的任一单独溶剂中溶解。例如,以下几种情况:

聚甲基丙烯酸酯	乙二醇单乙醚/苯胺
环氧树脂	丁醇/2-硝基丙烷
聚酰胺	乙醇(99%)/二氯乙烷
氯化聚丙烯	环己醇/丙酮

大家最熟悉的是硝基纤维素,它不溶于乙醇和甲苯,但可溶于其混合物。习惯上称乙醇为潜溶剂,甲苯为稀释剂。图 6.4(a)为硝基纤维素的溶解区图。在虚线内为可溶区,虚线外为不溶区。其中丙酮和甲基酮在溶解区内,己烷和丁醇在非溶解区。若丁醇和丙酮合用或甲基异丁基酮与己烷合用,在保证聚合物溶解的条件下,可以使用多少非溶剂呢?这可用图解方法解答。在δ_p和δ_h的平面坐标图中,将丁醇和丙酮的位点用直线相连,并将其分成等份的百分标度,直线与硝基纤维素溶解区的边线相交,其交点相应于丁醇71%,丙酮29%的混合溶液。同样甲基异丁基酮与己烷的连线与溶解区边线交点相当于己烷46%,甲基异丁基酮54%。这说明在溶液中加入一定量非溶剂是可以的,这样可降低溶剂的成本。图6.4(b)中乙醇和烃的连线,经过溶解度区,其比例在从乙醇50%,到乙醇15%左右,这说明两种非溶剂混合后可提高溶解性能,成为溶剂。若在乙醇-烃的混合溶剂中,再加入少量第三种溶剂,如甲乙酮,可以更好地改善混合溶剂的性能。例如,用乙醇为30%的乙醇-烃混合溶剂与甲乙酮混合,可在乙醇-烃连线上30%乙醇处与甲乙酮作连线。它们全在溶解区内。当甲乙酮加入量

为 10%左右时，其溶解性能和纯的乙酸正丁酯相当。

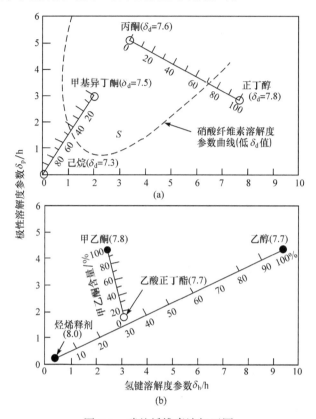

图 6.4　硝基纤维素溶解区图

上述关于混合溶剂溶解力的讨论看来是非常理想的，但实际应用中往往不很成功，其原因是：①在定义溶解度参数时，忽略了熵的因素；②在定义氢键溶解度参数时，忽略了形成氢键的化合物的不同情况，即有的是氢键给体，有的是氢键受体或既是氢键给体又是受体。由于分子内与分子间氢键相互转换，极性溶剂在和非极性溶剂混合时，其极性可发生变化，例如极性溶剂分子间可形成极性小的二聚体。

6.6　水

水是最便宜的溶剂，但它的溶解能力受环境影响很大，其$\delta=20(h)$，但往往不能很好地预测其溶解能力。

水的挥发度受相对湿度影响极大，当相对湿度为 0 时，相对挥发度为 0.31(滤纸)和 0.56(金属盘)；当相对湿度为 100%，其相对挥发度为 0。虽然有机溶剂受相对湿度影响较少，但与水混合后也受相对湿度的影响。在考虑水和有机溶剂的混合溶剂时可用图 6.5(a)来说明。图中曲线称为临界相对湿度曲线。在曲线下部水比有机溶剂挥发得快，上部有机溶剂比水挥发得快。曲线上每一点相应于相对应的混合溶剂的临界点，在这一点水和有机溶剂的相对挥发度相同。我们来首先分析一下图中 ABCDEF 各点的情况。在 A 点有机溶剂的挥发比水快，因此有机溶剂的相对含量将随混合溶剂的挥发而降低。C 点则相反，水挥发得较快，有机溶剂的相对含量逐渐增加。B 点是一个不稳定的平衡点，当组分稍有变化时，它就可引起组分向左(或向右)的移动。而 E 点在该相对湿度下是一个稳定的平衡点，任何偏离 E 点的情况发生，都可自动地再回到 E 点。当相对湿度增加时，混合溶剂可从临界曲线下部移至上部，使溶剂挥发的情况发生相反的变化。水和有机溶剂的这一临界曲线随有机溶剂的情况而异[图 6.5(b)]。在水性涂料中有机溶剂的浓度少于 20%(水 80%)，当有机溶剂挥发很快时，其临界湿度将低于干燥时的实际相对湿度(相对湿度 25%~75%)，因此有机溶剂可先挥发尽，如丙醇。另一种情况是有机溶剂挥发得很慢，那么临界湿度将在实际湿度之上。这时有机溶剂随挥发含量愈来愈高，如 2-己氧基乙醇。为了保证水性涂料挥发时不致影响漆膜性质，选择挥发度合适的共溶剂是相当重要的。临界曲线的位置也和温度与气流大小有关，增加温度提高临界曲线，增加气流速度下降临界曲线。

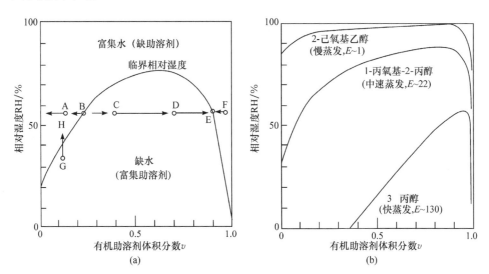

图 6.5 水-有机溶剂挥发情况

常和水混合使用的共溶剂乙二醇衍生物的挥发速度有如下顺序：

乙二醇单甲醚 (最快)

乙二醇单丁醚

乙二醇单丁醚乙酸酯

乙二醇

二乙二醇单丁醚　　　　(最慢)

6.7　溶剂与环境

涂料中的有机挥发物对人体健康的危害愈来愈受到关注。溶剂是涂料中主要的有机挥发物，因此溶剂对环境的影响是涂料配方中首先要考虑的问题。溶剂对环境的影响有两个主要方面，一是它的毒性，一是它对大气的污染。

溶剂的毒性指吸入或接触到它时可引起急性或慢性疾病的性质。毒性可分两类情况：一类是易挥发且毒性大的溶剂，它们对涂料制备或涂装工人的毒害十分明显，工人由于大量吸入有害气体而中毒得病甚至死亡；另一类是涂料在涂装后缓慢释出的有毒有机化合物，它们挥发量虽很少但持续时间长，人们对此往往警惕性不够，长期接触可诱发疾病，例如家居涂膜中残存的溶剂可使居民得病。因此一方面要加强工人的安全保护措施，另一方面要限制使用一些有毒溶剂。1990 年美国曾将下列一些涂料常用的溶剂列入有毒空气污染物(HAP)表：苯、甲苯、二甲苯、乙二醇、乙二醇醚酯(除异辛醚外)、正庚烷、甲醇、甲基异丁基酮、甲乙酮，有人认为其中的甲基异丁基酮、甲乙酮和乙二醇丁醚毒性不是很大，应可以从 HAP 表中除去。

溶剂对环境的污染和它的毒性并不是一个概念，无毒的溶剂同样也污染环境。溶剂对大气的污染已引起社会的重视。空气污染主要有两个来源，即酸雾和有毒的臭氧。臭氧是气相有机物(除甲烷外)与氮化物在光的作用下通过一系列反应生成的。氮的氧化物是燃烧过程中产生的，而气相有机物来自各种有机物的挥发。由于反应非常复杂，这里仅将典型的反应简单表示如下：有机化合物在光照下首先氧化成过氧化氢物，过氧化氢物可分解成自由基，所得自由基可进一步与有机化合物反应生成新的自由基，其中过氧化氢自由基可和一氧化氮反应生成二氧化氮，二氧化氮可分解为一氧化氮和原子氧。原子氧与氧反应最终生成臭氧。用下式表示：

$$RH + O_2 \xrightarrow{h\nu} R{-\!-}OOH$$

$$ROOH \longrightarrow RO\cdot + HO\cdot$$

$$RH + HO\cdot \longrightarrow H_2O + R\cdot$$

$$R\cdot + O_2 \longrightarrow ROO\cdot$$

$$ROO\cdot + NO \longrightarrow RO\cdot + NO_2$$

$$NO_2 \xrightarrow{h\nu} NO + O$$

$$O + O_2 \longrightarrow O_3$$

臭氧对于植物和动物都是有毒的，臭氧含量不可大于 0.12ppm，当前许多地区臭氧量已经超出了动植物可以忍受的极限，对人体健康构成很大威胁。因此降低挥发性有机化合物(VOC)成为迫切的问题。

世界卫生组织(WHO)1989 年将总挥发性有机化合物(TVOC)的定义为熔点低于室温而沸点在 50~260℃之间的挥发性有机化合物的总称。中国 2008 年定义 VOC 为在 101.3kPa 标准压力下，任何初沸点低于或等于 250℃的有机化合物。如从环保意义定义 VOC，则应注重是否参加大气光化学反应，因为这是构成环境危害的关键，美国 ASTM D3960—98 标准将 VOC 定义为任何能参加大气光化学反应的有机化合物。美国环境保护局(EPA)的定义为：VOC 是除 CO、CO_2、H_2CO_3、金属碳化物、金属碳酸盐和碳酸铵外，任何参加大气光化学反应的碳化合物。

1966 年美国洛杉矶市首先制定了限制有机溶剂用量的著名的"66 法规"后，各国环保部门对涂料中的挥发性有机溶剂量都有严格的限制。对于 VOC 的限制有一个发展过程，早期主要限制那些被认为可发生上述光化学的有机挥发物，后来发现除了丙酮、二氧化碳，某些硅油和氯氟化物外，几乎所有的有机挥发物都具光反应活性，因而都在限制之列。像丙酮等这些例外的溶剂可称为非 VOC 溶剂或豁免溶剂。后来在美国乙酸甲酯、对氯苯三氟化物(PCBTF)、甲基硅氧烷也被加入到豁免行列中，由于乙酸叔丁酯、甲酸甲酯光反应活性不高，也有人要求将它们从 VOC 中除去。不同化合物的光化学反应活性不同，其危害程度也有区别，今后有关立法应考虑这种情况，其限制用量可区别对待。另一方面像 1,1,1-三氯乙烷等一些卤代烃也是非 VOC 溶剂，且溶解性能很好，但它们在大气层中过于稳定，可损耗同温层中的臭氧，从另一方面对人类生存环境造成损害，因此同样受到限制。

涂料的 VOC 含量有不同表示方法：一般以单位体积涂料中的溶剂质量(g/L)或单位质量涂料中的溶剂质量表示。若将非 VOC 溶剂考虑在内，溶剂型涂料的 VOC 按下式计算：

$$VOC = \frac{溶剂质量-非VOC质量}{涂料体积-非VOC体积}$$

$$VOC = \frac{溶剂质量-非VOC质量}{涂料固体质量}$$

根据 VOC 含量区间采用不同的测定方法。采用差值法测定色漆和清漆中质量分数大于 15%的 VOC 含量；采用气相色谱法测定色漆和清漆中质量分数介于 0.1%~15%的 VOC 含量；采用带顶空进样器的气相色谱来测定质量分数为 0.01%~0.1%的 VOC 含量。

第七章　颜　　料

颜料是涂料中一个重要的组成部分,它通常是极小的结晶,分散于成膜介质中。颜料和染料不同,染料是可溶的,以分子形式存在于溶液之中,而颜料是不溶的。涂料的质量在很大程度上依靠所加的颜料的质量和数量。

7.1　颜料的作用与性质

颜料最重要的是起遮盖和赋予涂层色彩的作用,但它的作用不止于此,还包括以下几方面。

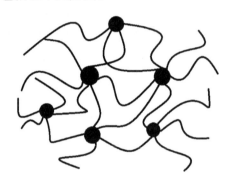

图 7.1　颜料的增强作用

1. 增加强度

有如炭黑在橡胶中的作用,颜料的活性表面可以和大分子链相结合,形成交联结构。当其中一条链受到应力时,可通过交联点将应力分散(图 7.1)。

颜料与大分子间的作用力一般是次价力,经过化学处理,可以得到加强。颜料粒子的大小和形状对强度很有影响,粒子愈细,增强效果愈好。

2. 增加附着力

涂料在固化时常伴随体积的收缩,产生内应力,影响涂料的附着,加入颜料可以减少收缩,改善附着力。

3. 改善流变性能

颜料可以提高涂料黏度,还可赋予涂料很好的流变性能,例如,通过添加颜料(如气相 SiO_2)赋予触变性质。

4. 改善耐候性

有的颜料可吸收紫外光或反射紫外光,起光屏蔽作用,如炭黑既是黑色颜料又是紫外吸收剂。

5. 功能作用

如防腐蚀作用，在防腐蚀颜料中有起钝化作用的颜料，如红丹(Pb_3O_4)，也有对水与空气起屏蔽作用的颜料，如铝粉、云母及玻璃鳞片，还有作为类似牺牲阳极的锌粉等。

6. 降低光泽

在涂料中加入颜料可破坏漆膜表面的平滑性，因而可降低光泽，在清漆中常用极细的二氧化硅或蜡来消光。

7. 降低成本

许多不起遮盖和色彩作用的颜料(如 $CaCO_3$、SiO_2、滑石粉等)价钱便宜，加入涂料中不影响涂层性质，但可增加体积，大大降低成本。它们称为体积颜料或惰性颜料。

为了选择颜料以起到上述的作用，必须了解颜料的下列性质。

1. 颜料的遮盖力与着色力

颜料的遮盖力指颜料遮盖住被涂物的表面，使它不能透过漆膜而显露的能力。颜料的遮盖力和折射率、结晶类型、粒径大小等有关，在已知的颜料中金红石 TiO_2 的折光指数最大，它和聚合物间有最大的折光率差，因此是最好的白色颜料。有些颜料如二氧化硅、大白粉等，折光率和聚合物相近，对遮盖没有贡献，称为体积颜料。若涂料中含有空气，因为空气的折光率最小，它和聚合物与颜料都产生折光率差，因此有很好的遮盖效果。在黑板上用粉笔写字，碳酸钙(粉笔)对黑板有很好的遮盖力，就是因为其中含有空气，但如果将粉笔字弄湿了，就看不出白色了，因为此时水取代了空气，水的折光率和碳酸钙相近。现在有一种胶囊形颜料，即聚合物的小空心球(图 7.2)，便是利用了最便宜的空气作颜料，若再进一步，在空心球中放入钛白粒子，遮盖效率便更高了。因为光线通过聚合物膜进入空气时有散射，由空气进入到钛白粒子时又有散射。炭黑有很好的吸光能力，故也能很好地进行遮盖。利用人眼的弱点，在白色颜料中加少量炭黑能减少钛白的用量。

图 7.2 聚合物空心颜料

彩色颜料的着色力是以其本身的色彩来影响整个混合物颜色的能力，着色力愈大，颜料用量愈少，成本可降低。着色力与颜料本身特性相关，与其粒径大小也有关系，一般说来，粒径愈小，着色力也愈大。一般有机颜料比无机颜料着色力高。颜料的分散情况对着色影响甚大，分散不良可引起色调异常。

颜料的着色力与遮盖力无关，较为透明的(遮盖力低的)颜料也能有很高的着色力。

2. 耐光牢度

颜料仅仅能给涂料以良好的原始色泽是不够的，涂膜的色泽必须耐久，最好能保持到涂膜本身破坏为止。许多颜料在光的作用下会褪色，发暗或色相变坏。

3. 渗色性

并不是所有颜料在各种溶剂中都是完全不溶解的。有时在红漆底层上涂白漆，白漆成了粉红色，这说明白漆中的溶剂溶解了一部分红底漆中的颜料，这种现象称为"渗色"。红色有机颜料特别容易渗色。

4. 颗粒大小与形状

颜料的最佳粒径一般应为光线在空气中波长的一半，即 $0.2 \sim 0.4 \mu m$，如果小于此值，则颜料失去散射光的能力，而大于此值则总表面积减少，使颜料对光线的总散射能力降低。实际上，颜料的直径大致在 $0.01 \mu m$(如炭黑)到 $50 \mu m$ 左右(如某些体积颜料)，颜料通常是不同粒径的混合物。颗粒大小还直接和吸油量有关，因为颗粒愈小，表面积愈大。关于吸油量将在下节讨论。

颗粒的形状不同，其堆积与排列也不同，因此会影响颜料的遮盖力、涂料的流变性质等等。例如杆状的颜料具有较好的增强作用，但也往往会戳出表面，降低表面光滑度，因而会降低光泽度，但有助于下道涂料的黏附。片状颜料有栅栏作用，可减慢水分的透过。

5. 相对密度

一般涂料厂购入颜料是按重量计算的，而颜料的作用则是以体积为基础的，因此相对密度小的颜料是合算的。金红石二氧化钛的相对密度为 4.1，铅白的相对密度是 6.6。体积颜料一般相对密度都比较小。

6. 化学稳定性与热稳定性

颜料的化学反应性会限制某些颜料的使用，例如氧化锌用于高酸值的树脂中，会与树脂反应生成皂，并使树脂间交联(通过二价金属锌)，因而使树脂在贮存过程中黏度大增,这称为漆的"肝化"。含铅的颜料能与大气中的 H_2S 反应生成黑色的硫化铅,从而使漆膜发暗。

颜料的热分解温度或熔点对颜料能否在高温烘干漆中应用是十分重要的数据。

7. 颜料的润湿性、分散性与表面处理

为了改进颜料的分散性与润湿性,往往要对颜料表面进行处理。颜料的润湿性和分散性是一个重要指标。例如,为了使颜料易于分散,可用树脂处理,因为聚合物可在聚集的粒子间形成空隙,这样溶剂容易渗入粒子间并将树脂溶解,留下粒子能较好地分散于介质中。$CaCO_3$ 用硬脂酸处理后,可降低颜料相对密度,增加体积,这样可控制沉降速度,即使沉降也不致形成硬块,但用量不能超过 10%。TiO_2 表面则常用 Al_2O_3、SiO_2 等处理以改善其耐候性和分散性。

8. 颜料的毒性

铅颜料由于其毒性,使用已受到严格限制。选择颜料时,必须注意其毒性。

7.2 颜料的主要品种

颜料按其作用的不同可分为白色颜料、着色颜料、惰性颜料(体积颜料)和功能颜料四大类。按颜料来源可分为天然颜料和合成颜料两类。从化学成分上则分为有机颜料和无机颜料两大类。

1. 白色颜料

白色颜料有二氧化钛、铅白、氧化锌(锌白)、锌钡白(立德粉, $ZnS \cdot BaSO_4$)等。

二氧化钛是最重要的颜料品种,分为锐钛型和金红石型两种。它们的品质和制备方法有关。二氧化钛都是由钛矿制备的,主要有硫酸法和氯化物法两种,前一种方法是用硫酸处理钛矿,分离出硫酸亚铁,将硫酸钛水解沉淀出氢氧化钛,经煅烧后得 TiO_2。氯化物法是首先将钛矿中的钛转化为四氯化钛并进行蒸馏提纯,最后将 $TiCl_4$ 在 1000℃用氧气转化为 TiO_2。以氯化物法生产的二氧化钛质量较高。按一般程序得到的是锐钛型的,为了得到金红石型的要作特殊处理。

金红石型和锐钛型的二氧化钛,因晶型不同,其折光率也不同,分别为 2.76 和 2.55,因此遮盖力相差很大。金红石型在接近紫外光的地方,有一定的吸收,所以金红石型本身白度不及锐钛型(图 7.3)。金红石型虽然成本高,但因用量少,更合算,一般都用金红石型二氧化钛,除非要"更白"的白色。

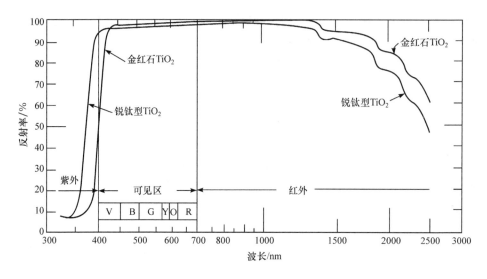

图 7.3　二氧化钛的反射光谱

　　用二氧化钛颜料有一个粉化的问题，其中锐钛型的更为严重，因为在紫外区有较强吸收，可催化聚合物老化，其原因是在紫外光作用下，它可和 O_2 形成电荷转移络合物(CTC)，CTC 可分解生成单线态氧或和 H_2O 反应生成自由基，它们都可引起聚合物老化，反应表示如下：

$$TiO_2 + O_2 \longrightarrow [TiO_2^+ \cdots O_2^-]_{CTC}$$

$$CTC \longrightarrow TiO_2 + {}^1O_2^*$$

$$CTC + H_2O \longrightarrow TiO_2 + HO\cdot + HOO\cdot$$

$$2HOO\cdot \longrightarrow H_2O_2 + O_2$$

$$H_2O_2 \longrightarrow 2HO\cdot$$

　　为了降低二氧化钛的光活性，常用二氧化硅和(或)氧化铝处理表面，也可用氧化锌或氧化锑等进行处理。用氧化铝等碱性物质处理过的二氧化钛，可和酸反应，所以对用酸作催化剂的热固性涂料(如氨基漆等)的固化会有影响。二氧化钛引起的粉化现象也可用来制备自清洗涂料。为了降低成本，乳胶漆可以直接使用浆状二氧化钛。

　　铅白 $2PbCO_3 \cdot Pb(OH)_2$ 是最早使用的颜料，它有较好的耐候性、附着力，并可杀菌，但因有毒，国外已禁止使用。立德粉的遮盖力较高(n=1.9~2.3)，其中 ZnS 含量增加时，遮盖力可更高，但耐酸性下降，立德粉耐候性差，易泛黄。氧化锌的 n=2.0，它有较好的耐候性，可杀菌，但耐酸碱性很差。锑白 Sb_2O_3，遮盖力与立德粉接近，耐光和耐热性良好，但易溶于酸碱，它是一种重要的阻燃剂，可与含卤素的有机阻燃剂协同使用。

2. 着色颜料

黑色颜料主要是炭黑，其他还有石黑、铁黑、苯胺黑等，但最乌黑的黑色颜料是炭黑。不同牌号的炭黑"乌黑"的程度很不同。炭黑中以槽法炭黑最黑，粒子最细达纳米级(5~15nm)，由于它的表面积大，吸油量大于一般颜料很多倍，因此加少量便可大大增加体系黏度。由于炭黑表面的极性很大，而槽法炭黑的表面积更大，因此很容易吸收体积中的极性添加剂，如醇酸树脂中的催化剂，从而影响固化速度。灯黑的粒子粗至 0.5μm 左右，它的乌黑程度也低，一般用于灰色涂料。

无机颜料具有较好的耐候性、耐光性、耐热性和着色性，它的缺点是色谱不全，并且有些有毒性(如含铅颜料)。无机彩色颜料中用得较多的是氧化铁颜料，主要品种有铁黄[FeO(OH)]和铁红 Fe_2O_3。铁黄在 150℃脱水转变成铁红。铁黑 Fe_3O_4 和铁红混合可得氧化铁棕。透明氧化铁是一种纳米颜料，它除具有氧化铁颜料的优良化学稳定性外，还具有透明性，在涂膜中不会引起散射，从而使漆膜呈透明状态，可用于金属闪光漆中。其他无机彩色颜料主要的有铬黄($PbCrO_4$)、铬绿、镉黄(CdS)、镉红以及群青(含多硫化钠的铝硅酸盐)和铁蓝(铁氰化钾、亚铁氰化钾)等。

现在有机颜料的品种已比无机颜料多得多，有机颜料的突出特点是颜色鲜艳，色谱齐全。尽管有机颜料存在对热、对光不稳定、易渗色等缺点，但仍是无机颜料不能替代的品种，一些性能优良的颜料已不断被应用。现在最常用的有机颜料是酞菁系颜料和偶氮颜料。一些颜料的结构中常含有无机金属离子，如镍偶氮黄(Ⅲ)和酞菁蓝(Ⅴ)。也有许多有机颜料是淀积在无机物(如氢氧化铝)上的，称为色淀。一些主要品种介绍如下。

- 联苯胺黄(Ⅰ)：着色力高，颜色鲜艳，有较好的遮盖力，但耐光性等稍差。

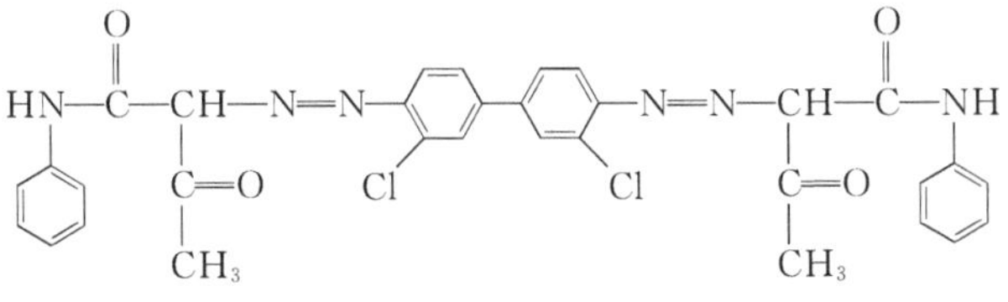

$$（Ⅰ）$$

- 耐光黄(hansa 黄)(Ⅱ)：着色力高，鲜艳耐光，耐热抗酸碱性好，但透明，有渗色问题。

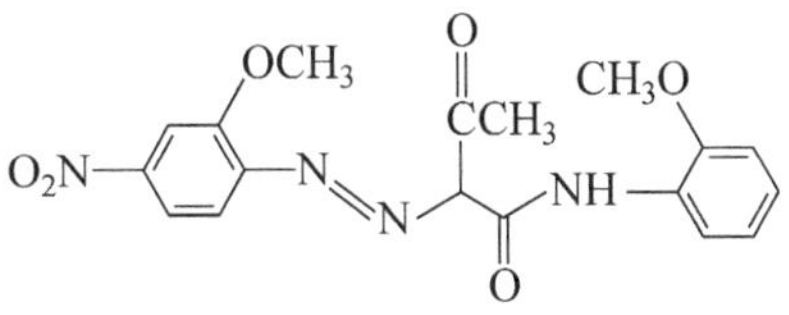

$$（Ⅱ）$$

● 镍偶氮黄(Ⅲ)：是一种带绿光的黄色颜料，非常透明，具有非常好的耐久性，着色力中等，常用于闪光漆。

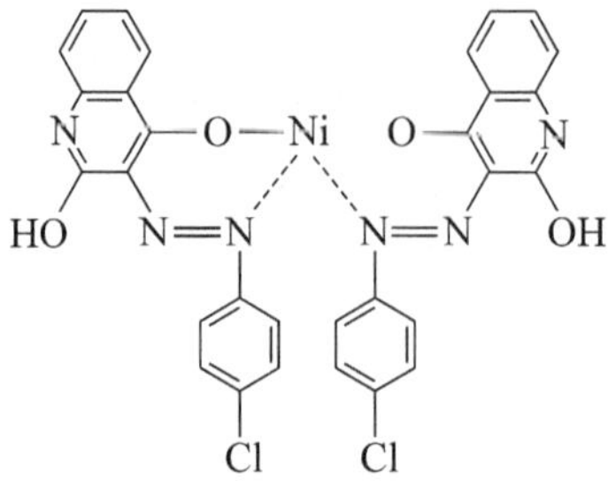

(Ⅲ)

● 颜料黄 183(Ⅳ)：可给出红光黄色的色调，具有优良的耐光性，用于塑料着色，尤其适用于室外使用的塑料。

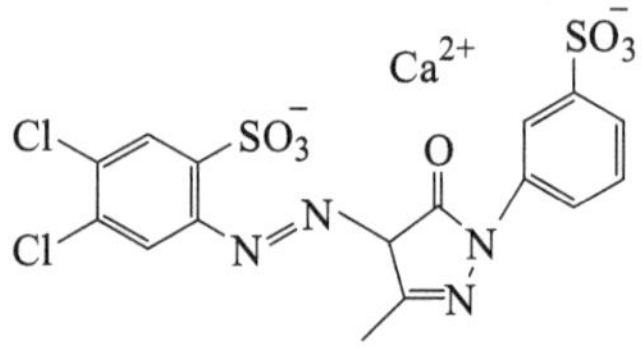

(Ⅳ)

● 喹酞酮系颜料(Ⅴ)：如颜料黄 138，具有优异的耐晒性、耐候性、耐热性、耐溶剂性及耐迁移性，颜色鲜艳，具有高着色强度，优异的色牢度。

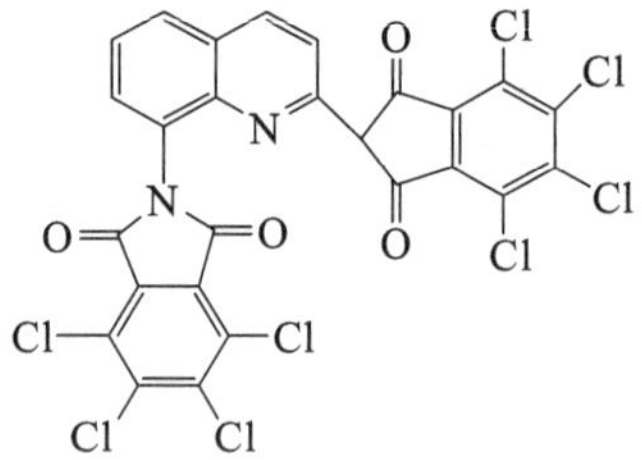

(Ⅴ)

● 瓮颜料：这是一种古老的颜料，具有很好的耐光、耐热和耐溶剂性质，着色力很高，透明，但价格很贵，如 flavanthrone 黄(Ⅵ)是一种带红光的黄颜料。

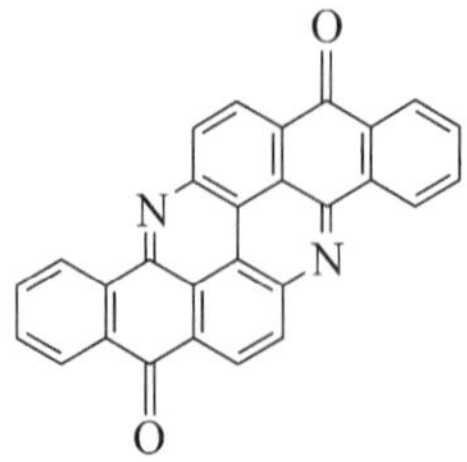

(Ⅵ)

● 酞菁蓝(Ⅶ)：有α型和β型两种不同晶型，β型为稳定的带绿光的蓝颜料，

α型不稳定带有红光，它在高温下可转变为β型，钛菁蓝是最好的蓝颜料，各种性能都较好，如色彩鲜艳、着色力高、耐光、耐热、化学惰性等等。

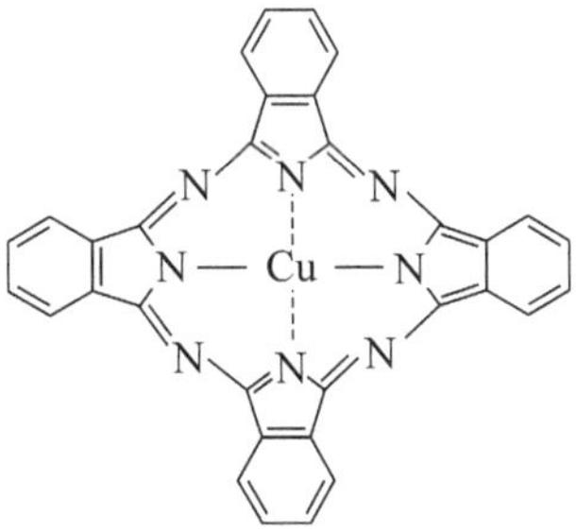

(Ⅶ)

- 酞菁绿：酞菁蓝四个苯环上的氢原子为卤素原子氯或溴取代后，可得一系列不同颜色的颜料，酞菁绿一般含 14~15 个氯原子，酞菁绿和酞菁蓝一样是品质优良的颜料。

- 大红粉(Ⅷ)：是我国使用的主要红色颜料，颜色鲜艳、耐光、耐酸碱、耐热都较好，有较好的遮盖力，有微小的渗色问题。

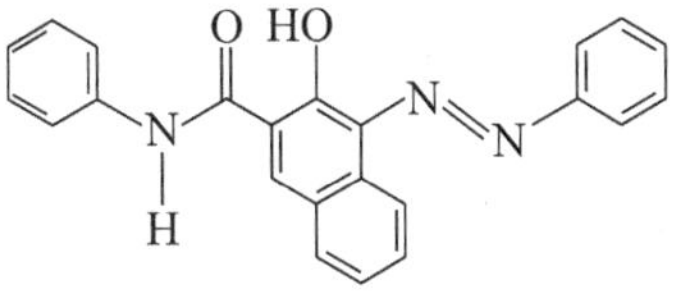

(Ⅷ)

- 喹吖啶酮红(Ⅸ)：是一种优质的红色颜料，彩色鲜艳，各种性能都属优良。

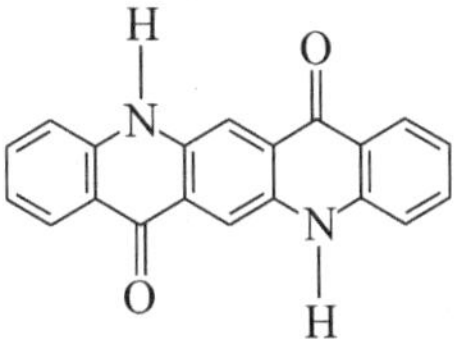

(Ⅸ)

- 硫靛红(Ⅹ)：属于还原颜料，颜料红 88 常应用于汽车漆与高档塑料制品，具有较好的遮盖力、耐晒牢度及耐候牢度。

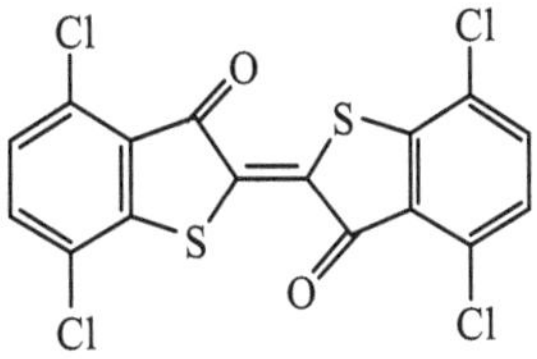

(Ⅹ)

3. 惰性颜料

惰性颜料或称体积颜料或填料,它们的特点是化学稳定性好,便宜,来源广泛,但折光指数和成膜物接近,所以在涂料中是透明的。尽管这种颜料主要是为了降低涂料的成本,但同时对涂料的机械性质、流变性质等起重要作用。惰性颜料种类很多,包括钙盐、钡盐、镁盐、铝盐等的各种矿物或无机化合物,以及硅石和二氧化硅等。惰性颜料大部分直接用矿物加工而成,也有用化学方法制备,主要品种介绍于下。

● 钡白:即硫酸钡,由氯化钡和硫酸钠用沉淀法制得,用于底漆有增强作用。

● 碳酸钙:有大白和轻质碳酸钙两种,前者用天然白垩矿粉碎而得,后者用消石灰与 CO_2 反应制得,轻质碳酸钙相对密度小,粒子细,可用于消光和增加颜料分散稳定性等。碳酸钙颜料常用硬脂酸进行处理,以赋予其疏水性。

● 硅酸钙:由硅酸钠和钙盐溶液用沉淀法制备,粒子极细,可用为消光剂,增稠剂,由于其水溶液为碱性(pH=10),可用于钢铁防腐蚀底漆。

● 瓷土:瓷土组成一般为 $Al_2O_3 \cdot 2SiO_2 \cdot 2H_2O$,矿物经粉碎、淘选等一系列加工后才能使用。瓷土表面也经常进行涂覆处理,瓷土吸油量高,适用于低光泽涂料的消光和增稠,以及防止颜料沉降等。

● 云母:是一种水合硅酸铝的矿物,经处理后将其转化为粉末,有不同品种,其典型的组成为 $K_2O \cdot 2Al_2O_3 \cdot 6SiO_2 \cdot 2H_2O$,由于它是片状结晶,在涂料中可起栅栏作用,能改进涂料的抗湿性和防腐蚀性能。

● 氢氧化铝:氢氧化铝在加热到 200℃时可失去部分水成为单水合物,因此可用于防火涂料,它也是彩色颜料色淀的基物。

● 滑石粉:它是一种水合硅酸镁,可用 $Mg_3H_2(SiO_3)_4$ 代表,粉碎磨细的滑石粉形状各异,主要是片状的,它是疏水的,在溶剂型涂料中由于容易使用且便宜,用量很大。在水性涂料中则易絮凝。

● 硅石:硅石粉主要是石英砂加工得到的细粉,主要用于填缝剂等的填料。

● 气相二氧化硅,它由四氯化硅火焰水解得到,化学稳定,粒子细,表面积大,平均直径为 7~40nm,因此广泛用于消光、增稠、改进流变性等。

● 骨料:骨料是用于建筑涂料的粒径很大的填料,一般粒径在 0.1~2.5mm左右。骨料分两类,一类是天然碎石渣或砂石,另一类是人工着色碎石渣或砂。前者一般是天然带色的花岗岩,大理石碎石渣和其他天然白色或彩色的碎石渣或砂石。人工着色有两种制备方法:一是在白色的石英砂表面涂以中温或高温釉料,在 800~1300℃下烧结而成的人工着色砂,称烧结法,所得人工着色砂光泽高、耐污染性好;另一类是染色法,在白石英砂表面涂以带颜料的黏结剂,然后在 80~100℃低温烘烤而得的人工着色砂。

4. 塑料颜料

除了前面介绍过的聚合物空心小球(图 7.2)可作为白色颜料外，聚烯烃和聚四氟乙烯及蜡等也可作为颜料，它们加在涂料中可改善漆膜抗损坏性、光滑性、防水性、防吸尘性以及抗压黏性等，它们还具有较好的消光能力，特别是聚丙烯的微细粉末。聚四氟乙烯粉末的表面能和摩擦系数都很低，可同时改善涂料的防水和耐磨性能。聚苯乙烯乳胶的 T_g 较高，可用作乳胶漆的惰性颜料，芳族聚酰胺作为惰性颜料可有效增强涂层的机械强度。

5. 金属颜料

主要有锌粉、铝粉、不锈钢片和黄铜粉等。锌粉用于富锌防腐蚀底漆；铝粉分为漂浮型和非漂浮型两种，它既可以粉末形式也可以浆状形式得到。经表面处理后具有片状结构的铝粉具有漂浮性，在成膜过程中可平行排列于表面，显示出金属光泽，并有屏蔽效应，主要用于防腐蚀涂料的面漆。非漂浮型铝粉，表面张力较高，不能漂浮于表面，但在漆膜下层可平行定向排列，主要用于金属闪光漆。铝粉作为颜料可以提高涂料耐热性，并使涂料具有较好的反射光和反射热的性能，但它可和酸及碱作用。不锈钢片用于涂料能赋予漆膜以极好的硬度和抗腐蚀性。黄铜粉又称金粉，是含有少量铝的铜和锌的合金，它很容易和酸反应，一般用于室内装饰涂料。

6. 珠光颜料

珠光颜料分为无基材珠光颜料和有基材珠光颜料。无基材珠光颜料由透明或半透明的片状颜料微片组成，包括金属铝片状颜料、天然珍珠素、氯氧化铋、碱式碳酸铅以及薄片状有机颜料等；有基材珠光颜料又称为层状结构珠光颜料，通过在低折射率片状基材上涂覆高折射率的金属或金属氧化物制得。最常见的基材包括鳞片状云母、二氧化硅等；常见的涂覆材料包括二氧化锑、氧化铁及稀土元素氧化物。光线照射其上时，可发生干涉反射，一部分波长的光线可强烈地反射，一部分则主要是透射，部位不同，包覆膜的厚度不同，反射光和透过光的波长不同，因而显示出不同的色调，可赋予涂料美丽的珠光色彩。

利用人工制备的厚度规整的微米级片状 SiO_2、Al_2O_3 等为基材，在基材上覆盖一层纳米级的二氧化钛、三氧化二铁等金属化合物，由于光的干涉效应，可得到具有变幻莫测的色彩效应的颜料，这类颜料被称之为变色龙颜料，它们在汽车涂料中使用，可获得十分突出的随角异色效应。另一种具有随角异色效应的干涉片状颜料为具有胆甾型液晶结构的聚合物颜料，其简要制备过程如下：采用丙烯酸酯化的向列型液晶与手性丙烯酸酯单体共聚制备具有螺旋结构的聚合物，将其溶解于含有引发剂的乙烯基单体中制备混合液，将混合液涂覆在聚乙烯基材上进行 UV 固化，固化膜从基材上剥离后进行研磨并按粒径分级，可制得高度交联的具有片状结构的半透明灰白色粉末。其中的螺旋结构可引起光的干涉反射而产生随角异色效果。其颜色效果可通过聚合单体投料比进行调节，但此颜料对 UV 较为敏感，使用时需同时添加光稳定剂，在水性汽车面漆中，液晶结构的聚合物颜料表现出优异的耐久性。

7. 发光颜料

发光颜料包括荧光颜料、磷光颜料、自发光颜料和反光玻璃微珠。荧光颜料是指光线照射时会发出荧光的颜料。荧光颜料一般用于荧光涂料，荧光颜料在阳光照射下发出的荧光颜色要求和荧光颜料选择反射光的颜色(即本色)相一致，这样涂层的反射光实际是反射光和荧光的叠合，因此显得鲜艳而醒目。荧光颜料通常是由有机荧光染料和树脂相混合而形成的固溶体粉末。荧光颜料的浓度不能太高，否则，反而不能发出荧光。荧光颜料价格非常高。磷光颜料是指在光照后可长时间发光的颜料，主要是掺杂有活化剂的硫化锌或硫化镉，掺入不同的活化剂后硫化锌可发出不同颜色，如 ZnS/Cu 黄绿色，ZnS/Ag 紫或黄色等。磷光颜料也常被归入广义的荧光颜料中，但硫化锌等无机发光颜料不能用于荧光涂料，因为它们的本色为浅色，主要用于夜光涂料，它们在夜间放出微光，可用于照明和标志。自发光颜料是指掺有铑(Rh)或钍(Th)等放射性元素的硫化物，它们在无光照射时也会自己发光，主要用于夜光涂料。玻璃微珠本身不发光，但它可以将照射在其上的光线进行回归反射，用于道路标志涂料。

8. 防腐蚀颜料

用于防腐漆的颜料，包括红丹、云母片、玻璃磷片和石墨烯等，有关作用将在钢铁防腐蚀涂料中讨论。

7.3　纳米颜料

当颜料颗粒尺寸达到 1~100nm 时，可称为纳米颜料，涂料界早已使用了纳米颜料，如炭黑和气相二氧化硅，它们的粒子直径都在纳米范围。炭黑不仅是黑色颜料也是漆膜的增强剂和光的屏蔽剂。气相二氧化硅在涂料中常用作增稠剂。但长期以来对纳米材料缺乏认识，也缺乏必要的研究手段，因此未曾从纳米尺度和纳米效应的角度进行涂料的颜料研究。自 20 世纪 90 年代以来，由于检测和表征技术的进步，纳米材料的研究蓬勃开展，为对已有的纳米颜料进行再研究，也为新的纳米颜料和纳米技术在涂料中的应用打下了基础。

纳米粒子可以显示出纳米效应，包括量子尺寸效应、小尺寸效应、表面效应和宏观量子效应，和常规材料相比，纳米粒子参与组成的材料展现出许多特有的性质，例如熔点降低、光谱蓝移、吸收增强、谱带变宽、力学性能提高、表面活性增加等等，常见的纳米颜料有纳米二氧化钛、二氧化硅、氧化锌、碳酸钙、氧化铁、碳纳米管以及纳米金属。按其作用与功能，主要可分为结构型纳米颜料和功能型纳米颜料两大类。

1. 结构型纳米颜料

纳米颜料作为涂料增强材料加入涂料中，主要作用是提高涂料漆膜的力学性能，如硬度、强度、抗冲击性及耐磨性等。例如，加入纳米二氧化硅以后可以改善漆膜的力学性能，这种作用和纳米粒子的高表面积和高表面活性是相关的。

2. 功能型纳米颜料

一些纳米颜料对紫外光有屏蔽作用，它们加入涂料中可改善光老化性；一些纳米颜料有防腐蚀能力，它们可用来制备防腐蚀涂料；还有一些纳米颜料具有特殊的光电性能，它们可用来制备某些具有特殊功能的涂料，如抗静电涂料、光致变热涂料、防污涂料、吸波涂料及抗菌防沾污涂料等。

纳米颜料除了要有合适的低成本制备方法外，在涂料中的应用还要解决好颜料的分散和在颜料中聚集的问题。

以下介绍几种当前研究最多的纳米颜料。

1. 纳米二氧化钛

纳米颜料中研究最多的是纳米二氧化钛，纳米级的二氧化钛由于粒子尺寸小于可见光波长，对光不产生散射，因此没有遮盖效力，是透明的。但纳米二氧化钛光的吸收蓝移，对紫外光吸收大大增加，因此被用作涂料的紫外光屏蔽材料，用以提高涂料的抗老化能力。作为紫外光屏蔽材料，最好选用光活性低的金红石二氧化钛，并且最好用无机物如氧化铝和/或氧化硅等包覆及表面处理以阻断与有机成膜物的直接接触。

纳米二氧化钛，特别是锐钛型二氧化钛具有很强的光催化能力，可以分解各种有机物，因此被用来制备具有杀菌、防霉、除臭的功能涂料和自清洁涂料。自清洁的原理可能在于分解附在灰尘粒子上的有机物，这些有机物相当于是粒子和涂膜间的黏合剂。将附在尘埃上的有机物分解，尘埃便易于被雨水冲洗掉。二氧化钛不仅可以光催化分解有机物，同样也可以催化基料的老化降解。如何避免这种负面效果是很重要的。用于光催化分解有机物时，一般要用锐钛型二氧化钛，涂料最好选用无机成膜物或有机改性的无机成膜物，如硅酸盐涂料。从另一方面看，有机涂料由于表面粉化，可以不断更新表面，也可达到自清洁目的。二氧化钛表面具有光致双亲效应(参见 5.2.5 小节)。为了克服纳米二氧化钛在涂料中的分散问题,可以直接使用纳米二氧钛浓缩浆。

2. 纳米二氧化硅

气相二氧化硅在聚合物材料中早有使用,在涂料中常用于增稠。已经发现在涂料中分散很好的纳米二氧化硅具有增强的作用和提高耐磨性等等,但其效率和在有机基体中分散的好坏相关。纳米二氧化硅的分散非常困难,采用溶胶-凝胶法是将纳米二氧化硅均匀分散于树脂基体中有效的方法(见 4.5.3 小节)。另外,采用超声波等特殊方法分散的纳米二氧化硅不仅用于溶剂性涂料的改性,也常用于烯类单体乳液聚合中制备有机-无机杂化乳胶,用于制备乳胶漆。

3. 蒙脱土

膨润土是一种体积颜料,其主要成分是蒙脱土,经烷基季铵盐或其他有机阳离子进行交换生成有机蒙脱土,通常用于涂料中作为触变剂和无机增稠剂(见 4.5.3 小节)。

4. 石墨烯

石墨烯是一种单原子厚度的碳原子平面薄片,碳原子在蜂窝晶体点阵中有序地排列成二维结构。它可被认为是一个无限的大芳香族分子,主要制备方法有氧化还原插层法、化学气相沉积法、溶剂的超声化和溶剂的热合成法。石墨烯具有导电性、良好的热稳定性和耐划伤性,石墨烯堆叠的片层结构可阻隔水、气体、腐蚀物质,同时石墨烯片为疏水材料,层数少的石墨烯(主要以 3~5 层为主)疏水性更明显,由于它具有阻隔作用和导电性,可在防腐蚀涂料和导电涂料中得到应用。

7.4　颜料的吸油量和颜料体积浓度(PVC)

颜料在涂料中的含量对涂料性质有极大影响,为了估计颜料的合理用量,需要了解颜料的吸油量。吸油量是按以下方法测定的:在 100g 的颜料中,把亚麻油一滴滴加入,并随时用刮刀混合,初加油时,颜料仍保持松散状,但最后可使全部颜料黏结在一起成球,若继续再加油,体系即变稀,此时所用的油量为颜料的吸油量(OA):

$$OA = \frac{亚麻油量}{100g颜料}$$

达到吸油量时,意味着颜料表面吸满了油,颗料间的空隙也充满了油,若再加入油,黏度要下降。这可由门尼公式说明:

$$\ln \eta = \ln \eta_0 + \frac{K_e V_i}{1 - \dfrac{V_i}{\phi}}$$

这里 V_i 为颜料体积和吸附层体积之和,当 V_i 和堆积因子相同时,即 $V_i = \phi$,体系黏度达到最大。若继续加油,V_i 即下降,总黏度下降。

颜料的粒子愈细,分布愈窄,吸油量愈高。吸油量也与颜料的相对密度、颜料颗粒内的空隙和形状有关,例如,圆珠形的吸油量高,针状的少。吸油量用刀刮法,误差很大。现在已可用仪器来测定,如捏合机。在颜料和油逐步混合时,测量搅拌机的功率,功率最高时,即为吸油量,这种方法误差小。

在涂料中计算颜料的体积分数比计算质量分数更有意义,因为涂料是用厚薄,即和体积有关的量来反映其性质的。在干膜中颜料所占的体积分数叫颜料的体积浓度,用 PVC 表示:

$$PVC = \frac{颜料的体积}{漆膜的总体积}$$

当颜料吸附了成膜物(树脂)并在颜料无规紧密堆积所成的空隙间也充满了成膜物(树脂)时,PVC 称为临界的 PVC,用 CPVC 表示。吸油量和颜料的 CPVC 具有内在的联系,吸油量实际是在 CPVC 时的吸油量,它们可通过下式换算:

$$CPVC = \frac{1}{1 + \dfrac{OA \cdot \rho}{93.5}}$$

式中,ρ 为颜料的密度;93.5 为亚麻油的密度。

PVC 与干漆膜的性能有很大的关系,如遮盖力、光泽、透过性、强度等。当 PVC 达到 CPVC 时,各种性能都有一个转折点,如图 7.4 所示。

当 PVC 增加时,漆膜内颜料体积多了,表面的平滑度下降,因此光泽度下降,遮盖力增加。当 PVC 达到 CPVC 以后,若再增加,漆膜内就开始有空隙,此时漆的透过性大大增加,因此防腐性能明显下降,防沾污能力也变差;由于漆膜里有了空气,增加了光的散射,遮盖力迅速增加,着色力也增加;但和强度有关的性能却因漆膜内出现空隙而明显下降。

PVC>CPVC 的特点可以加以利用,例如天花板漆,它不易沾污,也不需擦洗,强度不一定要求很高,这时可使 PVC 超过 CPVC,使遮盖力大大增加,以便充分利用"空气"这个最便宜的颜料;但对墙壁用涂料,则应使 PVC 低于CPVC。某些底漆的 PVC 一般应大于 CPVC,这样可使面漆的漆料渗入底漆的空隙中去以增加面漆与底漆间的结合力。由此可见,PVC/CPVC 对漆膜性能关系极大。PVC 和 CPVC 之比称为比体积浓度:

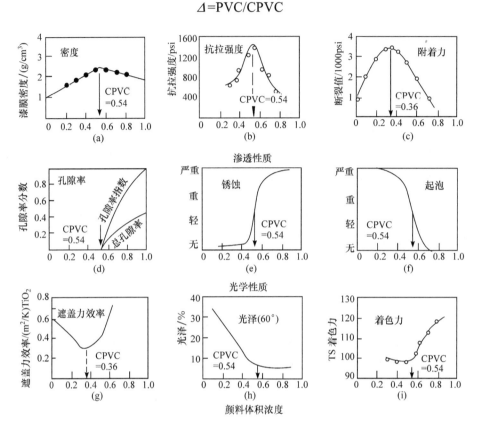

图 7.4　涂料性质在 CPVC 时的突变

$1psi=1lb/in^2=0.453\ 592kg/(6.4516\times10^{-4}m^2)=704.6kg/m^2$

在配方中应重视 Δ，例如高质量的有光汽车面漆、工业用漆和民用漆(面漆)，其 Δ 在 0.1~0.5；半光的建筑用漆，Δ 在 0.6~0.8；而无光内外墙涂料在 1.0 左右；天花板漆>1。金属保护底漆的 Δ 在 0.75~0.90，可以保证有较好的防锈和防气泡性能；而对于要用砂纸打磨的底漆，Δ 在 1.05~1.15 之间，这样可使打磨容易，涂层对砂纸有较少的黏滞力。

金红石 TiO_2 体积浓度与遮盖力之间有一特殊关系，即它在 CPVC 以前有一个最高值，当 PVC 为 22%时遮盖力最高，当浓度大于 22%时遮盖力反而下降，其原因不甚清楚。由于从 18%~22%之间变化不大，一般为节省金红石 TiO_2，用量只加到 18%，如果加一些惰性颜料，由于它们可以取代一些不起作用的 TiO_2 颗粒，用量可降到 15%。

7.5 乳胶漆的 CPVC(LCPVC)

乳胶漆的 CPVC 和溶剂型的不同, 溶剂型的漆料(外相)是一个连续相, 成膜过程中颜料间的空隙可自然地被漆料所充满[图 7.5(a)], 但乳胶漆不同, 乳胶是一种粒子, 成膜前它可和颜料成混杂的排列, 也可各自聚集在一起[图 7.5(b)], 这样在最后成膜时, 为使颜料间空隙被填满就需更多的乳胶粒子, LCPVC 总是低于溶剂型漆的 CPVC。当乳胶粒径减少时, LCPVC 可以上升一点, 因为这时, 乳胶比较容易挤在颜料之间。当体系温度升高, 或加有助成膜剂时, LCPVC 也可升高。因为这时乳胶在成膜时, 流动性好, 可以比较容易地进入颜料的空隙。

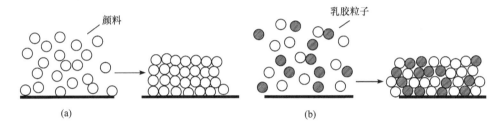

图 7.5 (a)在 CPVC 时, 溶剂型漆料中颜料的分布; (b)乳胶中颜料粒子分布示意

第八章　漆膜的表观与颜色

8.1　基本光物理概念

8.1.1　光的反射与折射

　　一束光投射在一个平滑表面时，一部分光便要反射，另一部分光则透射到物体内部(图 8.1)。光从一种介质进入另一种介质时，便要发生折射，入射角 i 和折射角 r 正弦之比为一定值，这便是折射率(或称折光指数)。

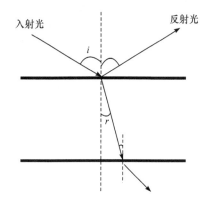

图 8.1　光的反射与折射

$$n = \frac{\sin i}{\sin r} \tag{8.1}$$

　　真空中的各种介质的折射率称为绝对折射率，对于真空来说，空气的折射率为 1.000291，大约为 1。所以对于空气来说，各种介质折射率可按绝对折射率考虑，表 8.1 列举了部分物质的折射率。

　　反射的规律是入射角 i 等于反射角 ϕ。反射光光强 I 和入射光光强 I_0 的比值称为反射率 R[式(8.2)]。R 值和入射角有关，也和物质的性质有关，若入射角接近 0°时，R 与折射率大小有如式(8.3)的关系。一般聚合物的 $n_2=1.5$，而空气的折射率 $n_1=1$，因此 $R=0.04$，即大部分进入介质内。当入射角接近 90°时，R 接近 1。

表 8.1　部分物质的折射率

物质名称	折射率	物质名称	折射率
空气	1.000 291	水晶	1.55
水	1.33	氧化锌	2.02
石油	1.39	硫化锌	2.37
乙醇	1.36	钛白(金红石)	2.75
石蜡	1.42	钛白(锐钛型)	2.55
大豆油	1.48	瓷土	1.56
乙烯基聚合物	1.52	云母	1.58
酚醛树脂	1.54	碳酸钙	1.6
玻璃	1.51	铅白	2.0

$$R = \frac{I}{I_0} \tag{8.2}$$

$$R = \left(\frac{n_2 - n_1}{n_2 + n_1}\right)^2 \tag{8.3}$$

如果光投射在一个粗糙的表面上，便会在不同方向上反射，此时称为漫反射，在平滑平面上则称为镜面反射。有些光进入介质(如漆膜)后到达底部又会产生第二次反射，在介质中，若有小粒子时还会发生散射，经散射和二次反射后的光又从介质表面射出，将从反射角ϕ以外的所有从表面射出光的和称为扩散反射光。

如果一束平行光照射在一种玻璃或其他结构的材料上时，光线在其中经过折射反射后，反射光线仍可按原有光源方向平行地反射回来，这种反射称为回归反射(图 8.2)。

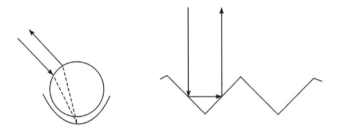

图 8.2 回归反射

8.1.2 光的吸收

光照在一个表面，或通过一个介质时，光要被吸收。光的吸收遵守比尔-朗伯定律[式(8.4)]，即光的吸收和介质中吸收光物质的浓度、吸光特性和光程长短有关。

$$\frac{I}{I_0} = 10^{-\varepsilon cl} \quad \text{或} \quad \frac{I}{I_0} = e^{-Kcl} \tag{8.4}$$

式中，ε 和 K 分别为线性吸收系数和自然吸收系数，它们可以相互转换，$K = 2.303\varepsilon$；c 为浓度(g/L)；l 为光程长度(cm)。比尔-朗伯公式也可用式(8.5)表示。一般将$\lg I_0/I$称为吸光度，用 A 表示。

$$A = \lg \frac{I_0}{I} = \varepsilon cl \tag{8.5}$$

8.1.3　光的散射

光进入一个二相体系时，如有雾的空气和含微细颜料的聚合物漆膜，便要发生散射，例如，一束光线通过黑屋子时，能显示出空气中的尘粒或烟尘，这是因为质点和照在它上面的光相互作用，使一部分光离开原来的方向发生偏折，即光的散射。光散射、反射和漫反射是不同的概念。光散射的实质是质点分子中的电子在光波的电场作用下强迫振动，成为二次光源，向各个方向发射电磁波，这种波被称为散射光。光散射是全方位的，得到的是漫射光。入射光和散射光之比称为散射率(I/I_0)，散射率和两相的折光指数之差有关，折光指数差愈大，散射率愈大，如图 8.3 所示。当漆膜中的颜料与聚合物的折光指数相同时，散射率为 0。散射率和介质中微粒大小与分布有关，粒子太大或太小都不能发生散射，每一种物体都有其最佳粒径，图 8.4 是金红石 TiO_2 和 $CaCO_3$ 在漆膜中散射系数与粒径大小关系的示意图。金红石 TiO_2 的最佳直径在 0.2 μm 左右。散射率也和微粒在介质中的含量及介质厚度有关，若不计吸收，可用式(8.6)表示。

$$I/I_0 = e^{-Scl} \tag{8.6}$$

其中，S 为散射系数，取决于体系的性质，即粒子大小、分布及介质的折光指数差等；c 为含量(浓度)；l 为厚度。在涂料的应用中，c 的值并非愈高愈有利于散射，例如，在漆膜中，TiO_2 的体积浓度在 22%时散射最好，不同颜料在丙烯酸清漆干膜中的颜料体积浓度与散射系数的关系如图 8.5 所示。

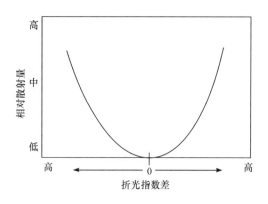

图 8.3　折光指数差与散射的关系

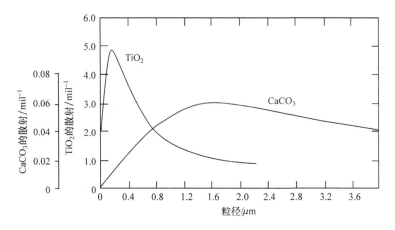

图 8.4 粒径与散射的关系

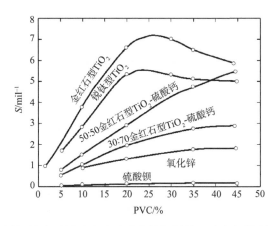

图 8.5 不同颜料在丙烯酸清漆干膜中的颜料体积浓度与散射系数的关系

8.1.4 Kubelka-Munk 公式

对某一波长,当漆膜的遮盖达到完全,即增加漆膜厚度不再增加遮盖时,吸收、散射和反射三者可用 Kubelka-Munk 公式表示:

$$\frac{K}{S} = \frac{(1-R)^2}{2R} \tag{8.7}$$

式中,K,S 和 R 分别为漆膜的吸收系数、散射系数和反射率。由于彩色漆膜往往是由多种颜料配制而成,此混合体系的 K/S 又和体系中各组分的 K/S 有关,如式(8.8)所示,其中 C 为各颜料的浓度,不同颜料的吸收和散射系数随着颜料的浓度按比例增加。

$$\left(\frac{K}{S}\right)_混 = \frac{C_1K_1 + C_2K_2 + C_3K_3 + \cdots}{C_1S_1 + C_2S_2 + C_3S_3 + \cdots} \tag{8.8}$$

假定体系的散射主要来自白色时，则可简化为

$$\left(\frac{K}{S}\right)_混 = C_1\left(\frac{K}{S}\right)_1 + C_2\left(\frac{K}{S}\right)_2 + C_3\left(\frac{K}{S}\right)_3 + \cdots + \left(\frac{K}{S}\right)_w \tag{8.9}$$

$(K/S)_w$ 为白色漆的 K/S，彩色颜料的 K/S 是由颜料以一定浓度分散在白色漆中测得的。Kubelka-Munk 公式是计算机调色的基础，即如果知道个体颜料合适的吸光和散射系数，则任一混合颜料的 R 都能被计算出来。

8.2　遮　盖　力

遮盖力是指涂料覆于基材上，由于光的吸收、散射和反射而不能见到基材表观的能力，遮盖力是涂料赋予被涂物装饰性的一项重要性质。漆膜对于基材的遮盖力主要分两种情况，一种是漆膜吸收照射在其上的光线，使光线不能到达底部(如加有炭黑的黑漆)，因此无法看到基材的表观情形；另一种是光在颜料和成膜物界面之间的散射，使光不能到达底部(如白色漆)，因此也看不到基材的表观。对于大部分彩色的涂料来说，吸收和散射可同时起作用。如果漆膜中的颜料不吸收光，其折光率又和成膜物相同，漆膜为透明状，无遮盖力，因而可看到基材的颜色或形状。涂料的遮盖力可用两种方式表示，一是遮盖单位面积所需的最小用漆量，二是遮盖住底面所需的最小漆膜厚度。

遮盖力来自漆膜对光的吸收和散射的能力，如前所述，散射率是和颜料与成膜物的折光指数差相关联的，所以金红石 TiO_2 有着最高的遮盖力。由于金红石 TiO_2 很贵，需要合理地使用金红石 TiO_2，一般将其控制在 18%左右，含量再高遮盖力提高不明显，超过 22%，遮盖力反而下降，其原因涉及光学等复杂问题，这里不作讨论。加入适量惰性颜料可提高 TiO_2 的利用率。用同样的颜料，折光指数相同，但由于颜料粒径不同，散射情况也不同，因此颜料的粒径需要大小合适。为了取得最佳的遮盖效果还需要将颜料分散好，颜料的絮凝降低颜料的遮盖力。遮盖力和颜料的体积浓度(PVC)有关，当体积浓度超过临界体积浓度(CPVC)时，由于漆膜中有气泡出现，遮盖力会大大提高。

8.3　光　　泽

漆膜的外观和漆膜的光学性质有密切关系。由于对漆膜的鉴赏和人的主观因素有关，如何将表观质量用量化形式表述出来，非常复杂。人们往往以光泽的高低来表述漆面的光学装饰性质，但涂料中光泽的测量方法完全是从严格的

物理学角度出发的，忽略了人的主观感受。因此实测的光泽数据仅仅是表述人们观察到的光学装饰性(广义光泽高低)的一个主要部分。为了真正表征人们对漆面装饰性质量的视觉感受，还需要补充一些新的概念和新的表征方法。鲜映性便是另一个有关光学装饰性的概念。

8.3.1　光泽的概念

漆膜的光泽对于装饰性涂料来说是一项很重要的指标。从物理角度来看，光泽被认为是漆膜表面把投射其上的光线向镜面反射出去的能力，反射光量越大，则光泽越高，这称为镜面光泽。镜面反射方向的反射光称镜面反射光，而非镜面方向的反射光称扩散反射光。实测的光泽数据并不能和人们视觉对光泽高低评价相吻合。例如若比较具有相同反射率的黑色漆膜及白色漆膜，一般黑色漆膜显得光泽更好。这是因为镜面反射光强度和扩散反射光强度的比值不同。人们对光泽高低的感知判断不仅取决于反射率，也取决于这种对比(图 8.6)，漆膜的反射光强弱不仅和表面形貌有关，也和入射角大小有关，不同入射角，会出现不同的反射强度。

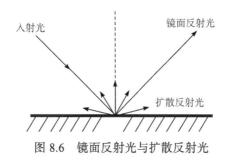

图 8.6　镜面反射光与扩散反射光

8.3.2　光泽的测定

国内通常用光泽计以不同的角度测定相对的反射率来判断光泽。即将平行光以一定的角度 α 投射到表面上，测定由表面以同样角度 α 反射出的光即镜面反射光的强度。测量原理如图 8.7 所示。不同角度下测得的反射光强是不同的，一般采用 20°、60° 和 85° 角测量，测量时，60° 角可适用于所有漆膜，但对于高光泽和接近无光的漆膜，20° 和 85° 更适用，即 20° 角对高光泽(60° 镜面光泽高于 70 单位)漆膜能给出更好的分辨率；85° 角对低光泽(60° 镜面光泽低于 10 单位)漆膜能给出更好的分辨率。

由于光泽受人的主观因素影响，所以用单一的客观标准来评价，往往不能和主观感觉一致，这是为什么光泽计测得结果有时和实际感觉有较大差距的原因。为了更好地评价光泽，往往用多种方法进行，如前所述的对比光泽以及用多角或变角的光泽计来测定不同角度的反射光强。

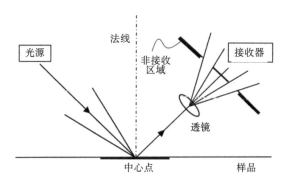

图 8.7　光泽仪测量原理

8.3.3　影响光泽的各种因素

影响光泽因素很多，主要有如下两个因素：

(1) 光泽和漆面的平滑度有关，同样材质的表面，如果是镜面，发生的是镜面反射，其反射角方向的反射最强，若表面凹凸不平，则会发生乱反射，这样便削弱了反射角方向的光强。漆膜中浮在表面的颜料必然会影响平面的平滑度，因此颜料的含量、粒径、分布、相对密度等都对漆膜的光泽有重要影响。

(2) 漆膜分子结构的性质，当表面具有相同平滑度时，光泽的高低和漆膜分子的性质有关，特别是和成膜物的克分子折光度(R)有关，如式(8.10)所示，式中 M 为相对分子质量，d 为密度，N 为折光指数。R 的数值反映了分子结构的特征，R 值愈大，光泽愈高。一般含有不饱和键的分子具有较高的 R 值，具有共轭体系的 R 值更高，这是醇酸树脂涂料的光泽高于干性油，苯丙涂料的光泽高于乙丙涂料，以及不饱和聚酯涂料具有很高光泽的原因之一。

$$R = \frac{N^2 - 1}{N^2 + 1} \cdot \frac{M}{d} \tag{8.10}$$

由以上两种主要影响光泽的因素可知，为了获得高光泽漆膜，首先要使涂料有很好的流平性，涂料的颜料体积浓度不能高，颜料粒子不能过粗，相对密度不能过小，这样在成膜过程中，颜料在漆膜中可形成梯度分布，表层的颜料较少，不至于影响平滑度。涂料配方中的多种组成的相容性要好，不至于在成膜过程中有析出等问题，成膜物应选择较高克分子折光度的聚合物。曾经发现当颜料体积浓度较低时，醇酸酯的油长愈短，光泽愈好，在高颜料体积浓度时，则是油长愈长光泽愈好，这可能是前者成膜物本身的克分子折光度对光泽的贡献大，而后一种情况是涂料的流平性对光泽的贡献大，因为油长短意味着含苯环的量多，油长长意味着长链脂肪数含量多，流动性好。

8.3.4 鲜映度

鲜映度(distinctness of image, DOI)指漆膜反映影像的清晰程度。它是光泽、表面光滑度等的一种综合指标，能较好地表征光学装饰性，测试方法如图 8.8 所示。

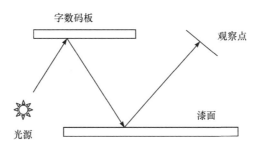

字数码板

观察点

光源

漆面

图 8.8　鲜映度测量示意

从光源发出一定光强的光线照射到标准字码板上，字数码板上的字码被反射到被测漆面上，漆面又将字码反射至观察点，观察者可通过目镜观察到漆面的字码，漆面质量不同，对字码反射情况不同，通过对字码的辨别即可测得鲜映性等级。标准字码板是测量的关键，它以数码将鲜映性分为 0.1, 0.2, 0.3, …, 1.0, 1.2, 1.5, 2.0 共 13 个等级，称 DOI 值。在每个值旁边印有几个数字，随 DOI 值的升高，印的数字越来越小，肉眼越来越难分辨。在观察点能清晰地读取 DOI 值旁的数字的最高 DOI 值为被测漆面的鲜映性的量度。

8.3.5 消光

装饰用涂料并非总是要求高光泽的，相反，有时需要漆膜是平光的，即消光的。表面消光以后漆膜具有更优雅和华丽的外表，特别是室内涂料，强光泽会使眼睛受到过分的刺激。制备消光涂料比高光泽涂料更难些。消光的方法首先会考虑到的是赋予表面一定的粗糙度，但肉眼观察到的凹凸不平的粗糙会影响美观，因此应该是形成细致的粗糙面，它可以通过控制漆膜干燥时由于溶剂的挥发(或反应)而产生的漆膜收缩形成，也可以通过调节流变性以及提高颜料体积浓度或选择颜料品种来形成。另一种方法是在涂料中加消光剂，消光剂种类很多，主要有合成无定形二氧化硅、天然二氧化硅及填料、微粉蜡和有机消光剂如聚烯烃粉末、聚甲基丙烯酸酯微球粉、聚酰胺粉末及脲醛树脂粉末。其中无定形二氧化硅的折光指数为 1.46，与大部分成膜物的折光指数相近，可以制备既透明又消光的涂层。无定形二氧化硅根据制备方法可分成气相二氧化硅与沉淀型二氧化硅，其中气相二氧化硅的粒径及其分布系数的可控性更好。无定形二氧化硅的纯度、粒径及粒径分布、孔隙容积及密度是影响消光效果的关键因素。若无定形二氧化硅的表面用蜡处理,可取得更好的消光效果,因为它可浮在表面,不仅增加了粗糙度,而且它的克分子折光度也很低。对于平光涂料来说,选择成膜物也是非常重要的。

8.3.6　闪光

闪光涂料具有极好的装饰效果,闪光涂层给人们一种晶莹碧透、闪烁发光、醒神悦目、富丽华贵的感觉。闪光涂料由成膜物、透明的彩色颜料(或染料)和金属闪光颜料及溶剂等组成。闪光颜料常用的有铝、钼、锌和不锈钢等片状粉末,但常用的是铝粉。此种涂料涂布在基材上以后,金属片可在溶剂挥发过程中定向地平行排列(图 8.9)。漆膜中的颜料是透明的,因此只吸收非本色的光,不发生反射。金属片有很强反射光的能力,在入射光照射下,由于不同角度反射出漆面的光的光程不同,有的要经金属片多次反射才射出表面,有的仅经一次反射,这样一来不同方向的光强是不同的,俯视时看到的反射光明亮但彩度不饱和,因为光程短,光吸收量低,射出的光含白光成分多;侧视,反射出来的光较弱,但彩度饱和鲜艳,因为光程长,光的吸收量高,射出的光含白光成分低,这种现象被称为金属闪光效应或被称为随角异色现象。和一般高光泽漆面不同,后者一般是俯视时颜色较暗(因入射角小),而侧视时明亮(入射角大)。当使用规整的人工片状珠光颜料(变色龙颜料)代替金属片时,由于颜料表面的干涉效应,可以得到极强的随角异色效应,不同角度不仅有颜色的明度、饱和度的变化,而且有色相的变化,因此很难确定涂料的颜色,具有变幻莫测的色彩变化。

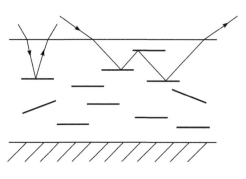

图 8.9　闪光产生示意

8.4　光 和 颜 色

8.4.1　光与颜色的关系

光是一种电磁波,可见光的波长一般是 400~700nm,波长不同对人视觉神经的刺激也不同,颜色便是视觉的一种反映。将白光通过三棱镜后可得美丽的彩色光带,这是白光通过棱镜发生了折射,按波长不同有规则地排列成连续的色谱(表 8.2)。白光是多种波长光的组合,也可以说是各种单色光的混合光。每

一种波长都对应一种单色光，如蓝(440nm)、绿
(550nm)和红(650nm)。

　　波长不同的光的混合也同样给人们以特定
的颜色感觉。为了实际应用方便，通常将可见光
分为红、绿、蓝三段，即 400~500nm 属蓝光范
围，500~600nm 属绿光范围，600~700nm 属红光
范围。白光即由这三种光组成。如果从白光中除
去蓝光，即仅由绿光和红光组合便得黄光；除去

表 8.2　光的波长与颜色	
光的波长/nm	光的颜色
395~430	紫
430~490	蓝
490~505	青
505~570	绿
570~595	黄
595~625	橙
625~680	红

红光，由绿光和蓝光组成得青光；除去绿光，由红光和蓝光组合得品(红紫)光。
红、绿、蓝为三原色；黄、品、青三色称为三辅色，如图 8.10 所示。世间多种
颜色的光都可由三原色或三辅色光配合得到。

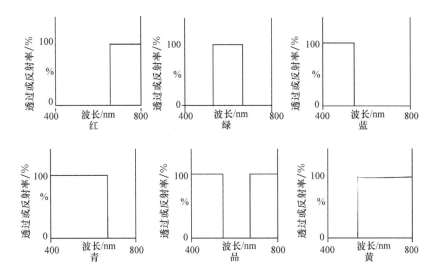

图 8.10　三原色与三辅色

8.4.2　物体的颜色

　　漆膜和霓虹灯不同，漆膜本身不能发光，它的颜色是入射光照射在其上时，
经过反射、吸收、散射、折射等各种作用后从表面反射或透射出来进入我们眼
睛的光的颜色。因此决定漆膜(或其他物体)颜色的是照射光、物质本身性质以
及我们的眼睛。光源、对象和人便是颜色的三要素。物质对光的作用取决于其
微观结构，即分子结构，但也和它的物理形状有关。人的眼睛对光的感觉则很
可能是非常不同的，色盲的存在充分地说明了这一问题，一般人对绿光(555nm)
最为敏感，对红光最不敏感，而且颜色和心理作用又有密切联系，因此颜色是
难以表达的。影响物体颜色的第三个因素是光源，光源不同发射出来光的波长

不同，光谱不同。阳光是我们所指的白光，而普通灯光，蜡光等所发的光都不是白光，即使是日光，在不同情况下，也会呈现不同颜色，有的光带蓝色，有的光带红色。光源因光谱不同而呈现出不同的颜色，一般用色温(K)来表示，色温越高，光越带蓝色，色温越低越带红色。日出时的日光(带有红色)色温为1850K，直射日光平均为5400K，晴天天空光(由于散射带蓝光)为12000~18000K，阴天的天空光为6500~7000K，荧光灯为4500~6500K，标准钨丝灯为2850K。光源不同，物体颜色因而也不同。

8.4.3　颜色的三属性

若每个人的眼睛对颜色的感觉都是相同的，那么光源和物体本身便决定了颜色的三个特性，即色相、彩度和明度。

1. 色相

当光从短波向长波移动时，人们会感到一系列不同的颜色：其顺序为紫、蓝紫、蓝、蓝绿、绿、黄绿、黄、橙、红等。这便是所谓色相。因为物体不可能仅反射单一波长的光，而是同时反射不同波长的光。因此人们视觉可产生各种不同的颜色感觉。有时我们看到的色相是阳光中所没有的，如灰色、棕色和紫红色。我们称白色、黑色和灰色是没有色相的颜色，称为无彩色，其他称为有彩色。色相是颜色的光谱特性，相应于一定的波长。品色是光谱中没有的，它代表着两个确定波长的混合。色相是颜色的基本因素。

2. 彩度

彩度又称饱和度或纯度。它代表颜色的纯粹度，最接近光谱色的是最纯粹的光，称纯色或高彩度或饱和度高。非彩色的纯度最低，当光刺激中混入非彩色的成分时，纯度即降低。例如，将一束红光投在白色银幕上时，颜色是饱和的，所有来自银幕的光都刺激红色的感觉，但如果再投一束白光到银幕上有红光的位置，此时彩色被减弱，因刺激我们的不仅有红，而且有其他色彩的刺激，因而有明亮的白色感觉。改变白光和红光的强度，可以得到一系列饱和度不同的红色。

3. 明度

明度又或称亮度，是物体反射光的量度，一个明亮的彩色物体意味着它反射(或透过)了大部分投射在其上面的光。如将色谱上的彩色光投在灰度不同的银幕上，会看到颜色的光亮度程度随银幕的反射能力的变化而变化，其中白色的反射能力最强，明度最高，黑色的幕不能反射任何光，故明度为0。

8.4.4 芒塞尔和 CIE 表色系

由于颜色很难用文字描述，所以要用各种表色系统来表示颜色，主要的有芒塞尔和 CIE 表色系。

1. 芒塞尔表色系

芒塞尔表色系(图 8.11)是由美国画家芒塞尔(Munsell)提出的表示颜色的方法。此系统以心理因素为参数，用色相(H)、明度(V)和彩度(C)来表示颜色。色相以红(R)、黄(Y)、绿(G)、蓝(B)、紫(P)为五主色，再加上五主色之间的黄红(YR)、黄绿(GY)、蓝绿(BG)、紫蓝(PB)、红紫(RP)的五色，共十个色相，再将两色相之间分成 1~10 个数字，于是共得 100 个色相，将此 100 种色相用环状排列成色相环，明度(V)以白色=10，黑色=0，中间色=5，明度轴垂直于立于色相环的中心。彩度的高低，用明度轴与环的距离表示，中心轴位置彩度为 0，离中心愈远，离环愈近，彩

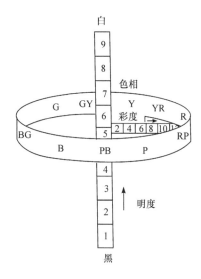

图 8.11　芒塞尔色环

度愈高，最高彩度的值定为 12，0~12 分为 6 个间隔。这样，如果一个色卡标明为 G5/6，就表示色卡为绿色，明度为 5，彩度为 6。

2. CIE 表色系

此表色系以红、绿、蓝三原色为基础。各种混合色中三原色 R、G、B 的比例称为三刺激值，如 C 为某一颜色，则

$$C=r[R]+g[G]+b[B] \tag{8.11}$$

若 C 为白色，则 $r:g:b=1:1:1$。CIE 根据标准观察者对光谱的感度将三原色规格化。但由于三原色混合所得颜色的饱和度总是低于光谱色，因此要求用三原色混合取得光谱色的饱和度很困难。为了克服这个问题，便将 X, Y, Z 定义为假想三原色，即 X, Y, Z 三刺激值。为了在一个平面坐标上表示颜色，将三刺激值转换为色度值 x, y, z。

$$x = \frac{X}{X+Y+Z}, \quad y = \frac{Y}{X+Y+Z}, \quad z = \frac{Z}{X+Y+Z} \tag{8.12}$$

由于 $x+y+z=1$，所以表示一个彩色只需要 x，y 为轴的平面坐标就可以。第三个坐标和亮度有关，而亮度与观察者对光谱反应情况有关，定为 Y(注意不是三刺激值的 Y)。测定不同波长的色度值，将它们定在 CIE 坐标上，便得光谱的轨迹(图 8.12)。从 400nm 到 700nm 由蓝和红联成的线代表非光谱色的红紫色，所有的颜色都在轨迹的范围内。在 CIE 坐标图上用 A，B，C 表示三种标准光源，例如，某一颜色在图中的 D 点，若用标准光源(或白色)，则 CD 连线并延长至与色相轨迹相交处，交点 E 为色 D 的主色相，饱和度为 CD/CE。D 点代表饱和度相同，色相相同。但明度不同的样品，明度由明度的坐标轴决定，它是垂直于平面的。

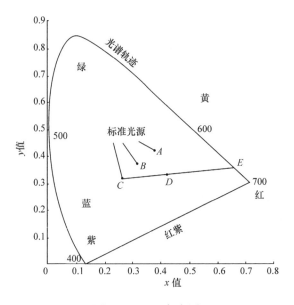

图 8.12 CIE 色度图

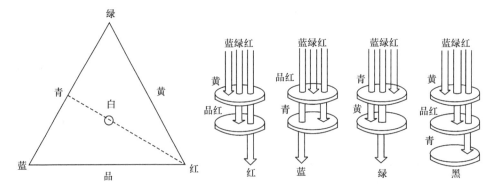

图 8.13 加色法配色图   图 8.14 减色法原理图

8.4.5　颜色的调配

将几种有色光线混合所得混合色与几种有色颜料混合所得的混合色不同。前者可称为加色法配色，例如电视上的颜色便是由加法得到。用红、绿、蓝三原色按不同比例相加可得各种不同颜色，白色便是等量红绿蓝相加的结果。图8.13 是加色法配色图，其中红和青互补，绿和品红紫色互补，蓝和黄互补，它们相加可得白色。另一种配色方法称为减色法，例如电影胶片的显色采用减色法原理，即以黄、品、青三层颜色互相叠合，分别从白光中减去三原色，并控制其透色光比例的不同，可得各种颜色。白光通过黄品青三层颜色时，可将红绿蓝三原色全部减去，什么光也不能透过，所以可得黑色(图 8.14)。

涂料中用颜料配色，基本上是一种减色法配色，将等量标准青颜料和黄颜料混合，得到的应是绿色。这是因为颜料的质点很细，并且是均匀分布的。因此光照在这层颜料上，好像经过了双重的滤光器。两种颜料分别吸收各自的色光，剩下来的只有两种颜料都不吸收的那部分光，即绿光。实际上，颜料的减色法配色和标准的减色法是不同的，它有自身的三原色(黄、红、蓝)和三辅色(绿、橙、紫)。图 8.15 是颜料的减色配色图。颜料的

图 8.15　颜料的减色法配色图

颜色一般不是单纯色，而是介于单纯色之间。将两种不互补色的颜料混合，得到的颜色将介于这两种颜色之间的颜色。由于每种颜料都要从照射的白光中吸收一定的光线，因此减色法配色后，颜色变暗。必须注意在比较用于涂料中颜料的颜色时，需在油中比较。

8.4.6　颜色的心理因素

颜色对人的心理影响极大，使用恰当的颜色不仅可以美化环境，而且有益于身心健康，非常重要。

红色：对人的心理活动有强烈刺激，使人兴奋紧张，用红色或红光装饰娱乐场所会使人感到兴奋和温暖，并会觉得时间过得悠长，但高饱和的红色装饰四周环境，会扰乱生理平稳，使人血压增高，脉搏跳动加快而感到不适。红色包装可使人产生体积变大的感觉。红色注目性高，视认性好，可用于多种危险信号。

黄色：黄色为最明亮的颜色，视认性很高，注目性优于红色，对人生理影

响为中性。黄色使人有光明、向上、愉快等的联想。过多的黄色会使人头晕目眩。

绿色:视认性高,人对绿色最为敏感,所以作为安全色的色相。绿色使人精神集中,造成有效的工作环境,但大面积使用高饱和绿色,使人精神疲劳,产生愁思。

蓝色:视认性差,它有和红色相反的性质,蓝色使人沉静,沉着,心旷神怡,但也使人感到寂寞,冷清。

紫色:是红蓝两色的混合刺激,生理作用为中性。紫色在日光下显出美丽颜色,在荧光灯下彩度较低。它使人产生优美、高贵、温厚、神秘的感觉。

白色:给人以高尚、纯洁、清静的感觉,但也代表忧伤,寒冷。

黑色:给人以忠心、庄重的印象,但也是消极、恐惧的象征。

8.4.7 配色

配色就是把不同颜色组合起来配出一种颜色,使其三刺激值与样品颜色的三刺激值一致。

色漆的配色通常是按色卡来配制的,制造同一颜色的漆,每批都务必配得一致。配色的步骤大致如下:

(1) 先要判断出色卡上颜色的主色,颜色的鲜艳度。

(2) 根据减色法原理选出可能使用的颜料。

(3) 将每种颜料分别分散成色浆,即制成单色色浆,然后再配制成色漆(称单色漆料)。

(4) 将各种单色漆料以不同配比进行配合直至得到所需的颜色,记下所用漆料配比及其中的颜料的比例。

(5) 最终确定的色漆常常是由几种单色漆料配制的。如果将各种选定的颜料按确定的配比在同一研磨机械中一起分散,常常能得到较稳定的颜料分散体。

(6) 大多数色漆,甚至深色漆,往往需要相当数量的白色颜料,鲜艳的色漆应当选用有机颜料来配,并且使用颜料品种愈少愈好,配深色或暗色漆宜使用一些黑色颜料。

现代化大型涂料厂中,常用分光光度计或色泽仪,再配一台电子计算机来配色,这可以大大加快配色速度。

8.4.8 计算机配色

计算机配色技术起始于 20 世纪 50 年代,发展至今虽然仍需人工介入,却能极大地提高配色效率。计算机配色通过模拟的方法选择适当的 3 种颜料进行配色,如果颜料基础数据制作准确,经过少量试验就可配色成功。计算机配色还可预测配色结果与标准样品在不同光照条件下的色差情况。

计算机配色系统主要包括测量仪器、计算机、配色软件系统,基本原理是将待匹配色样用颜色数据形式表示出来，再根据颜色理论确定得到色样颜色所需的各基础颜料的比例。配色的步骤大致如下：

(1) 将不同配比的基础颜色的反射率或 L、a、b 色度值输入系统，建立配色数据库。配色数据库是计算机配色系统的核心，数据库的准确度直接影响配色的精度。

(2) 将指定的色样相关颜色数据输入配色系统，建立标样的标准值，色样可以是实际色样，可以是色样三刺激值 X、Y、Z，其中，常用实际色的三刺激值 X、Y、Z。

(3) 运行配色软件，根据颜色色差阈限、配色成本、光谱曲线吻合指数等限定条件，配色系统给出多种可选的配色方案。

(4) 根据实际情况，选择合适的配色配方打样。

(5) 用测色仪器测量出打样颜色的色度值，输入配色系统与标样色的标准值进行分析、比较，并计算出两者的色差值。

(6) 根据色差值对初始的配方迭代修正，以达到最好的效果。但是修正到一定程度时，再进一步进行微调就非常困难，特别是一些中性色如灰色、藏青、黑色。

第九章 颜料的分散与色漆的制备

颜料的分散是制备色漆的关键步骤,颜料分散的优劣直接影响涂料的质量以及生产效率。

9.1 颜料的分散过程

颜料的分散有三个过程:润湿、研磨与分散以及稳定。

1. 润湿

颜料表面的水分、空气为溶剂(漆料)所置换称为润湿。溶剂型漆的润湿问题不大,因为溶剂(漆料)的表面张力一般总是低于颜料的表面张力。但是润湿要有一个过程,因为颜料是一个聚集体,溶剂需要流入颜料的空隙。当溶剂黏度低时,润湿的速度可以很快。要注意加颜料和溶剂的顺序,要先加溶剂后加颜料。在水性漆中,由于水的表面张力较高,对于有机颜料的润湿便有困难,需要加润湿剂以降低水的表面张力。

2. 研磨与分散

颜料制造过程中形成的最小粒子称为初级粒子,它以单晶体或者一组晶体存在,粒径非常小。初级粒子之间以面和面相结合形成的团块,称为聚集体,聚集体比较紧密,一般的分散设备很难将其分散成初级粒子。初级粒子和聚集体之间或聚集体之间通过范德华力结合在一起,形成的较大颜料粒状团块,称为附聚体,附聚体粒子之间以点、边、角相接触,粒子间作用力小,可通过机械的力量(剪切力或撞击力)将其分散成初级粒子或聚集体(图 9.1)。

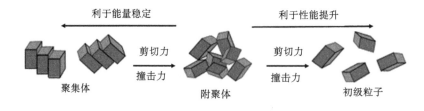

图 9.1 颜料的分散

由于成品颜料中可能同时存在聚集体、附聚体与初级粒子,导致颜料的粒径范围分布很宽,一般从 0.05 μm 到 1 mm,颜料的粒径在 0.05 ~ 0.50 μm 时,具有较佳的着色力、光泽、遮盖力和耐候性等。颜料分散后粒径大小对性能的影响如图 9.2 所示。

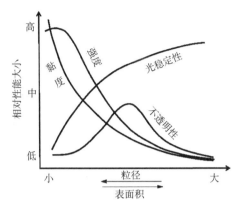

图 9.2　颜料分散后粒径大小对性能的影响

在学习黏度时已经知道，当剪切速率(D)一定时，剪切力(τ)是和黏度(η)成比例的，即

$$\tau = D\eta \tag{9.1}$$

可见黏度高，剪切力大，对于研磨是有利的。但研磨设备的电机的负荷能力决定了体系的η最高值，因此黏度不能太高。

润湿和靠撞击力分散颜料时希望要低黏度介质(漆料)，而研磨时需要高黏度；为了充分利用分散设备，则希望每批分散颜料的量大。如何平衡这三种要求呢？根据门尼公式，在体系中尽量多加颜料少加聚合物，是一个三全其美的办法。

3. 稳定

颜料分散以后，仍有相互聚集的倾向，即絮凝倾向，为此需要将已分散了的粒子稳定起来，也就是保护起来，否则，由于絮凝可引起遮盖力、着色力等的下降，甚至聚结。要使颜料粒子稳定下来，主要可以通过两种方式：

(1) 电荷稳定。使颜料表面带电，即在表面形成双电层，利用相反电荷的排斥力，使粒子保持稳定。加一些表面活性剂或无机分散剂，如多磷酸盐及羟基胺等，可达到这一目的(图 9.3)。

(2) 立体保护作用，又称熵保护作用。颜料表面有一个吸附层，当吸附层达到一定厚度时(8~9nm)，它们相互之间的排斥力可以保护粒子不致聚集。如果体系中仅有溶剂，因为吸附层太薄，排斥力不够，不能使粒子稳定。若在溶剂型涂料中加一些长链的表面活性剂，表面活性剂的极性基吸附在颜料上，非极性一端向着漆料，可形成一个较厚的吸附层(8~9nm)，但表面活性剂在颜料上只有一个吸附点，它很容易被溶剂分子顶替下来。如果加一些聚合物，聚合物吸附于颜料粒子表面，可形成厚达 50nm 的吸附层，而且聚合物有多个吸附点，可以此下彼上，不会脱离颜料(图 9.4)从而可很好地起保护作用。

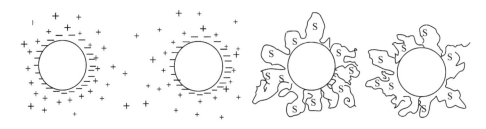

图 9.3　电荷保护作用图　　　　　　　图 9.4　立体保护作用

溶剂型涂料的颜料稳定问题不大，因为溶剂型树脂表面张力一般低于颜料的表面张力，溶剂型树脂能够吸附在颜料表面提供电荷保护或立体保护作用，有效提升颜料的稳定，溶剂型涂料的颜料研磨过程通常会加入溶剂型树脂帮助研磨。在水性涂料中，由于水的表面张力较高，一般需要加分散剂稳定颜料，要想使颜料粒子分开并稳定(颜料粒子间稳定距离>20nm)，要求分散剂有一定的链长度及相对分子质量(>5000)。

9.2　颜料分散体的稳定作用

一个稳定的颜料分散体，应该在存放和使用时不致发生下列四种现象：
(1) 颜料发生沉降。
(2) 颜料发生过分的絮凝，以致损害流变性和漆膜的表观。
(3) 由于颜料与介质间的物理或化学作用导致体系黏度增加。
(4) 光泽、着色力、展色性、透明度和遮盖力发生变化。

9.2.1　颜料的沉降

Stokes 公式(9.2)表述了球形粒子在液体介质中沉降的速度，式中 v 为下落速度，r 为粒子半径，ρ_1 为粒子密度，ρ_2 为液体密度，η 为液体黏度，g 为重力加速度。尽管颜料的沉降并不完全符合此公式的要求，但可作为讨论的基础。从式中可以看出，v 随粒子半径的减少而降低，随粒子和介质的密度差减少而降低，也随黏度的升高而降低，因此要尽可能用粒子半径小、密度低的颜料及高黏度的介质来防止沉降。

$$v = \frac{2r^2(\rho_1 - \rho_2)g}{9\eta} \tag{9.2}$$

当颜料吸附有低相对分子质量聚合物或表面活性剂时,粒子的直径会增大,不利于防沉降,但同时粒子的密度下降,可防止沉降,两者相比,前面一种效应可忽略。当用高相对分子质量聚合物时,粒子吸附层更厚,可使沉降速度加快,但因为厚的吸附层密度低且具有很好的空间保护效应,防止了絮凝,因此可防止沉降。即使有沉降,沉降层很疏松,不致有严重絮凝与聚集,经搅拌易于恢复分散状态。防止相对密度大的颜料沉降的一个方法,便是用表面活性剂处理,如第八章中介绍的硬脂酸处理的碳酸钙。防止沉降的另一个方法是增加介质黏度,这可利用涂料的"触变性"取得,即当涂料放置时,黏度很高,可成冻胶状。为了使涂料有触变性,可在涂料中加入触变剂或增稠剂,在溶剂型涂料中主要有氢化蓖麻油、有机膨润土(蒙脱土)和醇铝等。

9.2.2　颜料的絮凝

颜料的粒子在介质中不断地进行布朗运动,即热运动,每个粒子具有一定的动能。粒子和粒子间不断发生碰撞,如果粒子的动能可克服粒子间的斥力便可导致相互密切的接触,从而产生絮凝。对未稳定的分散体系絮凝的速度(以粒子数的半衰期表示)可用式(9.3)表示:

$$t_{1/2} = \frac{3\eta}{4kTn_0} \tag{9.3}$$

式中,$t_{1/2}$ 为粒子数的半衰期,即粒子数减半所需的时间;η 为介质黏度;k 为波尔兹曼常数;T 为温度;kT 为粒子的平均动能;n_0 为起始的粒子数。由式(9.3)可知,提高黏度可减少絮凝。但实际上,单靠提高黏度并不足以稳定涂料中的分散体,重要的途径是防止粒子碰撞过程中的互相接触。

颜料粒子相互接近时通常有三个主要作用力:色散力、静电力和空间阻力。色散力是吸引力;静电力可以是吸引力也可以是排斥力,在涂料分散体中主要是排斥力;空间阻力总是排斥力。这些力的总效应决定吸引或排斥谁占优势,即决定分散体系是否稳定。

由以上讨论可知,防止絮凝主要是克服色散力(即范德华引力),两粒子间的色散力随粒子直径的增加而增大,也随距离的减少而增大。为了克服色散力的影响,就要增加排斥力,首先是静电排斥力。静电力起源于粒子及周围介质的离子分布,若粒子上选择吸附了负离子,那么此带电粒子周围的一层溶液会密集带正电荷的平衡离子,这便是双电层,一层位于粒子表面,一层为中和层,存在于扩散区。两种不相同离子分布的情况产生的静电位以粒子表面最高,随着距离的增加而迅速减少。尽管双电层无明确终点,但由于电位下降极快,所以可把电位降至原值 0.7 的距离作为它的厚度。增加离子价或离子浓度可降低厚度,双电层厚度降低可导致分散稳定值下降。在给定的双电层厚度下,可计算两个带相同电荷粒子的排斥电位，排斥电位和介质的介电常数有关。如水的介电常数大于醇酸树脂的有机溶液(80∶4)，因此在假定别的条件不变的情况下，水体系中两种粒子的排斥力比醇酸体系大 20 倍以上。就色散力和静电力的综合效应来看，粒子的距离对于粒子间是吸引还是排斥是一个决定因素。当粒子互相靠近时，排斥力逐渐增加，但当达到最高点时，排斥力迅速下降，再进一步接近时便进入吸引区，吸引力引起絮凝。分散稳定性主要取决于是否能够防止具有高能量粒子因碰撞而进入吸引区。

在水分散体系中通常可以加入表面活性剂或电解质(如多聚磷酸钠或聚丙烯酸铵)使粒子表面形成厚的双电层，这样可使粒子间发生较大的排斥力，防止絮凝。但这种方法在有机介质中不起什么作用。在有机介质中，粒子表面吸附的长链聚合物或表面活性剂主要起空间阻碍作用，它们阻止粒子接近到范德华引力起作用的范围。

利用空间阻碍防止絮凝的效应，和所用的聚合物或表面活性剂及溶剂等有关，吸附层愈厚，分散体系愈稳定。有关聚合物结构的影响介绍如下：

(1) 相对分子质量愈大，吸附层愈厚。

(2) 聚合物中的极性基团不要连续排列，而要有一定间隔，这样才能形成稳定的厚的保护层。例如高醇解度的聚乙烯醇，它的羟基连续分布，因此它的分子是平伏在颜料上的，吸附层不会厚[图 9.5(a)]。如果聚合物分子中只含部分羟基则不同，它在颜料表面形成线团状分布，其空间为溶剂所充满，平均吸附层可很厚[图 9.5(b)]，所以保护作用很强。

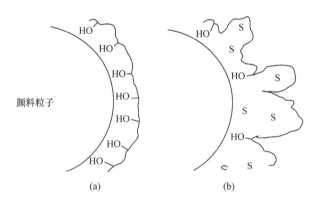

颜料粒子

(a)　　　　　　　　(b)

图 9.5　不同结构的聚合物对吸附层的影响

(3) 不良溶剂中的聚合物成卷曲状，而在良溶剂中成舒展状，这使得它们在颜料上的吸附情况不同。良溶剂中粒子吸附的聚合物量小，密度低，而不良溶剂中粒子上吸附的聚合物密度高，吸附量大(图 9.6)。其原因是良溶剂中溶剂分子和吸附的聚合物相容性好，聚合物脱附容易，而且由于分子舒展，占有的吸附面积也大。因此在不良溶剂中颜料分散体比较稳定。如果在分散颜料时使用良溶剂，在调稀时用不良溶剂可导致絮凝，但相反则可防絮凝。

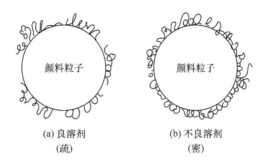

(a) 良溶剂　　　　　　　　　(b) 不良溶剂
(疏)　　　　　　　　　　　(密)

图 9.6　不同溶剂对吸附层的影响

9.2.3　贮存时黏度上升

如前所述，涂料贮存时，黏度上升的原因主要是存放时发生了物理和化学变化，特别是颜料间的絮凝。主要原因如下：

(1) 在粒子的聚合物吸附层中，低相对分子质量的聚合物会愈来愈多，例如醇酸树脂涂料，由于低相对分子质量的醇酸树脂具有相对多的极性基团，如羧基、羟基等，因此特别容易被吸附。由于低相对分子质量的聚合物被提取，高相对分子质量的聚合物脱附，因此介质黏度会明显提高。低相对分子质量的聚合物通常被看作是一种增塑剂或溶剂。

(2) 酸性介质和碱性颜料(如氧化锌)间的化学反应，黏度可逐渐增至凝胶。

(3) 金属颜料(如铝粉)与酸性介质间的反应，这种反应也导致凝胶。

(4) 多聚磷酸盐不但可作为水性涂料的分散剂，也可作为多价金属(如 Ca 等)的螯合剂，但它易水解为正磷酸盐，失去螯合作用而变成絮凝剂。

9.2.4　漆膜鲜映性的变化

颜料分散浆在存放后，加入涂料中配制色漆，光泽、着色力、展色性等不应下降，透明度和遮盖力不应发生变化。

1. 光泽下降

颜料分散浆不稳定，在存放时发生絮凝，导致颜料粒子返粗，含较粗的颜料粒子的漆膜光泽会发生下降，因为粗粒子的增加导致入射光散射率增加，反射率减少，出现消光作用。

2. 着色力下降

着色力是某一颜料与基准颜料混合后形成颜色强弱的能力，通常是以白色颜料为基准去衡量各种彩色或黑色颜料相对白色颜料的着色能力。与遮盖力相似，着色力也是颜料对光线吸收和散射的结果。但不同的是，遮盖力侧重于散射，着色力则主要取决于吸收。颜料的吸收能力越强，其着色力越高。着色力除了和颜料的化学组成有关外，也和颜料粒子的大小、形状有关。着色力一般随颜料的粒径减小而增强，但超过一定极限后，则随粒径减小而减弱，所以存在着使着色力最强的最佳粒径。不稳定的颜料分散浆，存放后颜料粒子粒径会增加，导致着色力下降。

3. 展色性下降

展色性是指涂料展现颜料颜色的能力，不同分散程度的颜料分散浆，其色相及饱和度会有明显区别，颜料的分散度越好，饱和度越高，颜料分散浆存放后，其分散度发生明显的变化，则制成的漆膜色相和饱和度会下降。

4. 透明度和遮盖力变化

对于铝粉漆，希望颜料分散浆的透明性越高越好。而对于素色漆，希望颜料分散浆的遮盖力越高越好。透明度和遮盖力与颜料分散浆的粒径有关。除颜料自身的折射率外，颜料分散浆的粒径分布是透明度的另一重要因素。粒径增加，散射光线能力增强，直到最大值，然后开始下降。这种散射光线的能力增强了颜料的遮盖力，散射能力最强时达到最大，粒径继续增加遮盖力则会下降。而当颜料粒径低于某个值时，随着粒径的下降，透明度会增加。颜料分散浆存放后的粒径分布变化，对于透明度和遮盖力都会有影响。

9.3　表面活性剂的作用

表面活性剂在颜料分散中的主要用途有如下几个方面：

(1) 润湿作用:主要是因为表面活性剂可以降低介质的表面张力和介质与颜料间的界面张力。

(2) 稳定作用:增加乳胶粒子和颜料在涂料中的分散稳定性。乳胶和颜料粒子表面吸附有表面活性剂，便可以取得静电或(和)立体的稳定作用。但这里必须注意，有时表面活性剂加量不当也可能导致絮凝，例如图 9.7 表示氧化铁的粒子分散在水中的情况。氧化铁因加入 Fe^{3+} 有了双电层而分散，此时加一定量阴离子表面活性剂，由于双电层被破坏或削弱而能聚集，但多加阴离子表面活性剂时可形成稳定的新的双电层。如添加一些非离子表面活性剂，则可形成亲水基朝外的稳定的吸附层。

阴离子和非离子表面活性剂合用往往取得更佳效果，其原因之一也可用图 9.7 表示。如果全用阴离子表面活性剂，颜料表面上的同性电荷间有一定的排斥力，若用适当的非离子表面活性剂，可使同性电荷分离，而使保护层更稳定。

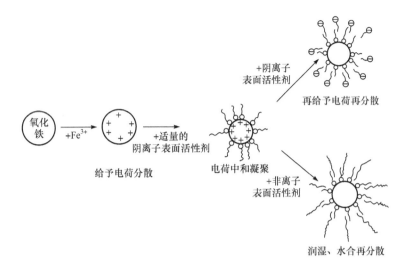

图 9.7　乳化剂的絮凝作用与稳定作用

(3) 挤水颜料：一般颜料都是由水-颜料体系经过干燥粉碎后得到的。在转变为粉末过程中，粒子会严重聚集。在溶剂型涂料制备中，固体颜料要在溶剂中再次研磨分散。为了免除干燥和粉碎，可直接将水-颜料体系中的颜料转移到溶剂中，这不仅可节约能量，而且由于水-颜料体系中颜料凝聚力很弱，直接将颜料由水相转至油相，研磨比较容易。为了完成这种转移，需要用溶于溶剂的表面活性剂处理水中颜料，这样可使颜料具有疏水性从而进入油相。

9.4　聚合物的保护作用与丹尼尔点

前面已经讨论过，聚合物在颜料分散中吸附于颜料表面可起到熵保护作用，但是聚合物的加量必须控制好，聚合物过量，不仅会使分散效率降低而且颜料分散稳定性也并不一定好。聚合物中一些低相对分子质量的聚合物，因极性强，更易吸附在颜料表面。当聚合物浓度低时，低相对分子质量部分不足以完全占有颜料表面，还有高相对分子质量聚合物吸附的余地，因而颜料的吸附层仍有一定厚度，但当聚合物浓度高时，低相对分子质量聚合物有足够的量去占领颜料表面，因而吸附层反而变薄。另外，聚合物浓度过高，不利于润湿，润湿时希望介质黏度愈低愈好。在颜料研磨分散时，为了得到最高的剪切力，在设备能力允许条件下，希望体系黏度愈高愈好。根据门尼公式，增加体系黏度，可增加外相黏度，也可增加内相含量。为了使颜料分散效率增高，希望多加颜料，因此不希望外相黏度升高。外相黏度升高，必然要少加颜料，否则设备会超负荷。但外相聚合物含量过低，将起不到保护作用。如何决定这个量呢？可以采用丹尼尔点的方法。配制一系列不同浓度的树脂溶液，取一定的颜料，然后滴加配好的溶液，同时进行研磨，使达到一规定的黏度。测出规定黏度下溶液与颜料的比值，作图(如图9.8)，所得的曲线之最低点为丹尼尔点，该点的浓度为最佳的树脂浓度。其原因可用门尼公式解释。在低于丹尼尔点时，由于溶液中的树脂浓度太低，颜料有絮凝，因此黏度上升；高于丹尼尔点的溶液，树脂的浓度高，体系外相黏度增加，因此整个分散体系黏度也上升。为达相同黏度，都必须多加溶液，即溶液颜料比都需增加。若实验中测不出有最低点，意味着这个体系是不合适的，可以采取下列措施加以改善：①改变溶剂；②改变树脂的合成路线，如增加相对分子质量或增加一些极性基团；③加一些其他高分子聚合物作稳定剂。

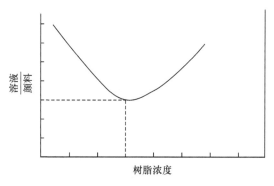

图 9.8　丹尼尔(Daniell)点

9.5　分 散 设 备

颜料的聚集体依靠研磨剪切力和撞击力来分散。典型的撞击力分散设备是高冲击球磨机，典型的剪切力分散设备是三辊机，大部分分散设备兼有撞击力和剪切力。在涂料中主要使用的分散设备有高速搅拌机、球磨机、砂磨机、二辊机及三辊机等，它们的特点比较列于表9.1。其中二辊机主要用于无溶剂涂料的分散。

表 9.1　分散设备之比较

机器类型	高速搅拌	球磨	砂磨	三辊	二辊
预混合	不需要	不需要	需要	需要	需要
黏度范围	3~4Pa·s	0.2~0.5Pa·s	0.13~1.5Pa·s	5~10Pa·s	很高
处理粗聚集体的能力*	2	1	5	2	1
分散效率	4	2	2	2	1
溶剂挥发	低	无	低	高	完全挥发
清洗**	1	5	4	2	2
要求技术**	1	5	3	3	2
操作费用	低	低	中	高	很高
投资费用	低	高	中	高	很高

*1表示最好，5表示最差；

**1表示容易，5表示难。

1. 三辊机

三辊机是涂料及油墨工业将颜料研磨分散至漆料中的辊式机代表。它由三个钢辊组成，装在一个机架上，由电动机直接带动，三轮速度不同。将研磨料投入加料辊(后辊)和中辊之间的加料沟，二辊以不同速度向内旋转，部分研磨料进入加料缝并受到强大的剪切作用，通过加料缝的研磨料分为两部分，一部分附在加料辊上，回到加料沟；另一部分由中辊带至中辊和前辊之间的刮漆缝，在此又一次受到更强大的剪切作用，经过刮漆缝研磨料又分成两部分，一部分由前辊带至刮刀刃处，落入刮漆盘，另一部分再回到加料沟。三辊机是典型的用剪切力作用来分散颜料的(如图 9.9)。用三辊机时，溶剂应为低挥发性的。

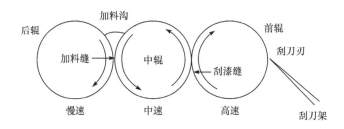

图 9.9　三辊磨运转示意图

2. 球磨机和砂磨机

球磨机由钢筒和传动设备组成，钢筒内装钢球或石球作研磨介质，钢筒水平地装置在轴上，可以围绕其轴旋转，钢筒旋转使球上升至一点，然后开始下落，在相互滚撞过程中，使接触钢球的颜料粒子被撞碎或磨碎，同时使混合物在球的空隙内受到高度湍动混合作用。砂磨机是球磨机的外延，只不过研磨介质是用微细的珠或砂。砂磨由一个直立盛砂筒体，搅拌轴和由底部向上的强制送料系统三部分所组成。砂磨可连续进料，漆料和颜料的预混合浆通过圆筒时，在筒中受到激烈搅拌的砂粒给予它们以猛烈的撞击和剪切作用使得颜料得以很好地分散在漆料中，分散后的

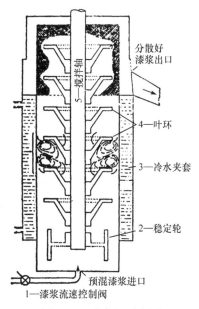

图 9.10　砂磨机示意图

颜料浆离开砂粒研磨区通过出口筛，溢流排出，出口筛可挡住砂粒，并使其回到筒中。常规砂磨机如图 9.10 所示。砂磨机是分散效率很高的设备，也是一种普遍采用的设备。

3. 高速盘式分散机

图 9.11　高速盘式分散机叶轮

高速分散机既可用于颜料和漆料的预混合，也可用于研磨和最后的调稀操作。对于容易分散的颜料，利用高速盘式分散机便可得到满意的分散效果。它主要是由一根装有锯齿状搅拌叶轮的高速搅拌器和筒体组成。为了提高分散效率，对叶轮形状进行了很多研究，最简单的形式如图 9.11 所示，是一扁平的圆形平板。为了达到研磨分散颜料的目的，叶轮的圆周线速度须达到

2000cm/s 以上。转速一般为 4000~5000r/min。加料和调稀时可将速度调低。

4. 超声波分散

所谓超声波，是指人耳听不见的声波。正常人的听觉可以听到 16~20kHz 的声波，低于 16kHz 的声波称为次声波或亚声波，超过 20kHz 的声波称为超声波。超声波的功率密度(p=发射功率/发射面积)通常为 $p \geqslant 0.3W/cm^2$。

超声波常被用于纳米颜料的分散。其原理可用"空化"现象来解释：由超声波发生器发出的高频振荡信号，通过换能器转换成高频机械振荡而传播到介质中，超声波在液体中疏密相间地向前辐射，使液体流动而产生无数的直径为 50~500μm 的微小气泡，这些气泡在超声波纵向传播的负压区形成、生长，而在正压区迅速闭合，在此过程中，气泡闭合可形成几百度的高温和超过 1000 个气压的瞬间高压，连续不断地产生瞬间高压就像一连串小"爆炸"，形成巨大的冲击波，这种由无数细小的空化气泡破裂而产生的冲击波现象称为"空化"现象。正是由于这种超声空化作用使得聚集的纳米粒子得以均匀的分散。

9.6　色漆制备

9.6.1　色漆制备的步骤

色漆制备的一般过程示意于图 9.12。

在分散设备中分散颜料是制备色漆的第一步。分散过程完成时，就要再加入树脂溶液(漆料)来降低色浆的黏稠度，使它能从分散设备中尽可能地放干净，

这一步操作是制漆的第二道工序，称为调稀(或兑稀)。制漆的第三道工序是调漆，即将色漆配方中所有物料在调漆桶中调匀。现举球磨为例，其每步操作的配方大致如下：

第一道工序(球磨)

颜料	10.0(质量分数/%)
树脂	1.0
溶剂	3.0

第二道工序(调稀)，在上述色浆中加入

树脂	1.0
溶剂	3.0

第三道工序(调漆)，从球磨机中出料至调漆桶，加入所有配方中剩下的物料

树脂	29.0
溶剂	51.5
助剂	1.5
	100.0

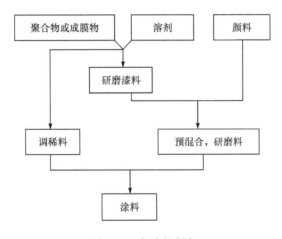

图 9.12　色漆的制备

有人将第二道工序和第三道工序统称为调稀。制成的色漆要经过过滤净化后予以包装。

9.6.2　研磨终点的判断

工业上常用细度板(图 9.13)来判断研磨终点：把待测的涂料置于细度板的深端，用一刮板均匀地沿细度板的沟槽方向移动，然后观察沟槽中出现显著斑点的位置，将最先出现斑点的沟槽深度表示其涂料的细度。但实际上细度板所

测的不是颜料的细度和分散度，因为细度板上的细度并不代表涂料中颜料的分散情况。最低的细度在细度板上反映出来的是 10μm，但二氧化钛的粒径只有0.2μm，在细度板上是看不出来的。细度板只能是一种质量控制的方法。分散的好坏可以用遮盖力和着色强度等来考虑，其方法可以白浆为例，简单介绍如下：首先要有分散得很好的标准白色浆和标准色浆，如蓝浆。待测的白浆可和标准白浆相比。在白浆中各加入一定量标准蓝浆，混合，看其颜色，若待测白浆的颜色比标准深，则表示没有分散好。如配制下列两种组分，并比色(涂在板上)：

标准白浆	2.0g		待测白浆	2.0g
标准蓝浆	0.05g		标准蓝浆	0.05g
比色结果	浅		深	

其结果意味着待测白浆遮盖力差，颜色分散得不好。若要测定蓝色色浆，可以白浆为标准，分别加入标准蓝浆和待测蓝浆，然后比色，若待测蓝浆浅则意味着没有分散好。也可将色浆放一点在样板上，用手指用力研磨一下，如颜色变浅，表示白浆未分散好。

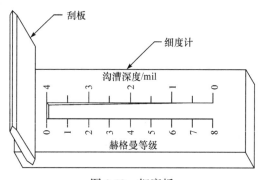

图 9.13　细度板

9.6.3　调稀中的问题

当用纯溶剂或高浓度的漆料调稀色浆时，容易发生絮凝；其原因在于调稀过程中，纯溶剂可从原色浆中提取出树脂，使颜料保护层上的树脂部分为溶剂取代，稳定性下降；当用高浓度漆料调稀时，因为有溶剂提取过程，使原色浆中颜料浓度局部大大增加，从而增加絮凝的可能。

同样的理由，若用纯溶剂清洗研磨设备或其他容器，可能导致絮凝而使清洗更加困难。应该用稀的漆料冲洗。

第十章 漆膜的力学性质与附着力

作为保护层的涂料，经常受到各种力的作用，如摩擦、冲击、拉伸等，因此要求漆膜有必要的力学性能。为了评价漆膜的力学性质，涂料工业本身发展了一系列测试方法，但这些方法只能提供具体材料性能优劣的数据，而不能给出漆膜力学性能的规律、特点及其与漆膜结构之间的关系。另一方面，由于聚合物材料的广泛应用，有关聚合物材料的力学性质已进行了广泛而深入的研究，有机涂料也是一种聚合物材料，且包括了聚合物材料的各种形式，如热塑性材料、热固性材料、复合材料、聚合物合金等等，因此用已有的聚合物材料学知识来了解和总结漆膜力学性质是很有意义的。但是，涂料和塑料、橡胶、纤维等典型的聚合物材料又有不同，漆膜的性能是和底材密切联系的，换言之，聚合物材料的规律和理论只和自由漆膜的性质有直接关联。如何将自由漆膜与附着在底材上的实际漆膜的性能联系起来，仍是一个需要研究的课题，但无论如何，有关自由漆膜性能的特点与规律对于指导选择合适的成膜物、颜料的组成及应用条件等仍有重要意义。

漆膜是和底材结合在一起的，因此漆膜和底材之间的附着力对漆膜的应用性能同样有重要影响。附着力的理论和规律是黏合剂研究的重要课题，因此涂料和黏合剂有着密切的关系，黏合剂的理论对于涂料同样有重要的参考价值。

10.1 无定形聚合物力学性质的特点

材料的力学性质主要是指材料对外力作用响应的情况。当材料受到外力作用，而所处的条件使它不能产生惯性移动时，它的几何形态和尺寸将产生变化，而几何尺寸变化的难易又与材料原有的尺寸有关，用受力后的形变尺寸(ΔL)除以原有尺寸(L)就称为应变($\Delta L/L$)，它是外力作用下形变的程度。材料发生应变时，其分子间和分子内的原子间的相对位置和距离便要发生变化。由于原子和分子偏离原来的平衡位置，于是产生了原子间和分子间的回复内力，它抵抗着外力，并倾向恢复到变化前的状态。达到平衡时，回复内力与外力大小相等，方向相反。定义单位面积上的回复内力为应力，其值与单位面积上的外力相等。产生单位应变所需的应力称为模量。

$$模量 = \frac{应力}{应变} \tag{10.1}$$

根据外力形式不同，如拉伸力、剪切力和静压力，模量分别称为杨氏模量、剪切模量和体积模量。从材料的观点来看，模量是材料抵抗外力形变能力，它与材料的化学结构和聚集态结构有关，是材料最重要的参数。

10.1.1　模量与温度的关系

将无定形聚合物材料的对数模量与温度作图，可得如图 10.1 的典型曲线。在 $T<T_g$ 的低温下模量很高(10^9Pa 数量级)，这便是玻璃态聚合物的特征。当温

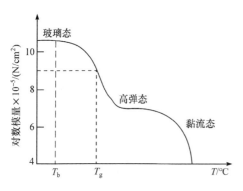

图 10.1　无定形聚合物的温度-模量曲线

度升高到 $T>T_g$ 时，模量急剧下降，然后又到达一个平台(模量为 10^7Pa 数量级)这时材料模量较低，容易变形，变成橡胶状具有弹性，通常称为高弹态或橡胶态。玻璃态与高弹态的转变温度便是玻璃化温度 T_g。当温度进一步升到足以使分子间的相对运动速度与观察时间相当时，便进入黏流态，即液态。高弹态和玻璃态被称为固态。玻璃态的高聚物力学性质还可随温度的高低分为"硬"玻璃态和

"软"玻璃态两个区，两个区的分界温度称为脆折温度 T_b。低于 T_b 温度时，聚合物材料是脆性的；高于 T_b 的玻璃态聚合物材料具有延展性或称韧性，外力作用下可发生较大的形变，除去外力，试样的大形变不能完全回复，除非将试样升温至 T_g 以上。这种在软玻璃态发生的大形变称为强迫高弹形变，它和在高弹态发生的高弹形变本质上是相同的。在 T_b 以下只能发生普弹形变，若外力过大，便发生脆裂。漆膜的使用最低温度应高于 T_b。

10.1.2　黏弹性与力学松弛

一个理想的弹性体，受外力作用，平衡形变是瞬时达到的，与时间无关(普弹形变)；一个理想的黏流体，受外力作用，形变随时间而变化；无定形聚合物材料介于两者之间，属黏弹性材料。由于聚合物的链段运动和链的整体运动都需要一定的时间，因此聚合物在受外力作用时，不能立即到达平衡，形变的建立需要一定的时间，当外力保持恒定时，形变随时间的延长而增大，这种现象叫做蠕变。形变发生以后，撤除外力，聚合物材料不能立刻回复到无应力状态，应力的消除也需要时间，因此聚合物材料的力学性能往往同它的"历史"有关。另一方面，如果使聚合材料的形变固定不变，可以观察到其应力随作用时间的延长而下降，这种现象称为应力松弛。蠕变和应力松弛都属力学松弛，即力学

性质随时间而改变。图 10.2 是不同材料在恒定应力下形变与时间的关系。从图 10.2 可以看出，交联聚合物和线型聚合物都属黏弹形变，但也有不同。线型聚合物由于分子间没有化学交联而可相对滑移，产生黏性流动(或称塑性形变)，一旦产生黏性流动，形变便不能恢复；交联的聚合物则因分子间互相牵制，其形变在外力撤销后可逐渐恢复。这几种典型的形变示意如图10.3 所示。

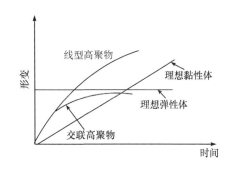

图 10.2　不同材料在恒定应力下形变与时间的关系

力学松弛和温度有关，它在材料的玻璃化转变区表现得最为明显。力学松弛也和时间有关，如果固定温度，以模量对作用时间作图，也可得到如图 10.1 那样的曲线。因此，对于聚合物材料来说，延长作用时间和提高温度有相似的效果。已经证明，作用时间和温度之间可以进行等效的交换，利用这种等效应性，可以根据较高温度下的实验结果来推断很长作用时间后的聚合物材料的力学性能。

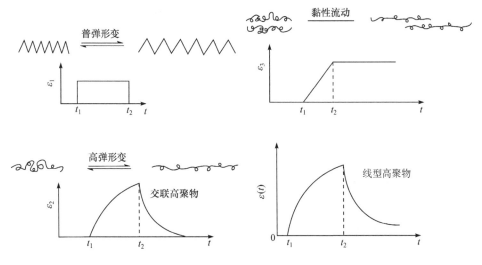

图 10.3　不同材料的形变与时间的关系

t_1 为加外力时间；t_2 为撤除外力时间

10.1.3　动态力学松弛

聚合物材料往往受到交变应力(应力大小周期地变化)作用,例如木器漆膜受到膨胀与收缩的反复作用。在交变应力作用下,相应的形变也会有周期性变化。

将两者并不同步的变化记录下来可得两条波形相似但有位差的曲线，如图 10.4 所示。

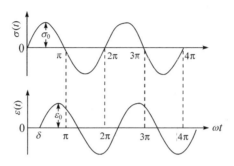

图 10.4　交变应力-应变曲线

应力曲线 1 的数学表示式为

$$\sigma(t) = \sigma_0 \sin\omega t \tag{10.2}$$

应变曲线 2 为

$$\varepsilon(t) = \varepsilon_0 \sin(\omega t - \delta) \tag{10.3}$$

式(10.2)和式(10.3)中的 ω 为应力变化的角频率；σ_0 为峰值应力；ε_0 为峰值应变；两个波形的相位差，即应力峰与应变峰间的距离为 δ，它们间可得出如下关系：

$$\sigma_0 \cos\delta / \varepsilon_0 = E' \tag{10.4}$$

$$\sigma_0 \sin\delta / \varepsilon_0 = E'' \tag{10.5}$$

$$E'' / E' = \tan\delta \tag{10.6}$$

式中，E' 称为贮能模量；E'' 称为损耗模量；$\tan\delta$ 称为正切损耗或称内耗，是材料在交变应力作用下弹性能变换为热能的分数。

从图 10.4 可以看出，形变发生总是落后于应力的变化，这种现象称为滞后现象。滞后现象来源于分子之间的内摩擦。形变回复到原状时要克服内摩擦做功，所做的功被转化为热能，它被称为力学损耗 $\Delta\overline{W}$，根据推导：

$$\Delta\overline{W} = \pi\sigma_0\varepsilon_0 \sin\delta \tag{10.7}$$

由式(10.7)可知，在应力和应变的每一环节中，单位体积试样损耗的能量 $\Delta\overline{W}$，正比于 σ_0、ε_0 和 $\sin\delta$，因为这个原因，δ 又被称为力学损耗角，并常用 $\tan\delta$ 来表示其大小。δ 是滞后现象的一种量度，δ 愈大意味着聚合物分子链段在运动时受到的内摩擦愈大，链段的运动愈跟不上外力的变化。

内耗的大小与聚合物分子的本身结构有关，柔性分子滞后大，刚性分子滞后小。聚合物分子如有较大或极性的取代基时，因为这些基团可增加运动时的内摩擦，便会有较大的内耗。例如丁苯橡胶和丁腈橡胶的内耗就高于顺丁橡胶，内耗愈大，吸收冲击能量愈高，回弹性就较差。这一关系对研制阻尼(消声)涂料非常重要(参见第二十三章)。

内耗的大小与温度有关。在低于 T_g 较远的温度下，聚合物受外力作用，形变很少，形变速度很快，δ 很小，内耗很少；温度升高，链段开始运动，摩擦阻力大，内耗也较大；温度高于 T_g 时，链段运动自由，δ 因而较小，内耗也小。因此只有在玻璃化转化区附近，例如 T_g 附近几十度范围内内耗最大，并可在某一温度下达到峰值。内耗与温度作图，一般可含有多个内耗峰值的特征谱线，这种谱线称为内耗-温度曲线或力谱。如前所述，一般在玻璃态转化区有一个峰，称为 α 峰，在玻璃态转化区以下还有 β，γ，δ 等峰。α 峰是主转变的峰，其他为次级转变峰。图 10.5 为无定形聚苯乙烯 $\tan\delta$ 温度曲线。

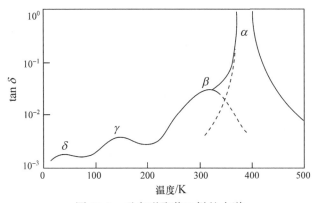

图 10.5　无定形聚苯乙烯的力谱

内耗与频率 ω 关系也很大：在固定温度的情况下频率很低时，聚合物运动完全跟得上外力的变化，内耗很小，聚合物表现出橡胶的高弹性；在频率很高时，链段运动完全跟不上外力的变化，内耗也很小，聚合物呈刚性，表现出玻璃态力学性质；只有中间频率时，链段运动跟不上外力的变化，内耗在一定频率范围内将出现峰值，这个区域内材料的黏弹性表现得特别明显，如图 10.6 所示。

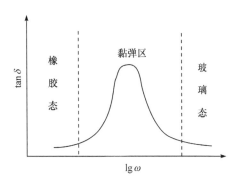

图 10.6　在固定温度下聚合物内耗与 ω 的关系

10.2　漆膜的强度

10.2.1　应力-应变曲线与聚合物的强度

　　聚合物材料受拉伸力作用而发生伸长，在拉伸至断裂发生之前的应力-应变(以伸长率表示)曲线称为拉伸曲线，曲线的终点是材料断裂点，表征材料强度。

　　在图 10.7 中曲线 1~3 为典型的玻璃态聚合物拉伸曲线。曲线 3 上的 C 点为断裂点，该点的应力称为断裂应力或抗张强度，A 点为弹性极限，在 A 点和原点之间应变与应力成直线关系。OA 直线的斜率为其模量，此时聚合物的形变来自高分子链的键长与键角的变化，应力除去后，可迅速回复，为普弹形变，具有高模量低形变的性质。曲线在 B 点时应力出现极大值，称屈服应力或屈服强度 σ_y，过了 B 点应力反而降低，在 B 点前的断裂称为脆性断裂，如图曲线 1 所示。在屈服点后的断裂如图曲线 2 则称为韧性断裂。材料在屈服后，出现较大形变，这便是强迫高弹形变，这时玻璃态聚合物被冻结的分子链段在强大外力作用下开始运动，这种运动导致链的伸展，因而发生较大形变，由于聚合物处于玻璃态，在外力除去后，舒展的分子不会自动恢复原状。分子链伸展后，便形成了一定的取向，使强度进一步提高，欲使发生进一步形变，便要有更强大的力，因此应力回升直至断裂。曲线 1 发生在温度远远低于 T_g 的情况，最后应变不到 10%，表现为硬而脆的性质。曲线 2 代表了温度低于 T_g，但高于 T_b 的情况，总的应变不超过 20%，呈硬而强的性质。曲线 3 发生在温度稍低于 T_g 的情形，表现出强韧的性质，有很大的形变。曲线 4 代表了处于高弹态聚合物的情况，由于在高弹态，分子链段可以自由运动，因此在低的外力作用下便可发生

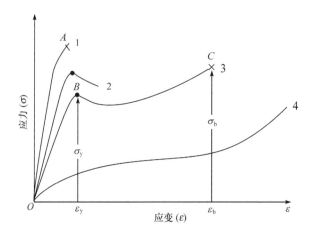

图 10.7　恒定温度下，聚合物的拉伸曲线

大形变，它具有低模量，大形变特点，有很高的断裂伸长率。聚合物在屈服点后，经取向的聚合物分子，在外力作用下还可发生分子间相对滑动，这种滑动形成的形变，便是所谓的塑性形变，是不可逆的形变。交联聚合物由于分子间受到化学键的限制，塑性形变难以发生。

为了得到硬而强的聚合物材料，聚合物分子不应是柔性的，由于在玻璃态发生强迫高弹形变要求分子链段运动比较容易，柔性聚合物在玻璃态分子间堆积紧密，要使其链段运动需要很大外力，甚至超过材料的强度，这和为了使材料具有很好的高弹态性质是不同的，高弹体要求分子有很好的柔性链结构。柔性很好的聚合物在玻璃态是脆性的，它们的 T_b 和 T_g 很接近。

10.2.2 漆膜的展性

用于卷钢、罐头等涂料在金属表面成膜后要经受加工成形时的各种考验，要求漆膜在加工成形时，即使受到很大的形变，不致断裂，也不致过分减薄。在加工时，不仅有拉伸力，还有压缩力，而且位置不同，受力也不同，因此很难有相应的测试方法来准确地予以描述。但是，聚合物材料是否适应这种要求，无疑是和其应力-应变曲线相关的，而最重要的又是拉伸曲线的情况，其中断裂伸长是一个重要量度。如果聚合物膜处于硬玻璃态，即在脆折温度以下，断裂伸长很低，漆膜是硬而脆的，在加工中必然脆裂。如果漆膜是在高弹态，漆膜尽管有很大的伸长，在外力撤销后有很大的回弹力，但漆膜很软。理想的情况是漆膜处于软玻璃态，即处于脆折温度 T_b 以上和玻璃温度 T_g 以下。此时漆膜在外力作用下有相当大的伸长(强迫高弹形变)，而且这种形变可保留下来，即漆膜有一定的展性，漆膜表现出硬和韧的性质。因此选择涂料的成膜物时，不仅要注意其 T_g，而且要注意 T_b，通常将 T_g 和 T_b 之差除以 T_g 所得之值 q 作为展性高低的衡量[式(10.8)]。

$$q = \frac{T_g - T_b}{T_g} \tag{10.8}$$

聚甲基丙烯酸甲酸(PMMA)和聚苯乙烯(PS)玻璃化温度很接近，但 PMMA 比 PS 具有更好的加工性质，其原因在于 PMMA 的 T_b 远远低于 PS 的 T_b。在 T_b 和 T_g 之间的聚合物分子虽然不能有链段的自由运动，但它们的基团仍可进行转动，PS 上的苯基转动困难，而 PMMA 的酯基转动比较容易，因此 PS 比 PMMA 表现得更为脆性。表 10.1 列举了几种典型聚合物材料 T_g、T_b 和 q 值，以供比较。

表 10.1　几种聚合物的 T_g、T_b 和 q

聚合物	T_g	T_b	q
PMMA	105	45	0.159
PS	100	90	0.061
聚氯乙烯	80	10	0.198
双酚 A 聚碳酸酯	150	−200	0.835

　　在涂料中不会使用像表 10.1 中那样的均聚物,因为 T_g 太高,一般都是共聚物;另外用于金属表面的涂料,如卷钢涂料,一般都不是热塑性的,而是交联型的,因此共聚物的组成,交联度的大小对 T_g 和 T_b 的影响,即对脆性和展性的影响,是设计配方时需要注意的。

10.2.3　漆膜的伸长与复原

　　木器对涂料的要求是多方面的,但很重要的是其伸长与复原性质,漆膜必须能随木器的吸水膨胀而伸长,又能随木器的干燥收缩而复原。通常伸长不够可引起漆膜沿木器纹理方向产生裂纹,因此断裂伸长和裂纹有密切关系。另外,如果伸长后的漆膜不能随木器的收缩而恢复的话,则可产生皱纹。如果漆膜处于软玻璃态,即有展性的状态,它在木器膨胀时,可因强迫高弹形变而有较大的伸长,这种形变,如前所述,是链段运动引起分子取向的结果,外力撤销后,不能完全复原,即使对其加反方向的力(即收缩时的力),也不可能复原。如果漆膜处于 T_g 以上的高弹态,可有很高的伸长率,由于形变发生在链段可以自由运动的情况下,撤除外力,特别是有反向收缩作用时,形变易于恢复。另一方面,当木器膨胀引起的漆膜形变被长期保持时,由于力学松弛,应力可逐渐减小。木器的膨胀与收缩的速度不同,漆膜的断裂情况也不同,这可从图 10.8 的聚合物在不同应变速度下的应力-应变曲线中了解这一特点:图中最低的应力-应变曲线是在极慢的应变速度下测定的,可以认为此曲线是和时间无关的平衡

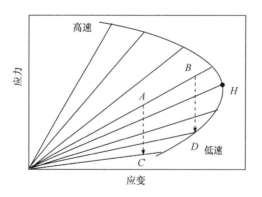

图 10.8　不同应变速度下的应力-应变曲线

线。随着应变速度的增加断裂伸长也逐渐增加，最后可达一个最大值(H)；应变速度再高时，断裂伸长又减少，断裂点的轨迹形成扇形曲线。如果形变以某一恒定速度到达 A 点然后保持形变不变，由于应力松弛，应力逐渐下降，直至到达与底部曲线相交的 C 点，由于 C 点不在断裂扇形曲线上，因此聚合物材料不会断裂。但如果应变不是在 A 点，而是发展到 B 点，当固定应变时，应力在一定时间后可降至 D 点，即与断裂扇形曲线的交点，此时聚合物便会断裂。

根据上述讨论，木器的漆膜最好是处于高弹态，特别是 T_g 转变区附近。因此一般木器漆漆膜的 T_g 应低于室温。

10.2.4　漆膜的耐磨性

漆料的耐磨性和漆料的摩擦系数、脆性、弹性有关。实验结果证实，耐磨性和断裂功有密切关系，断裂功可以由应力-应变曲线所包围的面积来衡量。已经讨论过，应力和应变曲线的形成是和应变的速度相关的，如图 10.6 所示。为了衡量耐磨性，应该是用相应于摩擦速度的断裂功。由于测试方法的限制，有时在室温测得的耐磨性数据往往和实际结果不符，其原因可能是应变速度和应力时间不相匹配，有时将试样在较低温度下测量，则可得到较好的结果，按照温度-时间等效性原则，降低测试温度相当于降低了应变速度。涂料中以聚氨酯涂料的耐磨性为最好，这可能是因为聚氨酯分子间可形成氢键，在应力下，聚氨酯由于氢键的作用，表现出较高的硬度；当应力较高时，氢键断裂吸收能量，从而保护了共价键；一旦外力撤销，氢键又可形成。耐磨性也和摩擦系数大小有关。涂料中加入石蜡或含氟表面活性剂可以降低表面张力，从而降低摩擦系数，增加耐摩擦性。涂料中大颗粒的惰性颜料粒子也可增加耐摩擦性，其原因可能是减少了漆膜的接触面积，从而减少了表面与表面间的力的传递。

10.2.5　漆膜的抗冲击

冲击强度是在高速冲击条件下的耐断裂性。在应力-应变曲线上，冲击强度也和断裂功有关，但相应的应力-应变曲线应该是高速条件下的曲线。高抗冲击的聚合物膜依赖于将能量吸收和转化的情况，因为内耗是将机械能转化为热能的一种量度，内耗愈大，吸收冲击能量愈大，所以内耗也是抗冲击性的一种重要量度，聚合物在玻璃化温度转变区内耗有一峰值，玻璃态的抗冲击强度趋于极大。由于冲击作用力极为急速，聚合物分子链段往往在完成松弛运动和分散应力之前便出现断裂，只有分子链柔顺的聚合物处于高弹态时，才有较好的抗冲击性，因此一般认为玻璃化温度的高低和抗冲击性有密切的关系。但要注意玻璃化温度并非衡量抗冲击性的可靠标准，如聚苯乙烯 T_g 为 100℃，聚碳酸酯的 T_g 为 150℃，但聚苯乙烯的抗冲击强度要比聚碳酸酯差得多，这是因为聚碳酸酯在-60℃有一个很大的β内耗峰，而聚苯乙烯在室温以下没有β转变，对抗冲击无贡献，其他次级峰都很小，对抗冲击都不起大的作用。由此可知，玻璃态的聚合物在低温具有强的次级内耗峰者，则有较好的抗冲击性，如 10.1.3 节中所述聚合物的力学谱上往往有多个次级峰出现，聚合物在对应于峰值温度下比无峰值的邻近温度下具有较好的抗冲击性。

10.2.6　影响聚合物材料强度的因素

从微观上来看，聚合物材料的断裂破坏都意味着外力破坏或克服了化学键、氢键及范德华力。因此聚合物材料强度可根据其结构进行理论计算。因为计算是在非常理想的情况下进行的，所得结果和实际强度差距非常之大，实际强度要比理论强度差很多。弄清楚理论计算与实际结果差异的原因，对于如何提高材料强度意义很大。影响聚合物实际强度的因素很多，有些因素如温度、作用力速度，以及颜料和聚合物共混等对漆膜强度的影响，已在不同章节中作过讨论。结晶和取向对于塑料、纤维、橡胶的强度影响很大，但在漆膜中所起作用不是很重要，下面仅对一些对涂料较为重要的因素作简单介绍。

1. 聚合物分子结构

由于聚合物材料的强度主要取决于主链的化学键力和分子间的作用力，增加主链的强度或增加分子间的作用力都可使聚合物的强度增加，聚合物的极性和分子间的氢键可增加分子间作用力，因而可增加强度，例如低压聚乙烯的拉伸强度只有 15~16MPa，聚氯乙烯因有极性基团，拉伸强度为 50MPa，尼龙 610因有氢键，拉伸强度为 60MPa。分子链支化程度增加，使链分子间的距离增加，分子间的作用力减少，因而拉伸强度降低。适度交联，使分子链不易发生相对滑移，增加了分子链间的作用，因而强度增加。在考虑分子间力或主链化学键强度对强度贡献时，不能忽略由于力学松弛或内耗对聚合物强度的贡献，这两者往往是矛盾的，例如极性基团过密，或取代基过大，阻碍了链段运动，不能实现强迫高弹形变，聚合物会变脆，即拉伸强度虽然大了，但冲击强度下降。支链减少了分子间作用力，可使链段活动较为自由，因而冲击强度增加。一般说来，取代基小，数量少，极性弱，分子间作用力小的大分子链，柔顺性好，有利于大分子链段运动，可提高抗冲击性，但相应地会使拉伸强度变低，硬度变低。增加主链的化学键强度，如使主链含有苯环、杂环等，可使材料的强度增加。共聚合可以用于调节分子链的结构，因而是改善聚合物强度的重要手段。

2. 缺陷与应力集中

如果材料中存在缺陷，受力时材料内部的应力平均分布的状态将发生变化，使缺陷附近局部的应力急剧增加，远远超过应力平均值，这种现象称为应力集中。缺陷包括裂纹、空隙、缺口、银纹和杂质。各种缺陷在漆膜形成过程中是普遍存在的，例如，颜料分散过程不理想，颜料体积浓度 PVC 超过 CPVC，溶剂挥发时产生的气泡，成膜时体积的收缩导致的内应力引起的细小的银纹或裂缝，缺陷是材料破坏的薄弱环节，当局部应力超过局部强度时，缺陷就会发展，最终导致断裂，因而可严重地降低材料的强度，它是造成聚合物实际强度下降的主要原因。

每一聚合物链的末端可以说也是一种微小的缺陷，因此相对分子质量愈低，缺陷愈多，强度也愈低。减少缺陷是提高强度的一个重要措施。

3. 形态的影响

聚合物的强度和聚合物凝聚态的形态有很大关系，聚合物形态往往可以影响裂缝发展的速度。例如，氯乙烯-乙酸乙烯共聚物用纯甲基异甲乙酮(MIBK)为溶剂所得的薄膜，其断裂伸长很低，脆性很大。MIBK 是氯乙烯-乙酸乙烯共聚物的良溶剂，当在 MIBK 中混入少量不良溶剂[如甲氧基丁醇(MOB)]后，所得薄膜的断裂伸长明显增加，特别是当 MIBK 和 MOB 的比例为 90∶10 时，情况最为明显(如不良溶剂过多，强度又会明显下降)，其原因在于有适量的不良溶剂时，所得薄膜中可形成大量极细小的空隙，这种空隙可以控制住裂缝发展的速度，减缓了应力集中强度。由此可知，合适的形态，使裂缝在较大的区域内缓慢发展，而不使应力高度集中到少数部位，可避免断裂，这是设计抗冲击涂料配方需予以考虑的。

另一方面，无定形漆膜中的微观多相性也可使漆膜的韧性增加。用接枝、嵌段共聚合，或者用共混方法可以得到具有微观多相性的材料，如和橡胶共混的 ABS 或聚苯乙烯，其中橡胶以微粒状分散于连续的塑料相之中，由于塑料相的存在，使材料的弹性模量和硬度不至于有过分的下降，而分散的橡胶微粒则作为大量的应力集中物，当材料受到冲击时，它们可引发大量的银纹，从而吸收大量冲击能量，同时由于大量银纹之间应力场的相互干扰，又可阻止银纹的进一步发展，从而可以大大提高聚合物材料的韧性。涂料也可用类似的方法形成增韧的薄膜，例如利用核壳结构的乳胶，便可得到连续相为硬而强的聚合物，分散相为软而韧的聚合物的结构。加入颜料也是形成多相体系的手段，它可提供大量使单个的银纹发生分枝的位置，也可使银纹的发展方向偏转，从而提高漆膜的强度。

4. 附着力的影响

漆膜与底材的附着力如果很好，作用在漆膜上的应力可以较好地得到分散，因而漆膜不易被破坏。

10.3　漆膜的附着力

10.3.1　黏附的理论

漆膜与基材之间可通过机械结合、物理吸附、形成氢键和化学键、互相扩散等作用结合在一起，由于这些作用产生的黏附力，决定了漆膜与基材间的附着力。根据理论计算，任何原子、分子间的范德华力便足以产生很高的黏附强度，但实际强度却远远低于理论计算，这和在 10.2.1 节讨论的聚合物材料强度一样，缺陷和应力集中是这种差距的主要原因，而且界面之间更容易有各种缺陷。因此为了使漆膜有很好的附着力，需要考虑多种因素的作用。下面分别简单地予以介绍。

1. 机械结合力

任何基材的表面都不可能是光滑的，即使用肉眼看起来光滑，在显微镜下也是十分粗糙的，有的表面如木材、纸张、水泥，以及涂有底漆的表面 (PVC≥CPVC)还是多孔的，涂料可渗透到这些凹穴或孔隙中去，固化之后就像有许多小钩子和楔子把漆膜与基材联结在一起。

2. 吸附作用

从分子水平上来看，漆膜和基材之间都存在着原子、分子之间的作用力。这种作用力包括化学键、氢键和范德华力。根据计算，当两个理想平面距离为 10Å 时，由范德华力的作用，它们之间的吸引力便可达 $10^3{\sim}10^4\text{N/cm}^2$，距离为 $3{\sim}4\text{Å}$ 时可达 $10^4{\sim}10^5\text{N/cm}^2$，这个数值远远超过了现在最好的结构胶黏剂所能达到的强度，但是两个固体之间很难有这样的理想情况，即使经过精密抛光，两个平面之间的接触还不到总面积的百分之一。当然如果一个物体是液体，这种相互结合的要求便易于得到，其条件是液体完全润湿固体表面，因此涂料在固化之前完全润湿基材表面，则应有较好的附着力，即使如此，其黏附力也远比理论强度低得多，这是因为在固化过程总是有缺陷发生，黏附强度不是取决于原子、分子作用力的总和，而是取决于局部的最弱部位的作用力。

两个表面之间仅通过范德华力结合，实际便是物理吸附作用，这种作用很容易被空气中的水汽所取代。因此为了使漆膜与基材间有强的结合力，仅靠物理吸附作用是不够的。

3. 化学键结合

化学键(包括氢键)的强度要比范德华力强得多,因此如果涂料和基材之间能形成氢键或化学键，附着力要强得多。如果聚合物上带有氨基、羟基和羧基时，因易与基材表面氧原子或氢氧基团等发生氢键作用，因而会有较强的附着力。聚合物上的活性基团也可以和金属发生化学反应，如酚醛树脂便可在较高温度下与铝、不锈钢等发生化学作用，环氧树脂也可和铝表面发生一定的化学作用。化学键结合对于黏结作用的重要意义可从偶联剂的应用得到说明，偶联剂分子必须具有能与基材表面发生化学反应的基团，而另一端能与涂料发生化学反应，例如，最常用的硅烷偶联剂，$X_3Si(CH_2)_nY$，X 是可水解的基团，水解之后变成羟基，能与无机表面发生化学反应，Y 是能够与涂料发生化学反应的官能团。

4. 扩散作用

涂料中的成膜物为聚合物链状分子，如果基材也为高分子材料，在一定条件下由于分子或链段的布朗运动，涂料中的分子和基材的分子可相互扩散，相互扩散的实质是在界面中互溶的过程，最终可导致界面消失。高分子间的互溶首先要考虑热力学的可能性，即要求两者的溶解度参数相近，另一方面，还要考虑动力学的可能性，即两者必须在 T_g 以上，即有一定的自由体积以使分子可互相穿透。因此塑料涂料或油墨的溶剂最好能使被涂塑料溶胀，提高温度也是促进扩散的一个方法。

5. 静电作用

当涂料与基材间的电子亲和力不同时，便可互为电子的给体和受体，形成双电层，产生静电作用力。例如，当金属和有机漆膜接触时，金属对电子亲和力低，容易失去电子，而有机漆膜对电子亲和力高，容易得到电子，故电子可从金属移向漆膜，使界面产生接触电势，并形成双电层产生静电引力。

10.3.2　影响实际附着力的因素

漆膜和基材之间的作用是非常复杂的，很难用上节单一因素的影响来表述，它是多种因素综合的结果。因此实际附着力和理论分析有着巨大的差异。和10.2.2 节讨论的情况一样，聚合物分子结构、形态、温度等都和附着力实际强度有关，但由于附着力是两个表面间的结合，比聚合物材料的情况更为复杂。下面仅讨论几个重要的因素：

1. 涂料黏度的影响

涂料黏度较低时，容易流入基材的凹处和孔隙中，可得到较高的机械结合力，一般烘干漆具有比气干漆更好的附着力，原因之一便是在高温下，涂料黏度很低。

2. 基材表面的润湿情况

要得到良好的附着力，必要的条件是涂料完全润湿基材表面。通常纯金属表面都具有较高的表面张力，而涂料一般表面张力都较低，因此易于润湿，但是实际的金属表面并不是纯的，表面易形成氧化物，并可吸附各种的有机或无机污染物。如果表面吸附有有机物，可大大降低表面张力，从而使润湿困难，因此基材在涂布之前需进行处理。对于低表面能的基材，更要进行合适的处理，如在塑料表面进行电火花处理或用氧化剂处理。

3. 表面粗糙度

提高表面粗糙度可以增加机械结合力，另一方面也有利于表面的润湿。

4. 内应力影响

漆膜的内应力是影响附着力的重要因素，内应力有两个来源：①涂料固化过程中由于体积收缩产生的收缩应力；②涂料和基材的热膨胀系数不同，在温度变化时产生的热应力。涂料不管用何种方式固化都难免发生一定的体积收缩，收缩不仅可因溶剂的挥发引起，也可因化学反应引起。缩聚反应体积收缩最严重，因为有一部分要变成小分子逸出。烯类单体或低聚物的双键发生加聚反应时，两个双键由范德华力结合变成共价键结合，原子距离大大缩短，所以体积收缩率也较大，例如不饱和聚酯固化过程中体积收缩达 10%。开环聚合时有一对原子由范德华作用变成化学键结合，另一对原子却由原来的化学键结合变成接近于范德华力作用，因此开环聚合收缩率较小(见图 10.9)，有的多环化合物开环聚合甚至可发生膨胀。环氧树脂固化过程中收缩率较低，这是环氧涂料具有较好的附着力的重要原因。降低固化过程中的体积收缩对提高附着力有重要意义，增加颜料、减少溶剂和加入预聚物减少体系中官能团浓度是涂料中减少收缩的一般方法。

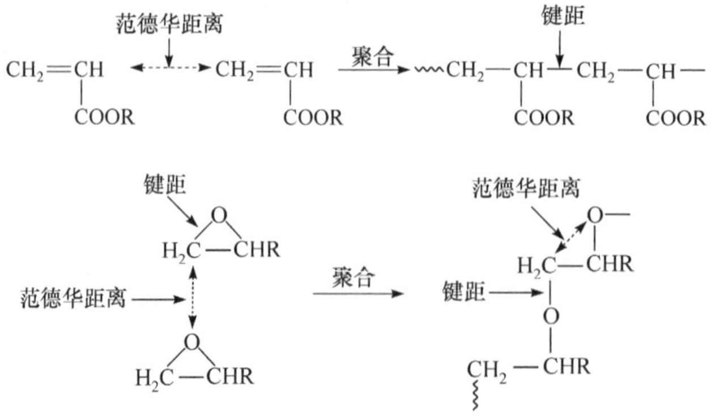

图 10.9　聚合时收缩情况示意

如果漆膜和基材的热膨胀系数不同，在温度变化时产生的应力正比于温度的变化，因此如果热应力严重时，固化温度不宜太高。

不管是收缩应力还是热应力，当漆膜具有较好的黏弹性质时，可通过松弛将应力释放出来，这在 10.2 节中已作过讨论了。如果漆膜分子的蠕动不足以使内应力完全消失，便会有永久性的残留内应力。漆膜的内应力与附着力以及漆膜强度之间是互相抗衡的，如果内应力过大，漆膜就可能损坏或从基材脱落。

第十一章　干性油、松香与大漆

干性油与大漆都是天然的成膜物，是历史最悠久的涂料，"油漆"二字便由此而得。它们的原料是可再生资源，一般又是无溶剂或高固体分的涂料，只是涂料性能差，逐渐为合成树脂涂料所取代。现在由于石油资源的缺乏和环境问题日益得到重视，重新深入研究这些涂料已被提上日程。除干性油与大漆外，松香、腰果酚等可再生资源在涂料中的应用也得到重视。

11.1　干性油与油基涂料

动植物油现在仍然是漆料中最重要的原料之一，其中干性油，如桐油和亚麻油，是历史上最早作为涂料的天然产物。

动植物油一般是甘油的三脂肪酸酯，但其中的脂肪酸不是单一的，其结构表示如下：

$$
\begin{array}{l}
CH_2OCOR_1 \\
|\\
CHOCOR_2 \\
|\\
CH_2OCOR_3
\end{array}
$$

其中, R_1, R_2, R_3 是脂肪酸基,脂肪酸大多是十八碳酸,其通式为 $C_{17}H_{35-x}COOH$, 但也有其他碳数的酸，主要的脂肪酸有：

硬脂酸　$CH_3(CH_2)_{16}COOH$

油酸　$CH_3(CH_2)_7CH\!=\!CH(CH_2)_7COOH$

亚油酸　$CH_3(CH_2)_4CH\!=\!CHCH_2CH\!=\!CH(CH_2)_7COOH$

亚麻酸　$CH_3CH_2CH\!=\!CHCH_2CH\!=\!CHCH_2CH\!=\!CH(CH_2)_7COOH$

它们中所含双键的数目和位置不同，其性能差异很大。各种不同的油在于它们结合有不同类型的脂肪酸，即使同一种油，由于产地不同，气候不同，组成也有区别。

11.1.1　干性油与活泼亚甲基

油一般分为干性油、半干性油和非干性油。干性油的特点是可在空气中因被氧化而成膜。如何鉴定这三种油呢？一般常用碘值鉴定油的性质，所谓碘值是指为饱和 100g 油的双键所需碘的克数。碘值大于 140 为干性油，碘值在 125~140 为半干性油，低于 125 为非干性油。碘值是不饱和度的量度，只反映双键数目的多少，不能反映脂肪酸中双键分布的情况。空气对于油的氧化主要是通过分子中的活泼亚甲基进行的，所谓活泼亚甲基主要是指两个双键当中的亚甲基：

$$\sim\sim\mathrm{CH_2-CH=CH-CH_2-CH=CH-CH_2}\sim\sim$$

单个双键旁边的亚甲基，虽然也可参加氧化反应，但其速度和活泼亚甲基相差很远。碘值不能反映活泼亚甲基的数量，所以是不准确的。因为在脂肪酸中亚油酸含有一个活泼亚甲基，亚麻酸含有两个亚甲基，因此它们在油中的含量多少可以决定油的干性。有一种方法叫做干性指数，干性指数就是用油中亚油酸和亚麻酸的含量来表示油的性质的[式(11.1)]。

$$干性指数 = \%亚油酸 + 2 \times \%亚麻酸 \tag{11.1}$$

干性指数大于 70% 的为干性油。当然更为严格和科学的方法是按油中含有多少活泼亚甲基来直接地反映油的性质。油在空气中的固化，实质是油内活泼亚甲基与氧的反应而产生了交联反应。为了使油分子交联，每个油分子必须有两个以上的活泼亚甲基。当活泼亚甲基数大于 2.2 时，可认为是干性油。现将一些典型的组成，按脂肪酸中双键的情况列于表 11.1。

表 11.1　几种油的组成

油	脂肪酸的含量/%			
	饱和酸	单烯酸	双烯酸	三烯酸
亚麻油	10	22	16	52
豆油	15	25	51	9
橄榄油	16	66	16	2
葵花子油(北方)	14	14	72	
葵花子油(南方)	9	72	19	

油的平均亚甲基数，按组成计算，公式如下：

$$平均活泼亚甲基数 = (双烯酸分子含量 + 三烯酸分子含量 \times 2) \times 3 \tag{11.2}$$

计算式中不含单烯，是因为孤立的单烯不含活泼亚甲基，双烯酸中有一个活泼亚甲基，三烯酸中有两个活泼亚甲基。油分子中含有三个脂肪酸，故式中需乘以 3。根据这一公式，表 11.1 中的各种油的活泼亚甲基数，计算如下：

亚麻油 $= 3 \times (0.16 + 0.52 \times 2) = 3.6$　　　　(>2.2)

豆油 $= 3 \times (0.51 + 0.09 \times 2) = 2.07$　　　　(<2.2)

橄榄油 $= 3 \times (0.16 + 0.02 \times 2) = 0.6$ (<2.2)

葵花籽油(北方) $= 3 \times 0.72 = 2.16$ (~2.2)

葵花籽油(南方) $= 3 \times 0.19 = 0.57$ (<2.2)

由此可知，亚麻油的亚甲基数>2.2，是干性油，豆油和葵花籽油(北方)接近于2.2，是半干性油，而橄榄油与南方的葵花籽油则是非干性油。

11.1.2 油的干燥与催化剂

干性油的"干燥"过程是氧化交联的过程。氧化过程是由存在于油中的少量过氧化氢物开始的，反应是一个链式反应，表示如下：

$$ROOH \longrightarrow RO \cdot + \cdot OH$$
$$RO \cdot \ + \ \sim\!\!\sim CH=CH-CH_2-CH=CH\sim\!\!\sim \ \longrightarrow$$
$$(R'H)$$
$$\sim\!\!\sim CH=CH-\overset{\cdot}{C}H-CH=CH\sim\!\!\sim \ + ROH$$
$$(R'\cdot)$$
$$R'\cdot + O_2 \longrightarrow R'OO \cdot$$
$$R'OO \cdot + R'H \longrightarrow R' \cdot + R'OOH$$
$$R'OOH \longrightarrow R'O \cdot + \cdot OH$$

这个反应可以继续进行，同时自由基可以结合并引起分子间的结合：

$$R' \cdot + R' \cdot \longrightarrow R'-R'$$
$$R'O \ \cdot + R' \cdot \longrightarrow R'OR'$$
$$R'O \ \cdot + R'O \ \cdot \longrightarrow R'OOR'$$

当油分子中有两个以上亚甲基时，此反应即导致分子间的交联成为体型结构。

上述反应虽可自发进行，但速度很慢，作为涂料使用，成膜过程需几天，其中最慢的一步反应便是过氧化氢物的分解。为了使这一反应速度加快，需要加入催化剂。在干性油中的催化剂又称催干剂。加入催干剂后可使漆膜在一天内干燥。催干剂分为两类，一类叫主催干剂或表干剂，主要是钴盐和锰盐，它们只用少量(金属量为油的 0.005%~0.2%)即能促进干燥过程,其原理在于钴和锰是可变价的金属，它们与过氧化氢物组成一个氧化还原体系，使 ROOH 分解的活化能大大降低，以钴为例：

$$ROOH + Co^{2+} \longrightarrow Co^{3+} + RO \cdot + OH^-$$
$$ROOH + Co^{3+} \longrightarrow Co^{2+} + ROO \cdot + H^+$$

钴盐还可以影响油的吸氧和过氧化氢物的生成。

助催化剂或称透干剂，如铅盐和锆盐，以及钙盐、锌盐、钡盐等。它们本身不是反应催化剂，但可增加主催化剂的效率，并可使漆膜表里干燥均匀，消除起皱和使主催干剂稳定。它们加入量一般较高(金属量按油计约为 0.6%)。它们的作用机理还不太清楚。例如铅盐可以加速油的吸氧速度，但对过氧化物的分解无明显的影响，锆盐的作用和铅盐类似。有一种理论认为锌和钙的离子碱性强，可与油氧化后生成的羧基或羟基形成盐(皂)或络合物，这样就形成了以多价金属离子为"交联剂"的交联物，增加了体系的黏度。

催干剂一般采用钴-铅-锰的混合体系，在美国因为铅盐的毒性被禁止使用(法律规定漆膜中铅不得超过 0.06%)，因此用锆代替铅。体系中也加一定量的钙盐，也可以加铁盐。

催干剂中与金属离子相应的阴离子，也影响其效率和漆膜性质，现最常用的是辛酸和环烷酸的盐。钴、锰等离子易和一些化合物形成络合物，如 1,10-菲络琳(Ⅰ)，这可增加催干剂的效率；但另一类络合物如甲乙酮肟，与钴离子形成的络合物却可降低其活性，它是一种常用的防结皮剂，它的特点在于涂膜后，甲乙酮肟易挥发，络合物被破坏，可重新恢复催干剂的作用。

$$\qquad\qquad\qquad\qquad\qquad\qquad\qquad\qquad\qquad (Ⅰ)$$

催干剂是自动氧化的催化剂，它使油漆快干，但它残留于漆膜中，也可催进漆膜的老化降解及变黄，有人建议用 ^{58}Co 同位素代替普通 Co，由于其半衰期短，易蜕化掉。

11.1.3 具有共轭双键的干性油

桐油是一种干性油，它含有共轭双键，干燥很快，桐油中含 80%的桐油酸(Ⅱ)：

$$CH_3(CH_2)_3CH\!=\!\!CH\!-\!CH\!=\!\!CH\!-\!CH\!=\!\!CH\!-\!(CH_2)_7COOH \qquad (Ⅱ)$$

蓖麻油是一个非干性油，含有一个羟基的蓖麻酸(Ⅲ)，它脱水后可生成带共轭双键的脱水蓖麻酸(Ⅳ)和非共轭的异构体(Ⅴ)，脱水的蓖麻油因之成为干性油。

$$CH_3(CH_2)_5CH(OH)\!-\!CH_2\!-\!CH\!=\!\!CH(CH_2)_7COOH \qquad (Ⅲ)$$

$$H_2SO_4\downarrow\triangle$$

$$CH_3(CH_2)_5CH\!=\!\!CH\!-\!CH\!=\!\!CH(CH_2)_7COOH \qquad (Ⅳ)$$

$$+$$

$$CH_3(CH_2)_4CH\!=\!\!CH\!-\!CH_2\!-\!CH\!=\!\!CH(CH_2)_7COOH \qquad (Ⅴ)$$

共轭酸干燥的机理和前述亚麻酸亚甲基反应交联的机理是不同的，它比非共轭异构体干得快，表面很易起皱。它只需吸收较少的氧即可成膜，氧主要和共轭双键首先形成1,4-过氧化物：

$$\text{≈CH=CH—CH=CH≈} \xrightarrow{O_2} \begin{array}{c} \text{HC=CH} \\ \text{≈HC} \quad \text{CH≈} \\ \text{O—O} \end{array}$$

然后再进一步发生分解和自由基聚合反应。由于由聚合反应形成的交联结构主要是通过碳-碳键相连的，一般抗水解性能较非共轭干性油的漆膜好，后者主要通过碳-氧键形成交联结构。由于桐油酸含三个双键，烘烤时很易变色。

11.1.4　油基涂料

我们将以油为主要成膜物的涂料称为油基涂料。未经改性的干性油加入催干剂后虽可成膜，但因为相对分子质量低，速度很慢。干性油一般要经过炼制后再使用。炼制过程是油脂的聚合过程。炼制的方法主要有两种：一种方法是将油脂加热到 140~150℃，同时通入空气泡，使油脂发生氧化聚合，这样所得的聚合油称为吹制油，也称厚油；另一种方法是排除空气，使油脂在300~320℃(非共轭油)或 225~240℃(共轭油)发生热聚合，例如共轭油可通过狄尔斯-阿尔德反应聚合，这样的聚合油称为定油或热炼厚油。在聚合油中加入催干剂后叫清油，清油可直接用于涂覆木器表面，但主要用于配制厚漆或铅油。清油加入颜料研磨成浆状，称为油性厚漆或铅油。油性厚漆使用时还要用清油调释，所谓油性调和漆是指已调制得当的涂料，可以直接使用。在干性油中加入各种树脂后得到的油漆称为油基树脂漆。在油基树脂漆中油脂可与树脂冷拼，也可与一些树脂一起进行热炼。油基树脂漆较单纯的油基漆性能更好，它可以缩短干燥时间，改善涂膜的光泽和硬度。油基树脂漆一般是用树脂和油一起熬炼而得到的，热炼时树脂和油脂反应生成含有脂肪酸酯的大分子，透明的油基树脂漆称为清漆(varnish)。清漆的品种很多，通常以加入的树脂成分区分。油脂和树脂拼合后未加催化剂者，也被称为漆料，用于和颜料混合制备色漆，如磁漆、底漆等。

树脂的种类很多，有天然树脂和合成树脂，这些树脂都是较硬的固体，所以称为硬树脂。可以和油脂反应的树脂有松香及其衍生物(如松香的甘油酯或季戊四醇酯、顺丁烯二酸酐松香酯等)、酚醛树脂和石油树脂。另外一些树脂如萜烯树脂、古马隆树脂(香豆酮-茚树脂)不能与油脂反应，但能加热使之溶于油脂中。

由于加入了树脂，因此也需要加入一些溶剂以降低黏度。油基漆不加溶剂，可以说是一种无溶剂漆。油基树脂漆虽然要加入溶剂，但因树脂相对分子质量都较低，所以溶剂量不多，可以说是一种高固体分涂料。

11.2　松　　香

松香是从松树的树根或树干上取得的，颜色由微黄至棕红色的透明、脆性固体天然树脂。松香的主要成分为松香酸及其异构体，占松香组分的90%以上，它的分子式为 $C_{19}H_{39}COOH$，松香酸的结构式如(Ⅵ)所示，其他为松香酸的酯类及其他氧化树脂。

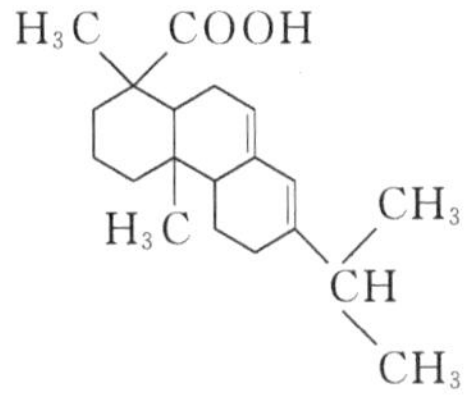

$$(Ⅵ)$$

松香酸的熔点为 170~172℃，是一种弱酸，不溶于水，但可溶于有机溶剂和植物油中。松香酸具共轭结构，很容易氧化，高温下还容易脱羧或发生歧化反应，歧化反应的结果是一部分脱氢，一部分加氢，生成脱氢松香酸和二氢松香酸或四氢松香酸。松香酸可通过加氢反应形成二氢松香酸，二氢松香酸不具共轭结构，稳定性大大增加。松香酸还可在催化剂存在下二聚。

在油基涂料中加入松香能提高涂膜的光泽和硬度，但是耐候性和耐水性很差，因此一般要将松香进行加工，制成松香的衍生物。主要的衍生物是通过酯化反应得到的松香甘油酯和松香季戊四醇酯，通过双烯加成反应得到的顺丁烯二酸酐松香树脂，以及松香改性的酚醛树脂。氢化松香具有较高稳定性，它的衍生物具有重要的应用意义。

松香及其衍生物除了作为油基涂料的树脂外，还可作为黏合剂的增黏剂。

11.3　大　　漆

大漆是我国的最著名特产，在数千年前我国人民便掌握了大漆的加工利用技术，并制造出了精美绝伦的漆器。

大漆是从漆树的韧皮层内割流出来的灰白色乳浊液，经机械方法除去漆渣和杂质后便得"生漆"。如果再加工处理，如加温进行氧化聚合或添加各种助剂和辅助材料改进其性质，所得大漆便称为精制漆或熟漆。生漆和熟漆可以直接使用，也可以和干性油(如亚麻油、桐油等)混合使用。

11.3.1　生漆的主要成分

生漆是一种油包水型乳胶，其成分非常复杂，但已经有了详细的分析鉴定，其中最主要的有漆酚和漆酶，其他为树胶质包括糖类和糖蛋白类化合物及油和水。

　　漆酚是几种具有不同饱和度脂肪烃取代基的邻苯二酚或其聚合物的混合物，漆酚能溶于有机溶剂及植物油，在生漆中含量达 50%~80%。不同产地和不同树种所产出的生漆之漆酚组成是各不相同的，最常见的是 3 位取代的邻苯二酚衍生物，取代基 R 一般为 C_{15} 或 C_{17} 的长链烯烃，其结构式可用下式代表：

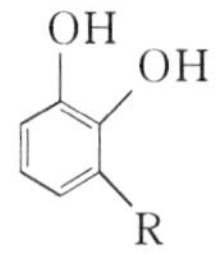

$$R_1 = -(CH_2)_{14}CH_3$$

$$R_2 = -(CH_2)_7CH = CH(CH_2)_5CH_3$$

$$R_3 = -(CH_2)_7CH = CHCH_2CH = CH(CH_2)_2CH_3$$

$$R_4 = -(CH_2)_7CH = CHCH_2CH = CHCH = CHCH_3$$

$$R_5 = -(CH_2)_7CH = CHCH_2CH = CHCH_2CH = CH_2$$

$$R_6 = -(CH_2)_9CH = CH(CH_2)_5CH_3$$

$$R_7 = -(CH_2)_{16}CH_3$$

我国的大漆主要为 R_1，R_2，R_3，R_4 的漆酚混合物，生漆中漆酚含量越高，质量越好。

　　漆酶是一种含铜的糖蛋白氧化酶，它能催化氧化多元酚及多氨基苯，是生漆在常温下干燥成膜不可缺少的天然有机催干剂。漆酶不溶于水也不溶于有机溶剂，但可溶于漆酚，在生漆中含量约占 10%。漆酶的活性在 40℃和相对湿度为 80%时最大，温度升至 75℃时，其活性在 1h 内可完全被破坏。漆酶的最适 pH 为 6.7，当 pH 在 4~8 之外时，即在酸性或碱性条件下，活性也可完全消失。

11.3.2 大漆的成膜

　　大漆可在常温下自然干燥，也可在烘烤过程中干燥成膜，它们的成膜机理是不同的，下面分别予以介绍。

1. 气干成膜

　　和干性油一样，大漆可以氧化成膜。但在大漆中不需加催干剂，因为漆酚便是一种有效的催干剂。大漆氧化过程较为复杂，在漆酶的作用下，漆酚分子首先被氧化成邻醌结构：

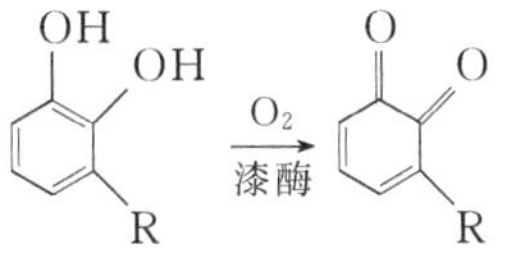

由于有醌的形成，大漆表面很快变成红棕色。邻醌化合物然后相互氧化聚合成为长链或网状的高分子化合物。此时，一方面是邻醌结构进一步氧化，另一方面是侧链中长链烯烃基发生类似干性油的氧化反应，于是得到一个交联结构。经此阶段大漆颜色逐渐转变为黑色，此时相对分子质量并不高，氧化反应仍可继续进行，特别是侧基氧化交联的反应，最终导致体型结构的形成而固化成膜。

氧化成膜的重要条件是漆酶必须有足够活性，因此当温度在 20~35℃，相对湿度为 80%~90%时反应最快。

2. 缩合聚合成膜

在温度达 70℃以上时，漆酶失去活性，但和干性油一样，它们在高温下可通过侧基的氧化聚合成膜，另外，酚基间也可通过缩合相连。在高温下所得漆膜因醌式结构出现机会较少，所得漆膜颜色较浅。

11.3.3　大漆的改性

大漆具有高光泽、附着力强、耐水解、抗化学性好、绝缘等许多优点，但也有漆膜干燥条件苛刻、漆酶具有使人体及皮肤过敏的漆毒、漆膜颜色深、性脆以及大漆黏度高不易施工等缺点。为了克服大漆的缺点，可对大漆进行改性。

改性大漆主要是利用漆酚的化学反应性，因此第一步是从大漆中提取出漆酚，弃去其他化学成分。漆酚上的羟基可以生成盐、酯或醚，侧链 R 基上的双键和活泼亚甲基可进行加成、聚合、氧化等反应，羟基邻对位的两个活泼氢原子可参与各种反应。例如利用漆酚和甲醛或糠醛反应形成漆酚缩醛树脂，漆酚缩醛树脂本身或与马来酸酐季戊四醇树脂配合可作为清漆使用，也可进一步和环氧树脂反应得到漆酚缩醛环氧树脂。将漆酚与烯类单体共聚可得共聚型树脂，例如漆酚和苯乙烯加热共聚可得漆酚苯乙烯树脂，等等。

11.4　腰　果　酚

腰果酚来源于腰果壳油，颜色由浅黄至棕色，它是间位被具有不同不饱和度的十五碳侧链单取代的苯酚(图 11.1)，侧链中饱和碳链约占 3%，单烯侧链约占 36%，双烯侧链约占 20%，三烯侧链约占 41%，腰果酚兼具芳香族化合物和长链脂肪烃的特性：

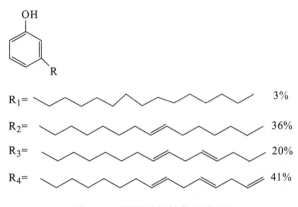

图 11.1　腰果酚的结构示意图

　　酚羟基为常用的化学改性点，可在酚羟基上接入碳碳双键制备腰果酚基不饱和单体，也可接入亲水链段制备表面活性剂；与环氧氯丙烷反应制备环氧树脂，替代石油酚制备酚醛树脂和柔韧型环氧固化剂。对十五碳侧链上碳碳双键的改性主要是进行环氧化和加成反应，用于制备腰果酚基环氧树脂稀释剂及多元醇。因十五碳侧链不含酯基与醚键，腰果酚基化合物具有优异的耐水性。长碳侧链的位阻作用增加了苯环间的距离，使其环间作用力减弱，从而增加树脂的柔韧性。

11.5　蔗糖脂肪酸酯

　　蔗糖是由一分子葡萄糖和一分子果糖组成的二糖，为八羟基天然多元醇，以蔗糖和植物油脂肪酸为原料可制备蔗糖脂肪酸酯，已商品化的有蔗糖大豆油酸酯，其为酯化程度不同的蔗糖脂肪酸酯的混合物，一般平均酯化 7.7 个羟基，其中蔗糖八脂肪酸酯至少占比 70%。图 11.2 为完全酯化的蔗糖大豆油酸酯的结构示意图。由于其高度支化的结构，蔗糖大豆油酸酯黏度低(300~400mPa·s)，双键数较豆油分子中双键数多，交联活性大，在气干性高固体分醇酸树脂涂料中可用作成膜物或活性稀释剂。分子上的双键可以环氧化制成环氧化蔗糖大豆油酸酯，再对环氧化蔗糖大豆油酸酯进行(甲基)丙烯酸酯化，得到可光固化的高官能度甲基丙烯酸酯树脂。

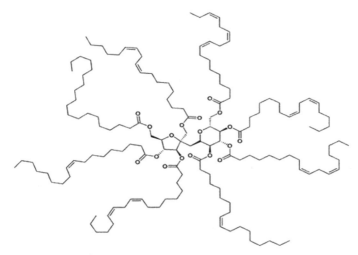

图 11.2　完全酯化的蔗糖大豆油酸酯的结构示意图

第十二章　醇酸树脂与聚酯

醇酸树脂的本质便是聚酯，但和通常用于纤维及工程塑料的聚酯不同，它相对分子质量低，无结晶倾向，且一般含有油的成分，所以可称为油改性的聚酯。在涂料中也有不含油的聚酯，称为无油醇酸，但一般不能单独作为成膜物，而是一种聚合物的多元醇或聚合物多元酸，需要和交联剂如氨基树脂(十三章)、异氰酸酯(十六章)和环氧化合物(十五章)等配合，成膜时通过羟基或羧基与交联剂反应形成交联结构。涂料中所称的聚酯漆曾经是指主链中含有双键的并以烯类单体为稀释剂的不饱和聚酯漆。而现在通常是指以聚酯为多元醇组分聚酯聚氨酯或氨基聚酯漆，名词还不规范。

12.1　醇　酸　树　脂

醇酸树脂可分为两大类，一类是通过氧化干燥的，另一类是非氧化干燥的，后者主要是作增塑剂和多羟基聚合物。从某种意义上来说，氧化干燥的醇酸树脂也可以说是一种改性的干性油。干性油漆膜干燥时需要很长时间，其原因在于它们的相对分子质量较低，需要很多的反应才能形成交联的大分子。醇酸树脂是一种"大分子"的干性油，只需要少许交联点即可使漆膜干燥。它在漆膜性能方面也远远超过了干性油的漆膜，如在附着力、光泽、硬度、保光性及耐候性等各方面。

醇酸树脂是一种合成聚合物，实际上是聚酯的一种，可通过聚合物中各组分的调节制备出性能优良的适用于表面涂层的树脂。醇酸树脂是通过缩聚反应由多元醇、多元酸及脂肪酸为主要成分制备的。

多元醇：主要是甘油，也可以是季戊四醇、山梨醇、三羟甲基丙烷及各种二元醇。

多元酸：主要是邻苯二甲酸或其酸酐(苯酐)，间苯二甲酸、己二酸、马来酸等二元酸，间或也用三元酸如偏苯三酸等。

一元酸：主要是亚麻油、豆油、桐油等植物油中所含的酸(以油的形式使用，或以酸的形式使用)，也可用苯甲酸，合成脂肪酸。

12.1.1　醇酸树脂的组成与干性

醇酸树脂各组分的配比对性质影响很大。以下以邻苯二甲酸酐(简称苯酐)、甘油及豆油脂肪酸合成的醇酸树脂来说明醇酸树脂的"干性"。

一种最简单的等当量的组成是各组分的摩尔比为苯酐：甘油：脂肪酸=1：2：4，其结构可表示为

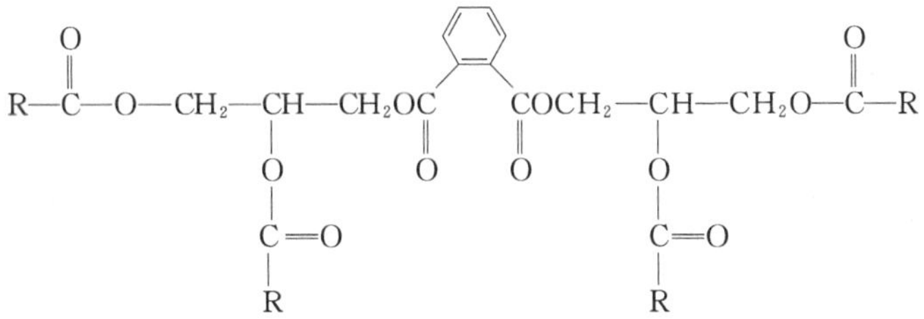

（Ⅰ）

由第十一章表 11.1 可知，豆油脂肪酸含双烯酸为 0.51，含三烯酸为 0.09，于是上述醇酸树脂的平均活泼亚甲基数为

$$0.51 \times 4 + 0.09 \times 4 \times 2 = 2.04 + 0.72 = 2.76$$

作为干性油的要求是平均活泼亚甲基数>2.2，因此上述醇酸树脂可以干燥。虽然豆油是一个半干性油，通过改性加大了分子，便成了干性油。

当苯酐：甘油：豆油脂肪酸=2：3：5 时，其相对分子质量更大，其分子式表示如下：

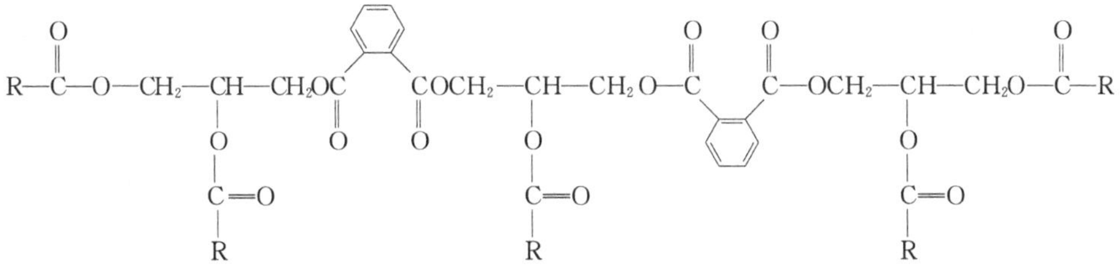

（Ⅱ）

它的平均亚甲基数为

$$0.51 \times 5 + 0.09 \times 5 \times 2 = 3.45$$

远远大于 2.2，它的干燥速度显然比第一种结构快。

如果以苯酐：甘油：脂肪酸=1：1：1，则可以得到一个聚合度非常高的树脂：

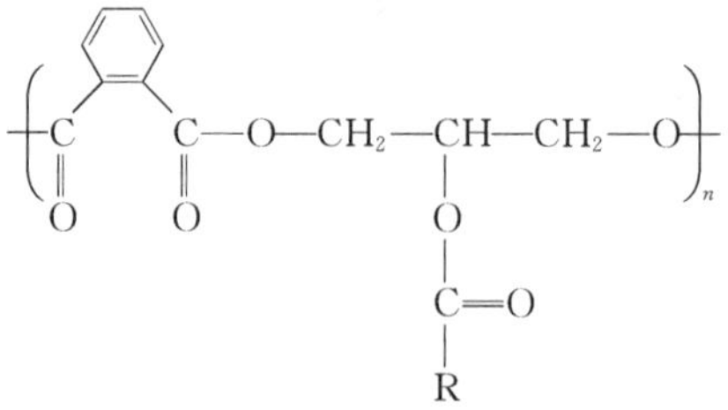

(Ⅲ)

当然实际上得不到如此理想的线型结构，制备时极易凝胶，这种聚合物分子中的亚甲基数非常之高，因此极易干燥。

通过亚甲基氧化反应而固化的干燥为实干。醇酸树脂和干性油不同，结构中还含有邻苯二甲酸与醇的聚酯结构。苯环的结构可以提高聚合物的玻璃化温度，因此醇酸树脂中邻苯二甲酸含量增加时，也可以帮助"干燥"，特别是可迅速达到触干。

由上述介绍可知，醇酸树脂中的油含量对醇酸树脂性能影响很大，油含量以油长表示，定义如下：

$$油长 = \frac{油重量}{树脂重量} \times 100\%$$

或

$$油长 = \frac{油重量}{原料重量 - 生成H_2O量} \times 100\% \tag{12.1}$$

式中，油重量也可用脂肪酸量×1.04 代替(当使用十八碳脂肪酸时)。按油长不同，醇酸树脂可分为长油度(>60%)、中油度(40%~60%)和短油度(40%以下)。

(Ⅲ) 式的理想醇酸树脂结构油长为 61%，油长再要增加，相对分子质量(聚合度)便要减少，如(Ⅱ)式的油长为 86%，干燥将变慢。油长要减低，便要减少脂肪酸的含量，增加苯酐的含量，若仍以等当量反应，平均官能度要超过 2，很易凝胶，为了避免凝胶，需使多元醇(或酸)过量(参见 3.1)，此时醇酸树脂中将含有自由的羟基或羧基。

在室温氧化干燥的醇酸树脂中，我们希望有尽可能多的活泼亚甲基，也希望有尽可能多的苯环结构，使室温固化速度加快；含少量的羟基有助于附着力的提高；油量多，柔韧性增强，在脂肪族溶剂中溶解度增加，刷涂性好，但耐候性差。聚酯结构部分可提供较好硬度和韧性及抗磨性。经平衡一般用 50%的油度。油长度从 60%到 40%时，表干变快，硬度也增加，但耐溶剂的能力变差。温度升高，醇酸树脂中的氧化干燥速度加快，短油醇酸树脂常用于烘干型醇酸树脂。

短油醇酸树脂的链上有较多的羟基可以和氨基树脂等交联剂发生反应，一般作为多羟基聚合物使用，例如，用于制备氨基醇酸烘漆。氨基醇酸烘漆和氧化干燥醇酸漆相比，前者有良好的附着力、耐候性及保光性。若用饱和脂肪酸或不干性油来制备醇酸树脂时，可得到不干性醇酸树脂，不干性醇酸树脂主要用于氨基醇酸烘漆中的多羟基聚合物和硝基漆中的增塑剂，它们都可归为非氧化干燥醇酸树脂。

12.1.2 醇酸树脂的凝胶及配方设计

甘油是个三官能度的分子，它和苯酐以等当量反应时，反应物的平均官能度将超过 2，即

$$f_{avg} = \frac{羟基克当量数+羧基克当量数}{甘油分子数+苯酐分子数}$$

$$= \frac{2\times3+3\times2}{2+3} = 2.4$$

根据凝胶化公式：

$$P_c = \frac{2}{f_{avg}} = \frac{2}{2.4} = 0.83$$

即反应到 83%时，便发生凝胶化。在醇酸树脂制备中，由于加有单官能度的脂肪酸，可以降低其平均官能度。假定甘油的二级羟基全部为脂肪酸占有

$$\begin{array}{c} CH_2-CH-CH_2 \\ | \quad\ | \quad\ | \\ OH \quad OR \quad OH \end{array}$$

即(Ⅲ)式的情况，甘油相当于一个二元醇，这时平均官能度

$$f_{avg} = \frac{1\times1+1\times3+1\times2}{1+1+1} = 2$$

在(Ⅰ)式和(Ⅱ)式的情况，因聚合度下降，含油量增加，平均官能度更低，分别为 1.71 和 1.80，凝胶点为 1.16 及 1.11，说明理论上是不会凝胶的。但当要制备油长低于(Ⅲ)式(61%)的树脂时，为避免凝胶化，必须使羟基(或羧基)过量，以达到减少平均官能度的目的。如在(Ⅲ)式的配比基础上，使甘油过量 50%，即

苯酐：甘油：脂肪酸=1：1.5：1

此时的平均官能度为

$$f_{\text{avg}} = \frac{1\times2+1\times3+1\times1}{1+1.5+1} = \frac{6.0}{3.5} = 1.71$$

注意：上式的分子部分是以实际参与反应的甘油分子数 1 而不是以全部的甘油分子数 1.5 计算，换句话说，甘油的有效官能度不是 3.0 而是 2.0。有效官能度按下式计算：

$$f_{\text{有效}} = \frac{f_{\text{实际}}}{1+n} = \frac{3}{1+0.5} = 2$$

式中，n=醇过量百分数(以小数表示)。凝胶点公式计算时可以简化为

$$P_c = \frac{2}{f_{\text{有效}}} = \frac{2}{2\times e_A/M_0} = \frac{M_0}{e_A} \tag{12.2}$$

式中，M_0 为参与反应的总分子数；e_A 为酸的官能度数；$2e_A$ 为参加反应的总当量数。另一个经验方法是要求配方符合下式：

$$\frac{\text{二元酸摩尔数}}{\text{多元醇摩尔数}} < 1 \tag{12.3}$$

当设计一个醇酸树脂，特别是油长低于 61%的醇酸树脂时，最重要的是要避免凝胶。另外一个要求是保证醇酸树脂具有很好的性能。多元醇过量太多必然引起聚合度下降，性能下降。P_c 值一般不要超过 1.05。在设计配方时，可参考下列数据：

油长/%	60	55~60	40~55	30~40
甘油过量/%	0~10	10~17	17~30	30~35

设计配方时，例如，需要设计一个由甘油、苯酐和豆油制备油长为 52%的中油醇酸树脂配方时，可参考下述步骤：

(1) 从油长估计甘油过量值，并求出油量(或脂肪酸量)。首先根据上表，估计出醇超量为 17%~30%，定为 18%，按此计算油量，以重量列出下式：

1 当量苯酐	74g
1.18 当量甘油	36.2g
生成水量	9g

树脂中含苯酐与甘油量为

$$74g+36.2g-9g=101.2g$$

含油量可按式(12.4)计算：

$$油量=树脂中苯酐和甘油量\times\frac{要求油度}{100-要求油度} \tag{12.4}$$

$$油量=101.2\times\frac{52}{100-52}=109.6(g)$$

(2) 列出配方

成分	相对分子质量	重量/g	摩尔数	克当量数		配料中的质量分数/%
				COOH	OH	
豆油	888	109.6	0.123	0.369	0.369	49.9
苯酐	148	74.0	0.50	1.00		33.7
甘油	92	36.2	0.393		1.179	16.4
合计		219.8	1.016	1.369	1.548	100.0
理论出水量		-9.0	0.5			
树脂理论量		210.8				

(3) 计算凝胶点

根据式(12.2)

$$P_c=\frac{M_0}{e_A}=\frac{0.123\times4+0.50+0.393}{0.123\times3+0.5\times2}=\frac{1.385}{1.369}=1.01$$

式中，M_0=油中脂肪酸摩尔数+油中甘油摩尔数+苯酐摩尔数+甘油摩尔数

e_A=油中脂肪酸摩尔数×1+苯酐摩尔数×2

根据计算结果可知，凝胶点为反应程度101%，理论上不致发生凝胶，再用经验式(12.3)进行计算，其结果为

$$\frac{0.50}{0.123+0.393}=\frac{0.50}{0.516}=0.97<1$$

因此设计的配方基本上是可行的，反应不会发生凝胶。

由于醇酸树脂反应复杂，尽管有各种不同的理论推导和经验式，配方是否合理最终还是要用实验来验证，其原因是多方面的，下列情况比较常见：

(1) 苯酐容易升华，甘油容易挥发，特别是反应中通氮气或通 CO_2 时。

(2) 单元酸可以二聚，甘油可以醚化而聚合，这样便增加了官能度。

(3) 甘油脱水成丙烯醛，反应中间物有环化等副反应。

(4) 体系中反应物的各种官能团位置不同，反应性是不同的，这和理论推导的基本假设是不符的。

配方初步确定以后，要在反应釜中进行确认，开始时可以少加一点苯酐，若黏度不高，再补加。万一黏度迅速增加，可以再加一些甘油，防止凝胶。

12.1.3 醇酸树脂的制备方法

　　醇酸树脂的制备方法主要有 4 种：①脂肪酸法；②单甘油酯或醇解法；③酸解法；④脂肪酸/油法。其中后两种方法较少采用。

　　具体操作时又分为熔融法与溶剂法。溶剂一般采用二甲苯，二甲苯的沸点为 140℃，但反应一般要在 220~240℃进行，所以二甲苯量不能多。甲基异丁基酮作为反应体系溶剂时，能较二甲苯更有效地降低黏度。

　　脂肪酸法：它最简单，将多元醇、二元酸和脂肪酸加在一起，在 220~240℃反应。温度高，反应快，但不仅酯化反应快，二聚反应也快(增加官能度)，易凝胶。220℃反应比较保险。如要反应时间短一些，用 240℃为好。一般反应终点用黏度和酸值控制(酸值是指中和每克样品所需 KOH 毫克数)。酸值一般控制在 7，黏度可用锥板黏度计测量。采用分步加脂肪酸的方法，可以使形成的树脂相对分子质量较大，从而改进树脂的物理性质。反应中可通氮气防止氧化。

　　醇解法：由于脂肪酸是由油得来的，直接用油(甘油三酸酯)是一个更便宜的方法，但因为油和多元酸或酸酐是不互溶的，如果全部加在一起，多元醇和二元酸容易起反应，得到一个分相的混合物，极易凝胶。为了克服这个问题先要使油醇解或酸解，一般用醇解的方法，即先用多元醇和油反应，生成单甘油酯：

$$
\begin{array}{ccc}
& \quad \overset{O}{\underset{\parallel}{}} & \\
& CH_2OCR & \overset{O}{\underset{\parallel}{}} \\
CH_2OH & \quad \mid & CH_2OCR \\
\mid & \overset{O}{\underset{\parallel}{}} & \mid \\
CHOH \quad + \quad CHOCR & \longrightarrow & CHOH \\
\mid & \overset{O}{\underset{\parallel}{}} & \mid \\
CH_2OH & \quad \mid & CH_2OH \\
& CH_2OCR &
\end{array}
$$

但实际上是得到一个油、甘油和各种甘油酯的混合物。醇解时用碱性催化剂 CaO、LiOH、蓖麻酸锂、钛酸异丙酯和黄丹，但黄丹受到限制，一般不再使用。反应在 240℃左右完成，然后再加入二元酸(或酐)进行反应。为了保证在加苯酐时不致发生凝胶，一般要用容忍度法或电导法确定终点。所谓容忍度法也就是溶解度法，因甘油和油转变为甘油单酯后体系的相溶性增加，通常用三份甲醇与一份样品在现场实验，若溶液澄清表示已达终点。但在实际上不是很理想，因为各种比例不同，溶解度也不同。最直接的办法是拿试样与液体苯酐混合，若能互溶，则表示已达终点。加入苯酐后反应的控制就和脂肪酸法相似了。

　　醇酸树脂的制备过程中，有关反应非常复杂，很难重复，特别是当制备方法不同时，甚至加料次序的不同，也可使所得树脂的性能发生很大的差异，因此操作要求非常严格。控制反应进程最好用酸值-黏度关系法，即用酸值和黏度对反应时间作图，此图可反映反应是否正常，并可推测终点。生产同一配方，同一操作工艺，其曲线应相吻合。

现在将不同反应方法对树脂性能影响作简单介绍：

(1) 溶剂法与熔融法：虽然熔融法是老方法，但至今仍广泛应用，原因是设备简单，但此法不易控制。它对制备长油醇酸比较合适，因苯酐和多元醇含量低，高温反应时因挥发升华损失较少；在制备短油醇酸时要特别注意控制。溶剂法因为有回流装置，物料损失较少，又可以通过溶剂的量来控制反应温度，溶剂的回流可使反应更为均匀，而且由于反应物黏度低，生成的水分容易带出，可以缩短反应周期，特别适合于制备要求严格的配方，产品质量有保证。

(2) 脂肪酸法与醇解法：脂肪酸法比醇解法在配方上可以有更多的选择，因为不仅可以选用各种多元醇混合物，也可以选用各种脂肪酸的混合物；脂肪酸可以进行纯化，反应中不须用催化剂，因此可减轻氧化和颜色问题，反应比较容易控制。但脂肪酸法要求预热装置，反应装置易被腐蚀，成本高。两种方法生产的醇酸树脂在反应性与性质上都有不同，脂肪酸法反应时酸值降低快，到达终点时酸值低，漆膜较硬且不易发黏，但其溶剂不能多用脂肪烃。两个方法所得的树脂结构是不同的，反应中三种带有羧基的反应物的反应性不同是导致它们结构上不同的一个主要原因：在脂肪酸法中，邻苯二甲酸酐、脂肪酸与甘油同时进行反应，据研究，邻苯二甲酸酐与甘油上的伯羟基的反应比脂肪酸容易，而脂肪酸与甘油上的仲羟基反应比邻苯二甲酸酐容易。邻苯二甲酸酐总是首先与甘油上的伯羟基反应，而脂肪酸较易与留下的仲羟基反应。在醇解法中，酯化反应时并无脂肪酸参与竞争，苯酐加入之前脂肪酸在甘油上的位置在醇解反应中已经确定，脂肪酸主要占有甘油的伯羟基，留下的另一个伯羟基与一个仲羟基和苯酐反应。为了便于比较两者结构上的差别，将两种理想化的结构表示如下，式中，Φ代表苯环，〰〰〰代表脂肪酸。

① 脂肪酸法

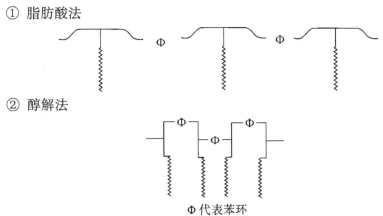

② 醇解法

Φ代表苯环

对于醇解法来说，醇解情况的不同，可以引起产物性质的不同。因为油在醇解时，得到的是混合物，其中有单酯和双酯，而且脂肪酸占有的位置也互不相同，所以最后所得树脂溶液即使含量相同(一般都在 50%)，酸值相同，其性质也可差异很大，如黏度、相对分子质量分布、漆膜光泽和干燥时间等。

12.1.4　各种因素对醇酸树脂性能的影响

1. 平均相对分子质量和相对分子质量分布

醇酸树脂的平均相对分子质量与相对分子质量分布和配方、反应的中间控制、制备方法有复杂的关系。如前节所述，即使酸值相同，由于相对分子质量分布不同，性质差别也很大。相对分子质量分布包含两个内容，一是相对分子质量分布，二是极性基团的分布(如羟基的分布)。通过萃取的方法可以将相对分子质量不同、极性不同的组分分级。

一般低相对分子质量部分往往是非成膜物，除去它们，可以增加干燥速度，避免漆膜起皱，但它们也起增塑剂作用，能稳定高相对分子质量级分。高相对分子质量部分，固化迅速，其中可含有一些微凝胶，有时高相对分子质量级分高的醇酸树脂，黏度不一定高，而且流动性反而好，这是因为高相对分子质量的微凝胶不是以真溶液形式存在的。微凝胶可以发展为较大的凝胶粒子，对贮藏稳定性不利，一般含 5% 的微凝胶比较合适。在生产中可用不同批号混合的办法，使树脂中有合适的微凝胶。

2. 脂肪酸(或油)和单元酸

在醇酸树脂中最常用的是豆油(或豆油脂肪酸)，以它为标准的话，亚麻油或其脂肪酸干燥快，而颜色不好，成本高，黏度也较高；红花油成本高，其干性接近亚麻油，颜色接近豆油；葵花籽油品种差别太大，有的类似豆油，有的则很慢。桐油一般不单独使用，它干燥得极快，易变色，制备时易凝胶，但耐碱性好。蒸馏处理过的妥尔油和豆油类似，但成本较低。蓖麻油和椰子油是不干性油，由它们制得的醇酸树脂不能自干，中油度的可作为增塑剂和硝基纤维合用；短油度的可用于氨基醇酸漆中的醇酸组分，利用自由羟基进行交联反应。这两种不干性油也可和桐油合用制备气干漆。饱和的脂肪酸与合成脂肪酸都可以用于醇酸树脂的制备。

当用蓖麻油时，因其本身带有羟基，溶解度好，可以不经醇解的步骤。脱水蓖麻油和桐油类似，可以用蓖麻油在反应中就地脱水的办法制备脱水蓖麻油的醇酸树脂。

苯甲酸和松香也可作为一元酸组分加入，可以增加醇酸树脂的 T_g，减少触干的时间。反应时要防止苯甲酸升华。

3. 多元醇

多元醇除甘油以外可以用季戊四醇或其二聚体、三聚体、三羟甲基丙烷、山梨醇等。季戊四醇是四官能度化合物，为了避免凝胶，需要遵守前述经验规则，即多元醇物质的量大于二元酸物质的量[式(12.3)]。加入等物质的量的苯甲酸可以将季戊四醇的官能度调至 3，也可以用乙二醇来调节官能度，乙二醇和季戊四醇合用不仅可以降低价格，而且和甘油比，酯化速度也加快了。山梨醇是一个含有 6 个羟基的多元醇，在高温下可发生分子内的醚化：

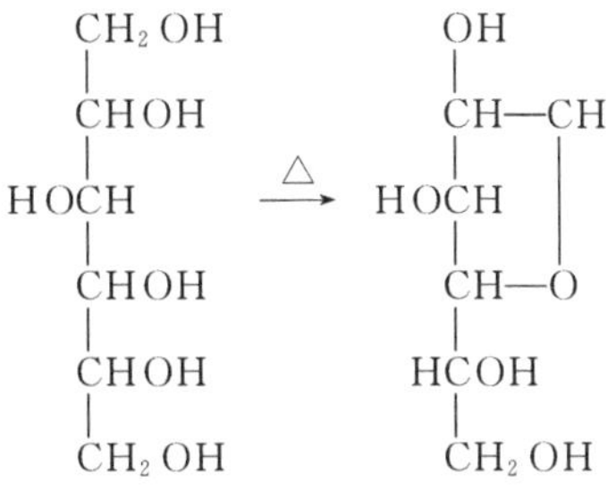

$$
\begin{array}{c}
CH_2OH \\
| \\
CHOH \\
| \\
HOCH \\
| \\
CHOH \\
| \\
CHOH \\
| \\
CH_2OH
\end{array}
\quad \xrightarrow{\triangle} \quad
\begin{array}{c}
OH \\
| \\
CH{-}CH \\
| \quad\;\; | \\
HOCH \quad | \\
| \quad\;\; | \\
CH{-}O \\
| \\
HCOH \\
| \\
CH_2OH
\end{array}
$$

实验结果证明，它可作为四官能度的多元醇。

4. 多元酸

苯酐是最常用的二元酸，也可用间苯二甲酸。两者相比，后者性能较好，但价格较高。邻苯二甲酸的酯有邻近基团效应，当 pH 在 4~8 的范围内，抗水解性能差，邻近基团效应的机理如下所示：

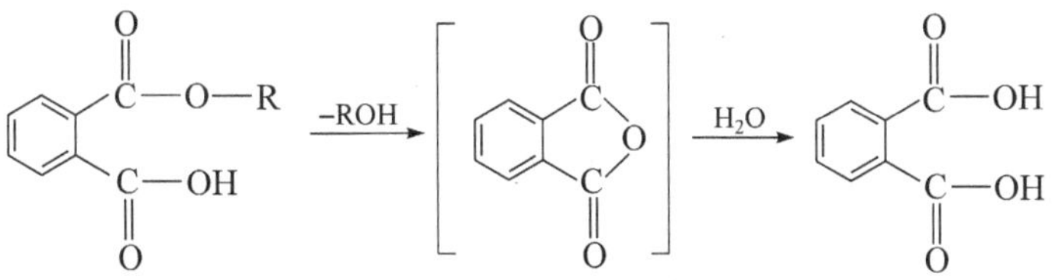

$$\text{（反应式）}$$

对苯二甲酸是对称性的二元酸，其酯易结晶，溶解性能差；但其链段僵硬，T_g 高，干燥速度快。对苯二甲酸二甲酯也可以选用。

马来酸酐是带双键的二元酸，它参加反应后，在分子中引入了容易与烯类单体共聚合的双键。

12.1.5　改性醇酸树脂

醇酸树脂具有很好的涂刷性与润湿性，但在强度、抗化学性、耐候性方面较差。它的一些缺点可以通过改性得到改善。在另一种意义上，醇酸树脂的优点也可通过改性赋予其他成膜物，改性的方法主要有三种：

1. 两种聚合物的共混

硝基纤维素与醇酸树脂的混合是非常典型的例子，醇酸树脂一般用相对分子质量较低的不干性油醇酸树脂，它大大改善了硝基纤维素的性质。但醇酸树脂和 一般烯类聚合物，如聚丙烯酸酯类，却难以混合，它们间的共混性差。为改善其共混性，可以在烯类聚合物中共聚引入碱性的含氮单体，如聚丙烯酸二甲氨基乙酯、乙烯基吡啶等，使聚合物中的碱性基团与醇酸树脂中的羧基作用而增加混溶性。

2. 烯类单体与醇酸树脂中的双键共聚

苯乙烯改性的醇酸树脂是较重要的改性醇酸树脂(比例一般为 50：50)，引入苯乙烯可降低成本，增加耐水性，而且由于大量苯环引入，干燥速度提高；但因实干速度减慢和交联度下降，抗溶剂性差。

苯乙烯改性醇酸树脂是通过共聚方法实现的，但一般只有含共轭双烯的醇酸树脂才有较好的共聚作用。非共轭双烯与苯乙烯共聚非常慢，主要是通过活泼亚甲基进行苯乙烯在醇酸树脂上接枝。在引发剂作用下苯乙烯可生成链自由基，它与活泼亚甲基间发生夺氢反应，于是在脂肪酸链上可形成自由基并引起苯乙烯的接枝共聚。为了改善醇酸树脂共聚性，若脂肪酸中无共轭双键时，可以在二元酸组分中加入一些马来酸，通过马来酸的双键进行共聚合。不管哪种方法所得产物必然含有纯聚苯乙烯、共聚物、未变化的醇酸树脂及醇酸树脂的二聚体等。聚苯乙烯是和醇酸树脂不相混溶的，但因有共聚物作为媒介，它们的相溶性变好。

丙烯酸酯和苯乙烯一样可以用来改性醇酸树脂，其共聚方法也类似。用甲基丙烯酸甲酯改性的醇酸树脂干燥迅速，保色性、耐候性都有很大改进。双环戊二烯也是一个较好的改性单体。

3. 聚合物与醇酸树脂的化学结合

从广义上来说如氨基树脂(见第十三章)和醇酸树脂(主要是短油度不干性油醇酸树脂)合用，所得氨基醇酸，也是醇酸树脂的一种改性。在酸催化剂和高温下醇酸树脂中的羟基与氨基树脂上的醚键发生醚交换反应，可以制得硬而坚韧的漆膜，具有良好的保光性、保色性及抗潮、抗酸碱能力。氨基醇酸是汽车和家用电器上常用的涂料。

含有环氧等活性基的丙烯酸酯共聚物、马来酸酐和苯乙烯或丙烯酸酯的共聚物等，也可通过与醇酸树脂分子间的醚化和酯化反应将两部分结合在一起。例如：

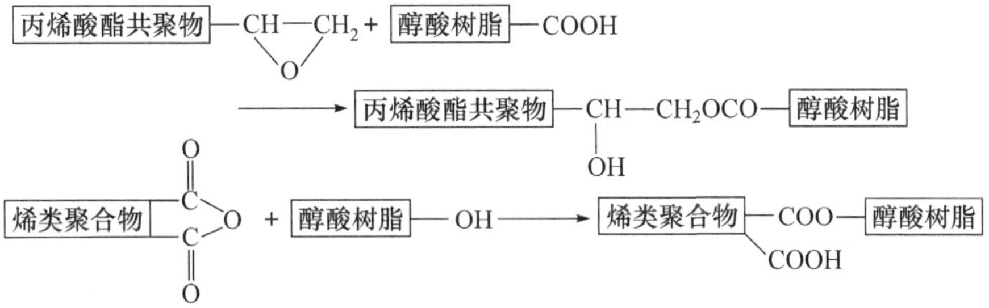

丙烯酸酯共聚物 —CH—CH₂ + 醇酸树脂—COOH
$\qquad$ O

$\longrightarrow$ 丙烯酸酯共聚物—CH—CH₂OCO—醇酸树脂
$\qquad$ OH

烯类聚合物 + 醇酸树脂—OH $\longrightarrow$ 烯类聚合物—COO—醇酸树脂
$\qquad$ COOH

12.1.6　触变型醇酸树脂

触变型醇酸树脂是用醇酸树脂与聚酰胺树脂反应制得的，聚酰胺树脂是二聚酸与多胺的缩合物。二聚酸是由不饱和脂肪酸在高温下二聚而得，二聚酸通常为混合物，下式为其中的一个异构体：

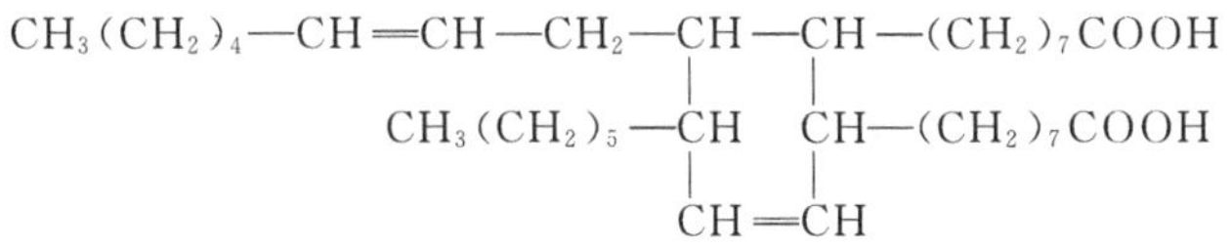

$$CH_3(CH_2)_4—CH=CH—CH_2—CH—CH—(CH_2)_7COOH$$
$$CH_3(CH_2)_5—CH \quad CH—(CH_2)_7COOH$$
$$CH=CH$$

聚酰胺树脂用量约为醇酸树脂量的 5%，不超过 10%，二者在 200~250℃反应，聚酰胺树脂分子的酰胺基与醇酸树脂发生交换反应，将聚酰胺分子分解成链段而连接到醇酸树脂上。由于酰胺上含有氮原子，容易在分子间形成氢键，从而形成物理交联，使黏度上升。在外力作用下，氢键可被破坏，黏度下降；在外力撤销后，又可逐步形成氢键，重新恢复高黏度，这是有触变性的原因。

12.1.7　水性醇酸树脂

水性醇酸树脂有乳液和水分散型两种。未经过亲水改性的醇酸树脂是溶于溶剂而不溶于水的，但加入乳化剂可使其在水中被乳化成乳液，用醇酸树脂乳液和其他乳胶合用，可改进乳胶漆的附着力和光泽。用于制备乳液的醇酸树脂应该选择耐水解的。

水分散型醇酸树脂则指经亲水改性的醇酸树脂，如采用过量的苯酐或偏苯三酐使醇酸树脂中含有过量的羧基，一般酸值在 50 左右。也可以通过马来酸酐和醇酸树脂中所含共轭双烯发生双烯加成反应加入羧基：

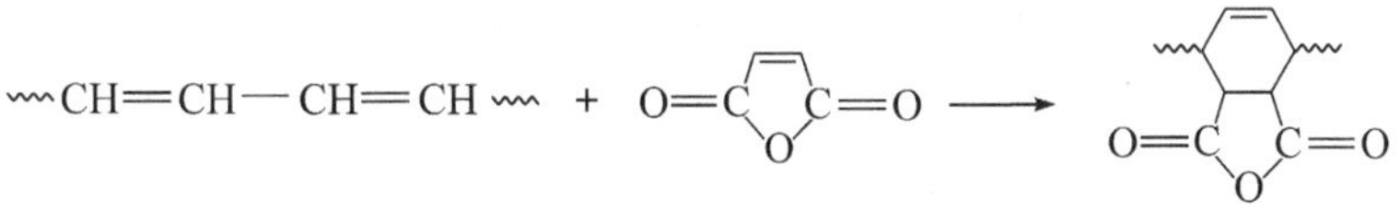

~~~CH=CH—CH=CH~~~ + O=C   C=O $\longrightarrow$

在高温下，马来酸酐也可和醇酸树脂中非共轭两双键间的活泼亚甲基反应：

$$\text{~CH=CH—CH}_2\text{—CH=CH~} + \underset{\underset{O}{}}{O=C}\quad C=O \longrightarrow \text{~CH—CH—CH—CH=CH~}$$

反应后要加入共溶剂如丁基溶纤剂，用氨水或胺中和后使羧基(或酸酐)转变为铵盐，随后即可用水冲稀。涂刷时，氨或胺可跑掉，成为水不溶的漆膜。氨尽管挥发很快，但成膜后，膜内的氨碱性太强，受羧基作用而不易逸出。用碱性弱的碱(如吗啉等)更好。水可稀释性醇酸耐水性能不好，特别是酸值高时，用间苯二甲酸代替苯酐对抗水解性有好处。邻苯二甲酸酯，特别是邻苯二甲酸单酯，邻近基团效应严重，在 pH 为 4~8 时，非常容易水解。

12.1.8　高固体分醇酸树脂

为了减少挥发性有机溶剂(VOC)在涂料中的含量，以减少大气污染，增加醇酸树脂涂料中的固含量是一个重要的课题。

改变溶剂，特别是在醇酸树脂中使用一些氢键接受体溶剂(如酮)可以使固含量有所增加(在黏度不变的情况下)，但最重要的方法是降低平均相对分子质量和使相对分子质量分布变窄。降低平均相对分子质量可通过降低二元酸/多元醇的比例来达到，但由于二元酸/多元醇比例的降低必将伴随着油长增加，这样一来，一方面用于交联的活性基团量降低，另一方面，芳香基团/脂肪链的比例也降低，因此干燥速度将明显下降。为了使固含量增加的同时还能保持较高的干燥速度，一方面可以改变油的成分，例如，用干性油来代替半干性油——豆油；另一方面，可增加催干剂浓度。相对分子质量分布变窄的方法多是经验性的，如加料顺序、温度控制等等。相对分子质量分布窄的醇酸树脂尽管可以达到固含量高、干燥速度快的目的，但漆膜的性能，特别是抗冲击性能，可能比相对分子质量分布宽(在相同的平均相对分子质量条件下)的醇酸树脂还差。采用活性稀释剂如多丙烯酸酯等也可以降低 VOC。采用超支化结构的多元醇为原料，可降低树脂黏度及油度，有助于提高固体分。

12.2　聚　酯　树　脂

聚酯树脂一般不单独用做成膜物。

聚酯树脂通常由二元醇、三元醇和二元酸等混合物通过缩聚反应制得，一般是低相对分子质量、无定形、含有支链可交联的聚合物，通过配方的调整，如多元醇过量，可得羟基终止的聚酯，也可用多元酸过量而得羧基终止的聚酯。羟基终止的聚酯作为多羟基聚合物，一般用氨基树脂和多异氰酸酯进行交联，羧基终止聚酯可用环氧化合物和氨基树脂交联。羟基终止的聚酯和氨基树脂配合所得的烘漆是热固型涂料的重要品种，羧基终止的聚酯和环氧树脂配合主要用于粉末涂料。

聚酯-氨基树脂所得烘漆，一般来说，较醇酸树脂涂料有更好的室外稳定性和保光性，有较高的硬度、相当好的弹性与附着力，它可用于卷钢涂料、汽车漆和其他工业用漆。聚酯之所以能赋予涂料较好的性能，是和其组成密切相关的，组成不合适便不能有上述特点。另一方面，聚酯烘漆的表面张力较高，涂布时易出现弊病。

12.2.1 端羟基聚酯

虽然饱和聚酯可称为无油醇酸树脂，但若仍用甘油和季戊四醇等为多元醇，用苯酐为多元酸进行制备，所得聚酯的溶解性与混溶性都极差，而且不可能有较高的酯化程度。另一方面，若以二元醇和二元酸为原料来制备，虽然可以制成聚合度高的聚酯，但其溶液黏度太大，配制涂料需要大量的溶剂，这是环境保护法所不允许的。用于涂料的聚酯是用长链的二元醇如己二醇、新戊二醇等与间苯二甲酸及部分长链二元酸(如己二酸)制备的。长链的醇和酸给予树脂柔顺性和在烃类溶剂中的溶解性，聚酯中通常用三羟甲基丙烷引入一定量的羟基用以和交联剂反应，并以羟基为终端基。下面是两个典型配方：

	配方一		配方二	
	摩尔数	当量数	摩尔数	当量数
三羟甲基丙烷	1.1	3.3	1.9	5.7
新戊二醇	4.4	8.8	3.6	7.2
间苯二甲酸	3.0	6.0	3.0	6.0
己二酸	2.0	4.0	2.0	4.0

配方一中羟基过量 20%，配方二中羟基过量 30%。两个配方中酸和醇的摩尔数的比都是 5/5.5=0.9，少于 1。因此反应不会由于有三元醇而凝胶化，同时反应产品是以羟基为终端的，可以表示如下：

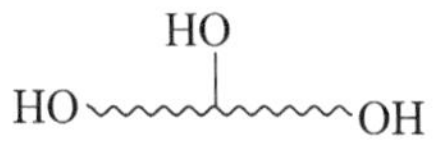

在配方设计中，可以用三羟甲基丙烷和新戊二醇的比例来调节过量羟基量。用间苯二甲酸和己二酸的比例来调节树脂中苯环的比例，树脂中芳环的多少影响树脂的玻璃化温度的高低。

关于多元酸和多元醇各组分对树脂性能的影响基本上和醇酸树脂中所讨论的是一致的，现在简单叙述如下：

芳香族二元酸一般采用间苯二甲酸，它较邻苯二甲酸在 pH 为 4~8 时有更好的水解稳定性，因为后者有严重的邻近基团效应。己二酸用来增加树脂的柔顺性。其他长链的二元酸、脂肪酸的二聚酸也可以使用，若将二聚酸中的双键氢化则更好。有时也可在二元酸中加入带有较大烷基的一元酸，如叔丁基苯甲酸，用以调整官能度并增加树脂的玻璃化温度。

二元醇中以新戊二醇最为理想，与乙二醇比较，它可大大改善树脂的耐水性能，它们的结构与相应的乙二醇结构示意如下：

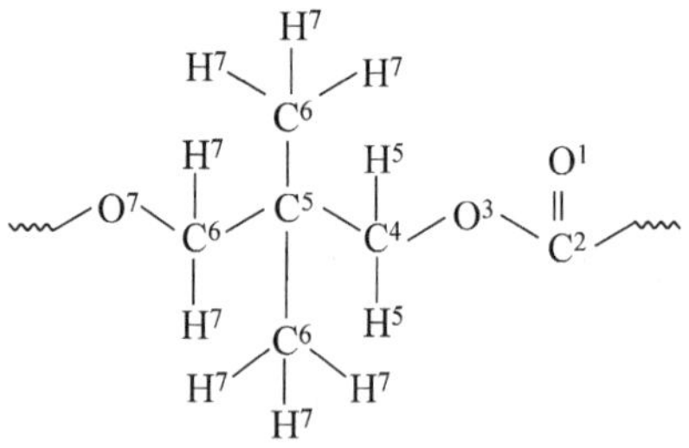

新戊二醇 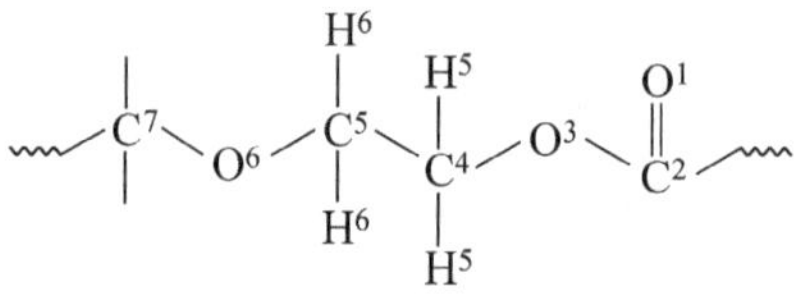 乙二醇

将其结构中羰基上的氧作为起点，逐次将原子标上位数，数出 6 位和 7 位的原子数，然后按下式计算立体因子：

$$立体因子=4\times(6\,位的原子数)+(7\,位的原子数) \tag{12.5}$$

新戊二醇酯 6 位和 7 位的原子分别为 3 个和 9 个，立体因子为 21，而乙二醇的酯只有 3 个 6 位原子和 1 个 7 位原子，其立体因子为 13。根据一个称为 6,7 位规律的经验规律，立体因子值愈高的，水解稳定性愈好，因此新戊二醇酯的水解稳定性远超过乙二醇酯。丙二醇酯水解稳定性稍好于乙二醇酯，且柔顺性也更好，乙二醇酯的成本为最低。聚酯中用三羟甲基丙烷或三羟甲基乙烷代替醇酸树脂中甘油，其原因在于保证所有羟基都是一级羟基，且结构也不至于太紧密。

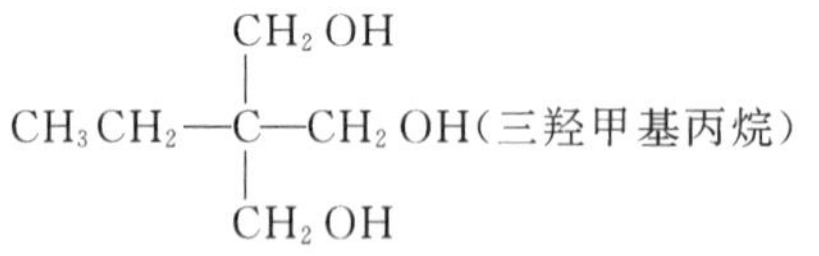

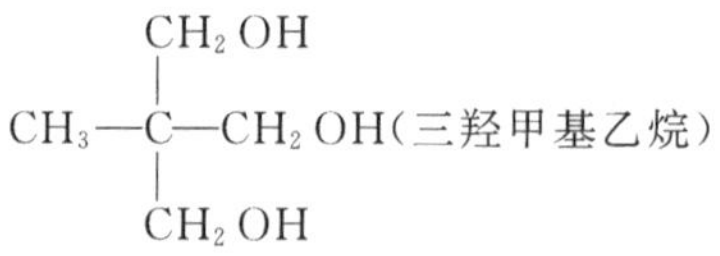

12.2.2 端羧基聚酯

用于涂料的聚酯大部分是端羟基的，但端羧基的聚酯也很重要，主要是和环氧化合物或环氧树脂配合组成烘漆或粉末涂料。

端羧基的聚酯可由二元醇和过量的二元酸，以及适量的偏苯三酸酐(TMA)来制备，偏苯三酸酐的加入可引入较多羧基，用以增加聚合物中活泼官能度数。

当用邻苯二甲酸或对苯二甲酸为二元酸时，它们的熔点很高，而且溶解度差，反应需在高温下进行，这会引起升华等问题，特别是二元酸过量的时候，所得聚酯往往不易透明。为了克服这一问题，聚合可分两步进行，首先制备端羟基的聚酯(多元醇过量)，然后再加多元酸进行酯化，得到端羧基的聚酯。

12.2.3　水稀释性聚酯

水稀释性聚酯要求有一定的自由羧基，同时也可有一定的自由羟基。羧基可以和胺形成盐，使聚合物有很强的亲水性，并可和交联剂如氨基树脂进行反应，以形成性能较好的漆膜。和其他水稀释性树脂一样，水稀释性聚酯的酸值一般在 40~60。

为了引入较多的羧基，在配方中要加偏苯三酸酐或均苯四酸酐，一般采用偏苯三酸酐。将多元醇，多元酸等进行缩合反应，在达到规定酸值时终止反应，尽管这样可得到水稀释性聚酯，但很难有重复性。另外，由于要求有较多的自由羧基和羟基，因此反应中易生成凝胶。实用的方法是两步法。现在简单介绍一个水稀释性聚酯的制备方法，配方如下：

配方	摩尔数	当量数
新戊二醇	1.5	3.0
己二酸	0.3	0.6
间苯二甲酸	0.9	1.8
偏苯三酸酐(A)	0.1	0.3
偏苯三酸酐(B)	0.1	0.3

方法：将新戊二醇、己二酸、间苯二甲酸、偏苯三酸酐(A)在 230℃反应至酸值为 18~20，冷至 185℃，再加偏苯三酸酐(B)，在 160℃反应至酸值为 45，然后加入溶剂 1,2-丙二醇单丙醚至浓度为 80%，冷却后加二甲胺基乙醇中和，然后加水稀释至所需浓度。

由于偏苯三酸酐形成邻位的二元酸二酯，相当于邻苯二甲酸二酯，容易水解，制备水性聚酯的另一个重要方法是在配方中加入 2,2-二羟甲基丙酸作为二醇组分代替偏苯三酸酐，由于 2,2-二羟甲基丙酸中的羧基受空间阻碍不易发生酯化反应，只有羟基容易发生反应，因此容易在聚酯分子链中引入羧基，大大改善水解稳定性。

除羧酸盐型水性聚酯外，还可通过引入含有磺酸钠基团的亲水单体制备水性聚酯，其分散过程中无需激烈搅拌和外加助溶剂。磺酸盐型水性聚酯酸值较低，减弱了聚酯的水解倾向，可提高聚酯的耐水解性。磺酸盐型水性聚酯采用的亲水单体主要有间苯二甲酸-5-磺酸钠、丁二酸酐磺酸钠和间苯二甲酸二甲酯-5-磺酸钠，也可通过磺化不饱和聚酯引入磺酸根离子。

12.2.4　高固体分聚酯树脂

和高固体分醇酸树脂一样，高浓度的聚酯溶液的黏度和平均相对分子质量、相对分子质量分布、官能团数以及溶剂等有关。

聚酯的平均相对分子质量可以通过二元酸和多元醇的比例及反应进程来控制，但是必须考虑到在反应过程中多元醇的损失。为了使低相对分子质量的聚酯分子能在成膜时和交联剂反应形成网状结构，每个聚酯分子应该有 2~3 个自由羟基，这对于缩聚反应是不难做到的，只要控制反应物比例便可以了。较为困难的是制备窄分布的聚酯，一般来说，一次加料的缩聚方法，不易达到窄分布，分批加料或两步法能较好地达到这一目的。例如，将三元醇如三羟甲基丙烷分步加入，可以减少三元醇和二元酸反应形成一种四元醇的机会，四元醇的形成可导致重均相对分子质量增加，而且也易形成凝胶。

12.3　不饱和聚酯

不饱和聚酯是指主链中有不饱和双键的聚酯，它和醇酸树脂不同，醇酸树脂的双键在侧链上，它依靠空气氧化。不饱和聚酯的固化是依靠和作为活性溶剂的烯类单体如苯乙烯进行自由基共聚反应而固化，空气中的氧有阻聚作用。

不饱和聚酯树脂不仅可用于涂料，而且大量地被用于黏合剂和玻璃钢。不饱和聚酯涂料具有良好的耐溶剂、耐水和耐化学性能，它有较好的光泽、耐磨并有较高硬度。其缺点是附着力往往因成膜时收缩太大而受影响、漆膜较脆、表面需要打磨和抛光，另外，常用的活性溶剂苯乙烯易挥发，污染严重。

12.3.1　不饱和聚酯的组成与原料的选择

不饱和聚酯通常用马来酸酐引入双键，但全用马来酸酐和二元醇反应制备的不饱和聚酯，双键密度太大，固化后物理性能很差，一般要用其他二元酸或酸酐代替部分马来酸酐，例如一般用马来酸酐/苯酐，其比例为 1/3 到 3/1。饱和二元酸的选择同样影响漆膜的性质，例如用间苯二甲酸较苯酐好，它使聚合物有较高的熔点(这对于需要抛光的漆面是很有好处的)，可以多用单体苯乙烯，并能以固态树脂形式储存。己二酸等长链脂肪族二元酸常用于改进树脂的柔顺性。

富马酸较马来酸酐贵，实际上在进行酯化的过程中可发生异构化，马来酸的酯几乎可以全部异构化为富马酸(反式)的酯：这种异构化非常重要，因富马酸(反式丁烯二酸)酯共聚合的倾向比马来酸(顺式丁烯二酸)酯大，另外，熔点也是富马酸酯的共聚物高。

二元醇可以是乙二醇、1,2-丙二醇、丁二醇、二甘醇等。乙二醇制得的聚酯，与苯乙烯相容性差，最普遍使用的是 1,2-丙二醇。连位的二元醇可以对马来酸向富马酸的转化起催化作用。非连位的二元醇(如 1,3-丁二醇等)对这种转化效率较差。用缩乙二醇会增加对水的敏感性，耐水性差。

酯化反应条件对树脂性能影响很大，酯化反应可采用熔融法或溶剂法，后者一般采用甲苯或二甲苯为溶剂。在缩聚过程中析出水量往往大于理论量，其原因在于有副反应，如：

$$CH_3-\underset{\underset{OH}{|}}{CH}-\underset{\underset{OH}{|}}{CH_2} \xrightarrow{H_2O} CH_3CH_2CHO$$

为了减少副反应，反应开始时温度要低(60~70℃)，在形成半酯或二酯后，上述反应就不能进行了。生成聚醚也是一个重要的副反应，它为强酸所催化。醚的形成将使产物有较高酸值，并增加亲水性，醚化反应可通过后加马来酸酐得到缓解。在马来酸酐的双键上发生加成反应可导致分支结构，并影响主链的双键含量，在反应后期加马来酸酐也可以减少加成反应。

主链的相对分子质量用酯化度来控制，由酸值和黏度大小的测量进行追踪。羟基/羧基的比例决定了可能的平均相对分子质量。通常是羟基稍微过量，羟基和羧基将是聚酯的末端基。若用双异氰酸酯和它们反应，进行扩链，可改善产品的性质。

在制备聚酯过程中后加马来酸酐可以使双键集中在主链的两端，这种结构可使聚合物有较高的软化点，在苯乙烯中有较高的黏度和较好的热稳定性。如果先加马来酸酐，后加其他二元酸，将使双键集中在主链的中心，这种结构的性能很差。

苯乙烯作为不饱和聚酯的共聚合单体，在于它便宜，蒸气压低，并且易于和聚酯共聚，马来酸酯与苯乙烯共聚的竞聚率是 $r_M=0.005$，$r_S=0.52$，而富马酸酯与苯乙烯的是 $r_F=0.07$，$r_S=0.3$，后者非常有利于共聚物的形成。苯乙烯等烯类单体共聚时是放热的，放热的情况可以通过加入放热少的单体如 α-甲基苯乙烯、硫醇等加以控制，或调节引发剂体系。

在聚酯中加苯乙烯时，要加阻聚剂，一般用倒加法，即将冷却至 90℃ 左右的聚酯(加有阻聚剂)加入搅拌着的苯乙烯中，苯乙烯必须先除去自聚物，否则，因相容性差，可使漆膜发白。

12.3.2 引发体系

不饱和聚酯树脂的固化可以通过光敏引发体系，也可通过热引发剂体系。它们都是通过生成自由基引发聚合而使树脂固化的。

1. 引发剂与氧化还原引发体系

不饱和聚酯中通常都是使用过氧化物引发剂，如过氧化苯甲酰(BPO)、过氧化环己酮(Ⅳ)、甲乙酮过氧化物等，其中甲乙酮过氧化物为一混合物，(Ⅴ)和(Ⅵ)为主要成分。其结构如下：

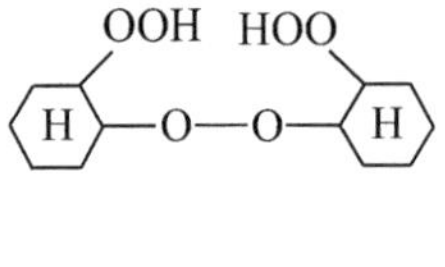

(Ⅳ) 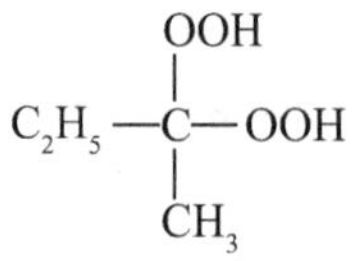　　　　　　　　　(Ⅴ) 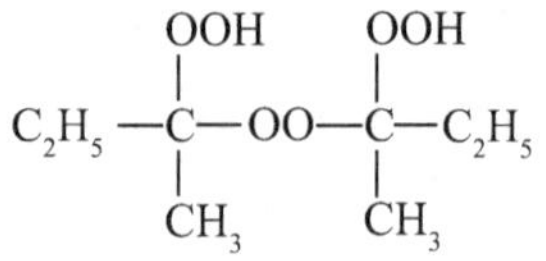　　　　　　　　　(Ⅵ)

引发剂一般是和增塑剂如邻苯二甲酸丁二酯混合成糊状物后使用。过氧化物的选择是根据固化温度而定，如 BPO 通常用于 70~100℃固化；但当希望在室温就引起聚合时，就需要氧化还原体系。室温固化体系除加过氧化物如甲乙酮过氧化物外，还要加催化剂或还原剂，如环烷酸钴和叔胺。叔胺中最常用的是二甲基苯胺、二甲胺基对甲苯。

2. 光敏引发体系

使用光敏引发体系，不饱和聚酯可在紫外光下固化，光引发剂有两大类，一是安息香类，一是二苯酮类。安息香(BN)通过光化学反应可以直接引发单体聚合：

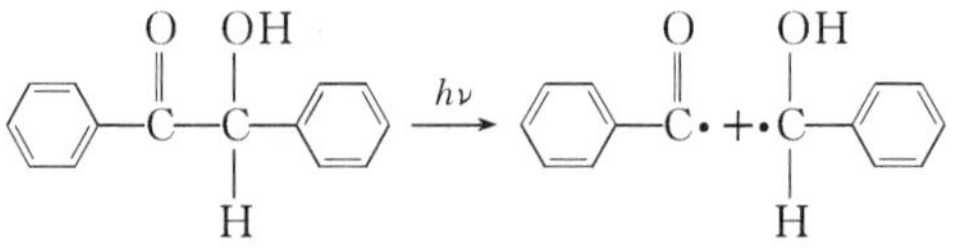

生成的两个自由基都可以引发聚合，安息香分子上羟基可以醚化，也可以酯化，其中安息香甲醚或乙醚效率较高：

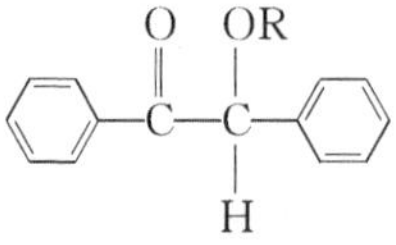

$R = CH_3, C_2H_5$

二苯酮单独不能引发光敏聚合，需要和其他分子作用才有引发作用。一般可以加异丙醇、二甲胺基乙醇、米蚩酮等：

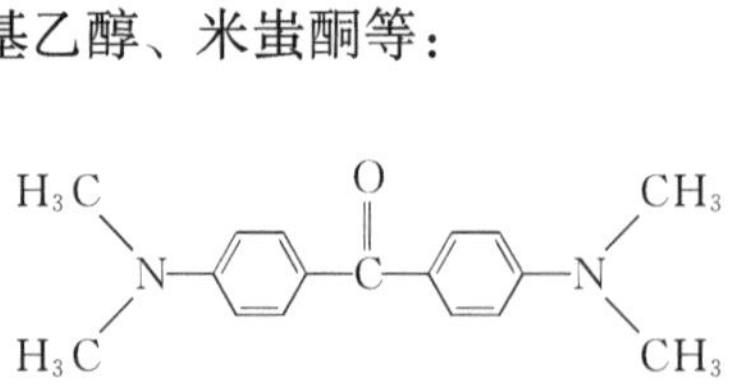

（米蚩酮）

二苯酮类是通过激发态的夺氢反应产生有效自由基的，如它与异丙醇配合可产生夺氢反应：

$$Ar_2C=O \xrightarrow{h\nu} [Ar_2C=O]^+$$

$$[Ar_2C=O]^+ + Me_2\overset{H}{C}-OH \longrightarrow Ar_2\overset{\cdot}{C}-OH + Me_2\overset{\cdot}{C}-OH$$

但由于苯乙烯可使酮的激发态退化，所以引发效率不好，若以丙烯酸酯类单体代替苯乙烯，则可克服这一毛病，用丙烯酸酯为单体的不饱和聚酯叫做第二代不饱和聚酯。有关光固化问题将在第二十一章作进一步讨论。

12.3.3　操作寿命

由于氧化还原体系在室温下即可引发聚合，所以一旦体系中有了氧化还原体系的组分，操作寿命就很短。从实用角度出发需要延长其操作寿命，但同时又要保证固化速度。有几个方法可达到这一目的：可以使用两个喷枪头，一个喷枪中含过氧化物，而另一个含还原剂；也可用双涂层的方法，底层含有过氧化物，而上层含还原剂。

加自由基聚合的阻聚剂来延长操作寿命，常常影响固化反应，但有的阻聚剂只在低温下有效，在高温下可挥发掉。对于用高温固化的树脂，如前文提到过的甲乙酮肟是一个有效的办法。甲乙酮肟可以和 Co^{3+} 形成络合物：

$$Co^{3+} + \overset{R}{\underset{R'}{}}O=NOH \rightleftharpoons \left[Co \left(\overset{R}{\underset{R'}{}}O=NOH \right)_6 \right]^{3+}$$

从而使 Co^{3+} 不能与过氧化物形成有效的氧化还原作用，在高温下络合物可因肟的挥发而分解。

12.3.4　空气的阻聚作用

不饱和聚酯在固化时，空气中氧可对苯乙烯的聚合发生阻聚作用，使表面发黏或变软。因此必须采取措施排除表面的氧气，如用氮气保护或加入少量石蜡，固化过程中石蜡浮在表面，可隔绝空气；另一个方法是在树脂中引入吸氧的化学基团，如烯丙基醚基和不饱和脂肪酸基。烯丙基醚可以通过共聚的方式引入，也可以通过反应的方式引入，还可添加一些吸氧化合物为稀释单体，如苯二甲酸二烯丙基酯(Ⅶ)。桐油具有吸氧的性质，在不饱和聚酯中引入桐油结构，可以得到不怕氧阻聚的树脂。

$$\begin{array}{c} \text{O} \\ \| \\ \text{C}-\text{O}-\text{CH}_2-\text{CH}=\text{CH}_2 \\ \\ \text{C}-\text{O}-\text{CH}_2-\text{CH}=\text{CH}_2 \\ \| \\ \text{O} \end{array}$$

(Ⅶ)

第十三章　氨基树脂及其他交联剂

氨基树脂是热固性涂料中最重要的交联剂，而氨基树脂又以三聚氰胺(密胺)-甲醛树脂为主。本章主要介绍氨基树脂，同时也介绍一些其他的交联剂。

13.1　三聚氰胺-甲醛树脂

氨基树脂是指胺或酰胺与甲醛反应所得的产物，反应的通式可表示如下：

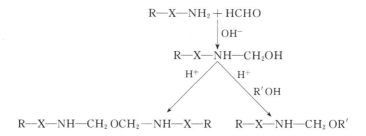

反应首先生成羟甲基化合物，这个反应既可在碱性条件下进行，也可在酸性条件下进行。但在酸性条件下生成的羟甲基化合物很容易发生聚合反应，为了稳定羟甲基化合物，改善它在有机溶剂中的溶解度，可用醇将羟甲基醚化。羟甲基化合物或其低聚物可以直接使用，如脲醛树脂可用于黏合剂、层压板等方面。但在涂料工业中很少直接利用氨基树脂作为成膜物，因其膜的性质并不理想，氨基树脂通常用来和其他树脂如醇酸、聚酯、丙烯酸树脂等配合，作为它们的交联剂使用。作为交联剂，三聚氰胺-甲醛树脂(简称 MF 树脂)的性能比脲醛树脂要好得多，被广泛用于汽车涂料和高质量的工业涂料，它赋予较好的热稳定性、耐久性、硬度和较快的固化速度。在涂料界，氨基树脂常被用做 MF 树脂及其醚化产物的同义词。

作为交联剂，醚化的氨基树脂是和多羟基聚合物(多元醇 POH)通过醚交换反应完成交联的，醚交换反应一般为酸所催化。氨基树脂中的醚由于临近 N 原子的影响，比一般脂肪醚活泼得多，除了和醇反应外，还可和酸及酰胺反应，它们的反应式表示如下：

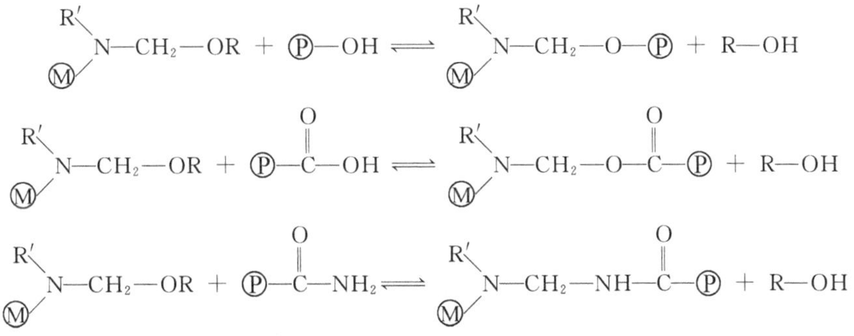

Ⓜ代表 MF 的其他部分；Ⓟ代表聚合物；R′为 H 或 CH₂—OR

13.1.1 三聚氰胺-甲醛树脂的制备及其醚化

三聚氰胺(Ⅰ)与过量甲醛反应，在碱性条件下应生成六羟甲基三聚氰胺(Ⅱ)

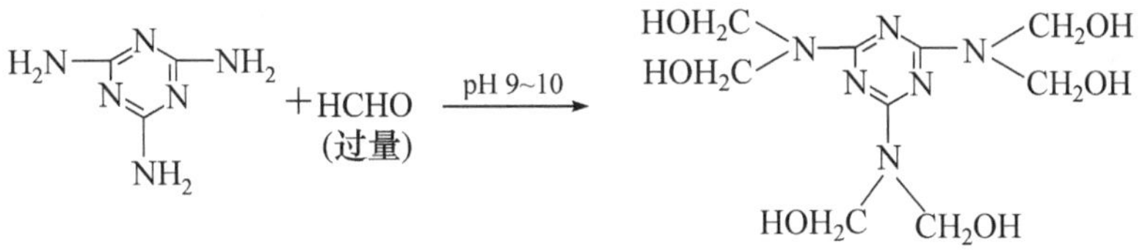

在酸性条件下(Ⅱ)与过量的醇(如甲醇)反应可得六甲氧基甲基三聚氰胺(HMMM)(Ⅲ)。纯的 HMMM 是一种白色结晶固体。但甲醛与三聚氰胺的反应非常复杂，很难在工业上得到纯的 HMMM，一般是一种混合物，其含量视反应条件与配方而变，但可达 80%。丁醇取代甲醇，可制备丁醇醚化的三聚氰胺-甲醛树脂。

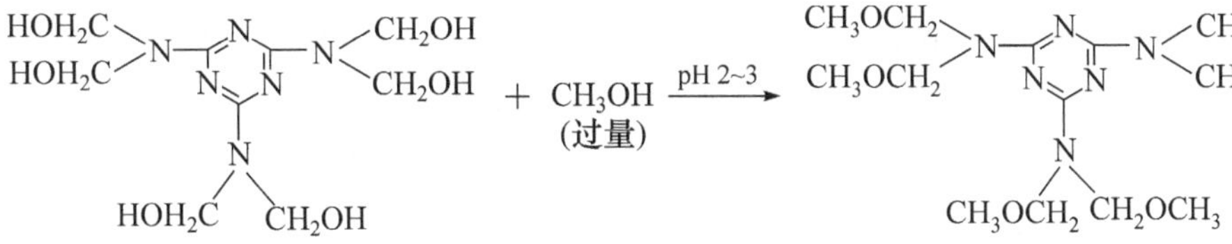

控制甲醛的量，理论上可制得不同数目羟甲基的三聚氰胺及相应的醚化产物，一个典型的代表是三羟甲基三聚氰胺(Ⅳ)及其相应三甲氧基甲基三聚氰胺(Ⅴ)。制备三甲氧基甲基三聚氰胺更为困难，反应更难控制，工业上只能制得含量为 50% 的树脂。

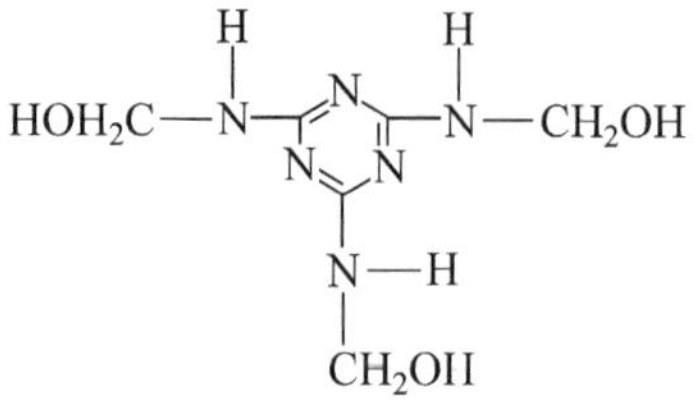

(Ⅳ) 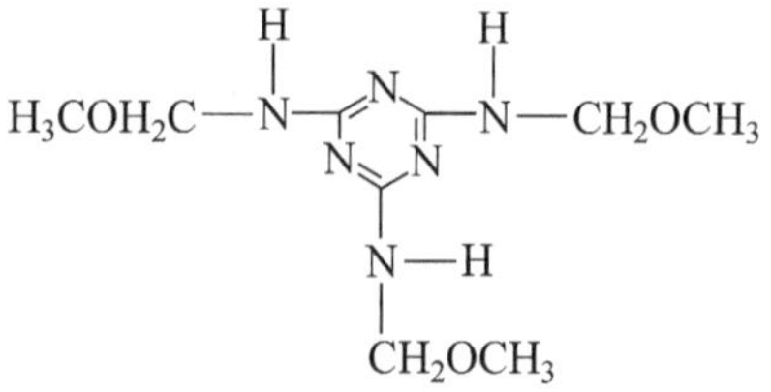　　　　　　　　　　　　　　(Ⅴ)

上述两种 MF 树脂及其醚化产物的成分都是非常复杂的，因为上述各种反应都是可逆的，而且各种产物可以相互缩合，也可以发生自缩合反应，特别是在醚化反应过程中。例如：

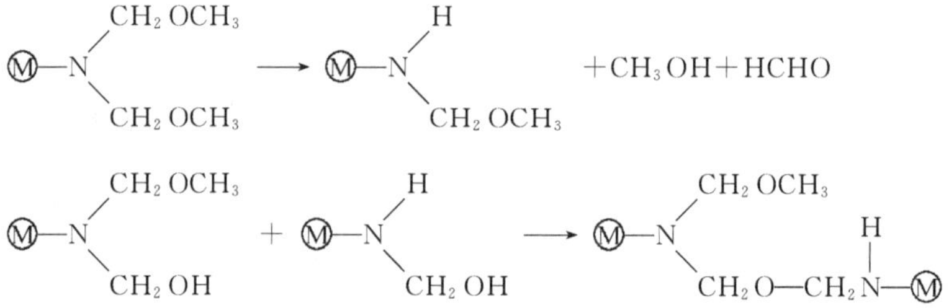

Ⓜ代表 MF 的其他部分

严格控制反应是得到规格一致的产品的首要条件，这需要经验和精密的控制装置。在制备过程中分别用了碱和酸催化剂，因此有盐形成，需要将其除去。

13.1.2　不同类型的甲醚化 MF 树脂的比较

以六甲氧基甲基三聚氰胺(HMMM)(Ⅲ)和三甲氧基甲基三聚氰胺(Ⅴ)为代表，分成两类甲醚化 MF 树脂进行比较。

1. 组成

第一类甲醚化 MF 树脂主要成分为(Ⅲ)，比较纯，树脂醚化度高，自聚体量低，其他组分较少，主要含有一些反应不完全的基团，如：

第二类甲醚化 MF 树脂主要成分为(Ⅴ)，纯度较差，其他组分多，含有各种基团，如：

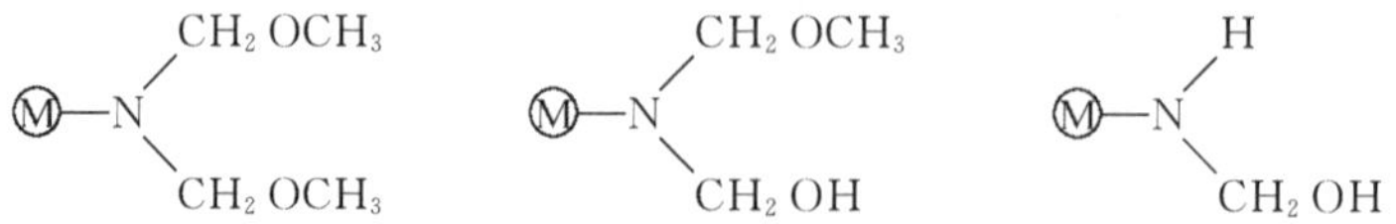

Ⓜ代表 MF 的其他部分

以及二聚体、三聚体等，醚化度低，聚合体含量高。

2. 黏度、溶解度

在同等固含量情况下，第二类的黏度高，因为二聚体等含量高。第一类在有机溶剂中的溶解度和混溶性都较第二类为好，它可和多种树脂相混，如醇酸树脂等。

3. 交联反应

MF 树脂可以和其他树脂上的羟基、羧基和氨基反应，形成交联结构，MF树脂有 6 个反应性基团。但因空间阻碍的原因，其有效官能度数约为 3。在涂料中主要是和多元醇(P—OH)进行反应，但两类不同的甲醚化 MF 树脂的反应情况有很大不同。

第一类甲醚化 MF 树脂和 P—OH 反应是特殊酸催化反应，要求用强酸为催化剂。而第二类是普通酸催化反应，弱酸也可用，如果被交联的树脂，如醇酸树脂，本身含有羧基，可以不加催化剂。两者反应温度也不同，用第一类树脂在强酸催化剂(如对甲苯磺酸)作用下，在 125~135℃要 30min 固化，用第二类树脂在 110~115℃即可使体系在 30min 内固化。这两类树脂的反应机理是不同的，分别表示如下：

第一类

S$_N$1 机理

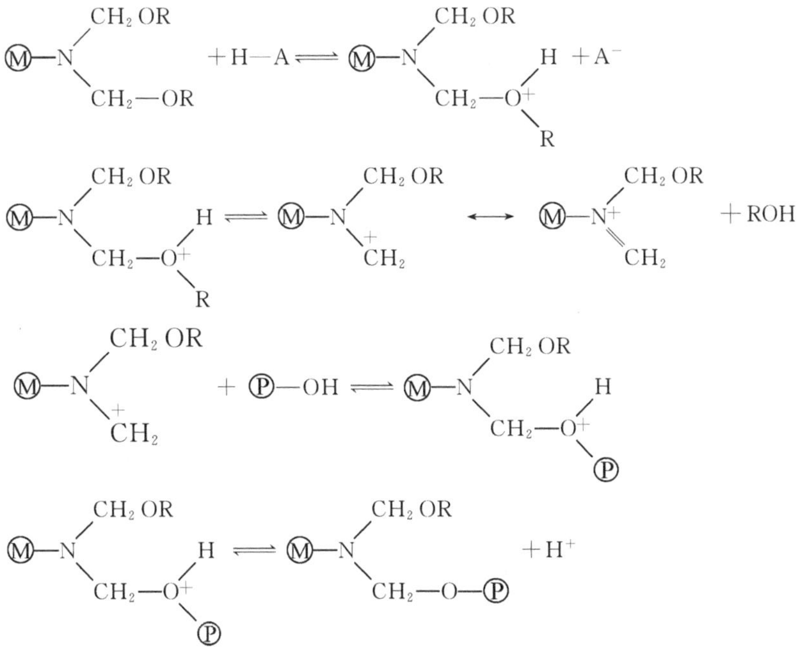

S_N2 机理

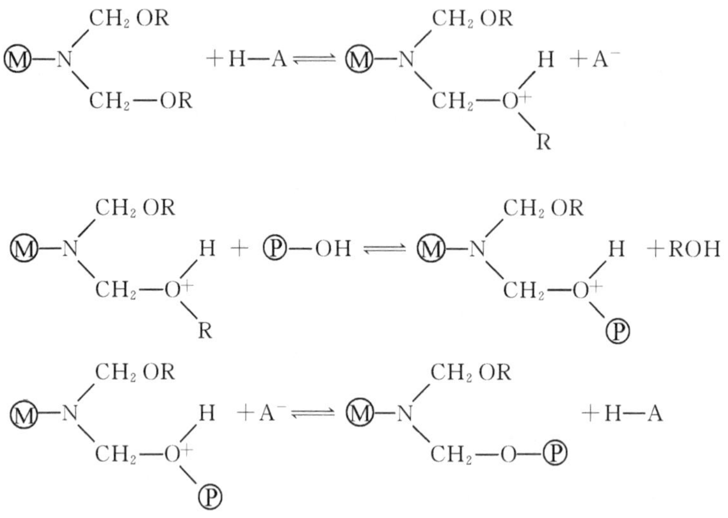

第二类

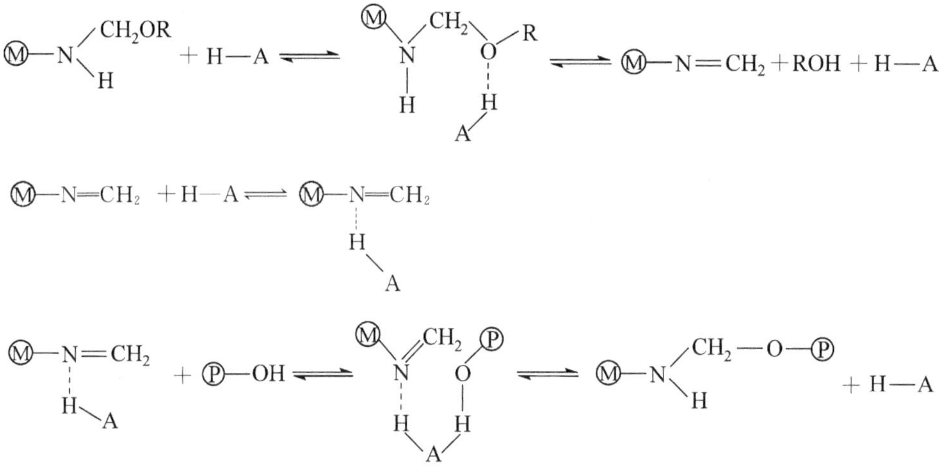

第一类反应的速度和体系的氢离子浓度有关，即 $R \propto [H^+]$，而第二类是既和氢离子浓度 $[H^+]$ 有关，又和酸的浓度有关，$R \propto [HA]$。

由于第二类树脂聚合度高，且有未羟甲基化的—NH 键，它的当量值高，因此用量要比第一类树脂多。

4. 漆膜性能

用第一类树脂所得漆膜比较柔顺，用第二类的比较脆。

5. 贮存稳定性

第一类树脂稳定性较好，第二类的较差，因第二类含有较多的羟甲基基团和—NH 基团，它们容易自聚。为了提高稳定性可以加入甲醇和丁醇，以减少因甲醇析出而引起自缩合。

13.1.3　酸催化剂、潜酸催化剂

醚化 MF 树脂与多羟基化合物反应需要有酸催化剂。一般无机酸不能和树脂及有机溶剂相溶，只能采用有机酸，其中对甲苯磺酸酸性高、溶解性能好，最为常用。酸的用量和反应速度有关，为了制备低温固化或常温固化的氨基漆常常加入过量的有机酸。但酸也是聚酯树脂等水解的催化剂，过量的酸将损害漆膜的抗水解性能。

为了使醚化 MF 树脂与其他树脂混合后有较长的操作寿命(或贮存寿命)，一般不直接加对甲苯磺酸等强酸，而是加潜酸催化剂。所谓潜酸催化剂是指在常温条件下，它不具催化性能，而在高温下可分解出酸，起催化剂作用，例如对甲苯磺酸的吡啶盐(或其他胺盐)：

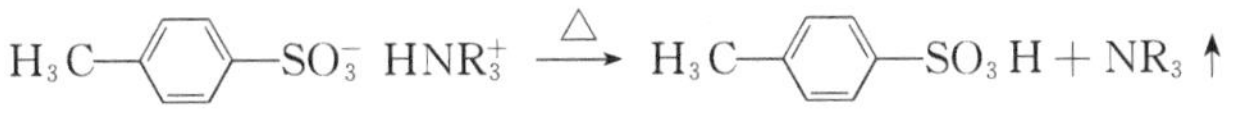

$$H_3C \text{—} \bigcirc \text{—} SO_3^- \ HNR_3^+ \xrightarrow{\triangle} H_3C \text{—} \bigcirc \text{—} SO_3H + NR_3 \uparrow$$

对甲苯磺酸盐的溶解性能较差，将—CH$_3$ 换为长链的烷基，如十二烷基(Ⅵ)，可改进油溶性。

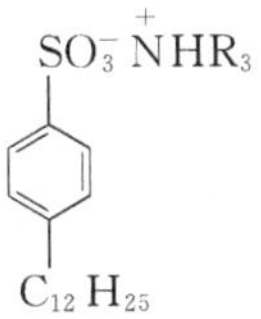

$$\begin{array}{c} SO_3^- \overset{+}{N}HR_3 \\ \bigcirc \\ C_{12}H_{25} \end{array}$$

(Ⅵ)

(Ⅵ)相当于一种表面活性剂，作为钢铁表面的涂料，附着力会受到影响，但可作为面漆中的催化剂。另一种潜催化剂(Ⅶ)不影响表面的附着力。

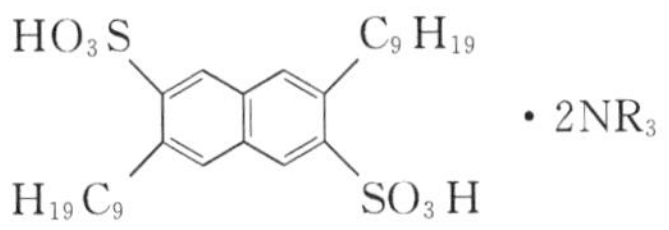

$$\begin{array}{c} HO_3S \quad\quad C_9H_{19} \\ \bigcirc\bigcirc \quad\quad \cdot 2NR_3 \\ H_{19}C_9 \quad\quad SO_3H \end{array}$$

(Ⅶ)

反-2-羟基环己基对甲苯磺酸酯是一种溶解性能很好的潜催化剂(Ⅷ)，它受热分解析出对甲苯磺酸，同时生成环戊基甲醛和环己酮：

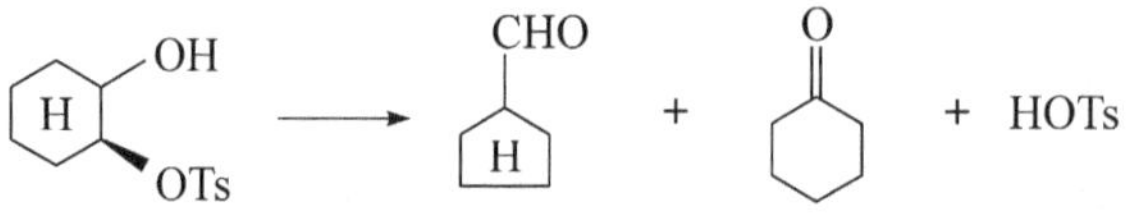

$$(Ⅷ)$$

在用第二类甲醚化 MF 树脂时，可以加胺和体系中的羧基反应成为胺盐，起到潜催化剂作用：

$$RCOOH+R_3N \longrightarrow RCOO^-R_3NH^+$$

中和一般用三级胺，以避免它与交联剂反应。三级胺应选择碱性弱的、易挥发的，三乙胺虽然挥发容易但碱性太强，在漆膜中不易逸出，可引起漆膜起皱而影响光泽。二甲氨基乙醇碱性较弱，但挥发较慢，吗啉如甲基吗啉(Ⅸ)碱性弱，易挥发，但价格较高。

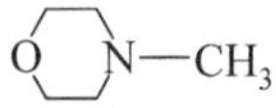

$$(Ⅸ)$$

磺酸作为催化剂时，要注意二氧化钛与它的反应。磺酸易被二氧化钛吸附在表面，失去催化的性能，使固化速度减慢，所以一般颜料生产厂家应进行 TiO_2 表面处理。

13.1.4　丁醇醚化与甲醇醚化

将甲醇改成丁醇去醚化 MF 树脂，其产物的稳定性将增加。因为丁醇不易挥发，使固化时速度变慢，若要保持原来甲醇醚化的速度，要提高温度，如作醇酸树脂的交联剂时，甲醇醚化的第一类树脂固化温度为 125~130℃，时间为 30min，而丁醇醚化的则要求在 150℃，才能于 30min 内固化。丁醇醚化的产物在有机溶剂中有较好的溶解性，和醇酸树脂的混溶性也较好，但一般水性涂料中则要求使用甲醇醚化的树脂。丁醇以上的醇类如辛醇等因在水中溶解度差，不能用直接与羟基化合物进行醚化的方法来制备，需要用醚交换的方法制备，使用得不多。

13.2　其他交联剂

以下介绍其他几种交联剂和交联体系，它们均有一定的发展前景。

13.2.1　丙烯酰胺羟乙酸酯醚

丙烯酰胺羟乙酸甲酯甲醚(MAGME)是一个具有三个反应点的单体，是一种较新的有重要应用前景的交联剂：

$$CH_2=CH-\overset{\overset{\displaystyle O}{\|}}{C}-NHCH-\overset{\overset{\displaystyle O}{\|}}{C}-OCH_3 \quad （MAGME）$$
$$\underset{\displaystyle OCH_3}{|}$$

作为丙烯酰胺单体，它可以和各种烯类单体共聚，得到的共聚物具有含两个反应点的侧键。MAGME 上的酯和一般酯不同，因受两个 α 位(相对于羰基)的杂原子(氧和氮)的活化，可在室温与一级胺反应，生成酰胺：

$$\sim\overset{\overset{\displaystyle O}{\|}}{C}NHCH-\overset{\overset{\displaystyle OCH_3}{|}}{\underset{\underset{\displaystyle O}{\|}}{C}}-OCH_3 + H_2NR \rightleftharpoons \sim\overset{\overset{\displaystyle O}{\|}}{C}NHCH-\overset{\overset{\displaystyle OCH_3}{|}}{\underset{\underset{\displaystyle O}{\|}}{C}}-NHR + CH_3OH$$

因此 MAGME 的丙烯酸共聚物可与多氨基化合物(或聚合物)组成室温固化的热固性涂料，由于一级胺与 MAGME 反应很快，因此必须是双组分的涂料。如果用多酮亚胺代替胺，它遇到潮气可分解出多胺(参见 15.2.2 节)，因而可用于制备单组分室温固化涂料。

MAGME 相当于由取代丙烯酰胺衍生的氨基树脂，反应性很强，高温下(100℃左右)以酸为催化剂，可自缩合，也可和羟基、羧基和酰胺基反应：

$$2\sim\overset{\overset{\displaystyle O}{\|}}{C}NHCH-\overset{\overset{\displaystyle OCH_3}{|}}{\underset{\underset{\displaystyle O}{\|}}{C}}-OCH_3 \overset{H^+}{\rightleftharpoons} \sim\overset{\overset{\displaystyle O}{\|}}{C}NHCH-\overset{\overset{\displaystyle CO_2CH_3}{|}}{N}-\overset{\overset{\displaystyle O}{\|}}{C}\sim + CH_3OH$$
$$\underset{\displaystyle CO_2CH_3}{\underset{\displaystyle |}{CH_3O-CH}}$$

$$\sim\overset{\overset{\displaystyle O}{\|}}{C}NHCH-\overset{\overset{\displaystyle CO_2CH_3}{|}}{}OCH_3 + P-OH \overset{H^+}{\rightleftharpoons} \sim\overset{\overset{\displaystyle O}{\|}}{C}NHCH-\overset{\overset{\displaystyle CO_2CH_3}{|}}{}O-P + CH_3OH$$

因此它和氨基树脂一样，可和各种多羟基聚合物组合成热固性烘漆。

MAGME 可用于乳胶和水可稀释性涂料的交联剂。除在涂料方面使用外，它还可用于其他方面，MAGME 已经工业化，具有广阔应用前景。

13.2.2 2-羟基烷基酰胺

2-羟基烷基酰胺可以看成是一个结构稍微复杂的二级醇，其通式表示如下：

$$HO-\overset{\overset{\displaystyle R'}{|}}{\underset{\displaystyle H}{C}}-CH_2-NH-\overset{\overset{\displaystyle O}{\|}}{C}-R$$

作为醇，它有如下特点：①一般醇和酸的酯化反应速度比较慢，但它却能与酸迅速反应生成酯；②酯化反应一般可用酸作为催化剂，但它和羧酸的酯化反应不受酸催化剂的影响；③一般一级醇比二级醇容易酯化，但它却比类似的一级醇更易酯化；④它与芳香族羧酸酯化反应比与脂肪族羧酸快，但后者生成的酯的抗水解性能比芳香族的好。

由于2-羟基烷基酰胺可以和羧基迅速反应，因此与2-羟基烷基酰胺化合物可和多羧基化合物反应形成交联结构，其中四(2-羟基丙基)己二酰胺(X)是一个已商业化的品种：

$$[HO-CH-CH_2]_2-N-\overset{\overset{\displaystyle O}{\|}}{C}-(CH_2)_4-\overset{\overset{\displaystyle O}{\|}}{C}-N-[CH_2-CH-OH]_2$$
$$\overset{|}{CH_3} \qquad\qquad\qquad\qquad\qquad \overset{|}{CH_3}$$

(X)

此类交联剂和氨基树脂相比具有无甲醛析出的优点，但固化温度要求较高(最好在150℃)，而且目前尚无有效的催化剂可降低其固化温度。

2-羟基烷基酰胺型交联剂可溶于一般溶剂，也可溶于水，因此可用于水性涂料。化合物(X)可制成结晶，因此可用于粉末涂料。有报道它无毒，是粉末涂料中交联剂 TGIC 的取代品(参见 20.2.3)。

2-羟基烷基酰胺在高温下可重排成胺：

$$\overset{\overset{\displaystyle O}{\|}}{RCNHCH_2}-CH_2-OH \xrightarrow{\triangle} \overset{\overset{\displaystyle O}{\|}}{RC}-OCH_2-CH_2-NH_2$$

因此可作为环氧树脂固化剂的前体。

13.2.3　多氮杂环丙烷

氮杂环丙烷和环氧乙烷(氧杂环丙烷)类似，在强酸作用下可开环聚合成聚乙烯亚胺：

$$\underset{\triangle}{\overset{\overset{\displaystyle H}{|}}{N}} \xrightarrow{H^+} +CH_2-CH_2-NH]_n$$

氮杂环丙烷与羧酸可生成酯，后者可自动重排成 2-羟基酰胺：

$$\underset{\triangle}{\overset{\overset{\displaystyle H}{|}}{N}} + R-\overset{\overset{\displaystyle O}{\|}}{C}-OH \longrightarrow R-\overset{\overset{\displaystyle O}{\|}}{C}-OCH_2CH_2NH_2 \Longrightarrow R-\overset{\overset{\displaystyle O}{\|}}{C}-NHCH_2CH_2OH$$

2-羟基酰胺在盐酸作用下可重排成 2-氨基酯的盐酸盐。多氮杂环丙烷化合物，如由氮杂环丙烷与三羟甲基丙烷三丙烯酸酯通过 Michael 加成反应得到的三氮杂环丙烷化合物(XI)：

$$CH_3CH_2-C-\left[CH_2-O-\overset{O}{\overset{\|}{C}}-CH_2-CH_2-N\triangleleft\right]_3$$

$$(XI)$$

(XI)可用于含羧基聚合物乳胶的交联剂，它和羧基反应较快，而与水反应要慢得多。在涂布前将其加入涂料，涂料的操作寿命有几小时(pH 为 8.5~9 时)。

氮杂环丙烷有一定的毒性，其使用受到限制。

13.2.4　碳二亚胺

碳二亚胺也有和羧酸反应较快，而和水反应相当慢的特点，它和羧酸反应得到 N-酰基脲(XII)：

$$R-N=C=N-R + R'COOH \longrightarrow R-N-\overset{O}{\overset{\|}{C}}-N-R$$

$$(XII)$$

多碳二亚胺化合物可用于多羧基聚合物的交联剂，包括乳胶、水性聚合物等等，固化速度较快(85℃时 30min 可固化)。

13.2.5　乙酰乙酸酯

乙酰乙酸酯在一定程度上存在着烯醇互变异构(XIII)。乙酰乙酸基团可与醇、胺、肼、异氰酸酯、金属离子及碳碳双键反应。甲基丙烯酸乙酰乙酸乙酯(AAEM)可与丙烯酸单体共聚合，通过乙酰乙酸基亚甲基上的活泼氢与胺和肼反应(XIV)，使它成为室温自交联丙烯酸乳胶的理想交联单体。

$$H_3C-\overset{O}{\overset{\|}{C}}-CH_2-\overset{O}{\overset{\|}{C}}-OR \longleftrightarrow H_3C-\overset{OH}{\overset{\|}{C}}=CH-\overset{O}{\overset{\|}{C}}-OR \qquad (XIII)$$

$$2P-\overset{O}{\overset{\|}{C}}-O-CH_2-CH_2-O-\overset{O}{\overset{\|}{C}}-CH_2-\overset{O}{\overset{\|}{C}}-CH_3 + H_2N-R-NH_2$$

$$\big\Updownarrow RT$$

$$P-\overset{O}{\overset{\|}{C}}-O-CH_2-CH_2-O-\overset{O}{\overset{\|}{C}}-CH=\overset{CH_3}{\overset{|}{C}}-NH$$

$$R + 2H_2O \qquad (XIV)$$

$$P-\overset{O}{\overset{\|}{C}}-O-CH_2-CH_2-O-\overset{O}{\overset{\|}{C}}-CH=\overset{|}{C}-NH$$
$$CH_3$$

13.2.6 双丙酮丙烯酰胺

双丙酮丙烯酰胺(DAAM)具有多个活性功能基，碳碳双键可聚合可加成；羰基的 α-氢原子可进行醇醛缩合、Mannich 反应等；羰基可与胺及其衍生物反应。采用本体聚合、溶液或乳液聚合的方式均可制备 DAAM 的共聚物。DAAM 共聚物用于涂料，所含的极性基团可增强涂膜附着力。DAAM 和丙烯酸酯共聚制得含酮羰基的共聚物乳胶，在此乳胶中加入己二酰肼，酮羰基与肼基在酸性条件下脱水生成腙类化合物，因此室温可自交联，从而提高漆膜的抗粘连性、附着力和耐化学品性。

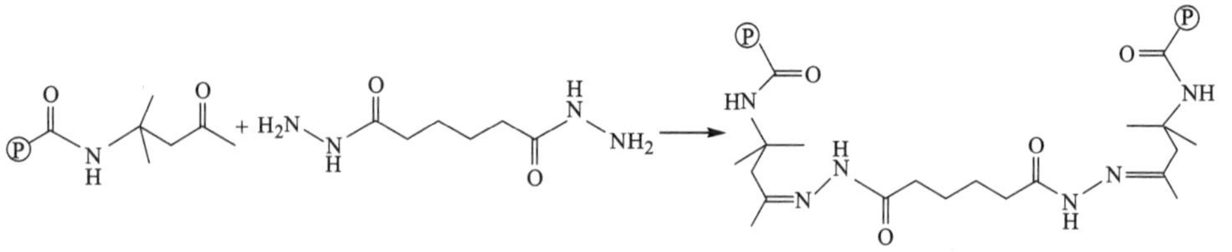

(P-DAAM)

第十四章 丙烯酸树脂

烯类聚合物树脂在涂料上应用的种类很多，但最重要的是丙烯酸树脂。丙烯酸树脂是指由丙烯酸及其酯和甲基丙烯酸及其酯的聚合物和共聚物，它们广泛地用于涂料、黏合剂、纺织助剂等领域。以丙烯酸树脂为成膜物的涂料称为丙烯酸涂料，它可用于多种涂料如溶剂型、水性、粉末型以及光固化涂料，在汽车、飞机、电子、造纸、纺织、金属、建筑、塑料和木材等的保护和装饰上起着愈来愈重要的作用。丙烯酸涂料的迅速发展首先是因为它具有优良的综合性能，如它的耐久性、透明性、稳定性，也在于它可以经过配方的调节得到不同硬度、柔韧性和其他要求的性质。

14.1 丙烯酸单体与聚合物

14.1.1 丙烯酸单体与甲基丙烯酸单体

虽然丙烯酸单体与甲基丙烯酸单体性质上非常相近，但是两者之间也有明显不同，以它们的均聚物为例(表 14.1)，聚甲基丙烯酸酯有个和羰基相邻的甲基，由于空间阻碍较大，链旋转较困难，因此玻璃化温度较高，并有较高的抗张强度和较低的伸长率，同时也有很好的抗水解性能以及化学稳定性。聚丙烯

表 14.1 丙烯酸树脂的性质

聚合物	抗张强度/psi	伸长率/%	T_g/℃
聚丙烯酸酯			
甲酯	1000	750	9
乙酯	33	1800	−22
正丁酯	3	2000	−56
异丁酯			−22
叔丁酯			43
2-乙基己酯			−82
聚甲基丙烯酸酯			
甲酯	9000	4	105
乙酯	5000	7	65
正丁酯	1000	230	20
异丁酯			53
叔丁酯			114
2-乙基己酯			−10

酸和羰基相邻的是氢原子，阻碍较少，链旋转容易，因此 T_g 较低，有较高的伸长率，但抗张强度较低，另外，由于和羰基相邻的氢原子，反应活性较高，较易被自由基所夺取，因此和聚甲基丙烯酸酯聚合物相比，水解稳定性、光化学稳定性稍差。烃基不同，它们的 T_g、溶解性能、机械性能有很大的不同，以丙烯酸正丁酯、异丁酯和叔丁酯为例，它们不仅玻璃化温度相差甚远，而且化学性能也差别很大，异丁酯耐水解性能比正丁酯优越，而叔丁酯对酸水解十分敏感。

14.1.2 丙烯酸酯的共聚物与共聚单体

丙烯酸酯与甲基丙烯酸酯的均聚物的性能很难满足作为成膜物的要求，例如聚甲基丙烯酸甲酯，尽管是有机玻璃的原料，但作为成膜物则太脆；另一方面，聚丙烯酸丁酯则太软太黏，可以作为黏合剂，但不宜用于涂料。作为涂料的成膜物，丙烯酸树脂通常是共聚物，丙烯酸单体之间可以相互配合用于制备共聚物，例如甲基丙烯酸甲酯和丙烯酸丁酯的共聚物便是最常用的涂料用丙烯酸树脂，其中甲基丙烯酸甲酯被称为硬单体，而丙烯酸正丁酯则被称为软单体。共聚物的组分可按玻璃化温度加和性公式进行计算(见 2.4.3 节)，使其达到满意的 T_g。共聚物中的硬单体除了甲基丙烯酸甲酯以外，还有苯乙烯、甲基丙烯酸、丙烯酸和乙酸乙烯酯，软单体除了丙烯酸丁酯外，还有丙烯酸乙酯和丙烯酸 2-乙基己酯。通常将丙烯酸酯和甲基丙烯酸酯共聚物作为涂料成膜物的涂料称为全丙涂料，将苯乙烯共聚物称为苯丙涂料；乙酸乙烯酯共聚物称为乙丙(或醋丙)涂料。

共聚合除了可以调节树脂的玻璃化温度以外，还可以用来调节树脂的极性、溶解度以及机械力学性能，也可添加少量共聚单体如丙烯酸、甲基丙烯酸、丙烯酸二甲胺基乙酯等改进与底材的附着力。共聚合的另一重要作用则是引进官能基，用以和交联剂反应形成交联结构，主要的功能单体有丙烯酸羟乙酯、丙烯酸羟丙酯、N-羟甲基丙烯酰胺、丙烯酸、甲基丙烯酸、甲基丙烯酸缩水甘油酯，衣康酸(亚甲基丁二酸)、丙烯酰胺等。其中前三个单体可引入羟基。N-羟甲基丙烯胺在共聚物中起着氨基树脂的作用，它可以自身或和羟基、羧基发生反应，因此又称为自交联单体。三个含羧基的单体不仅可以有使共聚物成为水性或改进树脂的附着力的作用，也可和有关交联剂反应。总之，共聚合使丙烯酸树脂能具有各种期望的性能，这里简单地将一些共聚单体的作用列于表 14.2。

表 14.2 各种单体对漆膜性能的影响

膜的性质	单体的贡献
室外耐久性	甲基丙烯酸酯和丙烯酸酯
硬度	甲基丙烯酸甲酯、苯乙烯
	甲基丙烯酸和丙烯酸
柔韧性	丙烯酸乙酯、丙烯酸正丁酯
	丙烯酸 2-乙基己酯
抗水性	甲基丙烯酸甲酯、苯乙烯
抗撕	甲基丙烯酰胺、丙烯腈
耐溶剂	丙烯腈、氯乙烯、偏氯乙烯
	甲基丙烯酰胺、甲基丙烯酸
光泽	苯乙烯、含芳香族的单体
引入反应性基团	丙烯酸羟乙酯
	丙烯酸羟丙酯
	N-羟甲基丙烯酰胺
	甲基丙烯酸缩水甘油酯
	丙烯酸
	甲基丙烯酸
	丙烯酰胺
	丙烯酸烯丙酯
	氯乙烯、偏氯乙烯

　　丙烯酸酯的共聚合反应，大多以自由基聚合形式进行，为了得到均匀的共聚体，需根据共聚单体的竞聚率对投料加以控制，几种重要共聚单体的竞聚率数据列于表 14.3。

表 14.3 竞聚率

单体 1	单体 2	r_1	r_2
苯乙烯	丙烯酸甲酯	0.68±0.04	0.14±0.01
	丙烯酸乙酯	0.01±0.04	0.16±0.04
	丙烯酸丁酯	0.82±0.01	0.21±0.01
	丙烯酸 2-乙基己酯	0.94±0.07	0.26±0.02
乙酸乙烯酯	丙烯酸甲酯	0.1±0.1	9±2.5
	丙烯酸丁酯	0.06±0.01	3.07±0.3
丙烯腈	丙烯酸甲酯	0.67±0.1	1.26±0.1
偏氯乙烯	丙烯酸甲酯	0.99±0.1	1.82±0.061
氯乙烯	丙烯酸甲酯	0.083	0.9
N-羟甲基丙烯酰胺	丙烯酸甲酯	1.9±0.7	1.3±0.2
	丙烯酸丁酯	0.61±0.07	0.87±0.05

14.1.3 丙烯酸树脂的交联反应

热固性丙烯酸涂料与丙烯酸光固化涂料在成膜过程中都发生交联反应,但反应形式不同,前者通过官能团和交联剂反应,后者通过多丙烯酸低聚物与活性单体之间的聚合。这两种交联反应已经或将分别在有关章节中予以介绍,例如,含羟基的丙烯酸树脂相当于多元醇,它和氨基树脂、异氰酸酯的反应可以参考氨基树脂和聚氨酯两章;和含环氧基团的反应可以参考环氧树脂一章;含有 N-羟甲基丙烯酰胺的树脂既是一种多元醇,也是一种交联体,其反应如下:

1. 羟甲基与羟基反应

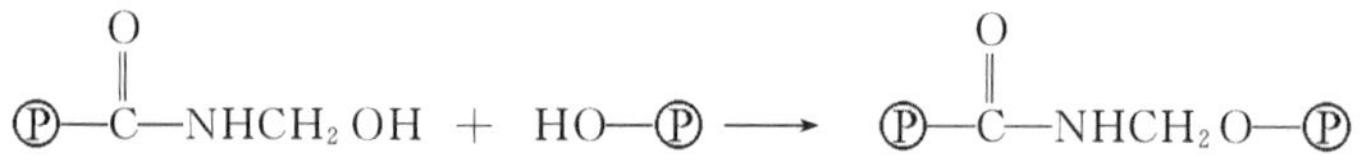

$$ⓅC(=O)—NHCH_2OH \ + \ HO—Ⓟ \longrightarrow ⓅC(=O)—NHCH_2O—Ⓟ$$

2. 羟甲基与羟甲基反应

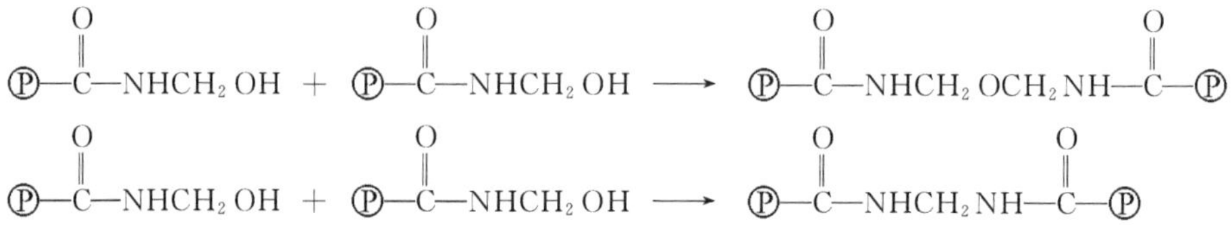

$$ⓅC(=O)—NHCH_2OH \ + \ ⓅC(=O)—NHCH_2OH \longrightarrow ⓅC(=O)—NHCH_2OCH_2NH—C(=O)Ⓟ$$

$$ⓅC(=O)—NHCH_2OH \ + \ ⓅC(=O)—NHCH_2OH \longrightarrow ⓅC(=O)—NHCH_2NH—C(=O)Ⓟ$$

3. 羟甲基与羧基反应

$$ⓅC(=O)—NHCH_2OH + HO—C(=O)Ⓟ \longrightarrow ⓅC(=O)—NHCH_2O—C(=O)Ⓟ$$

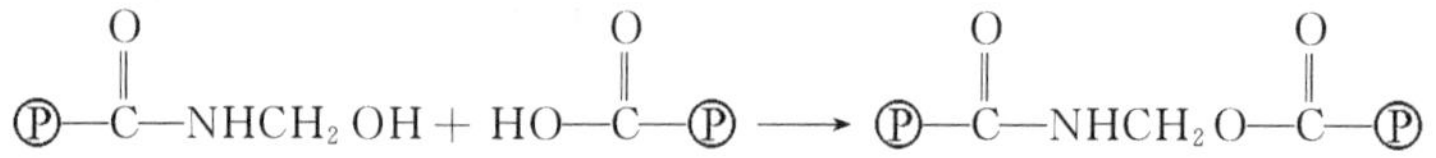

P 代表聚合物

14.2 溶剂型丙烯酸树脂

溶剂型丙烯酸涂料中最早使用的是热塑性丙烯酸涂料,20 世纪 50 年代中期后在美国它几乎取代了汽车用的硝基漆。但溶剂型热塑性丙烯酸涂料的固体含量太低,它的体积浓度只有 12%左右,大量溶剂逸入大气中,因此进入 70 年代后用量急剧下降,代之而发展的是热固性丙烯酸涂料,特别有前途的是高固体分的丙烯酸涂料。

14.2.1 热塑性丙烯酸树脂

热塑性丙烯酸涂料主要组分是聚甲基丙烯酸甲酯。它通常由自由基溶液聚合制备，溶剂可为甲苯/丙酮，引发剂可以是过氧化苯甲酰(BPO)或偶氮二异丁腈(AIBN，单体浓度的 0.2%~1.0%)，反应温度在 90~110℃，一般要求聚合物重均相对分子质量约为 90 000，这种聚合物在室外使用有非常突出的保光性。

聚合中使用过氧化苯甲酰，聚合物链有分支，BPO 可在聚合物中引入可吸收紫外光的苯环，其抗紫外性能将受到影响，用偶氮二异丁腈比 BPO 好。

平均相对分子质量($\bar{M}_w$)高于 105 000 时，喷涂时会有拉丝现象。平均相对分子质量将影响漆膜性质和保光性。平均相对分子质量过高对于保光性的改善并不太明显，且将影响固体含量。相对分子质量分布要求愈窄愈好，因为树脂中低相对分子质量部分影响漆膜性能，高相对分子质量部分影响施工性能。相对分子质量分布窄，可以使用平均相对分子质量高一些的树脂，使保光性好。为了使相对分子质量分布窄，要严格控制反应条件，要尽量使聚合过程中保持恒定的温度、引发剂浓度、单体浓度、溶剂浓度，但实际上很难做到。聚合时，用分步滴加法将单体与引发剂加入回流的溶剂中并不一定能使相对分子质量分布更窄。一般 $\bar{M}_w / \bar{M}_n \geqslant 4 \sim 5$ 便不能使用。

单纯的聚甲基丙烯酸甲酯太脆，且对底漆的附着力差，溶剂不易挥发尽，原因是其玻璃化温度高。为此，需加增塑剂，如邻苯二甲酸丁酯等。通过共聚合可以改善聚甲基丙烯酸甲酯的性质，共聚单体如丙烯酸丁酯、丙烯酸乙酯等可以降低玻璃化温度，改善漆膜的脆性和脱溶剂的能力，以及与底漆间的附着力；还可以用少量含极性基团的单体，如丙烯酸或甲基丙烯酸、丙烯酸或甲基丙烯酸的羟乙基酯或羟丙酯等，用以改善漆膜的附着力，对颜料的亲和力等。共聚物可以阻止聚甲基丙烯酸甲酯的连锁式的降解，提高漆膜的稳定性。

14.2.2　热固性丙烯酸树脂(TSA)

热塑性丙烯酸涂料的固含量太低，为增加固含量，必须降低丙烯酸树脂的相对分子质量，但这必然影响漆膜的各种性能。为了克服这个困难，可将相对分子质量较低的丙烯酸树脂在涂布以后经分子间反应而构成大的体型分子，这便是热固性丙烯酸涂料的本质。热固性丙烯酸涂料除了有较高的固体分以外，它还有更好的光泽和表观、更好的抗化学、抗溶剂及抗碱、抗热性等等。其缺点是，它有一定的操作寿命，不能长时间贮存。

热固性丙烯酸树脂一般通过羟基、羧基、氨基、环氧基和交联剂(如氨基树脂、多异氰酸酯及环氧树脂等)反应，最常见的是通过羟基的反应，如：

$$Ⓟ—OH + Ⓡ—NCO \longrightarrow Ⓟ—O\overset{\overset{\displaystyle O}{\|}}{C}NH—Ⓡ$$

$$Ⓟ—OH + Ⓜ—NHCH_2OR' \longrightarrow Ⓟ—OCH_2NH—Ⓜ + R'OH\uparrow$$

热固性丙烯酸树脂的一个典型共聚配方如下：

MMA/BA/HEMA/AA

50　39　10　1

MMA 为甲基丙烯酸甲酯,它是硬单体,是聚合物中的主体;BA 是丙烯酸丁酯,是软单体,用来调节玻璃化温度,提供链的柔性;HEMA 是甲基丙烯酸羟乙酯,它提供自由的羟基,用于交联反应;AA 为丙烯酸,它可使树脂有较好的附着力并有助于防止颜料絮凝,引入的羧基也可参加交联反应。当聚合物的平均相对分子质量 $\bar{M}_w=35\,000$, $\bar{M}_n=15\,000$, $\bar{M}_w/\bar{M}_n=2.3$, 聚合度 $X_n=120$ 时, 固体体积含量在施工黏度下为 30%, 根据计算每个聚合物分子中平均有 12 个羟基,约 1 个羧基。在热固性丙烯酸树脂中, $\bar{M}_w/\bar{M}_n$ 的要求不太高,聚合中可以使用 BPO, 因为 BPO 较 AIBN 便宜。

　　上述配方中的各组分可以进行调节。根据我国情况,可以用部分苯乙烯(St)取代 MMA。聚苯乙烯和 PMMA 虽然玻璃化温度相近,但机械物理性能还是有区别的。更重要的是苯乙烯含有苯环,光老化性能差,特别是当聚合链中有连续的苯乙烯链节时。下列共聚配方可作参考:

St：MMA：BA：HEMA：AA

25　25　39　10　1

　　配方中丙烯酸丁酯也可用丙烯酸 2-乙基己酯等代替,但 2-乙基己酯上的叔碳原子上的氢容易被提取。用丙烯酸异丁酯时,其玻璃化温度和正丁酯是不同的,需予以注意,同样,异丁基上叔碳原子上的氢原子是易被提取的,聚合时易产生分枝,也较易光老化。聚丙烯酸酯和聚甲基丙烯酸酯相比,聚丙烯酸酯有一α位的氢原子,它比较活泼,易于参与反应。羟乙酯的含量和漆膜的硬度关系很大,含量高,交联密度高,漆膜较硬,反之,则漆膜较软。羟丙酯可以代替羟乙酯,但羟丙酯的羟基是仲羟基,反应活性较低。

　　热固性丙烯酸树脂和氨基树脂结合用于涂料,即为氨基丙烯酸树脂涂料,它和氨基醇酸涂料相比,其优点是室外稳定性好,保光性好,可以用于闪光漆,但对于实色漆来说,丰满度不如氨基醇酸,和氨基聚酯一样,表面张力较大,施工性能也不如氨基醇酸,易产生抽缩和缩孔。在涂料中加极少量有机硅或加丙烯酸长链烷基酯的聚合物,如:

$$\begin{array}{c} \left[\!\!\begin{array}{c} \mathrm{CH_2-CH} \\ \mid \\ \mathrm{C{=}O} \\ \mid \\ \mathrm{O} \\ \mid \\ \mathrm{C_8H_{17}} \end{array}\right]_n \end{array}$$

可改善施工性能。

14.3 高固体分丙烯酸树脂

制备用于高固体分涂料的丙烯酸树脂是比较困难的。一般高固体分聚酯涂料的体积固体含量可达 65%~80%，聚酯容易保证每个分子上有两个以上的羟基，但丙烯酸树脂却很难做到。一般高固体分的聚酯数均相对分子质量为 1000，若以同样的相对分子质量来要求丙烯酸树脂，且丙烯酸树脂的配方仍然是：

MMA ： BA ： HEMA ： AA

50 39 10 1

那么每个分子平均只有 0.77 个羟基，这当然不能满足交联的要求。解决这个问题有两个办法，一是大大增加 HEMA 的含量，例如，要求每个分子平均有 3 个羟基，那么就需要 HEMA 摩尔分数为 40%，这样高含量的 HEMA 不仅成本太高，而且溶解性能变差，漆膜的机械物理性能也不理想；另一方法是牺牲固含量，将平均相对分子质量提高，若丙烯酸树脂的固体体积含量为 45%(质量固含量大于 50%)，这时要求聚合物的平均相对分子质量为 $\bar{M}_w$=7500，$\bar{M}_n$=3000($\bar{X}_n$=25)，按照原配方，此时的每分子羟基含量仅为 2.5%。应注意的是，每个分子平均有 2.5 个羟基，并不意味着每个分子都有 2~3 个羟基，而是可能有些分子不含羟基或只含一个羟基，有的则含三个以上的羟基。对于不含羟基的分子，不能参加交联反应，它只能作为增塑剂或溶剂，在高温下可挥发掉；若只含一个羟基，则起终止交联反应的作用。为了尽量克服上述两种情况，一是增加 HEMA 的量，如将其增至 15%，则平均每个分子的羟基量可增至近 4 个；二是使树脂的相对分子质量分布尽量窄，极性基团的分布尽量要均匀。后者在高固体分涂料中是非常关键的。为了相对分子质量分布窄，并控制一定的平均相对分子质量，在合成时可采取下列措施：

(1) 引发剂一定要用偶氮化合物，如 AIBN，不能用 BPO。

(2) 使用相对分子质量调节剂。若利用羟乙基硫醇为链转移剂，可使末端带一个羟基。

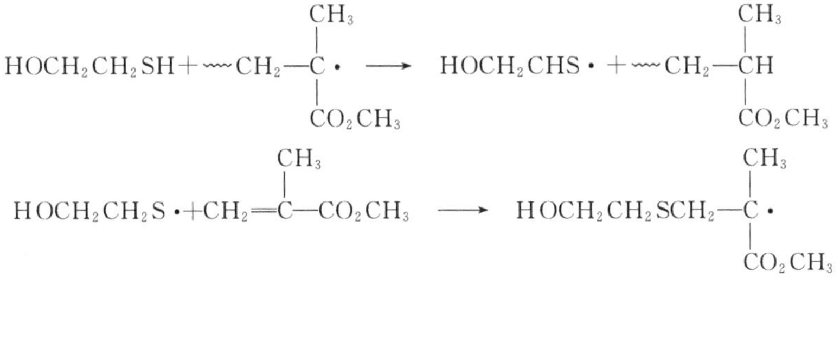

(3) 严格控制聚合温度。

(4) 通过滴加单体和引发剂的方法,保持体系内引发剂与单体浓度一定。滴加速度要经过计算和严格控制。

(5) 控制溶剂,链转移剂的浓度一定。

(6) 采用合适的活性稀释剂,在尽量提高固含的同时,降低黏度。

经努力,现在高固体分丙烯酸涂料在喷涂黏度卜体积固含量已可达54%~56%(质量固含量为 70%~72%)。

14.4　水稀释性丙烯酸树脂

很少有热塑性的水溶性丙烯酸酯聚合物用于涂料,因为它的抗水性太差了。一般都是热固性的,首先制备水性聚合物,在成膜时将其转化成耐水的坚韧漆膜。例如用氨基树脂或 2-羟基烷基酰胺类交联剂,它们可和羟基或羧基反应,形成不溶的交联产物,也可以在共聚物中引入可自交联的单体如羟甲基丙烯酰胺,它的羟甲基可和聚合物上的羟基反应,形成交联结构。还可以利用多价金属离子作为交联剂,例如锌盐。锌盐可用氨制成锌氨络离子,它和用氨中和的羧端基的聚合物可以相混,但当水和氨在室温挥发后,二价锌便作为交联剂使聚合物成为不溶的交联结构:

$$Ⓟ\!-\!COO^-NH_4^+ + [Zn(NH_3)_4]^{2+} \longrightarrow (Ⓟ\!-\!COO^-)_2Zn^{2+} + NH_3\uparrow$$

大部分涂料中使用的水性聚合物,并非水溶性聚合物,而是一种水分散体,真正的水溶性丙烯酸树脂大量被用来做增稠剂。

羟基丙烯酸树脂分散体,是一种典型的水稀释型树脂,其以丙烯酸类单体和含羟基单体为主要原料,通过溶液聚合制备聚合物,中和成盐后加水高速分散制得。在分散体制备过程中,首选醇醚类溶剂为聚合溶剂,醇醚类溶剂可使亲水性链段溶于水中,疏水性链段溶于溶剂中,在水与聚合物之间起到桥梁作用,防止聚集体的形成,但需控制醇醚类溶剂的用量,因醇醚类溶剂中的羟基,在制漆过程中可能会与固化剂反应,导致漆膜交联度下降。有时也复配适量疏水性溶剂,如 100#溶剂油,使树脂分子链在疏水相中充分伸展,有利于控制分散体的粒径。

羟丙分散体的数均相对分子质量一般为 2000 ～ 10000,常选用二叔戊基过氧化物(DTAP)为引发剂,DTAP 可控制黏度。一般情况下,引发剂的用量越高,树脂平均相对分子质量越小,越有利于制得低黏度、高固含量的羟丙分散体,但当树脂的平均相对分子质量降到不能保证每一个树脂分子上都含有 2 个或 2 个以上的羟基时,分散体树脂与固化剂很难交联成网状大分子,从而会降低涂膜的性能,且相对分子质量过小易导致羧基分布不均匀,对产品稳定性不利。

羟丙分散体制备过程中, 当羧基、羟基等极性基团含量过高时, 易导致黏度增大, 难以制备高固低黏的分散体树脂, 一般采用添加高沸点溶剂或增加溶剂用量的方法来解决这些问题, 但会增加 VOC 含量和生产成本。因此, 使用活性稀释剂或引入一些能够有效降黏的原料如叔碳酸缩水甘油酯(E10P)可有效降黏, E10P 的环氧基可与丙烯酸的羧基反应接枝到丙烯酸树脂中, 分子中悬挂的叔碳基团可有效降黏, 通常在聚合前将 E10P 加入釜底, 作为一种反应型稀释剂使用。

羟丙分散体可与多异氰酸酯配合制备水性双组分丙烯酸-聚氨酯涂料(2KPU), 由于固化后的分子链中含有氨酯键、酯键和脲键等易形成氢键, 因而2KPU 兼具有丙烯酸和聚氨酯树脂的特性, 具有较高的漆膜光泽和优异的机械性能, 良好的耐化学品性和耐候性, 已广泛应用于工业防护, 木器家具和汽车涂装。2KPU 中的水会和羟基竞争与异氰酸酯固化剂发生反应, 导致涂料的有效混合使用期短、无泡极限膜厚低和对施工环境要求苛刻。有效混合使用期与固化剂分散液的粒径和分散体的粒径有着密切的关系, 当分散体的粒径大于固化剂的粒径时, 水与异氰酸酯的接触面积大于分散体与异氰酸酯的接触面积, 异氰酸酯与水反应较快, 体系的有效混合使用期短, 而当固化剂的粒径和分散体的粒径大致相同时, 分散体颗粒与异氰酸酯粒子的接触面积增大, 有效混合使用期相应延长。无泡极限膜厚是指漆膜不产生气泡的最大涂膜厚度, 若漆膜过厚, 异氰酸酯与水反应产生的 CO_2 不易从漆膜中溢出, 从而在漆膜中产生气泡。因此, 在制备 2KPU 时应考虑其涂装膜厚, 避免过厚涂装带来的气泡问题, 2KPU 在使用过程中受环境温湿度的影响较大, 为了保证较好的施工效果, 通常对施工环境有一定要求。

14.5 丙烯酸乳胶与非水分散体系

丙烯酸乳胶是通过乳液聚合制备的(参见 3.4.4 节), 建筑涂料、纺织印染涂料以及黏合剂是丙烯酸乳胶的主要应用领域, 随着 VOC 排放政策日趋严格以及乳液聚合技术的进步, 丙烯酸乳胶广泛应用于水性木器涂料、水性集装箱涂料、水性金属涂料、水性塑胶涂料等多个水性涂料领域。具体内容将在第十九章讨论。

非水分散体系和乳胶相类似, 不过它的外相不是水而是烃类溶剂。非水分散体系的成膜机理与乳胶也是类似, 都是通过溶剂蒸发后, 分散于其中的聚合物粒子互相聚结成膜。和乳胶一样, 非水分散体系的黏度与聚合物的相对分子质量基本无关, 因此, 可做到高固体分。和水性涂料相比, 烃溶剂的挥发潜热低, 干燥时可节省能源, 由于挥发速度可以通过溶剂的选择而加以调节, 因此有利于施工。

　　丙烯酸酯型的非水分散体系可通过所谓分散聚合制备，举例说明如下。

　　将溶解于烃溶剂中的丙烯酸十二烷基酯用偶氮二异丁腈为引发剂进行聚合，在此聚合物溶液中再加甲基丙烯酸甲酯并用过氧化苯甲酰为引发剂进行聚合。由于聚丙烯酸十二烷基酯的 α-H 容易被提取，所以很容易在其上发生接枝共聚合，随着 MMA 单体加到聚合物上，极性不断增加，在烃类溶剂中溶解性能变差，于是形成聚合物的聚集体，十二烷基的长链朝向烃溶剂，聚集体内为聚甲基丙烯酸甲酯和溶剂(溶胀的微粒)，于是非水分散体系形成。其反应表示如下：

$$H_2C\!=\!CH\!-\!\overset{\overset{\displaystyle O}{\|}}{C}OC_{12}H_{25} \xrightarrow[\text{烃}]{AIBN} \{CH_2\!-\!\underset{\underset{\displaystyle CO_2C_{12}H_{25}}{|}}{CH}\}_n$$

$$\{CH_2\!-\!\underset{\underset{\displaystyle CO_2C_{12}H_{25}}{|}}{CH}\}_n \xrightarrow[\text{MMA}]{BPO} \{CH_2\!-\!\underset{\underset{\displaystyle CO_2C_{12}H_{25}}{|}}{C}\}_n \underset{\underset{\displaystyle CH_3}{|}}{\overset{\overset{\displaystyle CO_2CH_3}{|}}{C}}\!-\!CH_2\!-\!\{CH_2\!-\!\underset{\underset{\displaystyle CH_3}{|}}{\overset{\overset{\displaystyle CO_2CH_3}{|}}{C}}\}_m$$

　　非水分散体系的黏度可用门尼公式表示，但它的内相不是纯的聚合物，还包含一些溶于聚合物的溶剂。它的流变性能非常优异，能厚施工而不流挂，不易产生气泡、缩孔的弊病，丙烯酸非水分散体系的漆膜性能，大体上和溶剂热固性的丙烯酸漆相似，并可用于制备闪光漆，由于种种优点，它曾是汽车漆的发展品种，但是由于它制备困难，固含量也不是太高，溶剂的污染问题仍很大。

第十五章 环 氧 树 脂

环氧树脂是从环氧化合物衍生而来的聚合物或齐聚物。环氧化合物是指含氧杂环丙烷的化合物，最简单的环氧化合物是环氧乙烷和环氧丙烷，环氧乙烷和环氧丙烷通过开环聚合得到聚氧化乙烯和聚氧化丙烯，它们是非离子表面活性剂的亲水部分。端羟基的聚氧化乙烯和聚氧化丙烯，即聚乙二醇和聚丙二醇也是重要的聚醚型多元醇的低聚物，用于聚氨酯等方面。多功能基的环氧化合物既可以是环氧树脂的活性稀释剂，也可以是交联剂，如粉末涂料中用的异氰脲酸三缩水甘油酯(TGIC)。

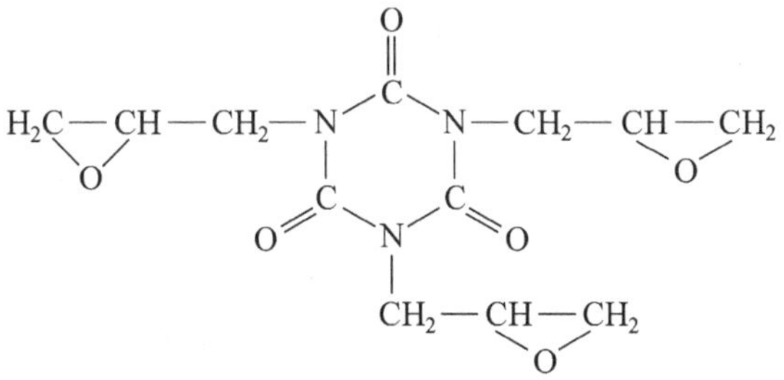

(TGIC)

环氧化的大豆油等高相对分子质量环氧化合物还是重要的增塑剂，它们能改善聚氯乙烯的光、热稳定性。

现在最重要的工业化环氧树脂是双酚 A(2,2-二对羟苯基丙烷)型环氧树脂，它们是由环氧氯丙烷衍生的树脂，含有缩水甘油基团和羟基，主链由醚键组成，具有优良的抗化学品，特别是抗酸碱性能，对金属有很好的附着力，它刚性强，耐热、耐磨性都很好，固化成膜时体积收缩小，电气性能优良，因此广泛用于黏合剂、电子工业和涂料中，它的缺点是醚键的亚甲基易受光氧化，光稳定性差，因此在涂料工业中环氧树脂一般用于底漆的成膜物。

15.1 环氧树脂的制备

环氧树脂中最重要的是双酚 A 型树脂(BPA)，其制备路线如下：

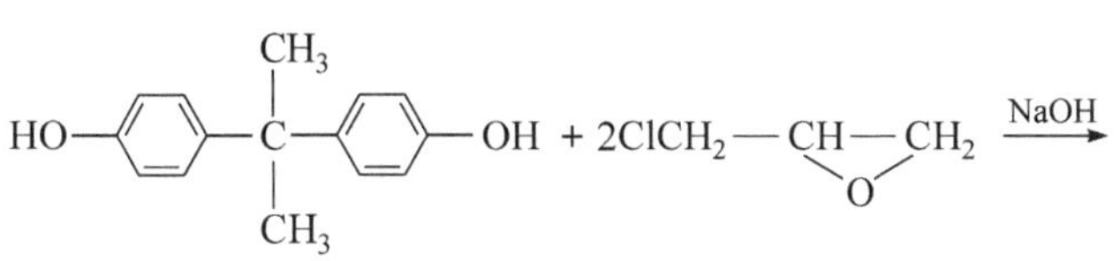

$$H_2C - CH - CH_2O - \text{〇} - \underset{\underset{CH_3}{|}}{\overset{\overset{CH_3}{|}}{C}} - \text{〇} - OCH_2 - CH - CH_2$$

当环氧氯丙烷大大过量时，主要得到上述产物，即双酚 A 二缩水甘油醚。双酚 A 比例增加时，此反应可继续进行，用下式表示：

$$\text{〇} - OH + H_2C - CH - CH_2O - \text{〇} \longrightarrow \text{〇} - OCH_2CHCH_2O - \text{〇}$$
$$\underset{OH}{|}$$

其产物用下面通式表示：

$$H_2C - CH - CH_2O - \text{〇} - \underset{\underset{CH_3}{|}}{\overset{\overset{CH_3}{|}}{C}} - \text{〇} - O\left[CH_2CHCH_2O - \text{〇} - \underset{\underset{CH_3}{|}}{\overset{\overset{CH_3}{|}}{C}} - \text{〇} - O \right]_n CH_2 - CH - CH_2$$
$$\underset{OH}{|}$$

当式中 $n=0$ 时，即双酚 A 二缩水甘油醚，其相对分子质量 $M=340$，环氧当量 $Q=340/2=170$；当 $n>1$ 时，有下述情况：

$$n=1，M=624，环氧当量 Q=312$$
$$n=2，M=908，环氧当量 Q=454$$

$$\cdots\cdots$$

n 值可由环氧氯丙烷与双酚 A 的比例来控制，n 增加，羟基含量增加，相对环氧基的含量下降，环氧当量增加。但实际上所得产物并非如此理想，有一些副反应可能发生，例如：

$$\text{〇} - OH + ClCH_2 - CH - CH_2 \longrightarrow \text{〇} - O\underset{\underset{CH_2OH}{|}}{\overset{\overset{CH_2Cl}{|}}{CH}}$$

$$\text{〇} - OCH_2 - CH - CH_2 + H_2O \longrightarrow \text{〇} - OCH_2CH - CH_2$$
$$\underset{OH}{|}\ \underset{OH}{|}$$

因此并非每个分子都含有两个环氧基，实际上平均起来每个分子的环氧基数目少于 2，而且分子也并非绝对是线型的。纯的双酚 A 二缩水甘油醚应为白色结晶，环氧树脂的工业品往往为混合物。$n=0.11\sim0.15$ 时为黏稠液体，$n=2$ 以上为固体。

　　除了双酚 A 以外，工业上还用酚的其他衍生物来制备环氧树脂，如用可溶性酚醛树脂和过量环氧氯丙烷反应得酚醛环氧树脂：

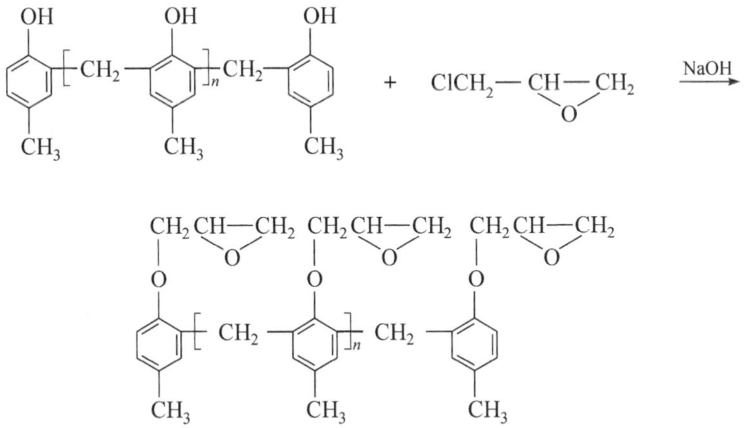

　　芳香族的环氧树脂，光稳定性很差；脂肪族的环氧树脂则有较好的光稳定性，常见的脂肪族环氧树脂有甘油和氢化双酚 A 与环氧氯丙烷的反应产物：

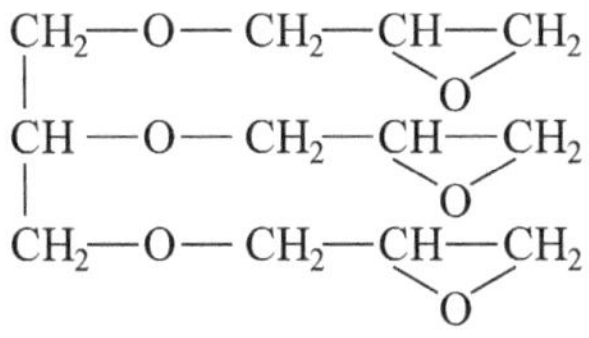

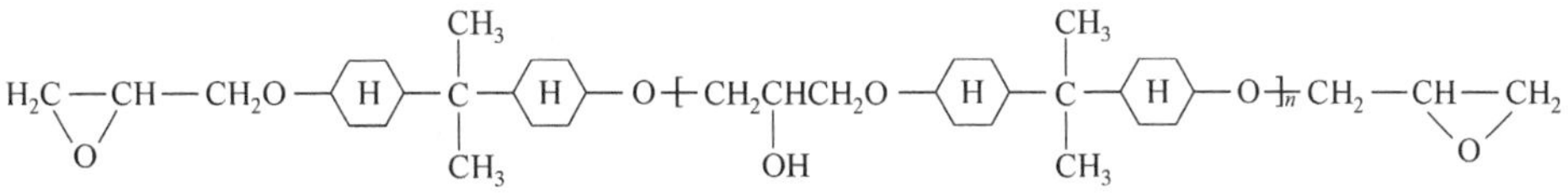

　　环氧基团可以用其他方法引入分子中，如利用双键和过氧乙酸的反应生成环氧化合物，环氧大豆油等便是这样制备的：

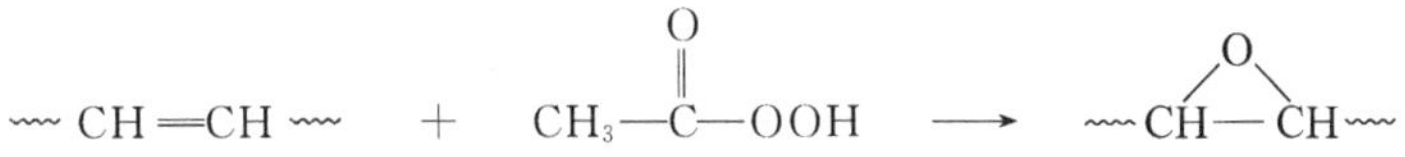

也可以通过含环氧基团的单体共聚合在分子中引入环氧基团，含环氧基的单体常用的有甲基丙烯酸缩水甘油酯：

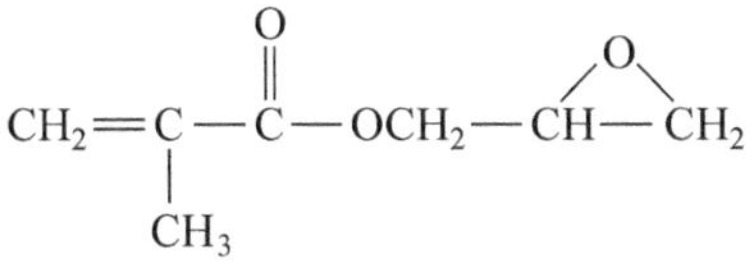

15.2　环氧酯与环氧树脂的固化成膜

大部分环氧树脂本身的相对分子质量太低，不具有成膜性质，必须通过化学交联方法成膜。环氧树脂可以通过酯化反应引入不饱和脂肪酸，因此可以在空气中氧化交联，也可以通过和胺、酸酐等反应形成交联结构。环氧树脂还可以作为醇酸树脂、聚酯、氨基树脂、酚醛树脂的交联剂，它也可通过自缩合成膜。

15.2.1　环氧酯

环氧酯可看作与醇酸树脂相似的一类树脂。环氧树脂相当于多元醇组分，可和羧酸反应生成酯，这便是所谓环氧酯。环氧基与脂肪酸的反应比脂肪酸和羟基反应快得多，因此环氧树脂与脂肪酸反应，首先是打开环氧基形成羟基酯。环氧树脂主链中所含的羟基及开环后新生成的羟基在较强的条件下，可进一步酯化。其制备工艺类似醇酸树脂，反应过程表示如下：

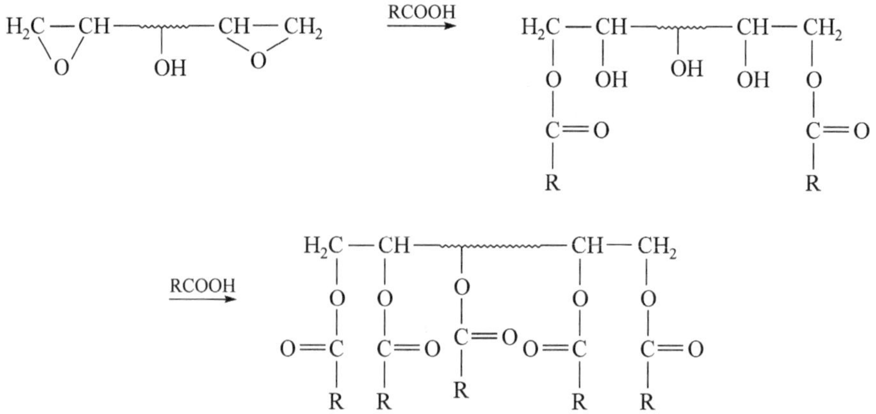

实际上并非所有的羟基都能被酯化，总有一些自由羟基存在，一般只能有90%的羟基酯化。

为了设计配方，需要知道环氧树脂中的羟基当量值，它可从环氧当量值计算得到，下面是一个计算例子：

环氧当量值=1000，计算羟基含量：
环氧树脂相对分子质量 $M=1000\times2=2000$
环氧树脂 $n=0$ 时，相对分子质量 $M_0=340$
环氧树脂中间部分相对分子质量 $M-M_0=1660$
环氧树脂中每个链节的当量=284
中间部分的羟基数=1660÷284=5.8

n=0 时，羟基数=2×2=4(每个环氧相当 2 个羟基)

环氧树脂中含羟基数=6+4=10

羟基当量=2000÷10=200

环氧酯和醇酸树脂相比，有较好的抗水解性能和附着力，但光稳定性差。其他性质和下列因素有关。

(1) 脂肪酸：一般用豆油酸、亚麻油酸或脱水蓖麻油酸，但用亚麻油酸时颜色较差，也可以加入二元酸或苯甲酸调节产物性质。

(2) 酯化程度：酯化度低，脂肪酸含量低，在脂肪烃中溶解度低。当酯化度增加时，脂肪酸含量增加，在一定浓度下的黏度下降，硬度降低，酯化度和气干速度有关，通常在 70%左右气干速度最快。

(3) 环氧树脂：环氧酯的性质与环氧树脂的相对分子质量有关。环氧树脂的相对分子质量低，黏度低，干燥速度低。相对分子质量太大，操作困难，所得产物混溶性差。

15.2.2　胺固化体系

用胺作为固化剂的环氧树脂通常是室温固化的双组分环氧树脂。环氧树脂和胺反应用下式表示：

$$RNH_2 \;+\; H_2C\overset{O}{\overset{\diagup\diagdown}{-}}CH-CH_2O\sim \longrightarrow RNH-CH_2\overset{OH}{\underset{|}{C}}H-CH_2O\sim$$

$$RNH-CH_2\overset{OH}{\underset{|}{C}}H-CH_2O\sim \;+\; H_2C\overset{O}{\overset{\diagup\diagdown}{-}}CH-CH_2O\sim \longrightarrow RN\!-\!(CH_2\overset{OH}{\underset{|}{C}}H-CH_2O)_2\sim$$

胺的活性为伯胺高于仲胺，脂肪胺活性高于芳香胺。伯胺上有两个活泼氢，所以官能度为 2。若以二亚乙基三胺(DETA)为固化剂，则其官能度数为 5。

$$H_2N-CH_2CH_2-NH-CH_2CH_2-NH_2 \quad (DETA)$$

DETA 的相对分子质量为 103，当量值为 103÷5=20.6，它和环氧当量为 500 的双酚 A 环氧树脂配合时，每 100g 环氧树脂需 DETA 4.1g。通常要用过量 10%~20%的胺，这样可得到抗溶剂性能优良的漆膜。胺量太少，配制时不易准确，实际使用有困难。胺固化体系的环氧树脂的各种性质受其组成的影响：

1. 环氧树脂的影响

当相对分子质量增加时，固化体系中溶剂量需增加，固含量降低；由于环氧基含量减少，交联密度降低，柔顺性增加，但固化速度慢，操作寿命长。

使用脂肪族环氧化合物，如甘油三缩水甘油醚，固化比 BPA 树脂慢，操作寿命长，但用氢化双酚 A 树脂，它的交联固化速度与 BPA 树脂几乎相同，这是因为决定固化速度的另一因素是玻璃化温度，氢化 BPA 树脂 T_g 低，运动容易，所以反应速度增加。脂肪族环氧树脂比较贵，但光稳定性要优越得多。

　　2. 胺的选择

　　(1) DETA 有毒、有臭味、当量值低、易挥发，改进的方法是用它的加合物，例如，预先将过量的胺和 $n=0$ 的 BPA 环氧树脂反应得到如下的加成产物：

$$
\text{H}_2\text{NCH}_2\text{CH}_2\text{NHCH}_2\text{CH}_2\text{NHCH}_2\underset{\text{OH}}{\text{CHCH}_2}\text{O} - \!\!\!\bigcirc\!\!\!- \underset{\underset{\text{CH}_3}{|}}{\overset{\overset{\text{CH}_3}{|}}{\text{C}}} - \!\!\!\bigcirc\!\!\!- \text{OCH}_2\underset{\text{OH}}{\text{CHCH}_2}\text{NHCH}_2\text{CH}_2\text{NHCH}_2\text{CH}_2\text{NH}_2
$$

　　该产物挥发性低，减少了毒性的危害，且可防止漆膜的泛白。

　　(2) 芳香族胺如间苯二胺和二苯硫砜二胺(Ⅰ)，它们的毒性更大，反应性则较低，它们的加合物与脂肪族胺的加合物比较，有较高的 T_g，交联速度慢，操作寿命长，适用于烘烤固化，所得的漆膜耐热性好，特别是用(Ⅰ)为固化剂时，耐热性更好。

$$
\text{H}_2\text{N} - \!\!\!\bigcirc\!\!\!- \text{SO}_2 - \!\!\!\bigcirc\!\!\!- \text{NH}_2
$$
$$
(\text{I})
$$

　　(3) 聚酰胺，这里所谓聚酰胺通常是指二聚酸(脂肪酸)与多元胺缩聚而成的含有氨基的低相对分子质量聚酰胺树脂。二聚酸是一个复杂的混合物，主要是 C_{36} 的二元酸(见 12.1.7 节)。广泛使用的一种聚酰胺是由过量 DETA 与二聚酸反应所得的产物，可用下式表示：

$$
\text{C}_{34}\text{H}_x \!\!\leftarrow\!\! \overset{\overset{\text{O}}{\|}}{\text{C}} - \text{NHCH}_2\text{CH}_2\text{NHCH}_2\text{CH}_2\text{NH}_2)_2
$$

它以胺为末端基，一般用氢化的二聚酸。聚酰胺有较低的 T_g，较好的柔顺性，低毒，水溶性低，可在室温下固化。可以设计等当量的双组分体系，即可用等质量(或体积)的聚酰胺与环氧树脂配合，这样使用方便。

　　(4) 潜固化剂与湿固化体系。

　　① 潜固化剂：双氰胺(Ⅱ)在室温下是固体，难溶于环氧树脂，但可将其磨成粉末分散于树脂中，它在高温下(150℃以上)可很快固化环氧树脂。固化机理比较复杂，首先是氮原子上的活泼氢与环氧基进行开环加成反应，后期氰基也可参与反应。它常用于粉末涂料中的固化剂。

$$\underset{\underset{NH_2}{|}}{\overset{\overset{N=C\equiv N}{|}}{H_2N-C}}$$

（Ⅱ）

② 湿固化体系：胺和酮生成亚胺，它在水的作用下可分解出胺。如丁酮与胺的反应生成丁酮亚胺，它和环氧树脂配合在密封条件下是稳定的，但涂布后，漆膜吸收空气中的 H_2O，于是有胺生成，并和环氧基反应，形成交联结构：

$$2CH_3CH_2\overset{\overset{O}{\|}}{C}-CH_3 \quad + \quad H_2NCH_2CH_2NH_2 \longrightarrow \underset{H_3CH_2C}{\overset{H_3C}{}}C=NCH_2CH_2N=\underset{CH_2CH_3}{\overset{CH_3}{}}C$$

3. 配方中的几个问题

(1) 泛白的原因。用双组分胺固化体系时，经常由于胺吸收空气中的 CO_2，生成无反应性的胺的碳酸盐，在表面上形成白霜(因折光指数不同)，伯胺特别容易发生成盐反应：

伯胺：$RNH_2+CO_2+H_2O \longrightarrow RNH_3HCO_3$　快

仲胺：$R_2NH+CO_2+H_2O \longrightarrow R_2NH_2HCO_3$　慢

为了克服这个问题，可预先将胺和环氧树脂混合放置 1h 后再用，使其部分发生反应，消除伯胺，这样可降低胺的吸水性。配方中最好尽量少直接用伯胺。

(2) 溶剂的选择。环氧树脂的溶剂一般是醇和芳烃或酮和芳烃的混合溶剂，但应注意配方中要尽量避免用醇，特别是伯醇作溶剂，因它们在室温下可缓慢地和环氧基发生反应：

$$ROH \quad + \quad \text{~}CH\overset{\overset{O}{\diagup\diagdown}}{-}CH_2 \longrightarrow \text{~}\underset{\underset{OH}{|}}{CH}-CH_2OR$$

溶剂中的水也可和环氧基反应：

$$H_2O \quad + \quad \text{~}CH\overset{\overset{O}{\diagup\diagdown}}{-}CH_2 \longrightarrow \text{~}\underset{\underset{OH}{|}}{CH}-CH_2OH$$

它们都浪费环氧基团。

(3) 颜料。由于二氧化钛表面上常吸有水并有酸性，环氧基易发生反应，因此颜料最好加在胺组分中，不要加在含环氧树脂的组分中。

(4) 催化剂。室温固化的双组分体系，需要催化剂，一般为酚或三级胺。DMP-30 是一种效率很高的催化剂，它同时具有三级胺和酚的结构：

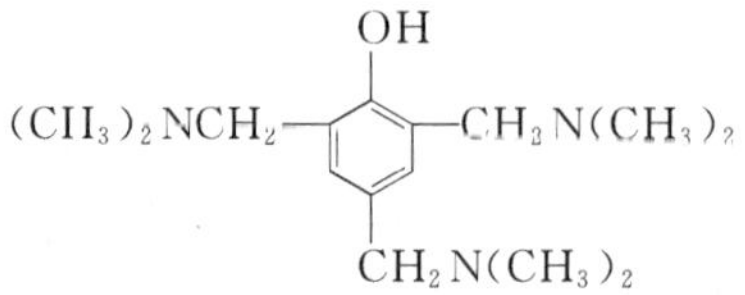

$$(CH_3)_2NCH_2 \underset{CH_2N(CH_3)_2}{\overset{OH}{\bigcirc}} CH_2N(CH_3)_2 \qquad (DMP30)$$

(5) 反应性稀释剂。胺固化体系常用于高固体分或无溶剂体系，这时可用含环氧基的化合物作为溶剂，如对甲苯酚的缩水甘油醚(Ⅲ)：

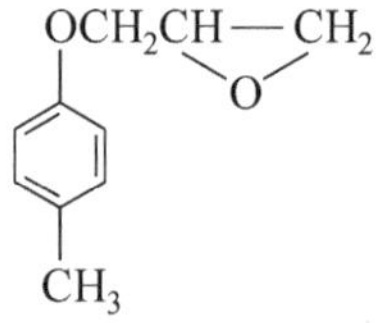

$$OCH_2CH\!-\!CH_2$$

(Ⅲ)

因为它是单官能度的，可终止聚合反应，用量应低于环氧树脂的 15%。也可采用含两个环氧基的活性稀释剂，用量可以多至 30%。

15.2.3　酸与酸酐的固化体系

酸酐，例如邻苯二甲酸酐，在加热条件下首先和环氧树脂中的羟基反应生成单酯：

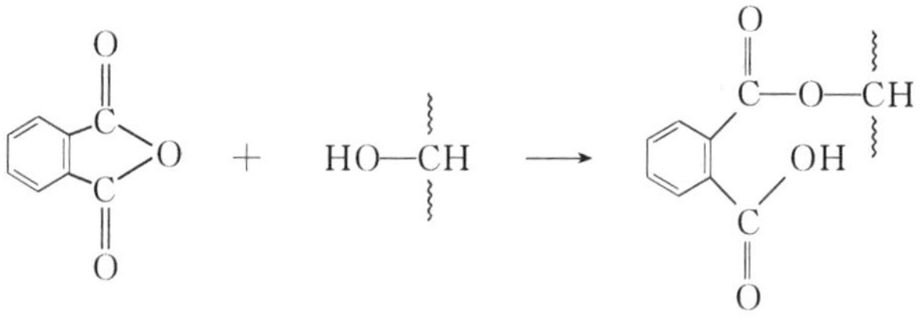

单酯中的羧基可与环氧基或羟基反应生成二酯：

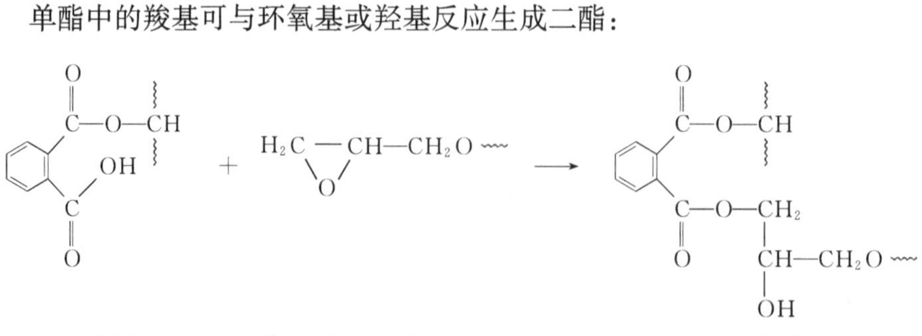

很少直接用二元酸作固化剂，但丙烯酸树脂中的羧基可在较高温度下与环

氧树脂交联固化：

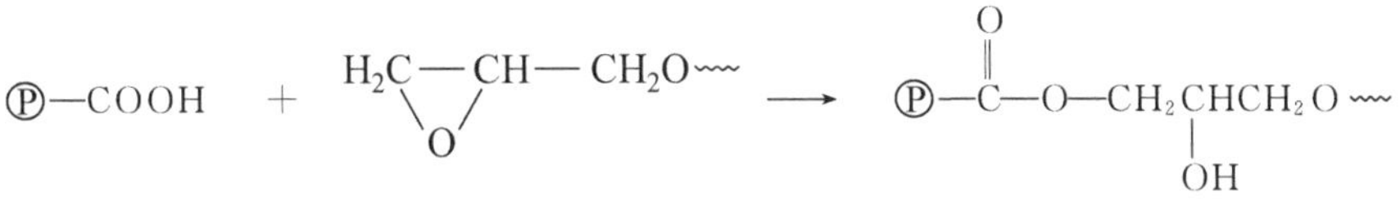

P 代表丙烯酸聚合物

新生成的羟基及原来的羟基在酸催化下也可与环氧基或羧基反应。酸酐或酸固化的漆膜有较好的机械强度和耐热性，但因引进了酯键，水解稳定性差。均苯四酸二酐可作为环氧粉末涂料中的固化剂。

15.2.4 合成树脂的固化体系

环氧树脂可与其他涂料用树脂并用，经高温烘烤成膜，漆膜一般都具有突出的耐化学性，良好的机械性能和装饰性能。

1. 酚醛树脂固化体系

酚醛树脂中所含酚羟基与羟甲基均可与环氧基反应，生成交联结构，反应用酸作催化剂：

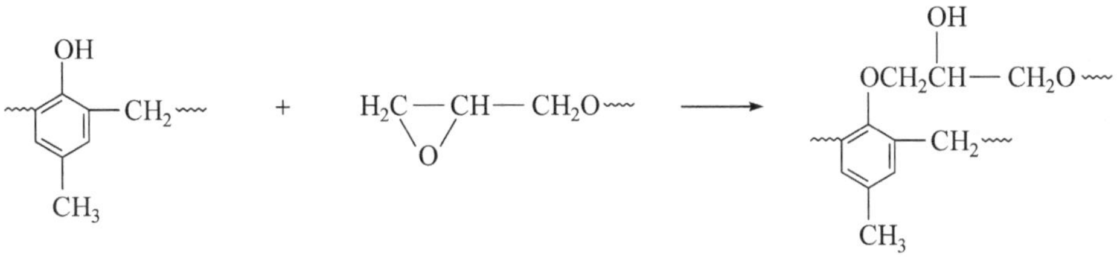

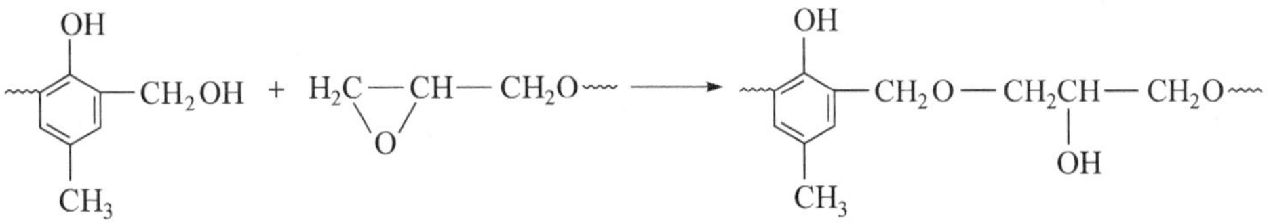

酚醛树脂固化的环氧漆，防腐效果较好，但颜色较深。

2. MF 树脂固化体系

MF 树脂可与环氧基及羟基反应，形成交联结构，一般用丁醇醚化的 MF 树脂，因其有较好的相溶性。所得漆膜柔韧性好，颜色浅，光泽强。

3. 环氧-MF-醇酸体系

它是一种三组分涂料，常用不干性短油度醇酸树脂，醚化 MF 树脂与环氧树脂混溶。加入醇酸树脂可以提高柔韧性,但耐化学品性及附着力受到影响。

4. 环氧-端羧基聚酯体系

主要用于粉末涂料(见第二十章)。

15.3 环氧化合物的均聚

环氧基可以进行开环聚合生成聚醚:

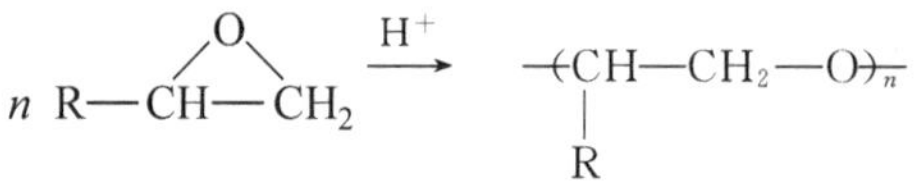

$$n\ R-\overset{O}{\overset{\diagdown}{CH}-CH_2} \xrightarrow{H^+} +CH-CH_2-O\xrightarrow{}_n$$
$$\underset{R}{|}$$

但要用超强酸作为催化剂,一般的酸作催化剂不能形成聚合物,只能发生加成反应,如:

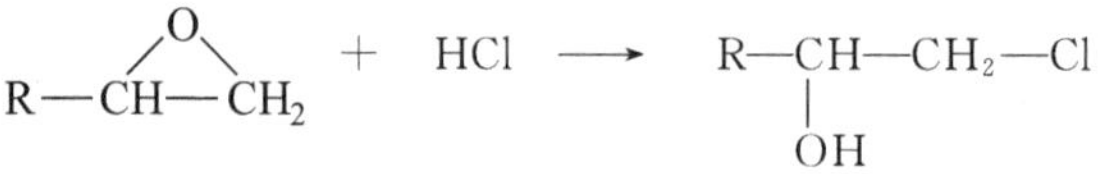

$$R-\overset{O}{\overset{\diagdown}{CH}-CH_2} + HCl \longrightarrow R-\underset{OH}{\overset{|}{CH}}-CH_2-Cl$$

超强酸是像三氟甲磺酸、六氟磷酸、六氟砷酸、六氟锑酸等强于100%硫酸的酸:

$$F_3CSO_3H,\ HPF_6,\ HAsF_6,\ HSbF_6$$

超强酸可由潜催化剂在紫外线照射或加热条件下产生,如:

$$(C_6H_5)_3S^+PF_6^- \xrightarrow{hv} (C_6H_5)_2S^+ \cdot + C_6H_5 \cdot + PF_6^-$$

$$(C_6H_5)_2S^+ \cdot + RH \longrightarrow (C_6H_5)_2SH^+ + R \cdot$$

$$(C_6H_5)_2SH^+ \longrightarrow (C_6H_5)_2S + H^+$$

如果化合物是含双环氧基的,通过聚合反应就可得到交联产物。常用双酚A环氧树脂与脂肪族的环氧化合物,如由丁二烯及丙烯醛或巴豆醛制备的双环氧基化合物 6221 和 6201 并用,并且加活性稀释剂,制成无溶剂的环氧树脂涂料。加入长链二元醇可改进树脂的性质,如柔顺性。

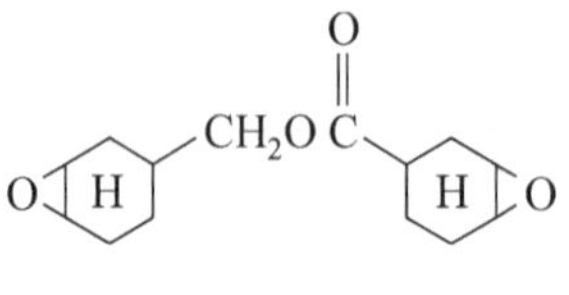

6221 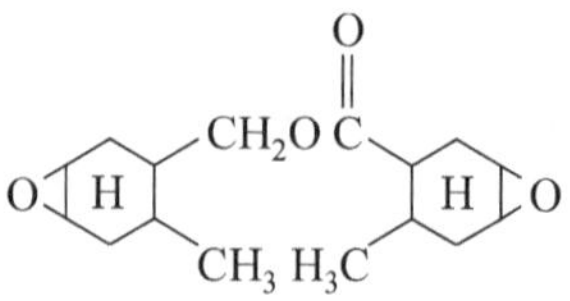   6201

15.4 无溶剂环氧

无溶剂环氧以活性稀释剂和低黏度环氧树脂为主要组成物,与固化剂复配后可用作地坪涂料、管道及储罐的管壁涂料。环氧树脂主要使用液体环氧树脂，涂膜的柔韧性较差。稀释剂为缩水甘油醚或缩水甘油酯，它溶解和稀释环氧树脂，调节体系的黏度，而且参与环氧固化，有些配方中加入极少量的苯甲醇及邻苯二甲酸酯来调节黏度；由于无溶剂环氧中基本不含溶剂，反应性官能团的浓度高，反应时易放热，所以要控制批量调配时的调配量，在施工时需采用双口喷枪进行涂装。

15.5 水性环氧树脂

最早的水性胺固化环氧树脂涂料，是分别将环氧树脂与聚合胺做成乳液，然后混合在一起，涂布后水蒸发剩下环氧树脂与多元胺，它们混合在一起固化成膜，其中的胺组分可由胺与环氧树脂先部分反应制得(参见 25.3.2 小节)。另一种水性环氧树脂是首先制备水稀释性的胺盐，然后加环氧树脂，环氧树脂溶于胺盐所形成的聚集体微粒中。水稀释性的胺盐可通过丙烯酸树脂与氮杂环丙烷反应，然后用酸中和得到：

$$P-COOH + HN{\triangleleft} \longrightarrow P-\overset{O}{\overset{\|}{C}}-OCH_2CH_2NH_2$$

$$P-\overset{O}{\overset{\|}{C}}-OCH_2CH_2NH_2 + HX \longrightarrow P-\overset{O}{\overset{\|}{C}}-OCH_2CH_2\overset{+}{N}H_3 + X^-$$

将环氧树脂，如诺伏拉克环氧树脂混入其中得到的混合物微粒，因其上的离子基团都朝着水向，不易与微粒内部的环氧基反应，涂布后，由于水分蒸发出去，下列反应可以发生。

$$\sim\!\!CH\!-\!CH_2 + \sim\!\!\overset{+}{N}H_3X^- \longrightarrow \sim\!\!CH\!-\!CH_2X + \sim\!\!NH_2$$
$$\overset{O}{} \qquad\qquad\qquad\qquad \overset{|}{OH}$$

$$\sim\!\!CH\!-\!CH_2 + \sim\!\!NH_2 \longrightarrow \sim\!\!NH\!-\!CH_2CH\!\sim$$
$$\overset{O}{} \qquad\qquad\qquad\qquad\qquad\qquad \overset{|}{OH}$$

$$\sim\!\!CH\!-\!CH_2 + \sim\!\!NH\!-\!CH_2CH\!\sim \longrightarrow \sim\!\!N{\Large\langle}^{CH_2CH\sim \;(OH)}_{CH_2CH\sim \;(OH)}$$
$$\overset{O}{} \qquad\qquad\qquad\qquad \overset{|}{OH}$$

用接枝的方法可在环氧树脂中引入羧基，例如双酚 A 环氧树脂醚键上的亚甲基非常容易引起链转移反应，形成接枝点，单体可以用丙烯酸丁酯和丙烯酸混合单体，引发剂用 BPO，溶剂用丙二醇单异丙醚，反应如下：

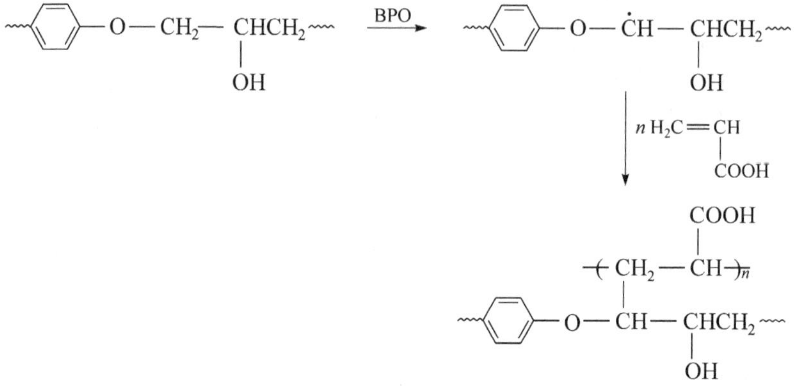

生成物是接枝共聚物和未接枝的环氧树脂以及丙烯酸聚合物的混合物。羧基用二甲氨基乙醇中和后用水稀释即成水稀释性树脂，环氧树脂在聚集体微粒子的中心部分。这种水性涂料可用于罐头的内壁涂料。

　　水稀释性的环氧树脂是制备电泳漆的重要原料，有关电泳漆问题将在第十八章讨论，用于电泳漆的水稀释性环氧树脂有两类：一是阴离子型的，用于制备阳极电泳漆，一是阳离子型的，用于制备阴极电泳漆。举例如下：

　　(1) 阴离子水稀释性环氧树脂：它可以通过马来酸酐与环氧酯中的脱水蓖麻油酸反应引入羧基。反应在共溶剂中进行，反应温度在 200℃ 左右，表示如下：

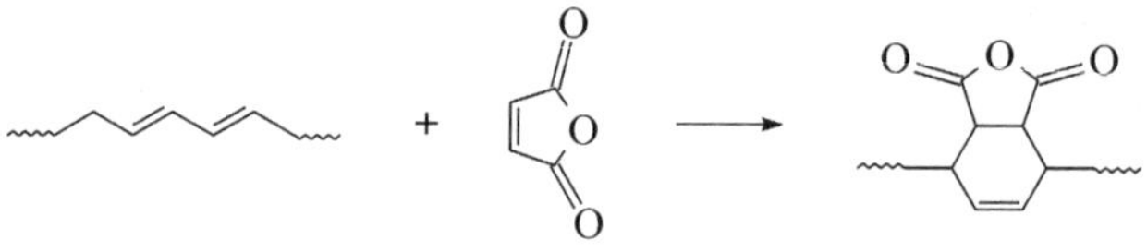

在加胺(如二甲氨基乙醇)中和后，即可加水稀释，交联剂可用 MF 树脂，MF 树脂应溶解在分散体的微粒中，因此要用乙醇醚化的 MF 树脂。

　　(2) 阳离子水稀释性环氧树脂：双酚 A 环氧树脂与胺反应可以生成含有氨基的聚合物，然后加酸中和成盐，即成为水稀释性树脂：

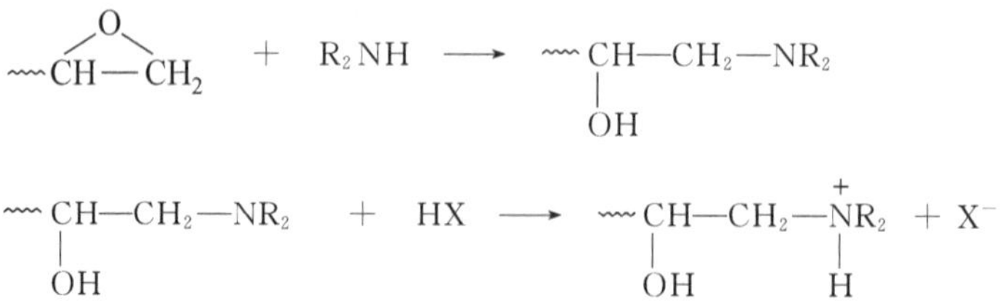

所加酸可为有机羧酸，如乳酸($CH_3CHOHCOOH$)，胺可用羟基胺，如二乙醇胺，2,2-二甲基-3-羟基丙胺或用酮亚胺(IV)，环氧基与分子(IV)中的仲胺先行反应，

经水解后，可获得伯胺基：

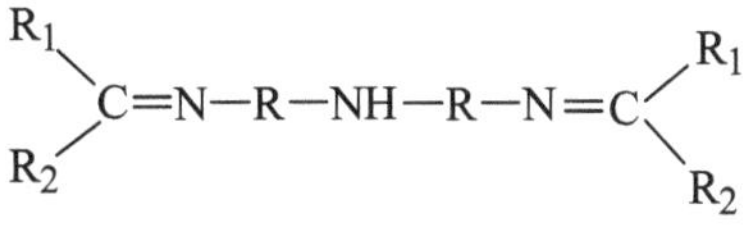

$$R_1R_2C=N-R-NH-R-N=CR_1R_2$$

(Ⅳ)

阳离子水稀释性环氧树脂的固化剂一般用封闭型的二异氰酸酯，如丁醇封闭的 TDI(Ⅴ)(见第十六章)：

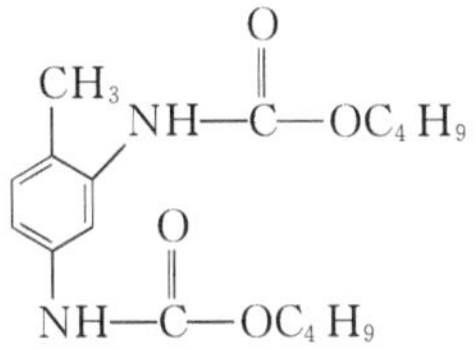

(Ⅴ)

也可以先用二元醇和二异氰酸酯反应，然后制备如下的封闭型二异氰酸酯(Ⅵ)：

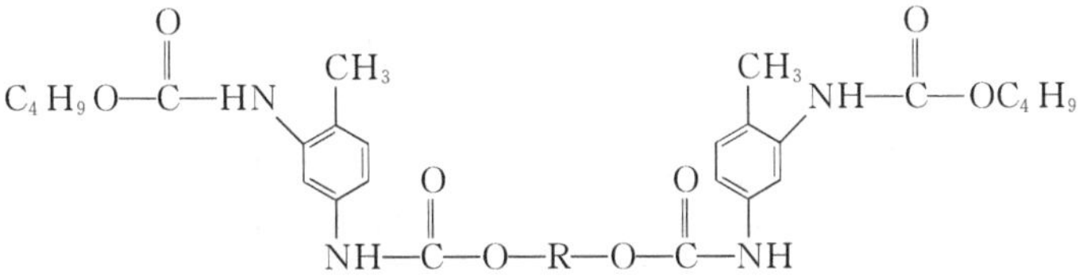

(Ⅵ)

(3) 水性环氧酯

水性环氧酯包括水稀释性环氧酯及丙烯酸改性环氧酯乳胶，水稀释性环氧酯以酸酐和环氧酯反应制得含羧基的环氧酯，经胺中和后，分散于水中制得，此环氧酯并不能溶解于水中，而是被水和溶剂溶胀聚集分散在水中，其水解稳定性好于相应的醇酸树脂，可用于喷涂底漆、二道底漆和浸涂底漆，其性能与溶剂型环氧酯相当。丙烯酸改性环氧酯乳胶的制备方法主要为：先用甲基丙烯酸缩水甘油酯与脂肪酸反应制备环氧酯单丙烯酸酯，后将其与丙烯酸酯类单体自由基共聚制备。丙烯酸酯类树脂快干、硬度好的特点可改善环氧酯体系的慢干缺点。

第十六章 聚 氨 酯

聚氨酯是聚氨基甲酸酯的简称，它和其他聚合物的名称不同，其结构单元并非完全是氨基甲酸酯，而是指聚合物中含有相当量的氨基甲酸酯键：

$$\begin{array}{c} H\quad O \\ | \quad\ \| \\ -\!\!(\!N\!-\!C\!-\!O\!)\!- \end{array}$$

聚氨酯是由多异氰酸酯与多元醇(包括含羟基的低聚物)反应生成的。但聚氨酯涂料中并不必一定要含有聚氨酯树脂，凡用异氰酸酯或其反应产物为原料的涂料都可称聚氨酯涂料。聚氨酯涂料形成的漆膜中含有酰胺基、酯基等，分子间很容易形成氢键，因此具有良好的耐磨性和附着力，聚氨酯涂料的多方面性能都很好，是一种高级涂料。

16.1 异氰酸酯的反应

异氰酸酯是制备聚氨酯的原料，有很高的活性，可以和含活泼氢的化合物反应。涂料中所涉及的反应和单官能度异氰酸酯反应类似。

异氰酸酯有两个双键，它的电子分布情况和 R 基有关，一般说来，氧原子上的电子密度最高，呈负电性，氮原子上的电子密度较氧原子低，但也呈负电性，其中碳原子是正电性，因此易遭亲核试剂进攻。

$$R\!\!-\!\!\overset{\delta-}{N}\!\!=\!\!\overset{\delta+}{C}\!\!=\!\!\overset{\delta-}{O}$$

下面介绍一些典型的反应。

(1) 与醇反应生成氨基甲酸酯：

$$R\!\!-\!\!N\!\!=\!\!C\!\!=\!\!O + R'OH \longrightarrow R\!\!-\!\!NH\!\!-\!\!\overset{\overset{\displaystyle O}{\|}}{C}\!\!-\!\!OR'$$

(2) 与胺反应取代脲：

$$R\!\!-\!\!N\!\!=\!\!C\!\!=\!\!O + R'NH_2 \longrightarrow R\!\!-\!\!NH\!\!-\!\!\overset{\overset{\displaystyle O}{\|}}{C}\!\!-\!\!NHR'$$

(3) 与水反应，先生成胺，生成的胺进一步与异氰酸酯反应，生成取代脲：

$$R-N=C=O + H_2O \longrightarrow \left[R-NH-\overset{\overset{\displaystyle O}{\|}}{C}-OH \right] \longrightarrow RNH_2 + CO_2$$

(4) 与羧酸反应生成酰胺：

$$R-N=C=O + R'COOH \longrightarrow \left[R-NH-\overset{\overset{\displaystyle O}{\|}}{C}-O-\overset{\overset{\displaystyle O}{\|}}{C}-R' \right] \longrightarrow RNH-\overset{\overset{\displaystyle O}{\|}}{C}-R' + CO_2$$

(5) 与脲反应生成缩二脲：

$$R-N=C=O + R'NHCONHP'' \longrightarrow R-NH-\overset{\overset{\displaystyle O}{\|}}{C}-\overset{\overset{\displaystyle R'}{|}}{N}-\overset{\overset{\displaystyle O}{\|}}{C}-NHR''$$

(6) 与氨基甲酸酯反应生成脲基甲酸酯：

$$R-N=C=O + R'NHCOOR'' \longrightarrow R-NH-\overset{\overset{\displaystyle O}{\|}}{C}-\overset{\overset{\displaystyle R'}{|}}{N}-\overset{\overset{\displaystyle O}{\|}}{C}-OR''$$

(7) 与肟反应：

$$R-N=C=O + \underset{R''}{\overset{R'}{}}C=NOH \longrightarrow R-NH-\overset{\overset{\displaystyle O}{\|}}{C}-O-N=C\underset{R''}{\overset{R'}{}}$$

(8) 与苯酚(或烯醇)反应：

$$R-N=C=O + \langle\!\!\!\bigcirc\!\!\!\rangle-OH \longrightarrow R-NH-\overset{\overset{\displaystyle O}{\|}}{C}-O-\langle\!\!\!\bigcirc\!\!\!\rangle$$

(9) 自聚反应：

$$2R-N=C=O \longrightarrow$$

$$3R-N=C=O \longrightarrow$$

$$nR-N=C=O \xrightarrow[\text{负离子聚合}]{\text{光聚合或}} \left(N-\overset{\overset{\displaystyle O}{\|}}{C}\right)_n$$

上述反应的快慢和很多因素有关，但主要是和反应物与异氰酸酯的结构有关。

16.1.1　反应物结构与反应速度

因为发生的反应是亲核反应，因此亲核性高的反应物，反应速度高，一般有如下顺序：

（1）一级胺（2）一级醇（3）H_2O（4）脲（5）二级和三级醇

（6）羧酸（7）氨基甲酸酯（8）羧酸的酰胺

就醇来说，它们的结构和反应速度有如下顺序：

$$R{-}CH_2CH_2OH \ > \ R_2CHOH \ \gg \ R_3COH$$
$$(1) \qquad\qquad (2) \qquad\qquad (5)$$

$$CH_3OCH_2CH_2OH \ > \ C_2H_5OCH_2\overset{CH_3}{\underset{H}{\overset{|}{\underset{|}{C}}}}{-}OH$$

$$(3) \qquad\qquad\qquad (4)$$

含有相邻醚键的醇反应性降低很多，可能和氢键有关。一般一级胺和二级胺在室温下就可以迅速反应，一级醇的反应速度较为适中。

16.1.2　异氰酸酯结构与反应速度

异氰酸酯 RNCO 上的 R 基是正性的(拉电子的)有利于反应，以与醇反应为例，下面是各种 R 的相对反应性：

环己基	对甲氧苯基	对甲苯基	苯基	对硝基苯基
1	471	590	1752	145 000

若 R 为苯环，则二异氰酸酯上的第二个异氰酸酯将增进第一个异氰酸酯的反应性：

苯基异氰酸酯	2,4-甲苯二异氰酸酯	2,6-甲苯二异氰酸酯
1	4.0	0.98

2,6-甲苯二异氰酸酯反应性较低，是因两个异氰酸酯基都处于甲基的邻位，受空间阻碍之缘故。在 2,4-甲苯二异氰酸酯上，对位的异氰酸酯与邻位的反应性相比约为(7~8)∶1，邻位的活性要低得多。

16.1.3　异氰酸酯反应中的催化剂

微量的催化剂可以促进异氰酸酯的反应，主要有三类：

1. 叔胺类

它主要是用来催化芳香族异氰酸酯与羟基的反应，可用于潮气固化的聚氨酯涂料。叔胺对脂肪族异氰酸酯的反应无催化能力。叔胺中效率较强的是三亚乙基二胺(DABCO)：

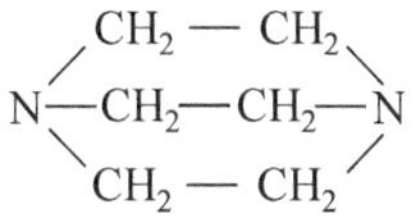

$$N \underset{CH_2 - CH_2}{\overset{CH_2 - CH_2}{\underbrace{- CH_2 - CH_2 -}}} N \qquad (DABCO)$$

2. 金属化合物

如环烷酸铅、锡的化合物等，最常用的是二丁基二月桂酸锡(DBTDL)：

$$(C_4H_9)_2Sn(O\overset{O}{\overset{\|}{C}}C_{11}H_{23})_2 \qquad (DBTDL)$$

锡化合物对芳香族和脂肪族的异氰酸酯与羟基的反应都有催化作用。它的催化作用较叔胺强，当脂肪族异氰酸酯用 DBTDL 为催化剂时，其反应速度可和芳香族的反应速度相当。

3. 有机磷

如三丁基膦可用于催化异氰酸酯的三聚。

另外异氰酸酯在酸性条件下主要是与羟基反应，而在碱性条件下可和脲、氨基甲酸酯反应，本身也易三聚，容易生成凝胶。

对于异氰酸酯与醇的反应，其可能的反应过程介绍如下。

(1) 无催化剂时，ROH 本身为催化剂，起氢转移作用：

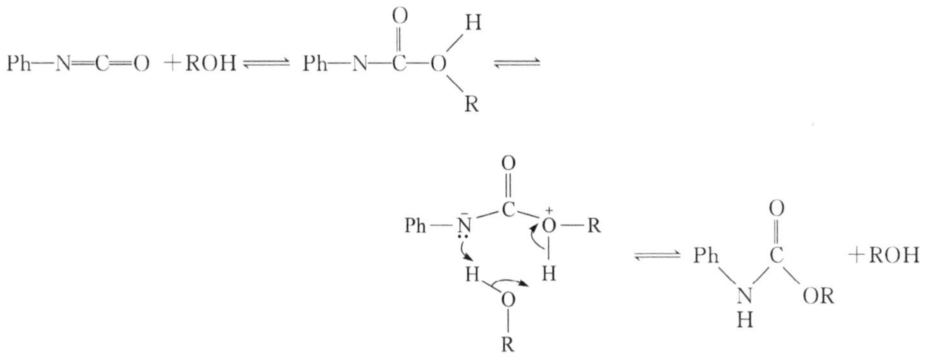

(2) 当有三级胺时，有两种可能：

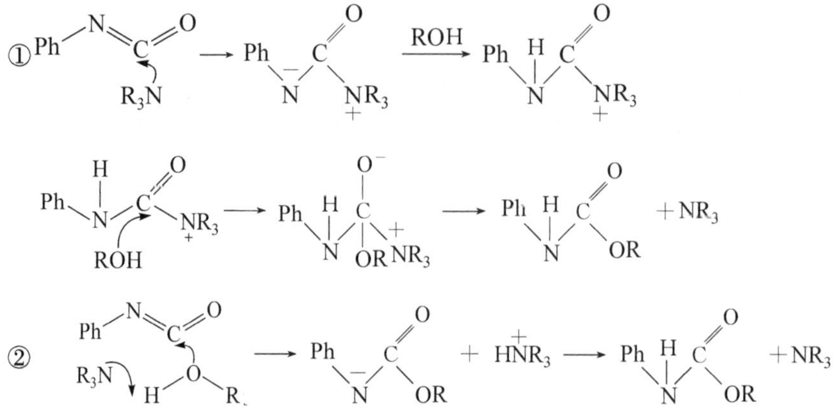

上述机理中重要的一步是形成氮原子上带负电荷的中间产物，这对芳基异氰酸酯是可能的，因有共轭效应，可将电荷均化：

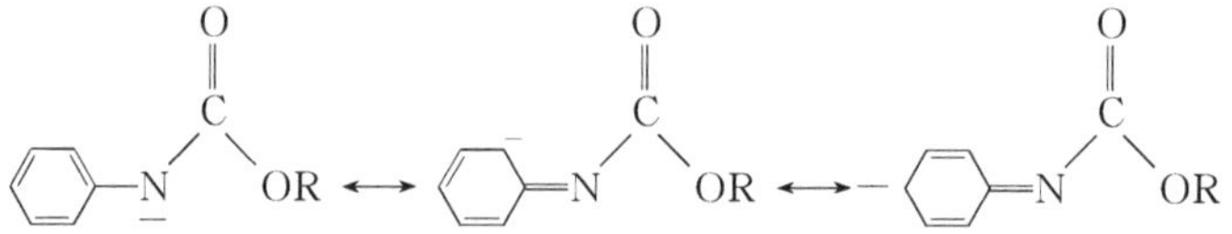

但脂肪族的，不能有此共轭效应，不能形成含负电荷的中间产物，所以三级胺的催化作用很弱。三级胺催化对空间作用很敏感，DABCO 催化作用大于三乙胺，因为三乙胺空间阻碍较大：

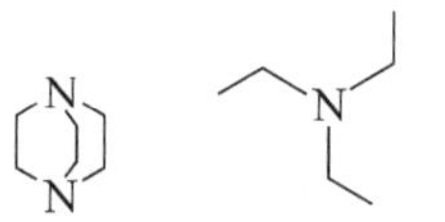

DABCO　　　三乙胺

脒(Ⅰ)可以催化脂肪族异氰酸酯的反应，在于空间配合合适，反应中无负电荷产生：

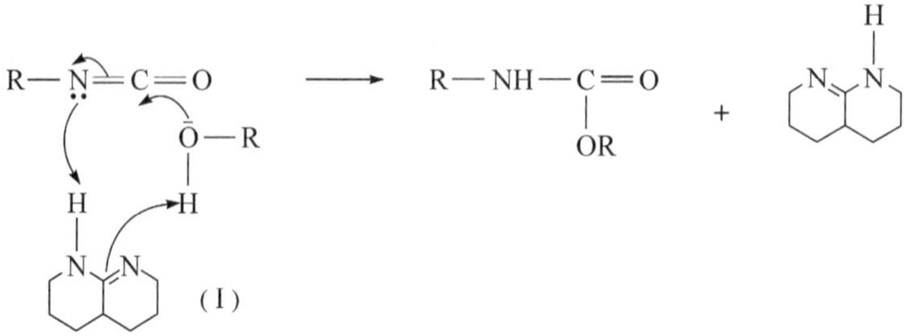

(3) 有机锡催化作用的催化过程可以表示如下：

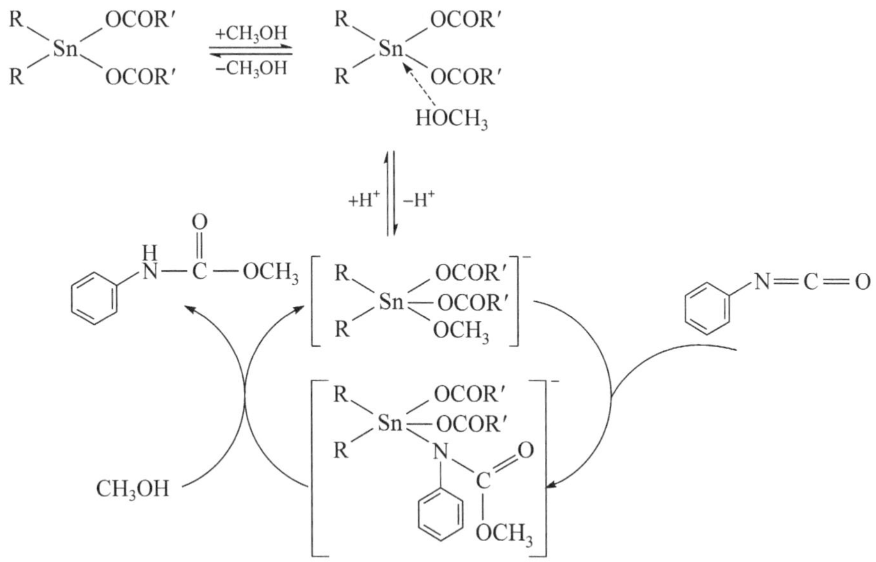

从式中可以看出，催化的第一步是生成醇与锡的络合物，同时醇失去质子，因此失质子的难易和催化作用有关，曾发现，如果有机锡催化剂中含有羧酸，催化效率会降低，这是和上述催化机理相一致的。和胺催化不同，反应中间体中电荷的离域不起明显作用，因此有机锡催化剂对芳香族异氰酸酯和脂肪族异氰酸酯都起催化作用。当三级胺与有机锡合用时有协同作用。

16.1.4　异氰酸酯反应中的溶剂

异氰酸酯反应有非常强的溶剂效应，极性低的溶剂有利于异氰酸酯和醇的反应：

庚烷>甲苯>乙酸乙酯>乙二醇二甲醚

溶剂中要除去水和醇等易与异氰酸酯反应的物质。非极性物质(如烃)虽然可使反应活性增加，但溶解能力差，需和其他溶剂合用，酯和酮类溶剂是氢键接受体，有很好的溶解性能。

16.2　二异氰酸酯及其加成物与封闭型异氰酸酯

16.2.1　几种重要的二异氰酸酯

1. 甲苯二异氰酸酯(TDI)

一般为 2,4-甲苯二异氰酸酯和 2,6-甲苯二异氰酸酯的混合物，前者含量一般占 80%。2,4-TDI 邻对位异氰酸酯反应性相差很大，利用这个差别，可以制备含有异氰酸酯基团的加成物。邻对位反应活性随温度的变化而变化, 在高温下 (100℃以上), 反应性趋于一致, TDI 有较高毒性, 但价钱便宜, 用量最大。

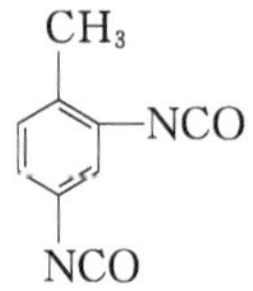

2,4-TDI 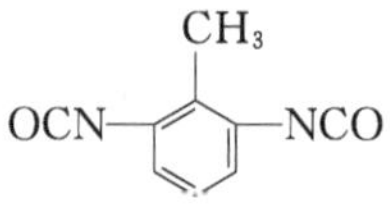　　　　　　　2,6-TDI

2. 二苯甲烷二异氰酸酯(MDI)

它和 TDI 一样是芳香族异氰酸酯, 用量也较大。

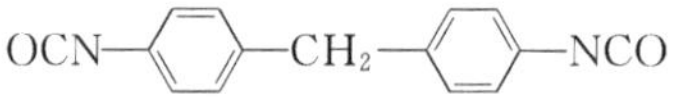

MDI

3. 对苯二亚甲基二异氰酸酯(XDI)

它虽有苯环, 但属于脂肪族异氰酸酯。

　　　　　　　(XDI)

4. 己二异氰酸酯(HDI)

它是脂肪族异氰酸酯, 和 TDI 一样, 蒸气压高, 毒性大。

$$OCN-(CH_2)_6-NCO　　　　(HDI)$$

5. 异佛尔酮二异氰酸酯(IPDI)

它是一种性能优良的脂肪族二异氰酸酯, 商品 IPDI 是顺反两种异构体的混合物。IPDI 的两个异氰酸酯基团的反应性是不同的, 用胺为催化剂时一级异氰酸酯基比较活泼, 而用有机锡为催化剂时二级异氰酸酯基比较活泼。

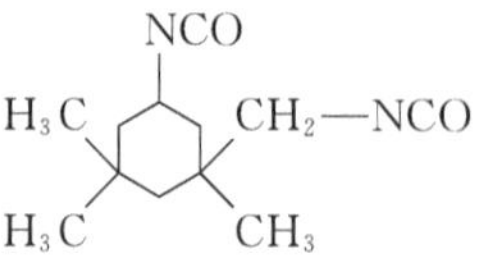

　　　　　　　(IPDI)

6. 二环己基甲烷二异氰酸酯(H₁₂MDI)

它是一种常用的脂肪族二异氰酸酯。

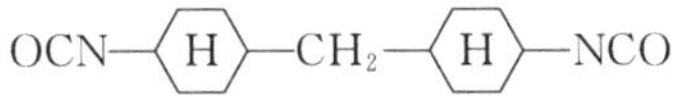

$$OCN - \langle H \rangle - CH_2 - \langle H \rangle - NCO \qquad (H_{12}MDI)$$

上述多异氰酸酯中 TDI 和 MDI 是芳香族异氰酸酯,其活性比脂肪族的高得多,反应要快得多,但所得漆膜易泛黄。泛黄的原因在于有自由氨基存在,因异氰酸酯与水反应或氨酯键光解都能生成芳香胺,芳香胺受氧作用可得醌式结构,如:

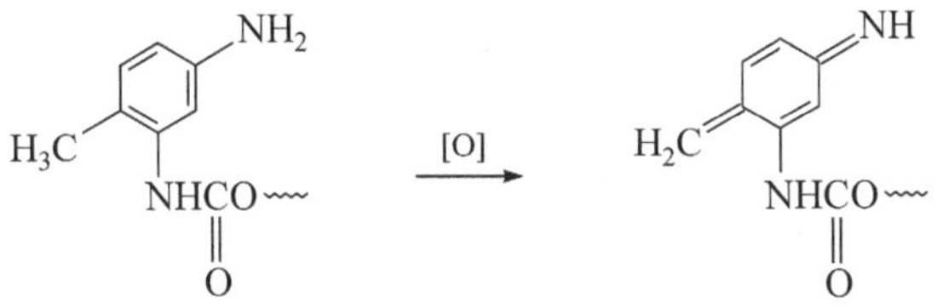

当 TDI 三聚后,在环上的叔氮原子没有氢原子,并为环所稳定,不能裂解,环外氨酯即使分解成胺,也不能生成醌式结构,所以不易泛黄:

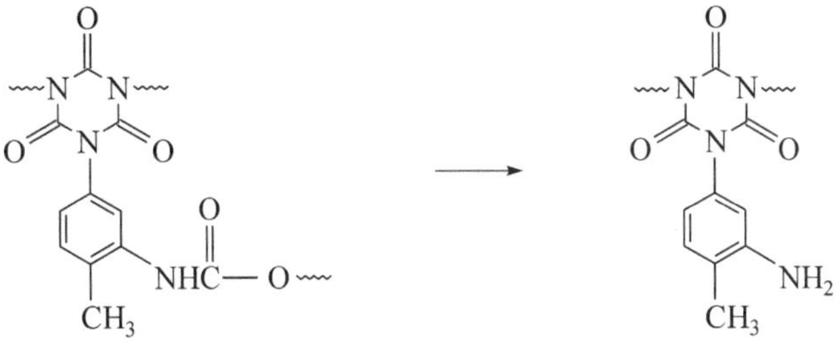

还有一些其他的异氰酸酯,如四甲基间苯二甲基二异氰酸酯(Ⅱ):

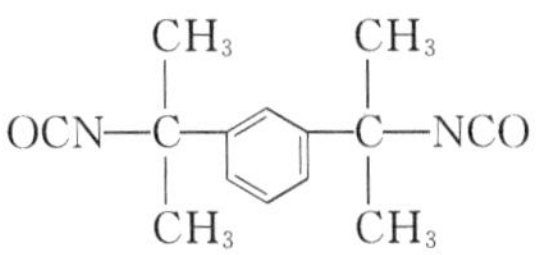

它和 XDI 一样是脂肪族二异氰酸酯,但它的异氰酸酯和叔碳原子相连,与羟基反应较慢,与水更慢,便于使用,它比一般脂肪族异氰酸酯便宜。

另外两种是可以和烯类单体共聚的异氰酸酯(Ⅲ)和(Ⅳ):

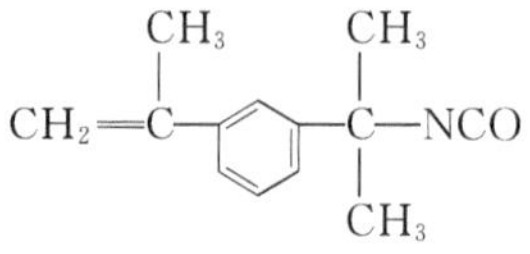

（Ⅲ） 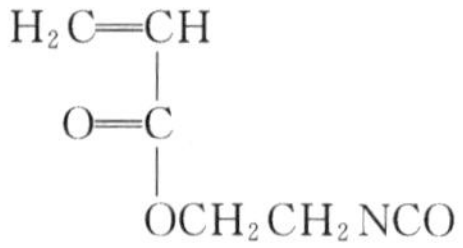　　　　　　　　　　　（Ⅳ）

一般(Ⅳ)比较贵，且不稳定。

16.2.2 多异氰酸酯的加成物、缩二脲与三聚体

多异氰酸酯作为聚氨酯涂料的一个组分有两个问题需要改进，一是活性太大，二是毒性问题。解决毒性问题的途径有三个：①与多元醇反应制成加成物；②与水反应制成缩二脲；③制成三聚体，其结果都是相对分子质量增大，蒸汽压降低，毒性危害减小。

加成物中最常见的三羟甲基丙烷与 TDI 的反应产物，利用 TDI 中两个 NCO 基在反应温度较低时反应性不同的特点，得到含自由异氰酸酯的产物：

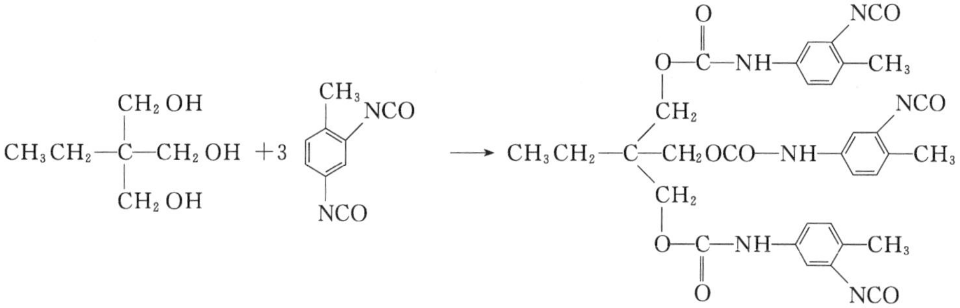

反应时要注意 TDI 中的含酸量，一般加 0.15%磷酸，可防止反应时凝胶化。二异氰酸酯要稍微过量，加成物中有游离的 TDI 可采用薄膜蒸发、分子蒸馏、溶剂萃取或其他方法除去。

缩二脲是由 3mol 的二异氰酸酯与 1mol 水反应脱除 1mol CO_2 得到的，如 HDI-缩二脲(Ⅴ)。

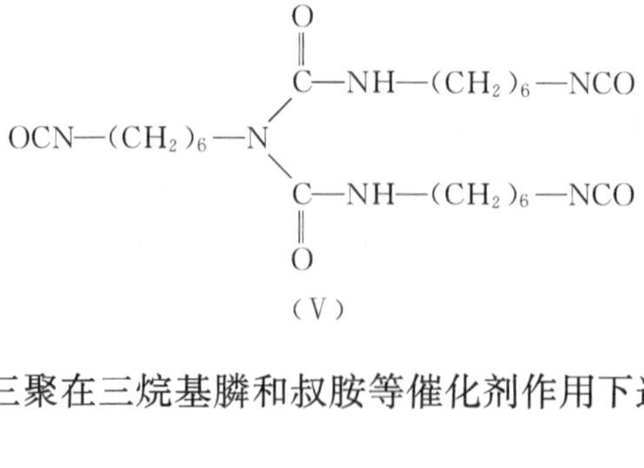

（Ⅴ）

二异氰酸酯的三聚在三烷基膦和叔胺等催化剂作用下进行。不仅同一种二

异氰酸酯可以聚合，混合的异氰酸酯也可以聚合，例如可以制备脂肪族和芳香族混合的三聚异氰酸酯(Ⅵ)：

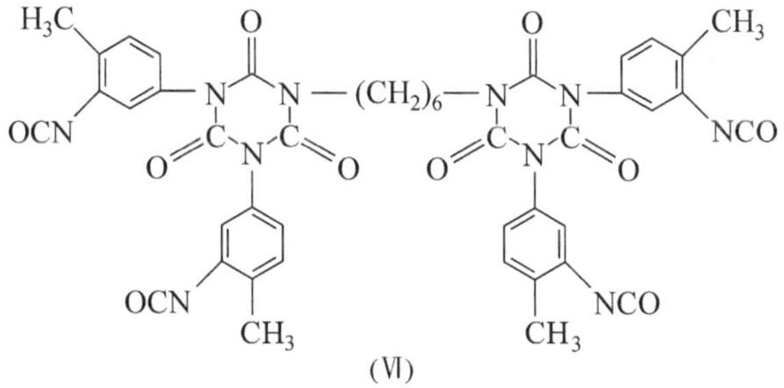

(Ⅵ)

16.2.3 封闭型异氰酸酯

异氰酸酯的活性太大，因此使用时需要双组分。单组分的聚氨酯涂料可以使用封闭型异氰酸酯，即将异氰酸酯基团和某些化合物反应，生成室温稳定的化合物，但在高温下，该化合物可重新分解(解封反应)为异氰酸酯。封闭型异氰酸酯有如下优点：①可以和多元醇合装为单组分聚氨酯漆；②减少了毒性；③不易与水反应。其缺点是：①需要高温固化；②反应时有副产品析出。常用的封闭剂及有关应用介绍如下。

(1) 苯酚：

$$R{-}N{=}C{=}O + ArOH \longrightarrow R{-}N(H){-}C(=O){-}OAr$$

$$R{-}N(H){-}C(=O){-}OAr \underset{}{\overset{\triangle}{\rightleftharpoons}} ArOH + R{-}N{=}C{=}O \xrightarrow{POH} R{-}N(H){-}C(=O){-}OP$$

$$R{-}N(H){-}C(=O){-}OAr \overset{POH}{\rightleftharpoons} RN(H){-}C(OH)(OP){-}OAr \xrightarrow{\triangle} R{-}N(H){-}C(=O){-}OP + ArOH$$

苯酚封闭的异氰酸酯用于电线烘漆和轮胎黏合剂，固化温度要在 175℃以上，异壬基酚或甲酚具有供电子基团，封闭率高于苯酚。

(2) 肟，一般用丁酮肟：

$$R{-}N{=}C{=}O + R'R''C{=}NOH \longrightarrow R{-}NH{-}C(=O){-}ON{=}CR'R''$$

$$R{-}NH{-}C(=O){-}ON{=}CR'R'' + P{-}OH \longrightarrow R{-}NH{-}C(=O){-}O{-}P + R'R''C{=}NOH$$

肟封闭的异氰酸酯可与胺配合制备磁带的黏合剂。固化时析出肟,没有苯酚难闻的怪味,固化温度较低,和端羟基的聚酯配合用于聚氨酯粉末涂料。

(3) 己内酰胺:己内酰胺封闭的异氰酸酯常用于粉末涂料,流平性能好,己内酰胺可在聚氨酯固化的同时聚合成尼龙6,成为粉末涂料成膜物的一部分。

$$(CH_2)_5 \begin{array}{c} C=O \\ | \\ NH \end{array} \quad + \quad R-N=C=O \quad \longrightarrow \quad (CH_2)_5 \begin{array}{c} C=O \\ | \\ N-C-NR \\ \quad \| \ | \\ \quad O \ H \end{array}$$

(4) 丙二酸二乙酯:丙二酸二乙酯封闭的异氰酸酯,可和多元醇通过酯交换反应,在较低温度下发生交联反应,所得产品中并无氨基甲酸酯结构,而是三羧基甲烷的酯和酰胺混合物,表示如下:

$$RNH-\overset{O}{\underset{\|}{C}}-CH(COOC_2H_5)_2 \ + \ POH \longrightarrow \left\{ \begin{array}{l} RNHCOCH(COOP)_2 \\ (RNHCO)_2CHCOOP \\ CH(COOP)_3 \end{array} \right.$$

原因是解封反应过程中有烯酮生成:

$$R\overset{H}{\underset{H}{N}} \begin{array}{c} O \\ \| \\ C-OC_2H_5 \\ | \\ C-COOC_2H_5 \\ | \\ C \\ \| \\ O \end{array} \Longrightarrow RNH_2 + \ O=C \begin{array}{c} COOC_2H_5 \\ \\ COOC_2H_5 \end{array}$$

烯酮 I

$$C_2H_5-O \begin{array}{c} H \ O \\ \ \ \| \\ C-OC_2H_5 \\ | \\ C-CONHR \\ | \\ C \\ \| \\ O \end{array} \Longrightarrow C_2H_5OH + \ O=C \begin{array}{c} COOC_2H_5 \\ \\ CONHR \end{array}$$

烯酮 II

这两个反应都是可逆的。醇可和烯酮 I 反应生成三酯,而反应中生成的胺与烯酮 II 反应可得二酰胺单酯:

$$O=C \begin{array}{c} COOC_2H_5 \\ \\ COOC_2H_5 \end{array} +C_2H_5OH \longrightarrow (C_2H_5O-\overset{O}{\underset{\|}{C}})_3CH$$

$$O=C \begin{array}{c} COOC_2H_5 \\ \\ CONHR \end{array} +RNH_2 \longrightarrow (RN-\overset{O}{\underset{\|}{C}})_2CHCOOC_2H_5$$

因此若有 POH 参加反应,可得一系列产物,但没有氨基甲酸酯产生,只有三羧基甲烷的酯或酰胺。在用多元醇时，得不到聚氨酯而是聚酯，用胺交联时，得不到脲的结构，而是酰胺结构。

(5) 醇：叔醇为封闭剂可以制得水溶性的封闭型异氰酸酯，用于阴极电泳漆。一般醇封闭剂用正丁醇、二甲氨基乙醇、丙烯酸羟乙酯等。

16.2.4 亲水改性异氰酸酯

异氰酸酯作为水性双组分聚氨酯涂料的固化剂时，它在水中的分散需采用共溶剂并高速剪切。为了便于在水性涂料中使用，可采用亲水改性剂如聚醚醇、聚醚胺及 3-(环己胺基)-1-丙烷磺酸对其进行亲水改性。聚醚改性的异氰酸酯(Ⅶ)固化剂，无需施加高剪切力，手动搅拌即可乳化，但亲水的聚醚结构会延长干燥时间，降低漆膜耐化学品性。采用离子化改性的异氰酸酯固化剂具有很好的贮存稳定性，黏度低，易在水中分散乳化，采用其制备的双组分聚氨酯涂料在干燥、固化和耐化学品性方面，可比拟通用溶剂型聚氨酯涂料。也可采用二羟甲基丙酸和聚乙二醇单醚对多异氰酸酯进行复合改性，改性后的异氰酸酯在叔胺水溶液中具有优异的分散性。

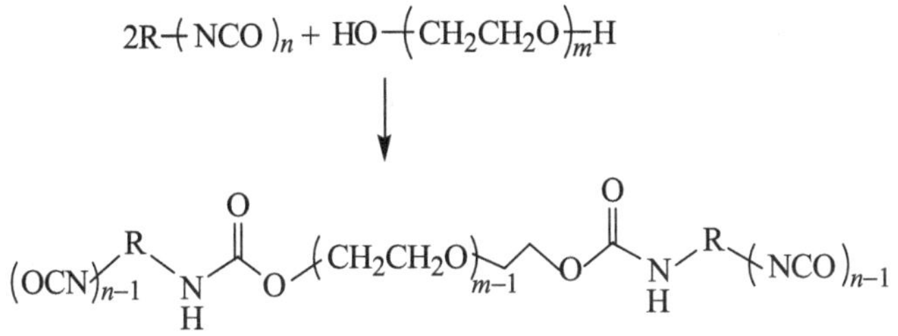

16.3 单组分聚氨酯涂料

16.3.1 线型热塑性聚氨酯

由线型低聚物二元醇和二异氰酸酯进行聚合反应得到高平均相对分子质量的线型聚合物，这种聚氨酯线型聚合物可用于热塑性漆。它可用于柔软的、热敏底材的抗磨涂料。由于相对分子质量高，分子间又有氢键的作用，因此必须用较多的溶剂，而且需要用氢键接受体溶剂，即便如此，这样的涂料固含量仍然较低。为了减少溶剂，已发展了线型的聚氨酯水分散体用于涂料。

16.3.2 氨酯油和氨酯醇酸

含有羟基的油(如蓖麻油)或经多元醇部分醇解的油与二异氰酸酯反应所得的聚合油称为氨酯油，氨酯油中不含自由异氰酸酯。

　　氨酯醇酸和醇酸树脂相似，只是将苯酐改为二异氰酸酯。它不含有自由的异氰酸酯基团，制备方法也与醇酸树脂的方法相似，即首先由植物油与多元醇(如甘油)进行交换得到甘油二酯或甘油单酯，甘油酯上的自由羟基与二异氰酸酯反应，即得氨酯醇酸。反应后可加过量的醇(如甲醇)以保证无游离的异氰酸酯。和醇酸树脂相比，由于没有邻苯二甲酸酯结构，抗水解性能好。由于有了氨酯键，耐磨性能好。但因二异氰酸酯一般为芳香族二异氰酸酯，树脂易泛黄。

　　氨酯油和氨酯醇酸有时都被称为氨酯油，它们都是气干型涂料，即通过脂肪酸中的活泼亚甲基反应固化，需加催干剂。

16.3.3　潮气固化聚氨酯涂料

　　潮气固化或湿固化的聚氨酯涂料的原理是利用空气中的水和含异氰酸酯基团的预聚物反应成膜，其特点是使用方便，可在室温固化，而且漆膜耐摩擦、耐油、耐水解。由端羟基聚酯或丙烯酸树脂与脂肪族异氰酸酯制备的预聚物，可用于飞机上的涂料。

　　相对分子质量较高的含羟基的聚酯、聚醚、蓖麻油或丙烯酸树脂等和异氰酸酯反应时，NCO/OH 之比为 2 以上，可使端羟基转变为端异氰酸酯；若用相对分子质量较低的羟基组分，NCO/OH 之比可降至 1.2~1.8，这样可就地扩链得到相对分子质量较大的预聚物。预聚物和水反应生成胺和 CO_2，胺再和异氰酸酯反应迅速生成脲：

$$\sim\!\!\sim NCO + H_2O \longrightarrow \sim\!\!\sim NH_2 + CO_2$$

$$\sim\!\!\sim NH_2 + \sim\!\!\sim NCO \longrightarrow \sim\!\!\sim NH\overset{\overset{\textstyle O}{\|}}{-}C-NH \sim\!\!\sim$$

潮气固化聚氨酯涂料的缺点在于固化时有 CO_2 放出，漆膜不能太厚，固化速度与空气湿度关系很大，冬天湿度低，对固化不利。它对颜料要求严格，吸附在颜料上的水分可与异氰酸酯反应，需将颜料脱水。

16.3.4　封闭型异氰酸酯烘干涂料

　　封闭型异氰酸酯和羟基组分合装，在室温下是稳定的，是典型的单组分聚氨酯，封闭型异氰酸酯主要有三种：

　　(1) 加成物型，如苯酚封闭的 TDI 与三羟甲基丙烷的加成物(用于电线磁漆和一般烘烤漆)。

　　(2) 三聚体型，如苯酚封闭的 TDI 三聚体(用于耐热电线漆)。

　　(3) 缩二脲型，如封闭的 HDI 缩二脲(用于轿车烘漆等)。

　　封闭型单组分聚氨酯涂料大量用于绝缘漆，它有优良的绝缘性能、耐水性、耐溶剂性和机械性能。它用于磁带黏合剂，具有优良的耐磨性。在粉末涂料中普遍采用己内酰胺封闭的异氰酸酯。在阴极电泳漆中，用异辛醇或丁醇封闭的甲苯二异氰酸酯，它和水稀释性树脂混合在一起，可被结合在聚集体微粒内。

16.4 双组分聚氨酯涂料

双组分聚氨酯分甲乙二组分，使用前混合。甲组分为多异氰酸酯，乙组分为含羟基的低聚物及催化剂、颜料等。双组分聚氨酯涂料可室温固化，也可在稍高温度下固化，用途十分广泛。

16.4.1 甲组分的选择

一般不直接使用挥发性的二异氰酸酯，而是使用其加成物、缩二脲或三聚体，它们各自的特点如下：

(1) 三羟甲基丙烷-TDI 加成物：价廉、易于制备、性能全面但耐候性差、易泛黄，适于室内使用。

(2) TDI 三聚体：固化速度快，但操作寿命短，可作快干木器清漆，对颜料的润湿性差。

(3) TDI/HDI 混合三聚体：固化快，操作寿命短，耐候性较佳，可用于清漆和磁漆。

(4) HDI 和 IPDI 三聚体：都是脂肪族异氰酸酯，耐候性极好，特别是后者。HDI 三聚体比 IPDI 三聚体反应快，且因有长链，可以增进树脂分子的柔顺性。

(5) HDI 缩二脲：有不泛黄、保光性好的特点，用于户外高级涂料，但成本较高。一般缩二脲不及三聚体稳定。

(6) IPDI 加成物：有不泛黄、保光性好的优点，但反应慢、操作寿命长、价格贵。

16.4.2 乙组分的选择

含羟基的组分一般不用低相对分子质量的多元醇，其原因是极性太强、混溶性不好、易吸水、交联密度大、内应力大。一般用的羟基组分是含羟基的聚酯(或醇酸)、聚醚、环氧树脂、丙烯酸树脂及蓖麻油等。树脂中的羟基有伯羟基和仲羟基。仲羟基反应性低，为了增加反应速度可加催化剂，一般以锡类催化剂为好。用不同的含羟基树脂，所得聚氨酯的性能和用途也不同。

1. 聚酯

聚酯的一般特性是耐热性好，耐溶剂性好，对金属附着力好，但耐水解性能差，其物理性能可通过改变聚酯中多元醇和酸的种类和量加以调节，如韧性、硬度。使用聚酯固含量可较高。聚酯中的己内酯聚酯具有特别好的性能，它是由二元醇为引发剂使己内酯开环聚合得到的聚酯：分子内不含任何醚键，酸值低，色泽浅，黏度低，水解稳定性也较好，其聚合反应表示如下：

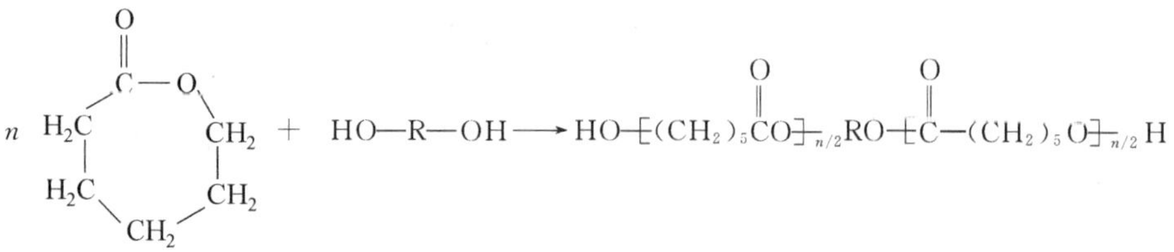

聚酯的聚氨酯漆现在大量用于家具和汽车涂料。

2. 聚醚

聚醚固化的聚氨酯在聚氨酯中占有最主要的地位，主要是因为聚醚便宜，它可由环氧化物或四氢呋喃以多元醇或胺引发加聚而成。聚醚耐碱、耐水性好，黏度低，但因有醚键，在紫外光下易氧化，一般只能作底漆及室内抗化学腐蚀和耐油涂料。环氧丙烷制备的聚醚的羟基为二级羟基，而四氢呋喃醚是一级羟基，所以反应性上有差异。一般聚醚中含碱催化剂，它们可导致异氰酸酯三聚，要用酸中和。

低相对分子质量的聚醚可先与二异氰酸酯反应，制得氨酯聚醚，不仅提高了相对分子质量(扩链)而且增加了强度，示意如下：

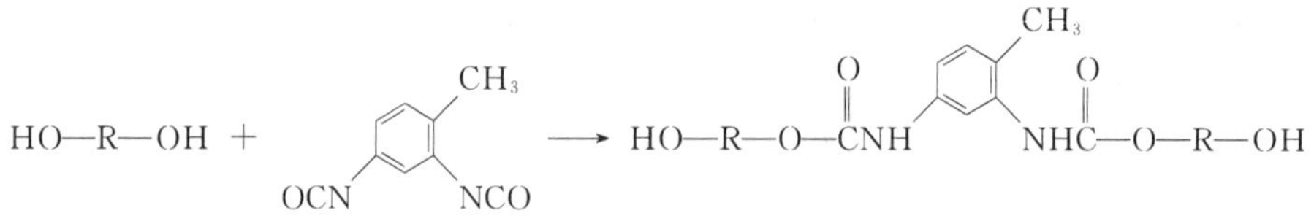

3. 环氧树脂

环氧树脂和聚醚树脂有相似之处，都含有醚键，但环氧树脂与苯环相连，因此抗紫外线性能更差。环氧树脂中的环氧基及二级羟基都可与异氰酸酯反应，环氧固化的聚氨酯漆的附着力，抗化学性能，抗碱性均很好。环氧树脂中含酚钠，可引起胶凝，需要除去。

4. 蓖麻油

蓖麻油酸上的羟基能参与异氰酸酯的反应。蓖麻油中含蓖麻油酸 90%。蓖麻油的羟基当量为 345，可以认为 70%的蓖麻油为三官能度，30%为二官能度的，蓖麻油便宜，因为有长的碳链，给予漆膜抗水性和可挠性。蓖麻油一般要经氧化聚合或用甘油部分醇解后使用。

5. 丙烯酸树脂

丙烯酸树脂固化的氨酯漆是高级涂料,它具有干燥快、便宜(和聚酯相比,它的当量值较高,所需异氰酸酯量较少)的特点。所得漆膜户外耐候性好,不泛黄,特别是和脂肪族二异氰酸酯配合时性能更为全面。航空工业用漆最好用丙烯酸树脂和二异氰酸酯的三聚体配合。

16.5 水性聚氨酯

16.5.1 聚氨酯水分散体

封闭型的异氰酸酯可以用于水稀释性聚合物的交联剂。利用 2,2-二羟甲基丙酸、异丁二醇(1,1-二甲基乙二醇)及三羟甲基丙烷等与二异氰酸酯反应,可制得水稀释性聚氨酯。因为羧基反应比羟基慢得多,二羟甲基丙酸中的羧基可保留下来,于是可得含有羧基和一定量羟基的聚氨酯。示意如下:

$$HO-\underset{\underset{CH_3}{|}}{\overset{\overset{CH_3}{|}}{C}}-CH_2\overset{\overset{O}{\|}}{OC}-NHRNH-\overset{\overset{O}{\|}}{COCH_2}-\underset{\underset{COOH}{|}}{\overset{\overset{CH_3}{|}}{C}}-CH_2\overset{\overset{O}{\|}}{OC}-NHRNH-\overset{\overset{O}{\|}}{COCH_2}-\underset{\underset{CH_2OH}{|}}{\overset{\overset{CH_2CH_3}{|}}{C}}-CH_2\overset{\overset{O}{\|}}{OC}-NHR \sim$$

加三级胺可使羧基成盐基,于是成水稀释性聚氨酯。它可用氨基树脂为交联剂固化。

线型热塑性聚氨酯分散体可用"丙酮法"制备:先在丙酮中由二元醇和二异氰酸酯聚合制备端异氰酸酯的聚氨酯,然后用含磺酸盐基的二元胺进行扩链得到高相对分子质量聚合物,二元胺的结构如下:

$$H_2NCH_2NHCH_2CH_2SO_3Na$$

用水稀释聚合物的丙酮溶液,并将丙酮蒸馏除去,此时聚合物将以乳胶的形式分散于水中,磺酸基作为亲水基团朝向水中成为保护性基团。

制备水性聚氨酯涂料的另一途径是利用异氰酸酯和水的反应速度较慢,而水的蒸发速度相对较快的特点,直接用多异氰酸酯为交联剂,与水性多羟基组分组成双组分聚氨酯涂料。其中多羟基组分可按一般水稀释性树脂的制备方法,但树脂最好有一定的乳化能力。多异氰酸酯组分不应含水,溶剂也要尽量少,但结构中含有亲水基团,当与羟基组分混合时,易于被分散或被乳化。多异氰酸酯组分最好用脂肪族异氰酸酯,由于脂肪族异氰酸酯与水的反应速度较慢,可以有较长的操作寿命。若采用芳香族异氰酸酯,由于反应太快,仅适用于采用双口喷枪进行喷涂。

16.5.2　缔合型增稠剂

水溶性的聚氨酯可用于缔合型增稠剂，下面是一个合成的例子，m-TMI 与聚氧化乙烯反应生成一个大分子单体(Ⅶ)：

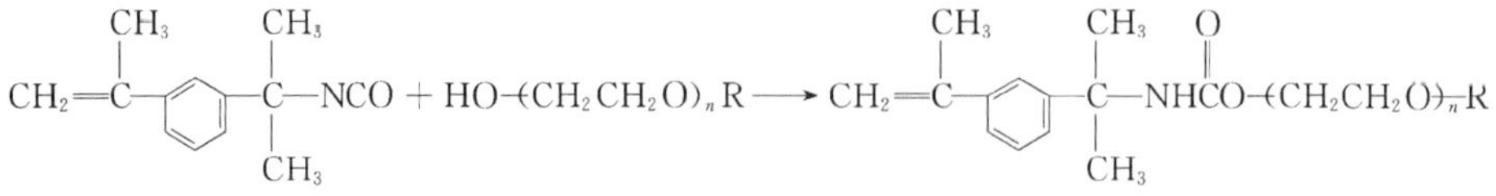

（Ⅶ）

(Ⅶ) 与甲基丙烯酸及丙烯酸酯共聚得如下增稠剂结构：

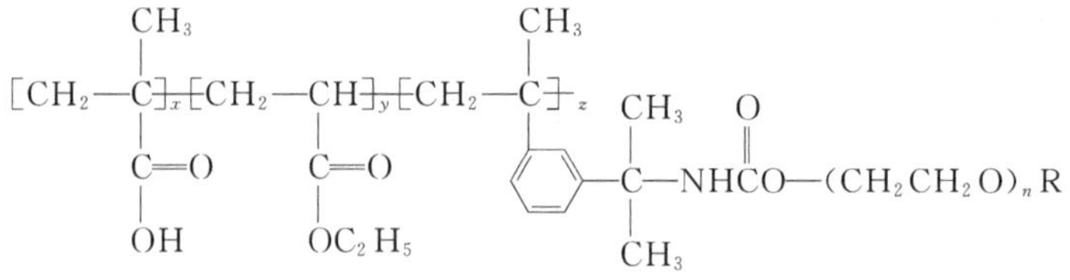

式中，R 可为壬基苯基 C_9H_{19}—C_6H_5—，关于增稠剂将在第十九章中讨论。

16.6　端羟基聚氨酯与高固体分涂料

当异氰酸酯和羟基之比低于 1 时，二异氰酸酯与二元醇反应可得端羟基的聚氨酯。这种聚氨酯二元醇和聚酯二元醇或含羟基的丙烯酸树脂一样可作为高固体分涂料的低聚物，它和交联剂(如氨基树脂)反应可形成交联的漆膜。和聚酯型涂料相比，它具有较好的韧性和耐磨性，但由于存在严重的分子间氢键，固体成分较低。但和丙烯酸树脂涂料相比，不仅有较好的耐磨性，而且固体分含量可相近或更高，这是因为聚氨酯低聚物的相对分子质量易于控制，容易得到带有两个端羟基的低聚物，而丙烯酸树脂的相对分子质量一般较高，因此，尽管聚氨酯有严重的分子间氢键，妨碍了固体分的提高，但由于相对分子质量低，抵消了这一不利影响。采用反应性稀释剂，如双噁唑烷型反应性稀释剂(Ⅰ)，它们遇到潮气可分解出含羟基和氨基的多官能基化合物(Ⅱ)，是提高固体分的一个方法，其反应表示如下：

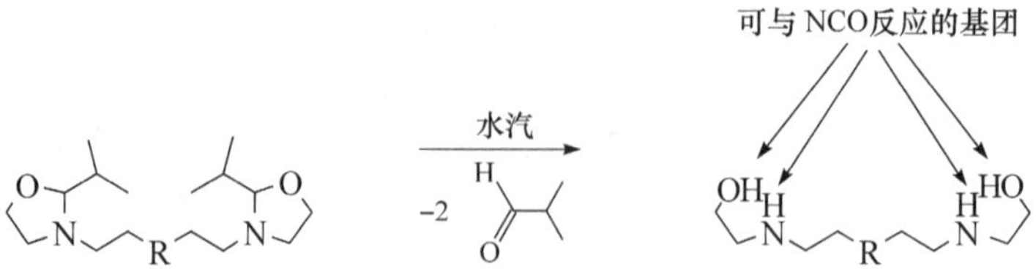

（Ⅰ）　　　　　　　　　　　　　　　（Ⅱ）

16.7 聚　脲

异氰酸酯和胺反应生成脲。由异氰酸酯组分和含胺组分生成的高分子化合物称聚脲。异氰酸酯和胺反应十分迅速，几秒钟内就可以完成，不需催化剂，难以控制其操作寿命和成膜反应凝胶时间，因此以聚脲为成膜物的涂料很长时间未得到重视。20 世纪 80 年代在反应注射成型技术的基础上发展了喷涂聚脲体涂料。

聚脲使用的关键在于要有特殊的喷涂设备，包括稳定的输送系统，精确的计量系统、均匀的混合系统、良好的雾化系统、清洗系统等。由于二组分混合时反应极快，要采用高温、高压撞击式混合，且高温高压有利于雾化和流平，因此需要有加压和升温装置。正因为聚脲一般要采用喷涂方法实现成膜或成型，所以称喷涂聚脲，又因聚脲中通常采用聚醚为主链中软段(异氰酸酯为硬段)，有很好的弹性，所以又称喷涂聚脲弹性体。得力于设备的完善，聚脲开始广泛用于建筑、防腐、军事、卫生各个领域。

喷涂聚脲有如下的特点：

(1) 为双组分，高固体分或 100%固含量，对环境友好。

(2) 不含催化剂，快速固化，可在任意曲面、斜面及垂直面上喷涂成型，不产生流淌现象，5s 可凝胶，1min 即可达到步行强度。

(3) 对温度、湿气不敏感，施工时不受环境温度、湿度的影响。

(4) 一次施工达到厚度要求，克服了多层施工的弊病。

(5) 优异的物理性能，如抗张强度高、柔韧性好、耐老化、耐介质、耐磨等。具有良好的热稳定性，可在 150℃下长期使用，可承受 350℃的短时热冲击。

(6) 配方体系可调，涂层手感可从软橡皮到硬弹性体。易于添加纤维制备增强材料。

喷涂聚脲由异氰酸酯组分和树脂混合物二组分组成。喷涂聚脲中的异氰酸酯可以是多异氰酸酯单体、加成物、三聚体及异氰酸酯封端的预聚物。树脂混合物组分包括氨基封端的预聚物和/或多氨基的扩链剂。异氰酸酯可以是芳香族的异氰酸酯和脂肪族的异氰酸酯，芳香族的异氰酸酯的缺点是在光照下容易变黄，脂肪族的光稳定性好。胺组分的预聚物主要是端氨基的聚醚，端氨基聚醚是聚脲中的关键原料，有芳香族和脂肪族两大类，其中脂肪族的主要有端基为氨基的聚乙二醇(1)和聚丙二醇(2)。

$$H_2NCH_2CH_2\!\!-\!\!\left(OCH_2CH_2\right)_{\!x}\!\!-\!\!NH_2 \tag{1}$$

$$H_2NCHCH_2\!\!-\!\!\left(OCH_2CH\right)_{\!x}\!\!-\!\!NH_2$$
$$\underset{CH_3}{|}\qquad\quad\underset{CH_3}{|}\tag{2}$$

扩链剂有二乙基甲苯二胺(DETDA)、1,4-环己二胺、异佛尔酮二胺以及脂肪族二胺，利用扩链剂可以调节涂层的强度和硬度，采用脂肪族二胺可以减缓反应速度，延长凝胶时间。为了调节黏度可以采用反应性稀释剂。

聚天门冬氨酸酯(1)是由天门冬氨酸酯封端的低聚物，式中的 X 可以是不同结构，它可由脂肪族伯二胺与马来酸或富马酸二烷基酯加成得到，也可由脂肪族伯胺与不饱和聚酯加成制备。聚天门冬氨酸酯含有两个仲胺，仲胺的反应活性较伯胺弱，可降低反应速率，同时受体积较大的丁二酸二烷基酯的电子和位阻效应影响，仲胺的反应活性降低。聚天门冬氨酸酯黏度低，可通过调整取代酯基与二元胺的结构来控制固化速率与凝胶时间，它与 HDI 的三聚体反应生成的聚脲是新一代聚脲，所得聚脲性能优异，耐候性好，色彩稳定。

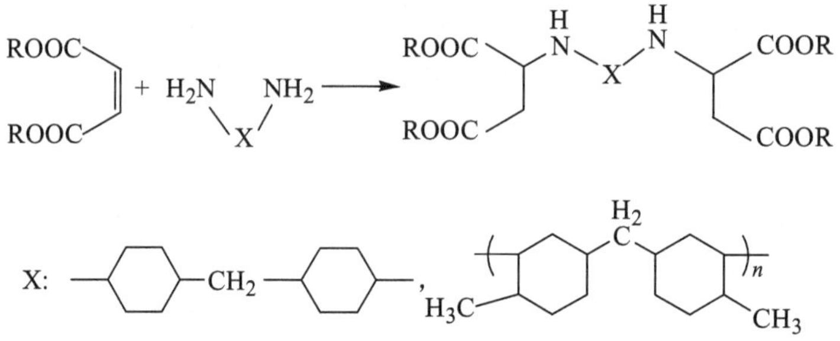

(Ⅲ)

为了调节反应速度和涂膜性能，在树脂组分中也可加入多元醇，这样反应后不仅有聚脲的结构也有聚氨酯结构，此反应体系称为混杂体系。

16.8　非异氰酸酯聚氨酯

非异氰酸酯聚氨酯(NIPU)是指不以异氰酸酯为原料合成的聚氨酯，NIPU 主链结构中含有 β-羟基氨基甲酸酯重复单元，此重复单元主要通过环碳酸酯与伯胺反应来制备(Ⅳ)。β 位碳原子上的羟基能与氨基甲酸酯的羰基通过内氢键形成一个相对稳定的七元环状结构(Ⅳ)，此结构可赋予 NIPU 耐水解性和耐化学品性。与传统聚氨酯材料相比，NIPU 不使用多异氰酸酯为原料，避免了异氰酸酯带来的原料毒性高、易产生气泡、原料对湿气敏感等不足，它的主要缺点在于合成过程中有副反应存在，生成 NIPU 的相对分子质量小。

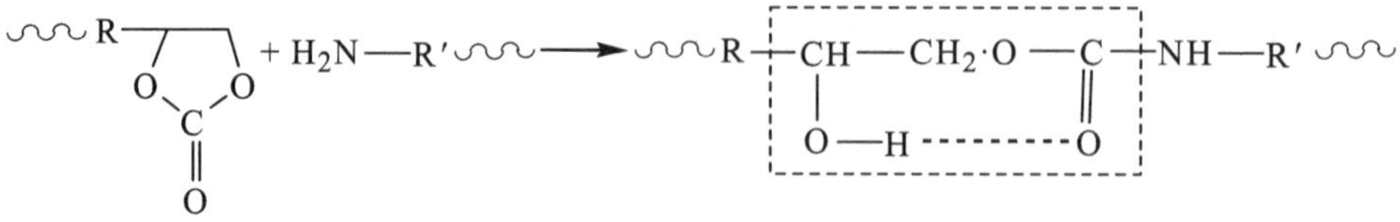

(Ⅳ)

第十七章 元素有机树脂涂料

元素有机树脂涂料主要是有机硅树脂涂料和有机氟树脂涂料。这两种涂料的成膜物为有机硅树脂和有机氟树脂，它们的结构不同，制备方法不同，前者用缩聚法制备，后者主要是由加聚法制备，但它们在性质上却有相似之处，即好的耐高温性能和低表面张力的性质，常常用在有高性能要求的地方。

17.1 有机硅树脂涂料

有机硅树脂(或称硅酮树脂)是以 Si—O 键为主链的有机硅氧烷聚合物，在 Si 原子上接有烷基(主要为甲基)或芳基(主要为苯基)，一般也称为聚硅氧烷。线型聚硅氧烷可以表示如下：

$$\begin{array}{c} R \\ | \\ -\!\!\!(Si\!-\!O)_n \\ | \\ R \end{array} \qquad R=CH_3，C_6H_5 \; 等$$

根据聚硅氧烷的平均相对分子质量不同，可分为硅油、硅树脂和硅橡胶三大类。硅油为平均相对分子质量很低的聚硅氧烷，是黏度在 $0.65\times10^{-3}\sim1000Pa\cdot s$ 的液体，涂料中主要用作添加剂。硅橡胶是平均相对分子质量在 40 万~80 万的高相对分子质量线型聚硅氧烷(高温硫化硅生胶)，或平均相对分子质量在 3 万~6 万的低相对分子质量线型硅氧烷(室温硫化硅生胶)在一定条件下进行交联(硫化)成网状分子，具有极重要的用途。有机硅树脂是数均相对分子质量为 700~5000，具有分支结构和多羟基的聚硅氧烷，可进一步固化成立体网状结构，是涂料中重要的成膜物。

17.1.1 聚硅氧烷的结构与性质

聚硅氧烷一般有高温稳定性好、低温柔顺性好、耐候性好、绝缘性能好、表面张力低、防水性能好的特点，但也有耐溶剂性和机械性能较差的缺点，聚硅氧烷的这些特点和其结构特点密切相关。

聚硅氧烷的第一个重要特点是主链为无机 Si—O 键，它的键能比 C—C 键高得多(见表 17.1)，这是它具有高温稳定性的重要原因。聚有机硅氧烷的第二个特点是 Si—O—Si 键角大，Si—O 键的键长长(见表 17.1)，因此主链 Si—O—Si 旋转自由，分子链非常柔顺，而且分子为非极性的，分子间作用力小，玻璃化温度非常低, 在低温下依然有非常好的柔顺性。Si—O 主链成螺旋状, 由于旋转容易, 链上非极性的烷基或芳基可以很快定向, 朝向界面。尽管从局部的 Si—O 化学键来看, 由于原子间电负性不同, 应该是极性键, 但由于对称性, 极性可互相抵消, 而且侧链都是非极性的, 因此整个分子呈非极性特点, 这决定了聚硅氧烷材料有很低的表面张力, 并有很好的电性质。但由于分子间作用力小, 机械性能较差, 耐溶剂性也差。

表 17.1

键	键长/Å	键能/(kJ/mol)	键角/(°)*
Si—O	1.64	452	130~160
C—O	1.43	360	110
C—C	1.54	356	109

* 指 Si—O—Si, C—O—C, C—C—C 键角

大部分聚硅氧烷上既有甲基也有苯基取代基, 两者的比例高低对性能影响很大, 如高甲基含量的有机硅树脂交联速度快, 储存稳定性差, 耐候性和低温柔顺性好; 而高苯基含量的有机硅树脂高温稳定性好, 储存稳定性好, 但固化速度慢, 高温固化时失重多, 光稳定性比较差。如果用较长的烷基代替甲基, 耐热性能下降。根据失重研究, 在 250℃苯基有机硅树脂膜的半衰期为 10 000h, 甲基有机硅树脂膜为 1000h, 而丙基有机硅树脂膜仅为 2h。

17.1.2 聚有机硅氧烷的制备

聚有机硅氧烷不能用加聚方法制备, 只能由氯硅烷为原料由缩聚的办法制备, 缩聚的单体氯硅烷主要有如下几种:

Me_3SiCl	三甲基氯硅烷
Ph_2SiCl_2	二苯基二氯硅烷
$PhSi(Me)Cl_2$	苯基甲基二氯硅烷
Me_2SiCl_2	二甲基二氯硅烷
$PhSiCl_3$	苯基三氯硅烷
$MeSiCl_3$	甲基三氯硅烷

其中二氯硅烷为二官能基单体, 是主体单体; 一氯硅烷是链终止剂; 三氯硅烷是三官能基单体, 可引入分支和官能基。通过调节三类单体的比例可得到不同的相对分子质量和结构, 通过调节不同基团的单体比例可得到不同苯基/甲基含量的聚合物。

氯硅烷和水反应形成羟基硅烷, 然后羟基硅烷缩合成聚硅氧烷。二氯硅烷, 如二甲基二氯硅烷, 水解可制得线型聚硅氧烷或环状低聚体, 环状低聚物如四

环体(八甲基四硅氧烷)容易分离出来并可分馏纯化：

$$\underset{\substack{H_3C \\ | \\ H_3C}}{\overset{\substack{Cl \\ | \\ Cl}}{Si}} + 2H_2O \longrightarrow \underset{\substack{H_3C \\ | \\ H_3C}}{\overset{\substack{OH \\ | \\ OH}}{Si}} + 2HCl$$

$$n\ \underset{\substack{H_3C \\ | \\ H_3C}}{\overset{\substack{OH \\ | \\ OH}}{Si}} \xrightarrow{H^+} +\underset{\substack{| \\ CH_3}}{\overset{\substack{CH_3 \\ |}}{Si}}-O\!\!\underset{}{\rangle_n} + nH_2O$$

$$4\ \underset{\substack{H_3C \\ | \\ H_3C}}{\overset{\substack{OH \\ | \\ OH}}{Si}} \xrightarrow{H^+} （四环体结构） +4H_2O$$

（四环体）

　　由极纯的二氯硅烷的水解缩合或四环体的开环聚合可得到高相对分子质量的聚硅氧烷，即硅橡胶，它的硫化反应表示如下：

$$HO-\underset{\substack{| \\ CH_3}}{\overset{\substack{CH_3 \\ |}}{Si}}\!\!\underset{}{(}O\!\!\underset{\substack{| \\ CH_3}}{\overset{\substack{CH_3 \\ |}}{Si}}\!\!\underset{}{)_n}O-\underset{\substack{| \\ CH_3}}{\overset{\substack{CH_3 \\ |}}{Si}}-OH \xrightarrow[\triangle]{BPO} （交联网状结构）$$

　　如果在二氯硅烷中加入一氯硅烷，便可得到低相对分子质量的聚硅氧烷，由二氯硅烷/一氯硅烷的比例可调节相对分子质量的大小，得到不同相对分子质量的硅油，硅油的链末端为三甲基硅氧基：

$$H_3C-\underset{\substack{| \\ CH_3}}{\overset{\substack{CH_3 \\ |}}{Si}}\!\!\underset{}{(}O\!\!\underset{\substack{| \\ CH_3}}{\overset{\substack{CH_3 \\ |}}{Si}}\!\!\underset{}{)_n}O-\underset{\substack{| \\ CH_3}}{\overset{\substack{CH_3 \\ |}}{Si}}-CH_3$$

　　在聚合单体中加入三氯硅烷，可在聚合物上引入支链结构和羟基，通过一氯硅烷、二氯硅烷和三氯硅烷的配比调节及工艺条件的变化，可得到平均相对分子质量和平均羟基数目及结构不同的聚合物。活泼的羟基在高温下可以进一步发生缩合反应，从而可得到体型网状结构。涂料中所用的聚硅氧物便是这种含有多羟基的平均相对分子质量不太高的聚合物或称有机硅树脂。有机硅树脂进一步的热交联反应可表示如下：

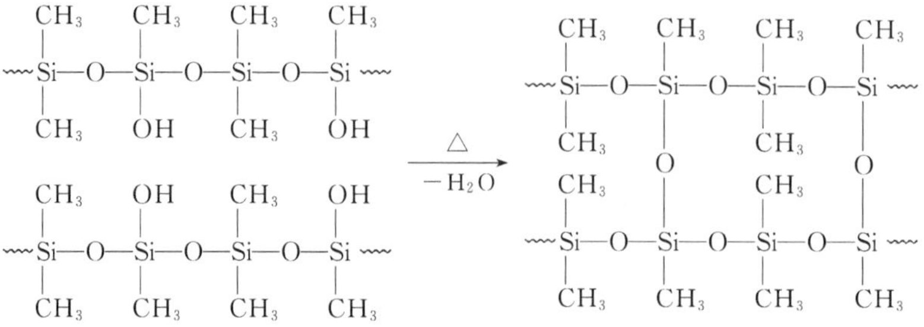

但是这种反应是可逆的，在高湿度的条件下，交联结构可部分分解。

上述缩聚反应一般在水-有机溶剂的混合溶剂中进行，酸和碱都可以作为反应的催化剂。制备有机硅树脂通常用酸作催化剂。碱性催化剂有利于得到线型聚合物而不生成环化物。有机硅树脂溶液在无水和无催化剂条件下是稳定的，在高温下，发生交联反应，且要加催化剂，如辛酸锌。

17.1.3　改性有机硅树脂

有机硅树脂成本较高，而且固化温度高，时间长，例如在 225℃要固化 1h 左右，因此直接用于涂料的成膜物受到限制。为了充分发挥有机硅树脂的优点，同时限制它的缺点，对有机硅树脂进行改性，或换一种说法，用有机硅去改进其他树脂的性能，是非常重要的。

改性有机硅的重要途径是通过聚合物链上的自由羟基和其他化合物或聚合物上的活性基团，如羟基、羧基和异氰酸酯等反应。但是，当有机硅的羟基和其他基团反应时，有机硅本身的羟基也可以互相反应，以致形成凝胶，为了控制自身的缩合反应，可以先将有机硅上的羟基烷基化，如甲醚化。有机硅树脂和其他树脂间的反应可以先在溶液中完成，也可以在成膜时完成，可以是单组分的也可以是双组分的。有关反应可表示如下。

(1) 与醇反应

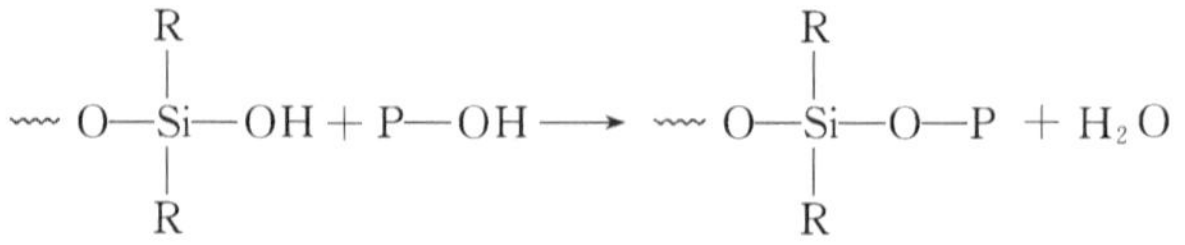

或

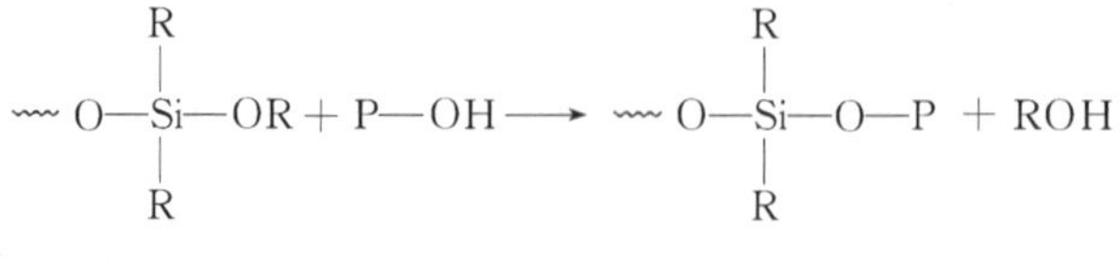

(2) 与酸反应

$$\sim O-\underset{\underset{R}{|}}{\overset{\overset{R}{|}}{Si}}-OR + P-COOH \longrightarrow \sim O-\underset{\underset{R}{|}}{\overset{\overset{R}{|}}{Si}}-O-\overset{\overset{O}{\|}}{C}-P + ROH$$

(3) 与异氰酸酯反应

$$\sim O-\underset{\underset{R}{|}}{\overset{\overset{R}{|}}{Si}}-OH + R''N=C=O \longrightarrow \sim O-\underset{\underset{R}{|}}{\overset{\overset{R}{|}}{Si}}-O-\overset{\overset{O}{\|}}{C}-\overset{\overset{H}{|}}{N}R''$$

用有机硅树脂改性其他树脂,用量一般在 30%~50%,低于 30%改性不明显,高于 50%成本高, 主要的改性树脂有下列数种。

1. 有机硅改性醇酸树脂

最早改性的方法非常简单,将有机硅树脂直接加到反应达终点的醇酸树脂反应釜中即可。有机硅树脂在高温下有可能和醇酸树脂通过共价键相连,但也可能大部分有机硅树脂只是和醇酸树脂混溶。为了改进有机硅树脂的混溶性,有机硅树脂中常含一些长链烷基。通过这样简单的混合,醇酸树脂的室外耐候性大大改进。一般来说,高苯基含量的有机硅树脂改性的醇酸树脂比用高甲基含量的有较好的热塑性、较快的气干速度和较好的溶解性能。

另一种改性方法是制备反应性的有机硅低聚物,用以和醇酸树脂上的自由羟基进行反应,也可将有机硅低聚物作为多元醇和醇酸树脂进行共缩聚。经有机硅改性的醇酸树脂耐候性更好。有机硅改性醇酸树脂主要是气干性的,但也可改性用于氨基醇酸漆的醇酸树脂。据报道,一种有机硅改性的氨基醇酸漆在美国佛罗里达曝晒场经三年曝晒后的保光率可达 70%,而未改进的仅 18%。

2. 有机硅改性聚酯和聚丙烯酸酯

端羟基的聚酯和聚丙烯酸酯均可用多羟基的有机硅烷低聚物(一般平均羟基数为每分子 3.5 个左右)进行改性,有机硅上的羟基要先进行醚化,并用催化剂如四丁基锡或四异丙基锡,反应一般在 140℃左右进行,通过黏度变化确定反应终点。

有机硅树脂和聚丙烯酸酯或聚酯的羟基间的反应,也可导致交联,这种交联反应可在涂布以后在高温下完成。它可用于卷钢涂料的成膜物,烘干条件为 300℃下 90s,催化剂用辛酸锌,因为有机锡催化剂易为颜料带入的水所水解。所得涂层具有很好的耐候性、高温稳定性和低温柔顺性,其缺点是在长期置于高温条件下漆膜易变软,从而易被损伤,变软的原因可能是发生了交联反应的逆反应，因此，当将其置于一般条件下时，漆膜又可变硬。为了克服这一问题，涂料中可加入少量氨基树脂以帮助有机硅树脂和聚丙烯酸酯或聚酯间进行二次固化。还可将含碳碳双键的有机硅单体与丙烯酸酯通过乳液聚合共聚，获得耐候性好的硅丙乳胶。

3. 有机硅改性环氧树脂

有机硅树脂和双酚 A 环氧树脂反应可得硅改性的环氧树脂，其反应主要发生在有机硅树脂上的羟基和环氧树脂上的羟基之间，环氧树脂的环氧基不受影响，但可在以后的交联固化反应中起作用，可用下式表示：

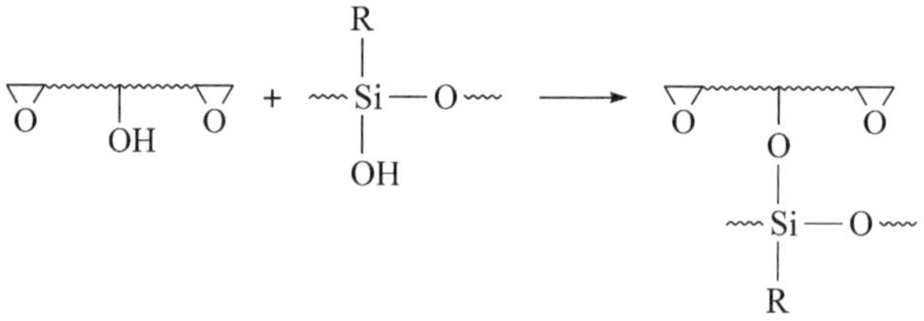

（双酚A环氧树脂）　　　　　　　　　　　　　　（有机硅树脂）

4. 异氰酸酯改性有机硅树脂

多异氰酸酯，或异氰酸酯封端的树脂可以和有机硅树脂反应，得到含自由异氰酸酯基团的改性树脂，它可在室温下发生潮气固化。

17.1.4　有机硅树脂涂料

1. 耐高温涂料

交联的有机硅树脂在 300℃左右开始分解，温度愈高分解愈快(分解快慢和苯基/甲基比有关)。分解的最终产物为二氧化硅，二氧化硅虽然很脆，但仍可以作为耐高温颜料的黏合剂(成膜物)。一种烟囱耐高温涂料便是由有机硅树脂为成膜物，铝粉(银粉)为颜料组成的，这种涂料在 500℃以上可以使用数年，其原因可能是在高温下有机物被燃烧后，留下了含二氧化硅和铝片的无机保护层，其中有玻璃状的硅酸铝形成。耐高温有机硅涂料中除用铝粉外，还可以用陶瓷粉、玻璃粉、高岭土及锌粉等，有机硅改性环氧树脂以氨基硅烷作固化剂，可用于耐高温防锈涂层。有机硅树脂涂料的耐高温性仅次于有机氟涂料。

2. 有机硅绝缘涂料

有机硅树脂涂料具有很好的高温绝缘性，能满足宇宙飞行器、飞机、电子电器等工业部门对电子元器件使用温度不断提高的要求。有机硅绝缘涂料可以用有机硅树脂或有机硅改性环氧树脂和有机硅改性聚酯为成膜物，可以有清漆和磁漆两类，既有高温固化型的，也有低温固化型的。有机硅绝缘涂料可使电机工作温度提高到 180℃，且可在高温条件下运行；它的使用范围宽，在较宽的频率范围内，其介电常数和介质损耗都很小，且随温度变化小；其电学性能不仅在高温下，而且在低温下都比其他有机涂料好，它的另一个特点是，在高温受到破坏时，一般不会燃烧，残余物为 SiO_2，不会形成焦炭而发生导电现象。

3. 有机硅耐候涂料

用有机硅改性的醇酸、聚酯、聚丙烯酸酯等涂料耐候性明显提高，可用于室外的长效、高装饰性保护涂料。特别是有机硅改性的醇酸树脂涂料，不仅保持了原有气干的特点，而且耐候性可大大提高。有机硅改性的聚氨酯涂料广泛用于飞机蒙皮、大型储罐表面、建筑屋面和文物的保护。

4. 弹性涂料

用线型有机硅树脂，通过室温交联可得到弹性非常好的漆膜，且有非常好的耐候性、耐热性、防水性。弹性涂料可以有溶剂型的，也有水性的，可应用于建筑、汽车和电器等。

5. 防水涂料

有机硅涂料具有非常低的表面张力，有极好的防水性能，加上它的优越耐寒性、耐热性、弹性和耐候性，因此被广泛用于建筑上的防水、防潮涂料。调节好苯基和甲基的比例，可得到既有很好透水气性又有很好的防水性的涂料。有机硅防水涂料也可以是由有机硅乳胶或有机硅乳胶与丙烯酸乳胶的混合物或硅丙乳胶制成的乳胶漆。

6. 原硅酸四乙酯富锌潮气固化涂料

原硅酸四乙酯 $Si(OC_2H_5)_4$ 虽非有机硅氧烷，但也可作为成膜物，特别是用于金属防锈涂料-富锌底漆的成膜物。$Si(OC_2H_5)_4$ 是一种无色透明液体，它在空气中可为水气水解为聚硅酸的网状结构而成膜。聚硅酸结构非常复杂，完全水解得到 SiO_2，和水的基本反应可以表示如下：

$$Si(OC_2H_5)_4 + H_2O \longrightarrow (C_2H_5O)_3Si-O-Si(OC_2H_5)_3 + 2C_2H_5OH$$

为了制备涂料，先在 $Si(OC_2H_5)_4$ 的乙醇溶液中加少量水，使相对分子质量增加至一定程度(用黏度控制)，然后加入锌粉。涂布后，醇挥发掉，湿膜从空气中吸水，交联反应继续进行至完全。由于锌粉中含有氢氧化锌和碳酸锌组分，生成的聚硅酸可和它们反应生成硅酸锌，因此，此类富锌漆也可称为硅酸锌漆。这种防腐蚀漆同样可将钢铁表面的铁离子和亚铁离子以硅酸盐形式结合在漆膜里。

17.2 有机氟树脂涂料

含氟的聚合物统称为有机氟树脂,用有机氟树脂为基料的涂料称有机氟树脂涂料。有机氟树脂的主要特征是它优良的耐热性、耐候性和耐药品性,以及优良的机械性能和电性能,它广泛用于塑料、橡胶、涂料等各方面。有机氟树脂一般以加聚方式制备,主要的含氟单体有四氟乙烯(TFE)、三氟氯乙烯(CTFE)、偏氟乙烯(VDF)、氟乙烯(VF)、六氟丙烯,由这些单体自聚或共聚(包括与烯烃和其他烯类单体的共聚),可得一系列含氟聚合物和共聚物,如聚四氟乙烯(PTFE)、聚三氟氯乙烯(PCTFE)、四氟乙烯-六氟丙烯共聚物(FEP)、聚偏氟乙烯、四氟乙烯-乙烯共聚物等。

17.2.1 有机氟树脂的结构与性质

有机氟树脂和聚烯烃相同,都是以 C—C 键为主链的聚合物,不同的是氟原子代替了聚烯烃上的氢原子。C—F 键的键能(440kJ/mol)比 C—H 键(410kJ/mol)、C—O 键(360kJ/mol)、C—C 键(356kJ/mol)和 C—Cl 键(326kJ/mol)的键能高得多,因此含氟聚合物具有优良的耐热性、耐化学药品性和耐候性。

如果含氟聚合物是全氟的(全氟聚合物),即所有 C—C 链都是用氟原子饱和的,如聚四氟乙烯,则还有另外一些特点。因为氟的原子半径(1.35Å)比氢原子半径(1.1~1.2 Å)大得多,因此未成键的原子间作用力(排斥力)大,于是碳-碳主链形成一种螺旋结构,这与聚烯烃的平面反式构型不同;在碳链上的氟原子可相互紧密接触,把碳-碳链完全覆盖起来,成为一个完整的圆柱体。这种结构也对有机氟树脂的优良性质有重要贡献。由于这种特殊结构,整个分子十分僵硬,分子转动势垒很大,因此有很高的熔点和玻璃化温度。在全氟的有机氟树脂中的 C—F 键虽然是极性的,但由于分子是对称的,极性可互相抵消,整个分子呈非极性,有非常低的表面能,它的表面张力比油还低,具有既憎水又憎油的特征,并且有非常优异的电子性能。全氟树脂的另一个重要特点是其摩擦系数非常低,因此在外力作用下易于滑动。这种结构上的特点也决定了全氟聚合物易发生蠕动,尽管有很高的抗张强度,但易变形,刚性和硬度较差。全氟聚合物在加工方面,特别是用于涂料成膜物受很大限制。为了克服这一困难,往往采用共聚合的办法制备非全氟聚合物,但这样在性能上有所损失。

17.2.2 几种重要的有机氟树脂与涂料

1. 聚四氟乙烯

聚四氟乙烯一般是由四氟乙烯通过悬浮聚合的方法制备的,聚合所得四氟乙烯粉末经类似粉末冶金的方法成型。尽管聚四氟乙烯有其他聚合物所不可比拟的突出优点，如耐热性和室外稳定性，但由于聚四氟乙烯链非常僵硬，容易结晶，加热到 415℃ 也不会从高弹态转变为黏流态，聚四氟乙烯也不溶于任何溶剂，因此不仅难以用于溶剂性涂料，也难以用作一般的粉末涂料。它的涂布方法比较特殊，首先在聚四氟乙烯分散液中加浓缩剂(聚氧化乙烯辛烷基酚醚)，搅拌，加热至沸点(65~70℃)，静置分层，分出下层浓缩液，调节浓缩剂和水量至聚四氟乙烯含量为 60%(浓缩剂为聚四氟乙烯的 6%)，然后再将浓缩液配制成涂料。将制得的涂料喷涂到器件上去，在 90℃ 左右烘干后，于 380℃ 进行烧结 15~30min，取出急冷淬火便可得一薄涂层。上述喷涂一般要重复数次。由于要经过烧结，被涂物必须是能耐高温的，因此适用于化工设备和烹饪用具，家用的不粘锅便是用这种方法涂布的。

2. 聚偏氟乙烯

聚偏氟乙烯 $\{CH_2—CF_2\}_n$ 的熔融温度(178℃)要比聚四氟乙烯低得多，而且机械强度比较高，抗张强度、冲击强度和耐腐蚀性都很好，可在 -40~150℃ 长期使用，薄膜的耐候性和耐辐射性能也很突出，电性能优异，具有良好的化学稳定性。它可溶于二甲基乙酰胺和二甲基亚砜等偶极非质子溶剂中，利用它的溶液可在铝铂上流平，经热熔后成膜。也可用分散液喷涂后，热熔成膜。一种卷钢涂料便是以它为基料的，将聚偏氟乙烯分散在一种聚丙烯酸溶液中，涂布后在 245℃ 热熔成膜，它具有非常好的室外稳定性。聚偏氟乙烯的共聚物可用于粉末涂料。

3. 四氟乙烯-乙烯共聚物

四氟乙烯和乙烯共聚物可用自由基聚合得到。共聚物除了热稳定性次于聚四氟乙烯，表面无自润滑性能外，其他性能可接近于聚四氟乙烯，但比较容易加工。在共聚中再加入其他乙烯基或丙烯酸类单体，如乙烯基醚、乙酸乙烯酯、丙烯酸酯等，将所得共聚物用水处理，使乙酸乙烯酯或丙烯酸酯等水解出羟基或羧基，然后沉淀、分离和干燥，再重新溶于溶剂中，加入其他组分和固化剂，如氨基树脂，便可制得涂料。由此配制成的涂料可在比较低的温度下固化。这样共聚型的涂料，施工性能好，表面硬度、光泽和柔顺性、耐溶剂性、耐污性和耐候性等都很好，可用于各种金属、木器的涂装，也可用于各种塑料的涂装。

4. 丙烯酸全氟烷基酯共聚物

丙烯酸的全氟烷基酯 $(H_2C＝CH—\overset{\overset{\textstyle O}{\|}}{C}—O\{CF_2\}_nCF_3)$ 可和丙烯酸酯及其他烯类单体共聚得到以全氟烷基为侧链的共聚物，由于丙烯酸全氟烷基酯比较贵，

通常都是作为共聚单体。共聚合既可以采用溶液聚合方法也可采用乳液聚合，分别用于制备溶剂型涂料，水稀释性涂料及乳胶漆。它们可用于建筑涂料，也可用于织物整理、皮革涂饰和绝缘涂层。如果在共聚单体中加入官能性单体，如丙烯酸羟乙基酯，则可得到可进一步与交联剂(如氨基树脂等)发生交联反应的共聚体，以它们作成膜物，可得到用于要求有优良室外耐候性和高光泽的涂料，以及表面防水涂料等特种涂料。

5. 乙烯基醚与氟烯烃乙烯共聚物

乙烯基醚和氟烯烃进行交替共聚合，所得共聚物有很好的溶解性能，可用于制备溶剂型和水性涂料。

$$\left[\begin{array}{cccc} F & F & H & H \\ C & C & C & C \\ F & X & H & OR \end{array}\right]_n$$

含氟烯烃主要有：三氟氯乙烯(CTFE)、四氟乙烯(TFE)、六氟丙烯(HFP)等，其中最常用的是 CTFE；乙烯基醚主要有：乙基乙烯基醚、环己基烯丙基醚、羟丁基乙烯基醚、聚氧乙烯乙烯基醚、聚氧丙烯乙烯基醚等。在共聚合中常加入其他共聚单体通常为丁酸乙烯酯、己酸乙烯酯、新戊酸乙烯酯、丙烯酸乙酯、丙烯酸环己酯以及巴豆酸等。

通过使用羟丁基乙烯基醚可以引入羟基，羟基可与氨基树脂和异氰酸酯发生反应，得到热固化或室温固化的氟碳涂料，羧基的引入对交联剂与羟基交联固化反应有很好的促进作用，同时还有润湿颜料、防止浮色等效果、环己基的引入，其侧链大环降低树脂结晶度，赋予树脂刚性和透明性。烷基的引入增加了树脂的柔韧性。

6. 有机氟硅涂料

有机硅涂料和有机氟涂料各有特点，两者结合，可以互补。在有机硅树脂中引入氟碳结构可以增加有机硅树脂的耐溶剂性和降低表面张力，提高抗黏性。在氟碳树脂中引入硅氧键，可获得优良的耐高低温特性，提高涂料与基底的附着力。氟硅树脂可用多种方法制备，例如乙烯基三乙氧基硅烷单体与甲基丙烯酸氟烷基酯、氟烯烃单体及乙烯基醚共聚，用硅氧烷作三氟乙烯共聚物的交联剂。氟化硅氧烷单体如含三氟丙基的甲基硅氧烷单体可以单独进行聚合，但一般是和烷基硅氧烷单体或聚二甲基硅氧烷共聚等得到有机氟硅树脂。

$$-[(CF_3CH_2CH_2)CH_3Si-O]_n[(CH_3)_2Si-O]-$$

有机氟硅树脂有希望用于无毒防污涂料，自清洁涂料，光学仪器的保护涂料以及防粘涂料、剥离纸表面涂料等。

17.3　水性有机硅和水性有机氟树脂

17.3.1　水性有机硅树脂

水性有机硅树脂大体可分为两类，一类是纯有机硅水性树脂，一类是含有一定量有机硅氧烷成分的树脂，后者常被称为有机硅改性树脂，如有机硅改性丙烯酸树脂。

1. 纯有机硅水性树脂

纯有机硅水性树脂主要的制备方法是乳化，以有机硅氧烷为原料，经水解、缩合等步骤制成有机硅氧烷树脂，然后加入乳化剂、溶剂和其他助剂，高速搅拌乳化成水分散体。

纯有机硅水性树脂具有良好的耐热性、绝缘性、抗粘连性和耐候性，存在的缺点是需要高温长时间固化，对基材附着力、耐溶剂性都比较差，力学性能也不好，因此较少用于涂料中做成膜物，但它可作为防水剂使用。

2. 有机硅改性水性树脂

利用有机硅的优点去改性其他树脂为常用的树脂改性方法。一种方法是将含羟基的有机硅氧烷乙烯基化，然后作为共聚单体和丙烯酸单体共聚得到有机硅改性乳胶。另一种办法是在乳液聚合中加入少量乙烯基硅烷偶联剂作为共聚单体，可以改善漆膜的附着力。有机硅改性乳胶的性能与硅含量有关，一般当硅氧烷单体含量达到一定量时，硅改性的涂料性能才可大大提高。

17.3.2　水性有机氟树脂

由于氟化有机涂料的难溶性，很早就开始了水性有机氟树脂的研究，事实上很多含氟聚合物都是通过水性体系制备的。作为涂料成膜物的水性有机氟树脂主要通过两种方法制备，一种是乳液聚合方法，一种是水稀释性分散体制备方法，也称后乳化法。

乳液聚合法中，参与共聚的非含氟单体有烷基乙烯基醚(酯)、烷基烯丙基醚(酯)、(甲基)丙烯酸类单体、醋酸乙烯和叔碳酸乙烯酯等；含氟单体有丙烯酸含氟烷基酯和含氟烯烃。以丙烯酸含氟烷基酯为共聚单体时，通常采用常压乳液聚合法；而采用含氟烯烃如三氟氯乙烯、四氟乙烯及偏二氟乙烯等为共聚单体时，则在压力下进行乳液聚合。混合单体中加入含羟基的烯类单体共聚制得含羟基的热固性水性氟树脂。

　　水稀释性氟碳树脂的制备方法和一般水稀释树脂相似,先在溶液中将(甲基)丙烯酸含氟烷酯和其他共聚单体包括含羧基的烯类单体共聚,然后用氨中和,用水稀释,便得到水稀释性氟碳树脂,混合单体中加入双丙酮丙烯酰胺共聚可得到具有活性羰基的水性氟树脂,在体系中加入适量酰肼,随着水分蒸发,酰肼可和羰基反应交联,得到性能很好的固化膜(固化机理见 13.2.6 节);水稀释性氟碳树脂也可设计成含羟基的分散体,与多异氰酸酯组成双组分固化体系。

　　水性氟碳树脂由于有很好的抗污、耐老化和防腐性能,在建筑外墙涂料、一些公共设施的内墙面涂料、皮革、纸张和织物的表面处理及生活炊具上得到广泛应用,但在工业涂料领域的应用有限,需要性能优异的中涂与底涂与之配套,水性双组分氟碳超耐候重防腐涂料仅在混凝土桥梁,钢结构桥梁上有初步的应用。

　　全氟辛酸和全氟辛烷磺酸具有毒性,在水性氟树脂中已被禁止使用,它们曾被用作表面活性剂。

第十八章　高固体分涂料

涂料中挥发性有机化合物(VOC)对大气的污染越来越受到关注。降低溶剂量，发展高固体分涂料，是涂料研究的重要方向。高固体分涂料很难有确切定义，现在一般的溶剂型热固性涂料，在喷涂要求的黏度下，其固含量(质量)一般在 40%~60%，而所谓的高固体分涂料的固含量则在 60%~80%，因成膜物不同，颜料量不同，高固体含量指标差距很大。例如，对于 PVC 值高的底漆，高固体分意味着固含量(体积)为 50%，而对于 PVC 值低的高光泽面漆或清漆则为 75%以上。这项指标乍看起来不是很难，特别是对于高分子工作者来说，常常认为只要降低成膜物的相对分子质量便可达到。实际不然，因为高固体分涂料不仅要解决黏度高低问题，而且要同时保证漆膜性能和涂料涂布性能达到一般溶剂型热固性涂料的水平或更高，这是一个十分复杂的课题。最早使用的干性油或一些油基涂料便是高固体分涂料，它们不加或只加很少的溶剂，但是这些涂料品质不高，现在不可能将涂料水平降低到油基涂料的水平。所谓的高固体分涂料应是一种高品质的涂料。本章主要讨论各种因素对高固体分涂料和低聚物溶液黏度的影响，以及高固体分涂料的制备和应用过程中的各种问题。

18.1　高固体分涂料的黏度

18.1.1　平均相对分子质量和相对分子质量分布对黏度的影响

众所周知，在固定的浓度下，聚合物溶液的黏度随平均相对分子质量的降低而降低，对于涂料来说，讨论在固定黏度下固含量即聚合物浓度与平均相对分子质量的关系更为直观，因此我们可以得到如图 18.1 所示的情形，即相对分子质量降低，聚合物溶液浓度增加。不言而喻，欲增加浓度必须合成低平均相对分子质量的聚合物。表 18.1 中列举了不同聚合度(X_n)的甲基丙烯酸甲酯和甲基丙烯酸丁酯对黏度和玻璃化温度的影响。

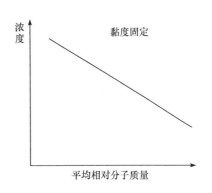

图 18.1　黏度固定时平均相对分子质量与溶液固含量(浓度)的关系(示意)

表 18.1　X_n 对黏度和 T_g 的影响(80%，甲苯溶液，25℃)

低聚物	X_n	$\eta/(\text{Pa} \cdot \text{s})$	$T_g/℃$
MMA	6~7	5.0	0.5
MMA	11	15~20	23~30
MMA	16~17	>50	50
BMA	7	<0.1	-40
BMA	13~14	10	-25

　　另一方面，相同平均相对分子质量的聚合物，由于相对分子质量分布不同，它们的黏度也很不同。为了说明这种关系，可首先将重均相对分子质量通过式(18.1)和黏度联系起来：

$$\eta = k\overline{M}_w^x$$

或

$$\lg \eta = \lg k + x \lg \overline{M}_w \tag{18.1}$$

式中，k 和 x 定义为和体系有关的常数。对于聚合物熔体的黏度，当 M 超过一定值时，由于聚合物分子间的缠绕，x 值较高，约为 3~4，而对于高固体分的低聚物，一般不发生缠绕问题，x 值一般在 1~2 之间。然后可借用此式进行下列计算：两种数均相对分子质量($\overline{M}_n$)均为 1000 的低聚物，第一种的相对分子质量分布为单分散即 $\overline{M}_w / \overline{M}_n = 1$，其黏度为 $\eta = 1\text{Pa} \cdot \text{s}$，如果 $x = 1$，代入式(18.1)可求得 $\lg k = -3$；第二种低聚物为多分散低聚物，若 $\overline{M}_w / \overline{M}_n = 3$，则其 $\overline{M}_w = 3000$，按式(18.1)计算，$\eta = 3\text{Pa} \cdot \text{s}$，若 $x = 2.0$，则第二种聚合物的 $\eta = 9\text{Pa} \cdot \text{s}$。由此不难看出，相对分子质量分布变宽，可使黏度明显增加。在此顺便提及，相对分子质量不同的聚合物分子对 $\overline{M}_w$ 和 $\overline{M}_n$ 的贡献所占比重是不同的，$\overline{M}_n$ 对相对分子质量小的分子敏感，而 $\overline{M}_w$ 对相对分子质量高的敏感。另外，相对分子质量过低的聚合物，在高温固化时便有可能挥发，实际是降低了固含量。

18.1.2　玻璃化温度与官能团对黏度的影响

　　相对分子质量降低，可引起自由体积增加，因为链末端数增加，可使链的运动更为容易。自由体积增加可使 T_g 下降，这可作为相对分子质量下降，黏度下降的一种解释。当然 T_g 不仅和相对分子质量有关，也和结构有关，这种关系可在表 18.1 中看到。一般来说，极性增加，聚合物的 T_g 会升高，黏度也因之会升高。上节我们讨论了相对分子质量降低，黏度下降的情况，这只是一般的情况，我们忽略了作为高固体分涂料成膜的聚合物，不仅要求有低的相对分子质量，而且要求这些低相对分子质量的分子都有足够的官能团，以便在成膜时形成交联结构。相对分子质量愈低，在同样质量的聚合物中活性官能团的量必然要求愈多，而官能团的相对量的增加又势必使 T_g 和黏度增加。关于增加官能团使黏度升高的现象，可以由乙烷到甘油黏度的变化中看到：

CH_3CH_3	气体
CH_3CH_2OH	低黏度的液体
$HOCH_2CH_2OH$	黏度较高的液体
$CH_2\!-\!CH\!-\!CH_2$ 　|　　|　　| 　OH　OH　OH	黏度最高的液体

当我们在考虑降低聚合物相对分子质量时，必须考虑这种相反的效应，因此相对分子质量不能无限降低。另一方面，官能团含量的增加，如羟基的增加，相应的交联剂(如 HMMM)也必然要增加，这样在交联反应时释出的挥发性小分子的量也会增加，这又从反面增加了挥发性有机物的量。

18.1.3　溶剂的影响

溶剂的作用是降低体系黏度，也是降低体系的 T_g。如何合理地选用溶剂也是提高涂料固含量的一个重要方面。上节提到极性官能基团的增加可使体系 T_g 和黏度上升，这也可用官能基团之间的相互作用来解释。如果所用溶剂能和低聚物上的功能基团作用，从而取代了低聚物分子间的作用，便可以大大降低体系的 T_g。二甲苯、甲乙酮和甲醇三种溶剂都具有差不多相等的黏度，但它们形成氢键的强度和形式都很不相同，因而对体系黏度下降的贡献也不同。例如，对于含多羟基的低聚物来说，甲乙酮具有最佳的降低黏度的效果，尽管它的 δ_H 比低聚物的低，而甲醇的 δ_H 却与低聚物的相近，其原因在于甲乙酮是氢键受体，而甲醇既是氢键给体，又是氢键受体。甲乙酮破坏了聚合物分子间的氢键交联作用，而聚合物通过甲醇仍可形成氢键交联作用。三种溶剂中甲苯降低黏度的贡献最低，这是因为甲苯对于极性很强的低聚物是一种不良溶剂，已经知道，对于高浓度的聚合物溶液来说，良溶剂中的黏度是低于不良溶剂的。另外，溶剂本身的黏度对于聚合物溶液的黏度也有重要影响(参见 6.4)。

18.2　高固体分色漆的黏度及颜料的分散

18.2.1　色漆的黏度

色漆是一个两相体系，其总的黏度用门尼公式(见第二章)表达，高固体分涂料因溶剂含量低，在干膜的 PVC 相同的条件下，它比普通涂料的内相体积要高，例如干膜中的 PVC 都为 40% 时，固含量(体积)为 70% 的涂料含颜料体积为 28%，而固体体积含量为 35% 的普通涂料的颜料体积只有 14%，很明显，在外相(漆料)

黏度相同的情况下，高固体分涂料的黏度要高得多。

18.2.2　颜料的分散

在颜料分散时，为了提高效率，希望在分散介质中树脂的量愈少愈好，只要所加树脂量能保证稳定已分散的颜料不重新聚集即可。但是高固体分涂料中溶剂的量是有限的，它没有足够的溶剂来保证分散介质达到较低的树脂浓度，因此分散只能在高于实际需要的树脂溶液中进行，这样分散介质的黏度较高，每次分散颜料的量必然要减少，因而效率较低。另一方面，由于分散介质的黏度较高，润湿过程也较慢，因此加颜料的速度也要减慢。

避免颜料在涂料中的重新聚集絮凝是一个重要的问题，高固体分涂料由于固含量高，平均相对分子质量低，絮凝的可能性比普通涂料更大。絮凝在普通涂料中一般可引起着色和光泽方面的问题，但高固体分涂料除了上述问题外，还可导致黏度的急剧增高。固体含量的提高和聚合物相对分子质量的降低对颜料的分散及其稳定性的影响，是在制漆时必须予以考虑的。

18.3　漆膜形成中的有关问题

18.3.1　官能团含量及其分布

普通涂料中聚合物相对分子质量大，在交联成膜时，只需不多的基团参与反应，而高固体分涂料中的聚合物相对分子质量低，交联成膜需要更多的基团参与反应，才能达到预期的性能。

已讨论过相对分子质量分布对于聚合物溶液黏度的影响。事实上，相对分子质量分布不仅影响黏度，而且对官能团的分布也是重要的。如图 18.2 所示，将一个高相对分子质量的聚合物截为数截，得到相对分子质量较低的数个分子，如果每个较小分子的官能团数平均为 2 个的话，那么由于在分截时的不均匀性，必将导致官能团分配的不均匀性，有的只能得一个官能团，有的甚至不能得到官能团。相对分子质量愈低的聚合物不带官能团或仅带一个官能团的可能性愈大，而这对热固性涂料来说是需要避免的，因为不带官能团的分子相当于增塑剂或"溶剂"，不仅可影响漆膜的机械性质，而且有可能造成涂膜的弊病。相当于"溶剂"的低聚物有可能在固化条件下蒸发并在烘箱顶部凝结，当积累到一定量时会下滴，引起漆膜发生缩孔等缺陷。单官能团的分子则是交联反应的终止剂。为了保证低聚物中有两个以上的官能团，除了增加官能团的含量外，很显然要求相对分子质量分布尽量窄，但窄相对分子质量分布的低聚物并不是使每个分子具有两个以上官能团的充分条件，因为一般官能团是通过共聚方法引入聚合物的。由于竞聚率不同，共聚单体在聚合物中的分布差别是很大的，除非有像自由基聚合中恒分共聚的情况($r_1=1$，$r_2=1$)，但这种情况非常罕见，因此保证官能团如何分布均匀的聚合技术对于高固体分涂料的制备是十分重要的。

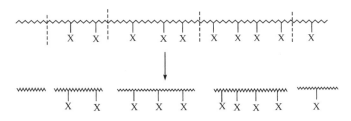

图 18.2　相对分子质量分布与官能团分布的关系

另一方面，我们必须注意交联剂的用量问题，例如相对分子质量分别为 2000 和 400 的聚合物二醇，它们的反应当量为 1000 和 200，当要求交联剂与它们等当量反应时，其用量应为 1：5。交联剂的大量增加对于各种性能的影响，如机械性能、贮存稳定性等，也是需要在考虑配方时予以注意的。

18.3.2　温度及其他因素对成膜过程的影响

热固性涂料成膜时需要烘烤，当温度升高时涂料的黏度会降低，这对漆膜的流平以及提高附着力等都是有利的，但如果黏度降低过多也会引起流挂问题。普通涂料的黏度随温度的变化比较缓慢，而高固体分涂料的黏度受温度影响要比普通涂料大得多(图 18.3)。因此当湿膜进入高温烘箱时，黏度急剧下降，从而引起流挂，这种"烘箱流挂"很难用一般的触变剂(如气相 SiO_2 等)克服：一方面加入触变剂会增加黏度，必须多加溶剂以保持黏度，另一方面普通的触变剂在高温下会失去效力。为了克服烘箱流挂可使用"流挂控制剂"，例如，在聚酯中用一种相对

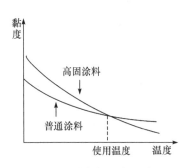

图 18.3　黏度与温度的关系

分子质量低的含脲基结构的半结晶化合物，它在固化过程中可溶解并可与交联剂反应，另一种控制烘箱流挂的方法是加活性微凝胶。高固体分涂料在进入烘箱前也易产生流挂，其原因可能是在喷涂时，漆滴由喷枪口到表面只损失较少的溶剂，而普通涂料的溶剂在此过程中大部分逃逸了，因此在被涂物表面的两种涂料固含量几乎是相同的，但高固体分的黏度较低。之所以高固分涂料在喷涂过程中溶剂挥发较少可能有三个原因：①由于高的固含量，雾化不好，雾滴较大，表面积较小；②由于高的极性，溶剂和低聚物间相互作用很强，溶剂不易逃逸；③高固体分涂料挥发少量溶剂后，溶剂的进一步挥发即为扩散速度所

控制。

作为汽车闪光漆涂料时，高固体分涂料中的片状金属颜料定向性要较普通涂料困难，其原因并不很清楚，可能是因为溶剂量少，溶剂逃逸慢，不易形成很好的内部溶剂流动，不易使金属片在溶剂流动下定向。

另外，由于高固体分涂料的表面张力比普通涂料高，因此当涂料应用在表面张力较低或被沾污的表面时，很易产生抽缩(crawling)，如用于塑料表面涂布时，抽缩情况要比普通涂料严重。又由于各种脏物或烘箱中滴下的溶剂的液滴等的表面张力都比高固体分涂料的表面张力低，因此也易产生缩孔。

18.4　低聚物制备

制备一个理想的高固体分涂料，必须首先控制低聚物的相对分子质量和相对分子质量分布，并保证每个分子具有两个以上的活性基团。当前高分子化学中正在深入研究活性聚合反应和聚合物分子设计剪裁技术，其目的在于实现按指定结构、相对分子质量和相对分子质量分布制备聚合物，其中可控自由基聚合的基础研究取得了重要成果，后者包括原子转移聚合(ATRP)，自由基可逆加成-裂解链转移聚合(RAFT)及氮氧自由基调控聚合(NMP)等(见第三章)。这些研究将为高固体分涂料用低聚物的制备开辟新路。但是，目前制备反应性低聚物仍然以常用的聚合方法，即逐步聚合和自由基聚合为主，已在醇酸、聚酯、丙烯酸树脂几章讨论过高固体分涂料用低聚物的制备问题，这里仅作简要总结。

1. 逐步聚合反应

逐步聚合反应可以通过两种官能基的比例来控制平均相对分子质量和末端官能基。逐步聚合反应的结果可导致两个末端均为活性基团，因此保证低聚物有两个反应性基团并不困难。高固体分的聚酯、环氧树脂、聚氨酯都可通过逐步聚合反应得到。但是应注意到逐步聚合反应当中的副反应以及物料的损失，给低聚物制备带来的困难。例如，高固体分聚酯树脂通常用二元酸与多元醇摩尔比为 2∶3 的配比来制备，这样可得到端羟基的低相对分子质量聚酯。但若反应控制不当导致环化反应发生，便可得到无活性基团的低聚物；多元醇的损失则导致相对分子质量升高。在逐步聚合反应中如何控制相对分子质量分布，即如何制备窄相对分子质量分布的树脂是非常重要的问题。从理论计算可知，相对分子质量分布和反应程度是相关的，对于高相对分子质量线型聚合物，如聚酯，$\overline{M}_w / \overline{M}_n$ 值在反应程度接近 100%时为 2，反应程度愈低，$\overline{M}_w / \overline{M}_n$ 值愈小。但是，实际情况离理论推算相差甚远。通常的一步法缩聚反应，即将反应物一次投入反应器进行反应至终点，难以得到窄相对分子质量分布的树脂，若用二步法或分步法则有可能得到窄分布的树脂。例如在聚酯一章中已经提到，在制备端羟基低相对分子质量聚酯时，若将三羟甲基丙烷一次加入，很容易和二元酸形成一种四元醇(Ⅰ)：

$$CH_3-CH_2-\underset{\underset{CH_2OH}{|}}{\overset{\overset{CH_2OH}{|}}{C}}CH_2-O\underset{\underset{O}{\|}}{C}-R-\underset{\underset{O}{\|}}{C}O-CH_2-\underset{\underset{CH_2OH}{|}}{\overset{\overset{CH_2OH}{|}}{C}}-CH_2-CH_3 \qquad (Ⅰ)$$

它很容易使聚酯分子形成分支结构，使重均相对分子质量大大增加，甚至形成凝胶。三元醇分步加入，减少了形成四元醇的机会，因而不会使相对分子质量分布变宽。由此可知，严格控制反应条件、配比、加料方式都是非常重要的。

2. 自由基聚合

通过自由基聚合来制备高固体分涂料用低聚物，如丙烯酸树脂，要比用缩聚反应制聚酯低聚物困难。这是因为自由基聚合不能得到具有反应活性的端基，反应性基团是通过共聚单体引入的，而共聚反应并不能保证共聚单体按设计要求分布于分子中；聚合物的平均相对分子质量主要靠引发剂浓度和链转移剂浓度来调节，控制也比较困难，因此制备具有两个反应基团的低聚物并非易事。另一方面，聚合物相对分子质量分布的控制同样有很大困难，从理论上分析，自由基聚合在稳态情况下(转化率低时)，相对分子质量分布和终止反应情况有关，若是双基结合终止，$\bar{M}_w / \bar{M}_n = 1.5$，若是双基歧化终止，则 $\bar{M}_w / \bar{M}_n = 2.0$，当聚合转化率升高时，$\bar{M}_w / \bar{M}_n$ 值上升，经过"自动加速"的聚合反应，$\bar{M}_w / \bar{M}_n$ 值可达 5~10，而有分支产生时，则可达 10~50。为了克服这些困难，要选择合适的引发剂和链转移剂(包括溶剂)，聚合要尽可能地保持反应条件的一致，包括单体浓度、引发剂浓度、聚合温度等等，但是由于反应体系中聚合物的浓度总是不断增加的，因此不可能使聚合反应自始至终在同一条件下完成。和缩聚反应一样，连续或分批加料是取得相对分子质量和官能单体分布均一的重要手段。由于引发剂和链转移剂的选择，对于高固体分聚合物制备有重要意义，现在予以进一步介绍。

(1) 引发剂：过氧化苯甲酰(BPO)在分解时生成苯基自由基，苯基自由基特别活泼，可以提取聚合物链上的氢原子，从而使聚合物形成分支。偶氮二异丁腈(AIBN)分解时生成的丁腈自由基比较稳定，不易进行夺 H 反应，因此用 AIBN 为引发剂时，可得相对分子质量分布窄的聚合物。有报道说，用叔戊基过氧化物，如 3,3-二(过氧叔戊基)丁酸乙酯为引发剂时可得相对分子质量分布非常窄的聚合物，但用相应的叔丁基过氧化物则得到相对分子质量分布宽的聚合物，其原因也和生成自由基的活性有关。叔戊基过氧化物分解所得的叔戊基氧自由基可很快转化为较稳定的乙基自由基和丙酮，而叔丁基过氧化物分解所得的叔丁氧基和进一步分解所得的甲基自由基都是很活泼的自由基，很容易进行夺 H 反应。叔戊基氧自由基和丁氧基自由基的分解反应表示如下：

$$\underset{\underset{CH_3}{|}}{\overset{\overset{CH_3}{|}}{C_2H_5-C-O\cdot}} \xrightarrow{\text{快}} C_2H_5^\cdot + (CH_3)_2C=O$$

$$\underset{\underset{CH_3}{|}}{\overset{\overset{CH_3}{|}}{H_3C-C-O\cdot}} \xrightarrow{\text{慢}} CH_3^\cdot + (CH_3)_2C=O$$

另外，引发剂的半衰期需和聚合反应温度相配合，温度太高，低半衰期的引发剂分解很快，生成的自由基易重新结合，形成无引发作用的物质，只有很少的自由基可用于有效的链引发过程，这就会导致相对分子质量升高。

(2) 链转移剂：链转移剂不仅可调节相对分子质量，通过链转移剂引入反应性官能团也是一个有意义的方法，例如，使用 2-巯基乙醇和 2-巯基丙酸，前者可以直接引入羟基，后者则是引入羧基，羧基可进一步和加在体系中的羧酸缩水甘油酯反应得到羟基。加羧酸缩水甘油酯的另一个作用是它可以和未参与反应的硫醇作用以消除臭味。

丁二烯通过用 4,4′-偶氮双(4-腈戊酸)为引发剂，用羧烷基二硫为链转移剂(相对分子质量调节剂)，进行自由基聚合可得分子两端为羧基的聚丁二烯低聚物，通称遥爪聚合物。尽管这种端羧基的聚合物只用于橡胶，但对制备高固体分涂料用低聚物有参考价值，反应过程示意如下：

$$HOOCCH_2CH_2-\underset{\underset{CN}{|}}{\overset{\overset{CH_3}{|}}{C}}-N=N-\underset{\underset{CN}{|}}{\overset{\overset{CH_3}{|}}{C}}-CH_2CH_2COOH \longrightarrow 2HOOCCH_2CH_2-\underset{\underset{CN}{|}}{\overset{\overset{CH_3}{|}}{C^\cdot}} + N_2\uparrow$$

$$n\,H_2C=CH-CH=CH_2 + HOOCCH_2CH_2-\underset{\underset{CN}{|}}{\overset{\overset{CH_3}{|}}{C^\cdot}} \longrightarrow$$

$$HOOCCH_2CH_2-\underset{\underset{CN}{|}}{\overset{\overset{CH_3}{|}}{C}}-(CH_2CH=CHCH_2)_{n-1}CH_2CH=CHCH_2^\cdot$$

$$HOOCCH_2CH_2-\underset{\underset{CN}{|}}{\overset{\overset{CH_3}{|}}{C}}-[CH_2CH=CHCH_2]_{n-1}CH_2CH=CHCH_2^\cdot + (HOOCR)_2S_2 \longrightarrow$$

$$HOOCCH_2CH_2-\underset{\underset{CN}{|}}{\overset{\overset{CH_3}{|}}{C}}-[CH_2CH=CHCH_2]_n SRCOOH + \cdot SRCOOH$$

聚合度 n 可通过反应温度以及引发剂的浓度来控制。

用四乙基秋兰姆二硫化合物(Ⅱ)可引发自由基聚合,得到遥爪聚合物。这种聚合类似于活性聚合。实际是四乙基秋兰姆二硫同时起引发剂、链转移剂和终止剂的作用。

$$C_2H_5 \quad \overset{S}{\overset{\|}{N-C}}-S-S-\overset{S}{\overset{\|}{C}}-N \quad C_2H_5 \qquad (Ⅱ)$$

它可引发苯乙烯和甲基丙烯酸甲酯等聚合,得到二乙胺基硫羧基为端基的遥爪聚合物,经后反应可转化为端巯基的遥爪聚合物,巯基化合物可通过氧化而扩链:

$$\text{HS}\text{\large\rule[0.5mm]{8mm}{0.1mm}}\text{SH} + \text{HS}\text{\large\rule[0.5mm]{8mm}{0.1mm}}\text{SH} \xrightarrow{\text{[O]}} \text{HS}\text{\large\rule[0.5mm]{6mm}{0.1mm}}\text{S}-\text{S}\text{\large\rule[0.5mm]{6mm}{0.1mm}}\text{SH}$$

这种体系可用于室温固化的高固体分涂料。

3. 离子聚合

阴离子聚合可以得到相对分子质量分布很窄的两端为活泼反应基团的遥爪聚合物,例如,以烷基金属化合物(如丁基锂或萘钠)作为催化剂,使单体在四氢呋喃溶液中进行的聚合,聚合可按计量进行,其平均聚合度 $\bar{X}_n$ 可以通过单体与催化剂的比例进行控制:

$$\bar{X}_n = m \times \frac{n_{单体}}{n_{催化剂}}$$

用丁基锂时,$m=1$,用萘钠时,$m=2$,所得聚合物是"活的分子",反应结束后再加单体仍可继续,加入终止剂可得到特定的活性基团,例如丁基锂所得聚合物可按下列方式得到活性基团:

$$\text{\large\rule[0.5mm]{8mm}{0.1mm}}\text{CH}_2\text{Li} + \text{CO}_2 \longrightarrow \text{\large\rule[0.5mm]{6mm}{0.1mm}}\text{CH}_2-\overset{O}{\overset{\|}{C}}-\text{OLi} \longrightarrow \text{\large\rule[0.5mm]{6mm}{0.1mm}}\text{CH}_2-\overset{O}{\overset{\|}{C}}-\text{OH}$$

$$\text{\large\rule[0.5mm]{8mm}{0.1mm}}\text{CH}_2\text{Li} + \text{H}_2\text{C}\underset{\diagdown O \diagup}{-}\text{CH}_2 \longrightarrow \text{\large\rule[0.5mm]{6mm}{0.1mm}}\text{CH}_2-\text{CH}_2-\text{CH}_2-\text{OLi} \longrightarrow \text{\large\rule[0.5mm]{6mm}{0.1mm}}\text{CH}_2-\text{CH}_2-\text{CH}_2-\text{OH}$$

$$\text{\large\rule[0.5mm]{8mm}{0.1mm}}\text{CH}_2\text{Li} + \text{O}=\text{CHCH}-\text{CH}_2 \longrightarrow \text{\large\rule[0.5mm]{6mm}{0.1mm}}\text{CH}_2-\overset{\text{OLi}}{\underset{}{\text{CH}}}-\text{CH}-\text{CH}_2 \longrightarrow \text{\large\rule[0.5mm]{6mm}{0.1mm}}\text{CH}_2-\overset{\text{OH}}{\underset{}{\text{CH}}}-\text{CH}-\text{CH}_2$$

用丁基锂为引发剂时,只能得到一端为活性基团的聚合物,采用双锂引发剂得到聚合物两端为活性基的聚合物,双锂引发剂可用下式表示:

$$\text{BuLi} + \text{H}_2\text{C}=\overset{\text{CH}_3}{\underset{}{\text{C}}}-\bigcirc-\overset{\text{CH}_3}{\underset{}{\text{C}}}=\text{CH}_2 \longrightarrow \text{BuCH}_2-\overset{\text{CH}_3}{\underset{\text{Li}^+}{\text{C}}}-\bigcirc-\overset{\text{CH}_3}{\underset{\text{Li}^+}{\text{C}}}-\text{CH}_2\text{Bu}$$

用萘钠为引发剂，可得到两端为活性基团的聚合物，这是因为萘钠的引发机理和丁基锂不同。例如萘钠引发苯乙烯聚合时，萘和钠在四氢呋喃溶液中生成萘自由基阴离子，萘自由基阴离子和苯乙烯反应生成苯乙烯自由基阴离子和萘。苯乙烯自由基阴离子的一端可引发阴离子聚合，另一端引发自由基聚合，但自由基一端可发生双基结合，简要表示如下：

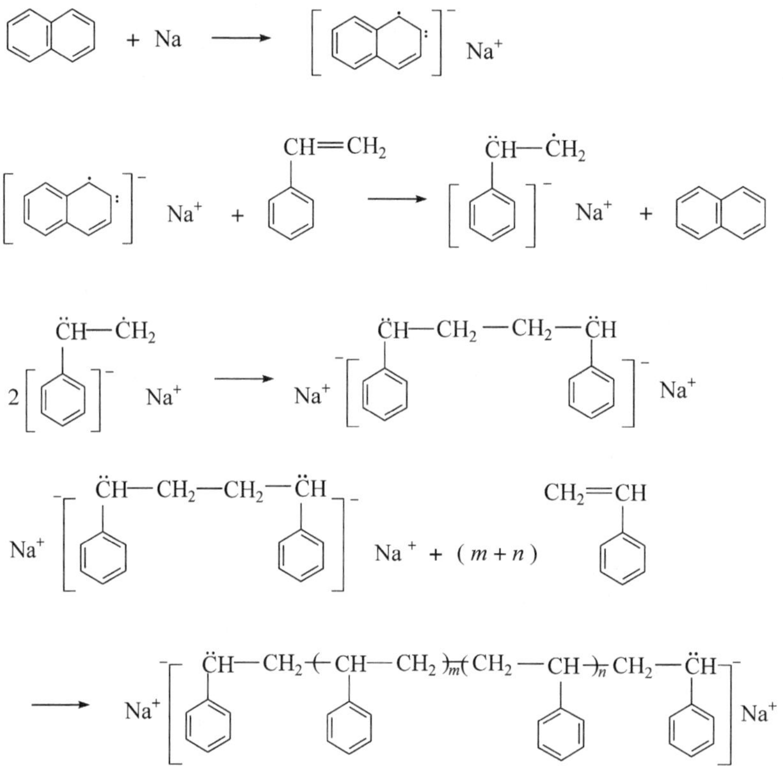

双基结合后的分子继续在两端进行阴离子聚合直至终了，所得聚合物通过后反应得到两端为活性基团的遥爪聚合物。目前通过阴离子聚合制备的低聚物在涂料中应用还很罕见，这是因为阴离子聚合所得聚合物的活性基团一般都是通过后反应引入的，不能通过共聚合的方法引入活性基团，在制备上有一些困难，但是通过阴离子聚合制备高固体分低聚物仍是值得注意的研究领域。

阳离子聚合特别是阳离子开环聚合也可得到有意义的低聚物，如由四氢呋喃、环氧乙烷等开环聚合可得到聚醚型的二醇，其他如环氧硅烷、噁唑啉的开环聚合都有可能在高固体分涂料上得到应用。

离子聚合得到的遥爪聚合物难以在涂料上使用的主要原因是难以得到平均官能度为 2.2 以上的聚合物。

第十九章 水 性 涂 料

用水代替涂料中的挥发性有机溶剂从安全、成本、毒性以及环境污染各方面来看，都是非常重要的。水性涂料可以说是历史最早的涂料，如水彩颜料、刷墙粉等，其成膜物多为水溶性动植物胶、蛋清、酪素等，其中酪素来源于牛奶，可溶于稀碱，如氨水，当氨逸出后可得不溶于水的膜。现今上述的水性成膜物已不再用作涂料，但仍用于做保护胶。水性涂料可分为两类，一类是水分散性的，包括乳胶、乳液和水稀释性树脂涂料，另一类是水溶性涂料，由于水溶性树脂涂料性能很差，如聚乙烯醇缩甲醛类水溶性涂料，已经很少使用。水分散性树脂涂料是水性涂料的主体。当前用量最大的水性涂料是乳胶涂料(latex coatings)，其次是水稀释性涂料(water-reducible coatings)，再次是乳液涂料(emulsion coatings)。乳胶是指固体聚合物颗粒在水中的分散体，一般通过乳液聚合获得。水稀释性树脂是指在溶剂中制备含有羧基或氨基的聚合物，然后用碱或酸中和，加水稀释的树脂分散体，羟基丙烯酸树脂分散体(羟丙分散体)、水稀释性醇酸树脂、聚氨酯分散体和水稀释性环氧酯都是这类水性树脂。乳液(emulsion)是指液体树脂在水中的分散体，水性环氧树脂和乳液型醇酸树脂是乳液型树脂的代表。水性涂料间易于混合，不同类型乳胶、水稀释性树脂、乳液的共混型涂料的应用增长很快。多数水性涂料都含有一定量的溶剂，在树脂制备，涂料生产、使用以及成膜过程中溶剂起到重要的作用。另外，在某些溶剂型涂料中，可添加少量水作共溶剂，这类涂料称之为可掺水溶剂型涂料，不属于水性涂料。

19.1 水稀释性树脂与涂料

在前面几章中已介绍了各种水稀释性树脂的制备方法，用水稀释性树脂为成膜物的水性涂料大都是热固性的，可以用于喷漆、浸涂漆等一般涂料。水稀释性涂料中最重要的一类为电泳漆(或称电沉积漆)，它广泛用于工业涂料，特别是汽车漆的底漆。

19.1.1 水稀释性树脂的一般制备方法及其特性

从丙烯酸树脂、醇酸、聚酯、环氧树脂及聚氨酯的水稀释性树脂的制备中可以总结出下述的一般路线：首先选择一种有机溶剂为共溶剂，所谓共溶剂是既可溶解树脂，又可与水混溶的溶剂，如二醇醚和丁醇，常用的二醇醚有 2-丙二醇单丙醚、乙二醇单丁醚。在共溶剂中通过聚合反应得到含一定羧基(或氨基)的高浓度聚合物溶液，一般酸值在 40~60，除了羧基以外，聚合物上还含有其他反应性基团用于成膜时的交联反应。向聚合物有机溶液中加入氨水或胺(或酸)将聚合物中和成盐，然后用水稀释便可得到水稀释性树脂。它是一种分散体，由于体系中分散的聚合物粒子很细，呈透明状，常被认为是"水溶液"。制备相应水性涂料的过程如下：取出部分聚合物有机溶液，用氨水或胺(或酸)中和，加入颜料，分散助剂，通过砂磨机进行研磨，达到研磨要求后进行调稀，即加入剩余聚合物有机溶液、用于中和的氨水或胺(或酸)、交联剂，如氨基树脂等，并用高速分散器搅拌，逐步加入水以降低黏度，即得水稀释性涂料。

　　在用水稀释上述被中和的聚合物有机溶液时，体系的黏度变化是异常的，如图 19.1 曲线 1 所示。设聚合物有机溶液的黏度在图中的 A 点，用水稀释时，黏度较快地下降，继续稀释，黏度变化不大，接着黏度反而增加，直至一最高值，此时甚至可使搅拌发生困难，再加水，黏度迅速下降。将水加到黏度为 0.1Pa·s 左右时，体积固含量一般在 20%~30%。上述黏度变化是水稀释性聚合物的一般规律，它和聚合物溶液用有机溶剂稀释(图 19.1 中的曲线 2)以及典型的乳胶用水稀释性的情况(图 19.1 中的曲线 3)是完全不同的，但曲线 1 在经黏度最高值以后的形状和曲线 3 类似。另外一个异常的现象是用胺中和聚合物时，所需量要比理论量低得多，若用理论量，甚至低于理论量的胺时，pH 可超过 7。

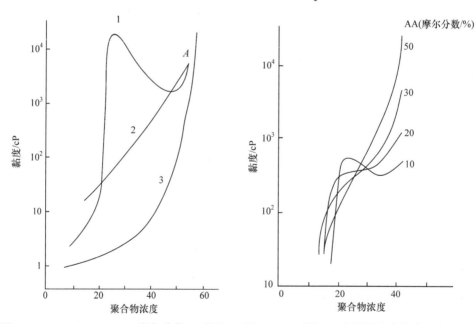

图 19.1　BMA/AA＝90/10(摩尔分数/%)共聚
　　　　　物溶液的黏度行为

　　1. 用水稀释；2. 丁醇稀释；3. 乳胶

图 19.2　不同 AA 含量的聚合物在用水稀释
　　　　　时黏度变化情况

Wicks 对上述现象作了解释，认为这是按上法制得的"水溶液"为分散体而非真正溶液的一种证明。他的解释简介如下：①加水时引起黏度下降，是因为水是共溶剂，稀释了聚合物溶液，减弱了离子对的缔合，使分子内疏水部分相互作用加强，形成比较紧密的构型，因而黏度下降。②当水量进一步增加时，溶剂的极性增加，分子间的非极性部分互相作用并聚集起来，形成另一相，此过程中黏度上升，聚合体类似如胶束，非极性部分朝里，外部是极性和离子基团。共溶剂部分进入聚集体。由于共溶剂的溶胀作用，此两相体系中的内相体积很大，因此黏度相当大。③当再加水时，黏度又迅速下降，此时聚集体不再像原来那样拥挤，内相体积分数下降，由于溶剂析出，聚集体也发生收缩而变小，此时黏度关系可用门尼公式表示。由于聚集体中有共溶剂的溶胀作用，它比无溶胀的硬球状乳胶，在相同浓度下有较高的黏度。很明显，①，②阶段的黏度和相对分子质量有关。另外，在曲线 1 的峰值附近，由于聚集体溶胀得很厉害，受剪切力作用时，很易变形，使门尼公式中的堆积因子变大，爱因斯坦因子变小，因而黏度下降，表现出剪切变稀的特点。但进一步稀释时，聚集粒子由于有机溶剂量变少粒子变硬，而且相对量减小，体系接近于牛顿型液体。这一机理同样可以解释 pH 的异常现象，由于聚合物上的羧基大部分处于粒子表面，它们很容易与加入的胺反应，但总有一部分处于聚集体内部，胺是亲水性分子，很难进入粒子内部去中和内部羧基，这是为什么当用等当量或低于羧基当量的胺中和聚合物羧基时，pH 可高于 7。

黏度变化的情况和聚合物中的组成有关，聚合物相对分子质量太高时，黏度的峰值可以非常高，而且非常难以进一步搅拌稀释，因此相对分子质量不宜太高。黏度变化和羧基含量有关，以丙烯酸丁酯和丙烯酸共聚物为例，当丙烯酸摩尔含量达 50%时，共聚物成为真正水溶性的，因而黏度曲线不再有异常出现，即无曲线 1 的峰值出现；当丙烯酸摩尔含量为 10%~40%时，可出现峰值，但峰值的高度随丙烯酸含量的增加而下降，最后变成一个肩峰(图 19.2)；当羧基含量太低时将得不到稳定的分散体，最后分成两相。聚合物中羟基含量增加时，最低羧基含量可以下降，由于羟基是亲水的，可提高聚合物的亲水性。

胺的选择非常重要，对于各种树脂，胺加得愈少，曲线(1)的峰值愈低，体系的黏度也会愈低，因而在固定应用黏度下会有较高的固含量。但是胺的量有一最低值，低于此值，体系变得不稳定，此最低值的量随分子结构不同而不同，一般有如下顺序：二甲氨基乙醇<三乙胺<三丙胺。通常都是使用羟基胺，但 N-乙基吗啉(NEM)也是很有效的胺。选择合适的胺不仅对分散体系的稳定性很重要，而且也影响涂料的贮存稳定性与固化反应。氨基树脂是双组分水性涂料常用的固化剂，当用第一种类型的甲醚化 MF 树脂(HMMM)时，使用一级、二级和三级胺都可以，但当用第二种类型的甲醚化 MF 树脂时，一级胺和二级胺便不能使用，因为一级和二级胺可和甲醛反应，而甲醛可由第二类甲醚化 MF 树

脂分解产生。当用二甲氨基乙醇为中和胺时，它的羟基可与树脂中的酯基发生酯交换反应，也可和氨基树脂发生反应，因而形成不挥发的胺，这可影响烘烤时交联反应的进行。如果用 2-氨基-2-甲基丙醇(AMP)，则由于不仅羟基可以反应，而且分子上的一级胺也可参与反应，因此相当于一个交联剂，比二甲氨基乙醇效果好。

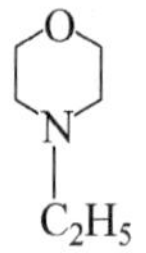

不同水稀释性树脂通过不同的单体引入羧基，丙烯酸树脂用(甲基)丙烯酸，聚酯和醇酸用偏苯三酸酐、二羟甲基丙酸，聚氨酯树脂用二羟甲基丙酸。

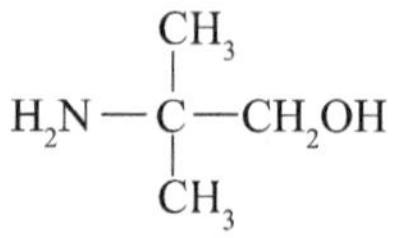

19.1.2 水稀释性涂料的有关问题

水稀释性涂料的优点是很清楚的，但用水作为分散剂也带来使用上的困难，这是和水的反应性强、极性大、表面张力高、热容大、挥发慢、挥发受气压和气流影响等问题相关联的。这些问题需在制备和应用涂料时给予注意。

1. 水稀释性涂料成膜过程中的气泡问题

水稀释性涂料烘干成膜时气泡问题相当严重，特别是涂层较厚时。其原因相当复杂，一般是由于涂层上部水挥发后黏度迅速上升，玻璃化温度提高，下层水不易挥发出去，而留在下部，一旦温度再升高，便可突发性地气化形成气泡冒出并在表面被稳定和截流，即使气泡冲出表面，由于不能流平，也会留下缺陷。可以采取一些措施来改善这个问题：①延长进烘箱前干燥的时间。②烘箱中烘道加长并分成不同温区。③控制漆膜厚度，不能太厚。④控制好胺的挥发速度，在水大量逸出之前，保持涂层碱性，使交联反应慢一点发生，这样玻璃化温度不致上升太快。二甲氨基乙醇是常用的一种胺，但它防气泡的效果并不是最好，三乙醇胺效果更好一些。⑤防止在涂料中夹带气体，使用涂料前要静置。⑥使用适用于高温固化的氨基树脂。⑦树脂的玻璃化温度不能过高。⑧选择挥发较慢的共溶剂。

2. 水稀释性涂料的起皱问题

水性涂料使用不当时，表面发皱光泽变差，这是因为在漆膜内层固化前，表层先已部分固化，当内层因固化而发生收缩时，表面不能流动，因而引起细小皱纹。这种情况的发生和胺的选择有关，如果胺在表层挥发很快，形成基本上无胺的表层，此时交联剂(如氨基树脂)可和活性基团发生交联反应形成较硬的漆膜，但内层依然有胺存在，它抑制交联反应的进行，只有当内层胺缓慢地扩散到表面挥发后,才可进行交联反应。一般说来,三乙胺可引起较严重的发皱,二甲氨基乙醇次之,乙基吗啉为最好。其原因可能是三乙胺是强碱,但挥发性很好,且沸点很低(90℃),它在表面挥发很快,但因碱性强,从内部克服羧基的阻力向表层扩散速度很慢,因此表层和内层胺的分布不均匀,而乙基吗啉碱性较弱,但挥发慢,沸点高(139℃),因此扩散速度快,而在表面的逃逸速度慢,两者结合可使胺在涂层中分布较为均匀,因此内外层固化速度可相当。

3. 水稀释性树脂的稳定性问题

聚酯和醇酸树脂在碱性水溶液中很容易水解,例如水稀释性聚酯用偏苯三酸酐为多元酸时,自由羧基对邻近的酯键的水解具有促进作用(邻近基团效应),可使偏苯三酸酐上的酯基完全水解,水解结果相当于从聚合物上除去了羧基,使树脂在水中的分散稳定性变差。另外,体系中的醇也可和羧基发生酯化反应,特别是当用一级醇为溶剂时更为严重,这种反应同样使稳定性变差。克服上述问题,一方面要避免使用一级醇为溶剂,另一方面要引入有空间阻碍的自由羧基,例如,在聚酯中通过 2,2′-二羟甲基丙酸引入羧基,此类羧基不易发生酯化反应。但是无论如何,水稀释性聚酯涂料的稳定性总比水稀释性丙烯酸树脂差。水稀释性醇酸树脂除了有和水稀释性聚酯同样的问题外,还因它是气干性的,漆膜的稳定性也较差,表现在两方面:①涂层在水、共溶剂和胺挥发后,经氧化交联所得的漆膜中原有的自由羧基依然存在,这对漆膜的抗水解性能,特别是抗碱性有很坏的影响;②漆膜的初期抗水性很差,例如新涂的漆膜在实干前由于胺未完全逸出,很容易被雨水冲坏。为了使胺较快逸出,应对胺进行选择,氨水不是理想的中和碱,因为尽管它挥发很快,但一旦涂层 T_g 较高时,其挥发速度受扩散速度控制,而不取决于挥发速度。如前所述,胺的碱性愈强扩散速度就会愈慢,由于碱性愈强和羧基的作用就愈强。碱性低的吗啉在此种情况下往往比氨更易完全脱离漆膜。为了取得较好的涂料稳定性和漆膜的抗水解性能、较快的固化速度以及防止气泡和起皱等问题,使用混合胺为一个有效的方法。

4. 水稀释性涂料的颜料与颜料分散问题

由于多价金属可引起水稀释性树脂的交联,所以选择的颜料应不能因水解或其他反应析出二价或多价金属离子。酸性颜料可中和水稀释性树脂中的碱(胺),使体系失去稳定性。如果颜料碱性太强,可使树脂皂化。由于水的表面张力很大,对表面能低的颜料很难浸润,为了分散好颜料并使涂料稳定,应加入表面活性剂以降低水介质的表面张力。加入表面活性剂同时也可改善水稀释性涂料对基材的润湿性。但表面活性剂应尽量少加,量多可产生气泡,且可影响附着力。

19.1.3　电泳漆

电泳漆又称电沉积涂料，它用于电泳涂装。电泳涂装是水稀释性涂料特有的一种涂装方式，广泛用于汽车、电器、仪表等的底漆涂装。电泳涂装是在一个电泳槽中进行的，如图19.3所示。电泳漆置于槽中，如前所述，水稀释性涂料是一个分散体系，水稀释性树脂的聚集体作为黏合剂，将颜料、交联剂和其他添加剂结合于微粒内，微粒表面带有电荷，如图19.4所示。

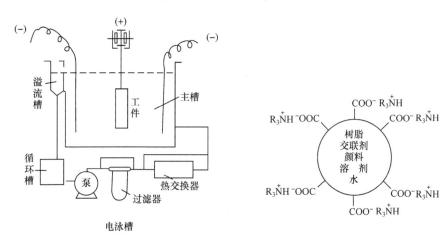

图 19.3　典型的电泳槽示意图　　　　图 19.4　电泳漆中的聚集体

当电泳槽内有电场存在时，带电荷的微粒便向着与所带电荷相反的电极移动，并在电极表面失去电荷，沉积在电极表面上，此电极即为被涂物(在图19.3中为阳极)。将被涂物取出冲洗后加温烘干，便可得交联固化的漆膜。如果微粒带负电荷(如图19.4所示)，便沉积在阳极上，此种水稀释性涂料便称为阳极电泳漆或阴离子电泳漆。微粒带正电荷，则称阴极电泳漆或阳离子电泳漆。由于无论是阳极电泳漆还是阴极电泳漆一般都是作为底漆，而环氧涂料由于其优越的附着力和物理、化学性质，最宜用于底漆，所以电泳漆中大部分是由环氧树脂衍生的水稀释性树脂为成膜物的。现将有关问题分述如下。

1. 阳极电泳漆

各种含羧基的水稀释性聚合物均可用于阳极电泳漆，水稀释性环氧酯具有代表性。水稀释性环氧酯一般是由环氧酯与马来酸酐反应制得(见第十五章)，交联剂用氨基树脂。在电泳涂装过程中，带羧基的聚合物移向阳极，同时阳极上有水的电解发生，H_2O 给出电子生成氢离子和氧气，生成的氢离子可中和羧基阴离子使成羧基，促使聚合物沉积在阳极上[式(19.1)]。同时在阴极有如式(19.2)的反应：

$$2H_2O \longrightarrow 4H^+ + O_2 + 4e \tag{19.1}$$

$$\sim\text{COO}^- + \text{H}^+ \longrightarrow \sim\text{COOH}$$
$$2\text{H}_2\text{O} + 2e \longrightarrow \text{H}_2 + 2\text{OH}^-$$
$$\overset{+}{\text{R}_3\text{NH}} + \text{OH}^- \longrightarrow \text{R}_3\text{N} + \text{H}_2\text{O} \tag{19.2}$$
$$\overset{+}{\text{R}_3\text{NH}} + e \longrightarrow \text{R}_3\text{N} + \text{H}_2 \uparrow$$

阳极电泳漆有如下的缺点:

(1) 被涂物在阳极,金属能被溶出,使漆膜带色[式(19.3)]。阳极生成氢离子还可破坏磷化层,使防腐蚀能力下降[式(19.4)],即

$$\text{Fe} \longrightarrow \text{Fe}^{2+} + 2e$$
$$2\text{\textcircled{P}}\sim\text{COO}^- + \text{Fe}^{2+} \longrightarrow (\text{\textcircled{P}}\sim\text{COO}^-)_2\text{Fe} \tag{19.3}$$
$$\text{Zn}_3(\text{PO}_4)_2 + 2\text{H}^+ \longrightarrow \text{ZnHPO}_4 \tag{19.4}$$

(2) 阳极有氧气放出,附近的树脂易被氧化。

2. 阴极电泳漆

阴极电泳漆由含正电荷的水稀释性聚合物、颜料、交联剂等组成,正电荷主要是各种铵离子,也可以是其他阳离子。铵离子可通过环氧树脂与各种胺反应,然后用酸中和得到(第十五章)。其他的阳离子聚合物使用不多。阴极电泳漆的微粒在电场作用下,移向阴极。在阴极的反应基本上和阳极电泳漆情况相同,表示如下:

$$2\text{H}_2\text{O} + 2e \longrightarrow \text{H}_2 \uparrow + 2\text{OH}^-$$
$$\text{\textcircled{P}}\sim\overset{+}{\text{NR}_2\text{H}} + \text{OH}^- \longrightarrow \text{\textcircled{P}}\sim\text{NR}_2 + \text{H}_2\text{O}$$
$$\text{\textcircled{P}}\sim\overset{+}{\text{NR}_2\text{H}} + e \longrightarrow \text{\textcircled{P}}\sim\text{NR}_2 + \text{H}_2 \uparrow \tag{19.5}$$

阴极上形成的 OH^- 和铵离子反应形成胺[式(19.5)]。在阳极上有电解反应发生,生成氧气析出。将被作为阴极的被涂物从电泳槽中取出,经冲洗后加热,聚合物上的羟基即可与交联剂(如解封的多异氰酸酯或氨基树脂)反应,得到固化的漆膜。

阴极电泳漆的优点是被涂物在阴极,因此不会损害磷化层,也不会有金属离子析出沾污漆层,相反,因阴极有 OH^- 存在,有助于防腐蚀。另外,树脂本身含胺,有较好的湿附着力,可大大改善防腐蚀性能。

3. 泳透力

泳透力是电泳漆的一项重要指标,它是指在电场作用下,涂料对被涂物背离阴极(或阳极)的部分如管材的内面、凹面及缝隙处的涂覆能力,这是电泳漆可以在结构复杂的部件上均匀涂漆的一个标志。可简单地用一空心管的涂布来说明,当电泳漆在管的外面沉积到一定厚度时,电泳漆即向管的内面由下而上地沉积,沉积的高度即可作为泳透力的量度。这种情况是和电泳涂装的特点相关的。乍一看来,电泳涂装和电镀似乎是相同的,一个是在金属表面镀上另一

种金属，一个则是在金属上涂上有机涂层。但在电镀时，电极间的电阻不会有变化，而电泳涂装时则不同。电泳涂装时，沉积首先在被涂物电场分布最强的部位发生，如边缘、棱角及靠近电极的外表面，但一旦在这些部位发生了沉积，极间电阻便会发生变化，电场分布也会逐渐移动，于是涂布面积也逐渐扩大。当涂料沉积到一定厚度时，由于电阻升高，沉积可终止，这样便可在被涂物表面沉积上一层均匀的涂层。泳透力和电沉积漆膜的电阻有关，电阻愈大，泳透力愈高。如果电沉积漆膜电阻比较小，则电沉积过程中电场强度就很少移动，结果，涂料继续沉积在靠近电极的外表面，形成局部过厚的漆膜，而背离电极的内表面则不能均匀地被涂覆。由于电泳力和漆膜电阻有关，因而也和树脂类型及配方有关，同时也和体系的电压、pH、温度、极间距等条件有关。

4. 对电泳漆和电泳涂装稳定性的要求

电泳涂装时要求电泳槽中工作液具有稳定性，包括聚合物本身的稳定性、工作液(即分散体系)的稳定性以及 pH、温度、浓度等因素的稳定性。

(1) pH：随着涂装的进行，pH 会有变化。若 pH 上升，对于阳极电泳漆来说，带负电荷的羧基负离子就难以转换为中性羧基，而电解过程可加剧，电沉积量会下降；若 pH 偏低，涂料分散液的稳定性会下降，因此要对 pH 不断进行调整。

(2) 温度：电泳过程中温度会逐渐升高。若温度升高，体系黏度就要下降，电流密度会因之增大，电阻下降，电沉积量会增大，泳透力会下降；温度升高也会引起电解反应加剧，会引起漆膜的各种弊病。因此电泳槽要有冷却系统，保持恒温(一般温度在 20~30℃)。

(3) 电压：电泳涂装中电压需保持合适的值，它的高低与涂料类型有关。电压愈高，电沉积量愈高，泳透力愈高，漆膜增厚，但高到一定值时可导致漆膜击穿，此时电解反应加剧，漆膜无实用价值。若电压太低，则电沉积不能发生。电压高时，即使未到击穿电压，由于电解作用加剧，漆膜也会有弊病，所以一般应在保证漆膜厚度与泳透力前提下，尽可能采用较低的电压。

(4) 过滤与超滤：电泳涂装过程中，涂料浓度会愈来愈低，杂质浓度会逐步升高，为了保持电泳槽内工作液的稳定，需对槽内工作液进行净化和补充。因此对从槽中溢流出来的工作液要进行过滤和超滤。

5. 电泳漆的优缺点

(1) 有机溶剂挥发量非常低，挥发物包括一些胺，一些副产物，有时有共溶剂。

(2) 非常高的涂料利用率，与喷涂相比，可以认为没有什么损失。

(3) 施工可以自动化，但投资成本较高。

(4) 漆膜非常均匀，但金属表面的不平整性将在漆面上明显表现出来，要得到平整的表面涂层比较困难。

(5) 边、角等尖锐部分均能覆盖上，无流挂、边缘变厚等弊病。

(6) 对于不易喷涂的部件能够涂上保护层，可提高防腐蚀性。但对于易喷涂的部件，特别是阳极电泳漆，其防腐蚀性能、湿附着力与抗水解能力低于喷涂的底漆。

(7) 对面漆的附着力差，这是因为电泳漆的颜料体积浓度不能很高，PVC总是低于 CPVC，漆膜很致密。

(8) 对于阳极电泳漆，有铁离子沾污问题。

(9) 漆膜厚度有一定限制，一般是 15~30μm 之间，而且只能涂一次。

(10) 电泳槽体积很大，改换配方和颜色都非常困难。

19.2　乳　胶　漆

乳胶漆发展很快。乳胶漆用聚合物乳胶为漆料，有明显的优点，如安全无毒、施工方便、便于清洗，乳胶漆干燥快、透气性好。

乳胶漆的漆料为聚合物乳胶，它一般是通过乳液聚合制成的。关于乳液聚合已在第四章中作过介绍，在有关高分子化学的教科书和专著中也有详细介绍。必须注意，有关乳液聚合的理论大部分是以一次加料的聚合方法为基础的，而工业上，乳液聚合大多是用间歇加料或连续加料的方式进行的，因此结果很不一致，但这两种结果往往被混淆。间歇或连续供料不仅可解决聚合热的散发问题，而且有利于控制共聚物的组成以及胶粒形状等，可以得到性能较好的乳胶。间歇加料的一般装置示于图 19.5。

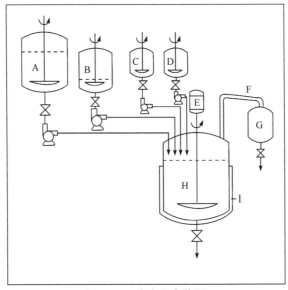

图 19.5　乳液聚合装置

A.主单体瓶；B.助单体瓶；C,D.引发剂瓶；E.搅拌器；F.冷凝器；G.接收器；H.反应器；I.夹套乙酸乙烯酯及其共聚物乳胶漆和丙烯酸共聚物乳胶漆是最重要的两类乳胶漆，本节将以丙烯酸共聚物乳胶漆为代表介绍乳胶漆的有关问题。

19.2.1　丙烯酸乳胶制备中的几个问题

丙烯酸乳胶是性能最好的乳胶，用途十分广泛。丙烯酸乳胶一般分为三大类，即纯丙乳胶、苯丙乳胶和乙丙乳胶，它们分别指不同丙烯酸酯间的共聚物，丙烯酸酯与苯乙烯共聚物和丙烯酸酯与乙酸乙烯酯共聚物乳胶。在纯丙乳胶中主要由硬单体甲基丙烯酸甲酯和软单体丙烯酸丁酯为共聚单体组成，它具有良好的耐候性、保色性、抗水解性及机械物理性能。由于苯乙烯较甲基丙烯酸甲酯便宜，而且玻璃化温度相近，因此可用苯乙烯代替甲基丙烯酸甲酯，得到所谓苯丙乳胶，由于苯乙烯存在，其光老化性能低于纯丙乳胶。乙酸乙烯酯价格更为便宜，以它为硬单体的乙丙乳胶性能比纯乙酸乙烯酯乳胶要好得多，而比纯丙和苯丙都差一些，但用于室内涂装可满足使用要求。

丙烯酸乳胶粒径及粒径分布通常在 50~1000nm（工业品主要在100~500nm），乳胶的粒径及粒径分布是影响丙烯酸乳胶应用性能(流变性、流动性、成膜性能)和最终的使用性能(黏结强度、附着力)的关键变量。乳液聚合技术已能控制乳胶聚合物的分子结构和表面形貌(如核壳、洋葱型多层等)，并满足多样化的使用性能要求。

乳液聚合是一个很复杂的过程，配方和聚合方式等对产品的影响很大，对于一个商品牌号的丙烯酸乳胶产品，即使通过剖析获得了单体组成和乳化剂信息，也很难做出完全一样的产品。各种助剂对产品有时也有重要的影响，现简单讨论有关问题。

1. 乳化剂的选择

乳化剂一般用阴离子表面活性剂(如十二烷基磺酸钠)和非离子表面活性剂(如辛基酚聚氧乙烯)混合物。阴离子表面活性剂有较低的 CMC；反应型乳化剂的使用可以提高成膜物性能，非离子表面活性剂有较低的水敏感性，可增加对盐、冻结和 pH 的稳定性，泡沫较少。乳化剂起如下重要的作用：

(1) 乳化单体，形成微粒，大大增加表面积。

(2) 形成胶束，它是聚合的场所。

(3) 控制反应速度，因为反应速度与胶束数有关。

(4) 控制粒子大小，粒子大小和粒子数目 N 有关；而粒子数目与表面活性剂的浓度有关。

(5) 控制相对分子质量大小。

(6) 稳定乳胶。

2. 保护胶体

一般可用聚丙烯酸盐和聚乙烯醇。聚乙烯醇的牌号不同，保护作用不同，醇解度低一点的为好。聚乙烯醇在聚合过程中可与单体形成接枝共聚物，在乳胶粒子表面可形成较厚的保护层。

3. 功能单体

丙烯酸酯乳胶制备中，除了主体单体外，常加入少量功能单体进行共聚，目的在于调节乳胶性能，如提高乳胶稳定性，增加附着力和提供后反应性。

含羧基的单体可提高乳胶稳定性，也可增加对碱性颜料和基材的附着力。含氨基、羟基和羧基等功能单体的作用机制已在本书 14.1.2 小节做出讨论。此外，丙烯酸酯乳胶中还常用甲基丙烯酸乙酰乙酸乙酯和双丙酮丙烯酰胺做交联单体，其交联机理见 13.2.5 小节和 13.2.6 小节。

4. 加料方式与胶粒控制

如果一次加料，由于竞聚率不同，胶粒的结构将不是均匀的，例如，用乙酸乙烯酯和丙烯酸丁酯共聚。因为其 r_1 和 r_2 相差甚远，因此总是先得丙烯酸丁酯的均聚物，然后再得乙酸乙烯酯的均聚物，于是得一核壳结构(图 19.6)。它是一个混合物，有两个 T_g，伸长率低，只有 19.5%。为了得到均匀的结构，需要用滴加单体的办法。首先在聚合釜中加入 H_2O 和表面活性剂(及部分单体)。然后滴加单体混合物(或预乳化的单体)和引发剂，而且滴加速度要低于共聚合速度

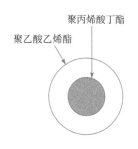

图 19.6　核壳结构乳胶

(饥饿滴加法)。也可以用不均匀的滴加方式得到外层有较低 T_g、内层有较高 T_g 的乳胶粒子。例如丙烯酸丁酯(BA)和 MMA(50∶50)共聚，如均匀滴加，其粒子的里外层都由 50∶50 的共聚物组成，若要制得共聚物组成由 MMA∶BA＝75∶25 逐步变化为 25∶75 的胶粒，可以使用两个加料槽，如图 19.7 所示。第一个槽内加入 75∶25 的 MMA 和 BA 混合单体。第二个槽中加入 25∶75 的 MMA 和 BA 混合单体。聚合开始时，向聚合釜内滴入引发剂和贮槽 1 内的单体，同时贮槽 2 的单体进入槽 1。这样在聚合釜内首先得到的聚合物的组成为 75∶25。但由于槽 2 的单体不断进入槽 1，所以聚合单体的比例逐渐变化至最后时槽 2 中的比例，即 25∶75，聚合物外层的组成也达 25∶75(图 19.8)。这种结构易于成膜，但得到的漆膜 T_g 又较高。由于加丙烯酸是为了起稳定作用，因此希望它保持在胶粒的表面。为此，可在第二个槽中加丙烯酸，这样保证了粒子表面具

有较多的丙烯酸基团。

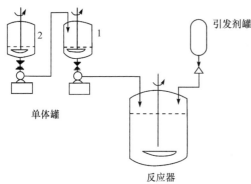

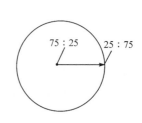

图 19.7　连续变化加料乳液聚合装置示意　　　图 19.8　连续变化乳胶粒子示意图

5. 乳胶的黏度和相对分子质量

乳胶的黏度服从门尼公式，因此原则上它和相对分子质量大小无关，但和乳胶粒子大小、形状和粒子大小分布相关。一般说来，胶粒小的黏度大，这是因为粒子的吸附层较厚。粒子大小分布宽时，黏度下降，因为堆积因子变大。一般分步加料所得乳胶比一次加料粒子分布宽。另外，若聚合物含羧基，在用胺中和时，体系黏度可增高，即本身具有增稠作用。乳胶中有时外加增稠剂，如聚丙烯酰胺、羟乙基纤维素、聚甲基丙烯酸等，因为增加了外相的黏度，整个体系黏度也上升。在单体配方和聚合工艺相同条件下，若改变乳化剂用量或种类，可导致胶束量的变化，对于胶束浓度大的体系，链自由基在 M/P 内的聚合时间可以更长，因此相对分子质量会更高，这也是同样的单体量，乳胶颗粒小的往往相对分子质量高的原因。

6. 最低成膜温度(MFFT)与助成膜剂

T_g 对丙烯酸乳胶的 MFFT 和物理/机械性能有直接的影响，需根据乳胶的干燥条件及最终的使用性能需求来设计乳胶的 T_g。一般 MFFT 低于 T_g，因为乳胶中吸附的水有助于降低乳胶 T_g，起助成膜剂作用。MFFT 不仅受 T_g 的影响，而且受干燥条件的影响 (干燥速率、相对湿度等)。为了得到较好的成膜性能，干燥温度应高于其 MFFT 大约 5~20℃，当体系中含有颜填料时，其干燥温度应更高。

由于聚甲基丙烯酸甲酯和聚乙酸乙烯酯的玻璃化温度很高，在室温下不易成膜。为了降低其最低成膜温度，一是加入增塑剂，一是加助成膜剂。它们的不同在于后者可以挥发掉。助成膜剂的要求是可溶于乳胶，但在水中也有一定的溶解度(通过水进入乳胶)，其挥发性要比水和乙二醇(作为防冻剂)低。当水挥发尽时，助成膜剂仍留于膜中，但最终要挥发掉。一般可用丙二醇(甲)丁醚等挥发慢的醇醚或醇酯及磷酸三丁酯等，要尽量少加。

7. 残余单体的消除

可以在聚合完成后再加一定量的引发剂，并加热一段时间。只加水溶性引发剂效果不好，加一些油溶性引发剂效果会提高，因为一部分单体是在乳胶粒子中，乳胶 T_g 较高，单体不易扩散入水中，而油溶性引发剂可渗入乳胶中使残余单体聚合。也可将体系加热同时减压除去残余单体。通过残余单体抽提设备对残余单体多次抽提后，也可制得净味乳胶。

8. 消泡剂

用阴离子表面活性剂，一般易发泡，有时需消泡。消泡剂一般是表面张力低的物质，如有机硅。

9. 防霉杀菌剂

霉菌使产物变臭，分解排出气体，降解表面活性剂和保护胶体等，使黏度下降。一般防霉剂为有机汞(如乙酸苯汞)、有机胺和有机氯化合物。有机汞因其毒性已被禁止或限制使用。

10. 抗冻剂

乙二醇是最常用的抗冻剂，它使乳胶水相的凝固点降低，即使温度低至凝固点也因固体析出是逐步的，且呈泥浆状，乳胶不致被破坏。

11. 热固性乳胶

当乳胶粒子中含 N-羟甲基或 N-羟甲基醚基团或水相中溶有交联剂(如氨基树脂)时，在高温时可和聚合物上的 OH，COOH 或 NH_2 反应而形成交联结构。交联反应发生在胶膜熔化以后，这样可以改善胶膜性质，并消除应力。

羟基丙烯酸乳胶由常规丙烯酸单体与含羟基丙烯酸单体如丙烯酸羟乙(丙)酯、甲基丙烯酸羟乙(丙)酯为原料通过乳液聚合制备，与异氰酸酯固化剂结合，可制备常温自干的双组分热固性乳胶涂料，在木器涂料、金属涂料、塑胶涂料、地坪涂料等领域获得了广泛的使用。羟基丙烯酸乳胶也可与氨基固化剂配合，制备烘烤型双组分水性涂料。

在丙烯酸乳液聚合体系中引入环氧树脂可制得环氧丙烯酸乳胶，低相对分子质量环氧树脂存在于乳胶粒中，可以起到助成膜剂的作用，应用时通过和水性环氧固化剂复配制成双组分水性涂料，涂层兼有丙烯酸酯树脂和环氧树脂的特点。

在丙烯酸乳液聚合中引入双丙酮丙烯酰胺(DAAM)，聚合完成后加入潜伏性固化剂己二酸二酰肼(ADH)，可以制备单组分自干热固性乳胶涂料(详见13.2.6 小节)。在丙烯酸乳液聚合中引入醇酸树脂，制备醇酸改性丙烯酸乳胶，可以获得单组分自干热固性乳胶涂料。

19.2.2　丙烯酸乳胶漆配方及应用中的几个问题

1. 乳胶漆具体配方分析

以下是一个白色平光外墙涂料配方：

原料	质量比	体积分数/%
羟乙基纤维素	3.0	0.26
乙二醇	25.0	2.65
水	120.0	14.40
阴离子表面活性剂	7.1	0.67
三聚磷酸钾	1.5	0.07
非离子表面活性剂	2.5	0.28
消泡剂	1.0	0.13
丙二醇	34.0	3.94
二氧化钛	225.0	6.57
氧化锌	25.0	0.54
粗惰性颜料	142.5	6.55
细惰性颜料	50	2.33
石绒(触变剂)	5.0	0.25

上述物料在 3800~4500r/min 的高速分散器中分散 5~10min，然后缓慢地加入下列组分(兑稀)：

丙烯酸乳胶(50.5%)	320.5	36.21
消泡剂 Texanol	3.0	0.39
助成膜剂	9.7	1.22
防霉、杀菌剂	1.0	0.12
NH_4OH	2.0	0.27
水	65.0	7.80
2.6%增稠剂	125.0	15.15
	1167.8	99.80

由上述组成可得下列数据：

颜料体积含量(PVC)	43.9%
体积固含量	37.0%
起始黏度	90~95KU(克雷布斯单位)
pH	9.5
黏度(ICI)	0.10~0.12Pa·s

虽然这并非一个理想的配方，但其配方设计是合理的，各个组分的作用分

析如下：

羟乙基纤维素是水溶性的，可使颜料分散稳定，防止絮凝。丙二醇和乙二醇是抗冻剂，使乳胶有较好的冻融稳定性，并控制干燥速度，避免涂刷时搭接问题。颜料体积浓度 PVC 为 43.9%，符合平光漆要求，其中金红石二氧化钛为 17.7%，这接近 TiO_2 最佳的比例 18%，它最大限度地利用了 TiO_2，使成本下降。惰性颜料粗细合用，使粒子分布较宽，可使黏度下降，同时细小粒子可作为"空间 TiO_2"增加二氧化钛的效力。惰性颜料是瓷土，$CaCO_3$ 作为惰性颜料易使表面"起霜"，没有使用。颜料的分散剂是阴离子表面活性剂和非离子表面活性剂混用，并加有三聚磷酸盐，可取得很好的效果，表面活性剂在施工时也起润湿剂作用。乳胶漆容易发霉变质，并使黏度下降，特别是在南方，因此必须要加防霉剂、杀菌剂，氧化锌也有杀菌作用。为了降低成膜温度加有助成膜剂 (Texanol)：

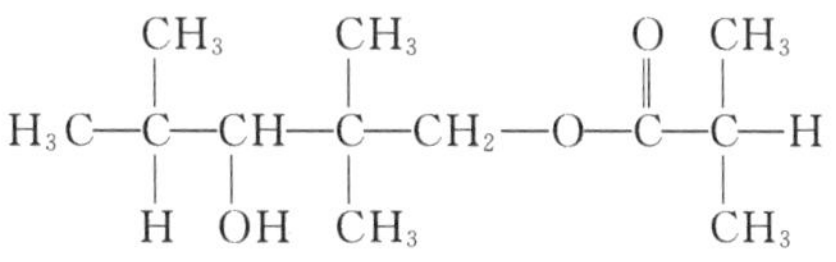

$$
\begin{array}{ccccccc}
 & CH_3 & & CH_3 & & O & CH_3 \\
 & | & & | & & \| & | \\
H_3C-C- & CH- & C- & CH_2- & O- & C- & C-H \\
 & | & | & | & & & | \\
 & H & OH & CH_3 & & & CH_3
\end{array}
$$

（Texanol）

最后加入增稠剂是为了调节黏度和流变性。配方中加有少量消泡剂，消泡剂应尽量少加。

2. 丙烯酸乳胶漆的特点(与醇酸漆的比较)

乳胶漆和油基漆、醇酸(长油度)漆是在建筑上用得最多的，丙烯酸乳胶漆在性能上较醇酸漆好，因此已取代了大部分醇酸漆。

乳胶漆的优点是室外耐久性好，不易粉化，不易起裂纹和裂口，也不容易变色和起泡，其原因在于乳胶漆中的聚合物具有很好的水解稳定性，抗紫外老化性能，还因为乳胶漆相当于"热塑性"漆，没有交联结构，透气性能好，基材上的水汽可以透过。

乳胶漆在施工上比较方便，易于清洗，无气味，有机溶剂量低，可在湿的表面涂刷，干燥速度比较快(表干)。但是乳胶的施工温度要求较高，在冬天施工便受到限制，一般要求 5℃以上。乳胶漆对已粉化墙面的施工是不理想的，因为乳胶粒子不易进入粉化层间去黏合粉化粒子并到达底部，进入粒子间的是水相，它们没有黏合的能力。相反，醇酸漆可以进入粉化粒之间，将它们重新黏合起来，并可渗入底部，因此其附着力较乳胶漆好。若在乳胶漆中加入一些乳化的干性油或醇酸树脂，当水分蒸发后，乳液破坏，干性油或醇酸树脂溶液即可进入粉化层中起黏接作用，当然，加入的醇酸树脂最好是耐水解的。乳胶漆可以在多孔基材上(如水泥面)直接涂刷，其原因是乳胶漆(丙烯酸乳胶漆)耐皂化，而且可节省涂料用量，因为在多孔基材上涂料将有大量液体被小孔吸收，如果用醇酸漆，被吸收的是漆料，而乳胶漆只是水溶液，也因为这个缘故，乳胶漆在多孔材质上流平很差。

3. 使用乳胶漆应注意的问题

(1) 遮盖问题：乳胶漆的遮盖力问题比较复杂，如同样涂刷一道来看，其遮盖力不如醇酸树脂，原因是乳胶漆的固体体积含量比醇酸漆低，同样刷一道漆，即使湿膜厚度相同，干膜的厚薄是不同的，乳胶漆的厚度只有醇酸的2/3；另外，由于乳胶漆在高剪切力下黏度比醇酸的低，所以湿膜厚度也会比醇酸低，因此遮盖必然差；加之乳胶漆流平较差，更加使遮盖变差，因此有时需涂刷两次以上。乳胶漆的漆膜在湿态和干态遮盖力相差很远。湿态时有水，水的折光率为1.33，它和颜料及乳胶粒子的折射率相差很大。因此遮盖较好，一旦水分除去，剩下是聚合物(折光指数为 1.50)和颜料，其遮盖力必然下降。在醇酸树脂中溶剂和聚合物的折光率是相近的，所以膜干燥前后遮盖力相差不大。同样的原因，若是彩色涂料，乳胶漆的颜色在干燥后要变深。

(2) 抗黏问题：乳胶漆涂刷后 1~2h 就可以"干"了，但若此时在漆面上放置重物，或将漆好的窗户关上，几天以后将发现重物粘在漆面上，窗门打不开了。醇酸漆需要 4~18h 才能干，但一旦干了以后即没有这个问题。这是因为乳胶漆在脱水过程中黏度上升很快，可很快达到触干的要求，但此时聚结(成膜)过程并未完成，乙二醇及助成膜剂的逸出速度很慢，所以仍有很多保留在漆膜内，玻璃化温度仍然较低，聚合物分子仍可以运动，特别是在力的作用下。而醇酸树脂干燥过程是交联过程，一旦干了，玻璃化温度便比较高。因此快"干"是乳胶漆的优点，但"干燥过程太长"(要几天时间)是缺点，用核壳结构(内硬外软)的乳胶有助抗黏。

(3) 附着力问题：任何涂料在光滑的表面上的附着力都比较差，对于乳胶漆更是如此。例如，在一个旧的光洁的漆面上涂上乳胶漆，它和原漆面间只有分子间的作用，不可能有任何漆面间的相互穿透，而这种分子间的力极易为进入底层的水所破坏，水进入乳胶漆比透过醇酸漆容易得多，因而易使附着力破坏。为了改善这一情况，可以加入含胺的单体进行共聚，如丙烯酸的二甲氨基乙酯。或加入 N-羟乙基环乙胺(HEEI)与聚合物中的羧基反应，使聚合物带上氨基。

$$\text{Ⓟ—COOH} + \triangleright\text{N—CH}_2\text{CH}_2\text{—OH} \longrightarrow \text{Ⓟ—}\overset{\overset{\displaystyle O}{\|}}{\text{C}}\text{—O—CH}_2\text{CH}_2\text{—NH—CH}_2\text{CH}_2\text{OH}$$

P 代表聚合物　　　　　　　(HEEI)

(4) 乳胶漆的光泽问题：乳胶漆的光泽较醇酸漆差。其原因之一是乳胶漆中含有较多的杂质，特别是表面活性剂。影响光泽的另一重要原因是漆膜中颜料分布的情况。如果乳胶漆和醇酸树脂的 PVC 相同，但颜料在干膜中的分布会很不同。当漆膜未干时，溶剂(或水)要从底部向上扩散，引起内部的回流并带动颜料(和胶粒)运动。对于醇酸树脂来说，颜料运动的情况和颜料大小有关，当黏度上升时，大粒子先停止运动，因此集中在下部，而细粒子在上部，表面薄薄的一层可能很少有颜料，因此表现出高光泽；在乳胶漆中，乳胶粒子大小和颜料的差不多，可以同时运动，所以最后的分布是均匀的，故光泽较差。为了改善乳胶漆的光泽，一方面乳胶粒子要更细，另一方面可以加一些水性树脂如水性醇酸树脂。虽然乳胶漆开始时光泽差，但它保光性好，而醇酸保光性差，从长期看，宁愿用乳胶漆，它在后期将比醇酸漆的光泽好。

(5) 流平性问题与增稠剂：乳胶漆的流平性很差，其原因是和它的流变性相关的。乳胶漆在高剪切力下黏度较醇酸漆低， 而在低剪切力下比醇酸漆的高(图19.9)，因此涂层较薄，而且涂后黏度较高，因此流平差；另外，乳胶的外相黏度很低，水分挥发时黏度上升很快(图 19.10)，而醇酸漆的外相黏度较高，溶剂挥发过程中黏度上升较慢，这是乳胶漆流平差的第二个原因。

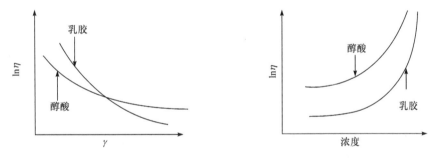

图 19.9　醇酸漆与乳胶漆的流变性能比较　　图 19.10　醇酸漆与乳胶漆黏度-浓度关系之比较

若在多孔材质上，因为乳胶漆中外相流入孔隙中，内相体积增加，黏度上升更快，因而流平更差。为了使乳胶漆在涂刷时黏度高一点，而刷完之后黏度不要很高，使其接近醇酸漆的情况，同时使外相的黏度高一些，这样不仅可以改善流平性，也可改善颜料分散的稳定性，方法是加增稠剂。但一般增稠剂如羧甲基纤维素和碱溶性的聚丙烯酸溶液，虽能增加外相黏度，但对流变性能改进不大，若使用缔合型增稠剂，则不仅可增加黏度，而且可改善乳胶的流变行为，使其和醇酸漆的流变性相近，缔合型增稠剂的特点是分子中不仅有可结合大量水的羧基，而且在侧链(或主链)含有非离子表面活性剂的结构。

在第十六章已介绍两种水溶性聚氨酯结构的缔合型增稠剂的制备方法，现在再列举两种结构：

$$\begin{array}{ccccc} & H & & CH_3 & & H \\ & | & & | & & | \\ -\!\!\!-\!\!(CH_2\!\!-\!\!C\,)_{\overline{x}}(CH_2\!\!-\!\!C\,)_{\overline{y}}(CH_2\!\!-\!\!C\,)_{\overline{z}} \\ & | & & | & & | \\ & COOH & & C\!\!=\!\!O & & COOR \\ & & & | & & \\ & & & O(CH_2CH_2O)_n R_1 & & \end{array}$$

其中，R 为烷基；R_1 为长链烷基或长链苯烷基。

$$R'\!\!-\!\!NH\!\!-\!\!\overset{\displaystyle O}{\overset{\|}{C}}\!\!-\!\!(OCH_2CH_2)_n\!\!-\!\!\!-\!\!O\!\!-\!\!\overset{\displaystyle O}{\overset{\|}{C}}\!\!-\!\!NH\!\!-\!\!R''\!\!-\!\!NH\!\!-\!\!\overset{\displaystyle O}{\overset{\|}{C}}\!\!-\!\!(OCH_2CH_2)_m\!\!-\!\!\!-\!\!O\!\!-\!\!\overset{\displaystyle O}{\overset{\|}{C}}\!\!-\!\!NH\!\!-\!\!R'''$$

式中，R′，R″，R‴均为长链烷基。

　　无论是羧甲基纤维素还是聚(甲基)丙烯酸以及缔合型增稠剂全是真正水溶性的聚合物，但增稠机理不同。水溶性的羧甲基纤维素和碱溶性的聚甲基丙烯酸增稠剂都要求有很高的相对分子质量，它们在水中由于溶剂化而具有很大的流体动力学体积，这些分子在水中成舒展的状态，由于相对分子质量大，又有大量水为羧基所吸引(溶剂化)，分子间互相缠绕十分严重，这是使体系黏度升高的原因。但这些分子和溶液中的乳胶粒子间无明显作用(图 19.11)，当体系受到剪切力时，聚合物分子可以发生取向，从而使黏度下降，但剪切力一撤销，黏度可马上恢复，缔合型增稠剂相对分子质量不必很大，但它们所含的"表面活性剂"侧链可以和体系中的乳胶粒子结合，形成粒子间的物理交联，这样一来通过粒子为桥梁，聚合物分子间可形成一种体型网状结构(图 19.12)，正是由于这种网状结构而使黏度增加，当体系受到剪切力时，随网状结构被破坏，体系黏度逐渐下降，而在剪切力撤除后，网状结构又能逐渐恢复，因此在高剪切力下其黏度相对来说下降不是很多，而在低剪切力下黏度也不是太高，表现出优异的流变性质，可使乳胶漆在涂布时得到涂层较厚而且流平好的漆膜。

● 乳胶粒子
—— 增稠剂分子

图 19.11　一般增稠剂作用原理

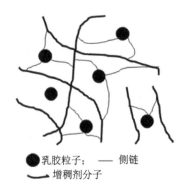

● 乳胶粒子；　—— 侧链
—— 增稠剂分子

图 19.12　缔合型增稠剂作用原理

19.2.3　乙酸乙烯酯和氯乙烯聚合物乳胶及乳胶漆

1. 乙酸乙烯酯及其共聚物乳胶

乙酸乙烯酯乳胶用量非常大，除了用于涂料外，大量用于黏合剂。它和丙烯酸乳胶相比其优点是价格便宜，缺点是聚乙酸乙烯酯的乙酸酯容易水解，释放出的乙酸催化更多的乙酸酯基团水解为羟基，而生成的羟基也可进一步促进与其相邻的乙酸酯水解(邻近基团效应)，另外，聚乙酸乙烯酯的耐候性也较差，例如，在紫外光照射下可发生断链反应：

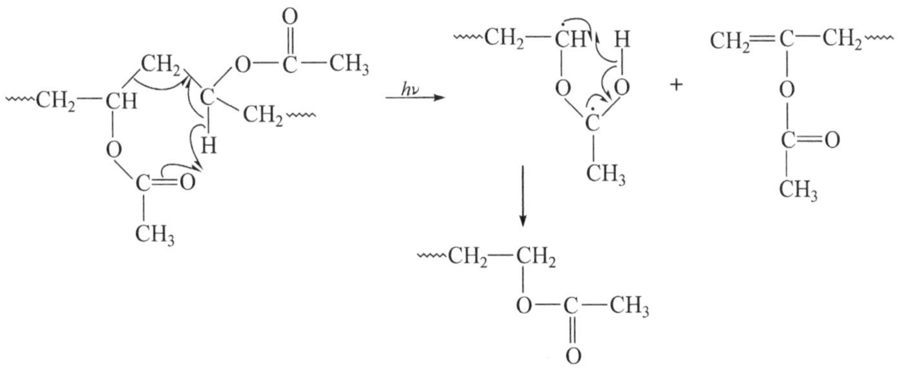

因此聚乙酸乙烯酯乳胶漆不宜用于室外和潮气很大的地方，适宜作为室内涂料。

聚乙酸乙烯酯的玻璃化温度 T_g 为 29℃，不能在室温下成膜，为了降低其 T_g，通常要加增塑剂，如邻苯二甲酸二丁酯。降低 T_g 的另一方法是与软单体如丙烯酸丁酯和乙酯、叔碳酸乙烯酯和乙烯等共聚。乙酸乙烯酯和丙烯酸酯共聚乳胶，即乙丙共聚乳胶，这在丙烯酸乳胶中已经提到，由于两种单体的竞聚率相差甚远，乳液聚合需要用"饥饿滴加"法才能制得均匀的共聚物乳胶。和丙烯酸酯共聚不仅可以降低 T_g，其他性能如耐水解性、耐候性等都会有改善。

乙酸乙烯酯和 C_9 或 C_{10} 的叔碳酸乙烯酯，如 C_{10} 的叔碳酸乙烯酯 VeoVa10(图 19.13)的共聚乳胶是一种性能好、价格适中的乳胶。VeoVa10 上有长链的烷基，是一种软单体，T_g 为-3℃，可以按不同比例调节共聚物的 T_g。另一方面，由于叔碳酸酯上有三个支链而且其中至少有一个为大于 C_4 的长链，因此空间阻碍特别大，不仅自身难以水解，而且对于邻近的乙酸酯基团也有遮蔽效应，使整体抗水解性能得到很大的改善(图 19.14)。另外，共聚后耐化学品性也会得到改善。乙酸乙烯酯(M1)和叔碳酸乙烯酯 VeoVa10(M2)的反应竞聚率分别为 $r_1=0.99$，$r_2=0.92$，两者都接近于 1，因此无论用滴加法还是一次加料法，都可得到组分均匀的共聚物。乙酸乙烯酯与叔碳酸乙烯酯共聚乳胶因具有较好的耐候性，耐水解性，除用于室内乳胶漆外，还可用于屋顶和外墙涂料，是乳胶漆的一个主要品种。

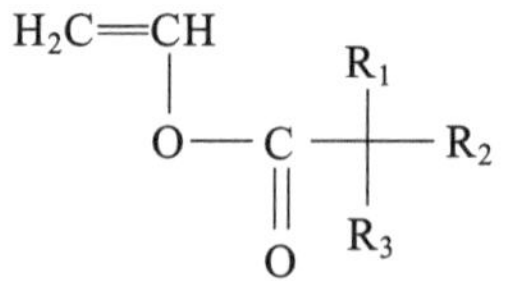

$$H_2C = CH$$

图 19.13　VeoVa10

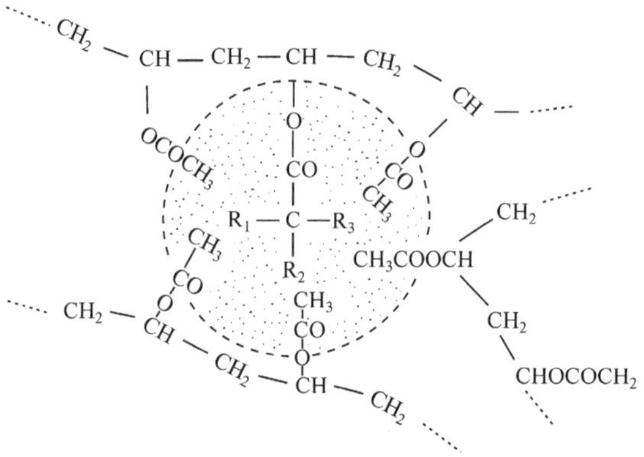

图 19.14　遮蔽效应

乙酸乙烯酯和乙烯的共聚乳胶(VAE 或 EVA 乳胶)是在压力下进行乳液聚合得到的，现在广泛用于黏合剂，它的性能比外增塑的聚乙酸乙烯酯乳胶好，价格也比较便宜，在内墙乳胶漆上有很好的应用前景。乙酸乙烯酯与乙烯单体的比例通常在 80：20~90：10，为了提高耐水性和耐擦性，经常会加入其他疏水性单体共聚，如 VeoVa10。VAE 乳胶漆配方可以使用更少的助成膜剂，即 VOC可以非常低。

2. 聚氯乙烯乳胶

氯乙烯单体很便宜，但聚氯乙烯的 T_g 很高，需要加较多的增塑剂或其共聚物才能用于乳胶漆。聚氯乙烯的光稳定性和热稳定性很差，通常要加各种稳定剂。氯乙烯和乙酸乙烯酯共聚乳胶，特别是氯乙烯和丙烯酸酯共聚物乳液在性能上比聚氯乙烯要好，可在涂料上使用，但主要用于室内。由于聚合物中所含氯原子有阻燃作用，和其他阻燃助剂及颜料配合可用于防火涂料。

19.2.4　乳胶漆的应用

乳胶的用途很广，特别是在建筑涂料、纺织上的印花染料浆和纸张涂料方面。随着环境保护法愈来愈严格，乳胶漆的应用范围不断扩大，现已可用于防锈涂料、高光泽的装饰性涂料等。

1. 墙用建筑涂料

建筑用乳胶漆品种十分多，可按不同要求分类，按壁面情况可分为平壁面、砂面、立体花纹乳胶漆；按光泽可分为平光涂料和有光涂料；按应用场所可分为室内和室外乳胶漆；还可按其功能分为防火涂料、防锈涂料、多彩涂料等。应用要求不同，应用场所不同，需要选择好不同的乳胶作为基料，如室外要用丙烯酸乳胶或乙酸乙烯酯-叔碳酸乙烯酯共聚乳胶，室内则可用苯丙乳胶或聚乙酸乙烯酯乳胶。同一种乳胶可因涂料配方不同或施工方法不同而得到各种不同装饰效果，一般平壁涂料的配方最为普遍(见第二十五章)。

2. 涂料印花浆

用涂料来印花和用染料来印花是不同的。染料是一种可溶解的着色物，它依靠和织物上纤维分子的作用，如化学反应或极性基团间的作用，而附着在织物上。涂料印花中的着色物为颜料，它不和纤维分子有作用，而是靠涂料浆中的成膜物(或称黏合剂)和纤维的作用而被黏合在纤维上。涂料印花有很多优点，如工艺简单、经济、污染少、色彩鲜艳、色谱齐全，印花轮廓清晰、不易褪色，而且对任何织物均可进行印花。它的缺点是手感较染料印花差；由于颜料是不透明的，原有织物的质地不能被体现。涂料印花中最关键的两个问题是手感好坏和耐擦洗的牢度。

涂料印花浆和一般水性涂料组成类似，即颜料、水、黏合剂和助剂。黏合剂现在广泛使用的是丙烯酸乳胶，助剂中主要是增稠剂和交联反应的催化剂。最早使用的黏合剂为非交联型的，由于质量较差，现已被淘汰，现在主要用外交联共聚乳胶。外交联型的丙烯酸乳胶的主要组成有硬单体如甲基丙烯酸甲酯。软单体如丙烯酸丁酯，活性单体如丙烯酸羟乙酯(引入羟基)，以及丙烯酸(或衣康酸)、丙烯腈、丙烯酰胺等改善对纤维和颜料亲和力和亲水性的单体。交联剂通常为氨基树脂如水溶性的甲醚化氨基树脂。所谓自交联型丙烯酸乳胶是指聚合物链中含有可相互作用的活性基团(因而可不加或少加交联剂)，例如聚合物中不仅含有羟基，而且含有相应的氨基树脂的基团，如由 N-羟甲基丙烯酰胺(可称自交联剂)引入的羟甲胺酰基。这种聚合物乳胶在室温下是稳定的，涂饰以后，经高温烘烤，随着水分和体系中氨(或胺)的挥发，在酸性催化剂作用下，便可发生聚合物间的反应，形成交联膜，表示如下：

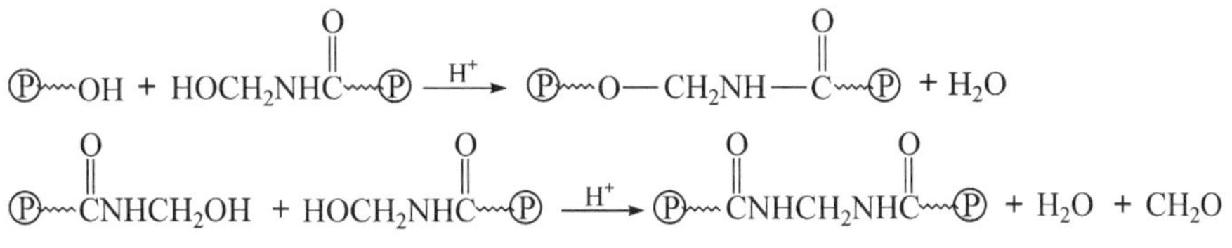

涂料印花浆还要加增稠剂来改善涂布的流变性能和对纤维的润湿。一般增稠剂用煤油(如 200#汽油)的乳液(称为帮浆)，由于不溶于水的煤油在水中分散为极细的乳液粒子，可以大大增加分散体系的内相浓度，因而黏度可大大增加，它也可改善对纤维的润湿。但因煤油为挥发性组分，加量又较多，可造成环境污染，因而逐渐改用合成增稠剂，如聚丙烯酸乳胶增稠剂或缔合型增稠剂。使用合成增稠剂尽管效果很好，但有时会导致手感变差，此时要在配方中加入织物柔软剂。颜料色浆的制备和涂料相同即将颜料在水中分散研磨成各种颜色的色浆，使用时可用来配成不同颜色。下面是一个自交联黏合剂的配方和相应的印花浆的配方：

A.用于涂料印花的乳胶配方

丙烯酸丁酯	65 份
甲基丙烯酸甲酯	21 份
丙烯腈	5 份
N-羟甲基丙烯酰胺	6 份
乳化剂	适量
引发剂	适量
水	100 份

B.涂料印花浆配方

黏合剂(乳胶)	15~25
颜料色浆	2~10
A 帮浆	10~60
其他助剂	适量
水	适量

为了加快反应，体系中可加磷酸二氢铵、硫酸铵-氯化镁等酸性催化剂，但当用合成碱溶性增稠剂代替 A 帮浆时，由于增稠剂本身为酸，可不必再加磷酸二氢铵等。

第二十章 粉末涂料

粉末涂料是一种与传统液体涂料完全不同的无溶剂涂料，具有工序简单、节约资源、无环境污染、生产效率高等特点。粉末涂料主要用于金属器件涂装，现已广泛用于家用电器、仪器仪表、汽车部件、输油管道等各个方面，是发展很快的一种涂料。

粉末涂料分为热塑性和热固性两大类。热塑性粉末涂料发展很早，在1950年，首先将聚乙烯粉末用火焰喷涂法成功地涂装在金属表面上，20世纪50年代后期又发展了热固性粉末涂料。粉末涂料是通过热熔成膜的。对粉末涂料性能的要求、制备方法、涂装方法都和传统涂料有所不同。

20.1 粉末涂料的制备与涂装

20.1.1 粉末涂料的制备

1. 熔融混合法

现在的粉末涂料基本上都是将聚合物、颜料、助剂等熔融混合后粉碎加工而成的，其设备和塑料加工设备相近。粉末涂料的制备工艺流程包括如下几个步骤：①配料；②预混合；③计量；④熔融混合挤出；⑤冷却、粗粉碎；⑥细粉碎；⑦过筛、包装(图20.1)。其中熔融混合挤出是最关键的步骤，物料在挤出机内要经受进料、压缩、塑化、混合、分散诸阶段。在挤出机内物料必须得到充分混炼，但不能发生局部的固化反应。挤出机有双螺杆和单螺杆两种类型，它们都是由塑料工业的挤出机派生发展而来的。双螺杆挤出机混炼效果好，单螺杆挤出机清理能力强，换色方便，特别是有一种单螺杆机，其机筒是可以开启的，这样便于维修和清理。在粉末涂料制备中清理机筒是非常费时的工作，清理的难易非常重要，这和一般塑料挤出机的要求不同，因为粉末物料主要是热固性粉末涂料，非常容易黏附在筒内。为了严格控制挤出机内的温度以免发生固化反应，机筒外部有加热和冷却系统，中空螺杆也可冷却以自动调节物料温度，挤出机分段加热。从挤出机挤出的均匀物料，可通过用水冷却的传动式不锈钢板冷却至完全失去塑性，得到脆性带状物，经破碎机碾成5~15mm见方的碎片，再进入微粉机进行微粉碎。微粉碎可通过气流粉碎机，锤磨机(如ACM磨)完成，这是粉末涂料制备的另一关键设备。最后用200目的筛网(74μm)过筛，包装。对于聚乙烯等不需混炼的热塑性树脂可直接用干冰或液氮冷却，使物料降至脆折温度以下，进行深冷粉碎。

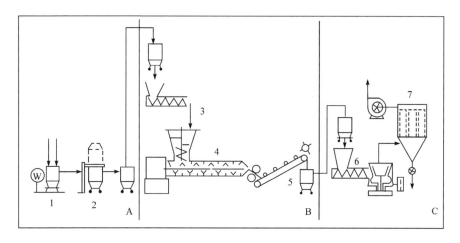

图 20.1　粉末涂料制备流程

2. 超临界二氧化碳方法

熔融混合法有不少缺点，如换品种和换色困难，难以生产要求低温固化及细粒径的粉末涂料。利用超临界二氧化碳作为物料介质或溶剂，用于粉末涂料制备有很好前景，其一般过程如后：首先将粉末涂料的各组分加入带搅拌装置的超临界二氧化碳液体的釜中进行分散或溶解，这样可以达到比熔融混合更好的效果，然后经喷雾在分级釜中造粒并使二氧化碳挥发，最后得成品，整个过程可用计算机控制。

20.1.2　粉末涂料的涂装

粉末涂装的两个要点：一是如何使粉末分散和附着在被涂物表面，二是如何使它成膜。使粉末分散和附在表面的方法(即涂装方法)很多，下面将作简要介绍。粉末涂料的成膜与液体涂料不同，它在喷涂后固体粒子依靠静电力或熔融附着力，附在被涂物表面，然后要通过后烘烤，经热融、润湿流平后固化成膜。

涂装方法主要可分为两大类，一是粉末熔融涂装法和静电粉末涂装法，根据具体粉末分散的方法不同又可分为喷射法、流化床法及散布法。以下介绍几种典型的涂装方法。

1. 静电喷涂法

这是应用最广的方法，其原理可用图 20.2 说明。粉末通过一特制喷枪时获得很高的负电荷，被涂物是接地的，因此可吸附带电的粉末，粉末通过静电作用力可黏附于被涂物上，电荷消失速度很慢，取出被涂物放在烘箱内使粉末热融固化成连续的膜。

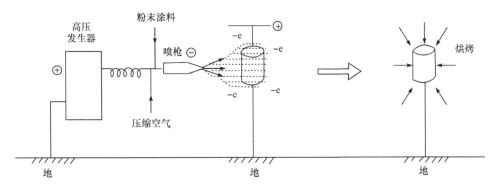

图 20.2　静电喷涂法

2. 流化床浸渍法

如图 20.3(a)所示，将粉末装入具有多孔底板的槽中，从多孔板下供给压缩空气，粉末被空气吹动漂浮起来呈流动状态(称为流化床)。将被涂物预热到粉末的熔点以上并浸入槽中，漂浮在被涂物周围的粉末被熔融附着。将被涂物从槽中取出，再经一道烘烤，冷却即成漆膜。此种方法可得很厚的漆膜。

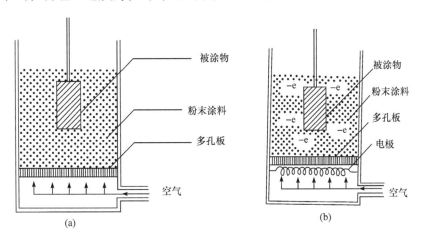

图 20.3　流化床法涂装

3. 流化床静电喷涂法

此法是流化床法和静电喷涂法的结合，如图 20.3(b)所示，它使粉末在槽中出现带电粉末云雾，于是接地的被涂物的表面可通过静电力吸附周围的粉末，最后经烘烤成膜。流化床静电涂装可以实现连续化涂装。

4. 熔融喷涂法

粉末涂料靠压缩空气从熔射机的喷嘴中央喷出，靠喷嘴外围吹出的氧气和液化气的燃烧火焰而变成熔融状态，于是喷射并附着到被涂物表面，随后，冷却至常温即形成漆膜(图 20.4)。此法用于热塑性涂料的涂装，可不经后烘烤，适用于整件烘烤有困难的大型工件和热容量大的物件涂装。

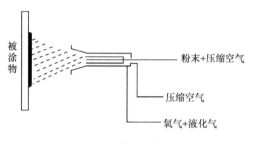

图 20.4　熔融喷涂法

5. 散布法

这是最简单的涂布方法。将被涂物预热，将粉散于其上，然后加热成均匀薄膜，如图 20.5 所示。这种方法可用于连续的金属板、织物的涂布。

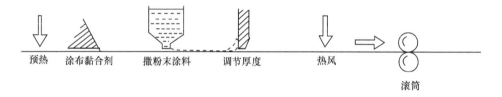

图 20.5　散布涂装法

20.1.3　粉末涂料的性能要求

为了得到性能优异的，能满足涂装和应用要求的粉末涂料，首先是要选择粉末树脂和交联剂(固化剂)，同时要合理地控制其物理状态和有关物理、化学性质，如玻璃化温度、熔融黏度、反应活性、稳定性、力学性能等等，而这些性能的改善又受到制备过程中树脂、固化剂等组成的混合物所遭的苛刻条件的制约。这是和液体树脂不同的地方，具体介绍如下。

1. 流变性能

粉末涂料在成膜过程中的流变性质要求与液体涂料不同，图 20.6 是两种具有类似化学活性的涂料在成膜过程中的流变性变化。为了得到流平好的漆膜，和液体涂料一样，要求粉末涂料在熔融时要有较低的黏度和较好的流动性。液体涂料可以通过溶剂来调节成膜过程的黏度，但粉末涂料的黏度只能由自身结构和温度来调节。在一定烘烤温度下，为了有较低的黏度，要求粉末涂料的玻璃化温度较低，但是玻璃化温度的降低受到粉末涂料贮存稳定性的限制。若玻璃化温度低于55℃，粉末之间容易结块，妨碍涂布。粉末涂料的流动性好坏常以斜板流动性表示，一般以一定时间、一定温度下的流动距离来表示。在热固性粉末涂料中常加入助流动剂，如聚丙烯酸辛酯和安息香，前者为极性和表面能都低的共聚物，可以在融熔时铺展于表面，帮助流动，安息香可消除针眼和帮助脱气，但作用机理不清楚。

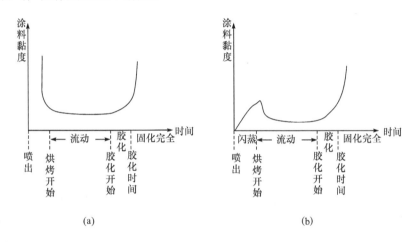

图 20.6　粉末涂料(a)和液体涂料(b)的流变性能

2. 反应活性

粉末涂料的反应活性必须足够大，以便在烘烤温度下在较短时间内完成反应，形成均匀固化漆膜。反应活性一般以凝胶时间表示，即在一定温度下熔融状态的涂料凝固至不能流动所需时间(一般要求在几分钟到十几分钟之内凝固)。凝胶时间愈短反应活性愈大。但是粉末涂料的活性又不能太大，否则在制备过程中的混合挤出机中也有可能发生部分反应导致物料黏结，反应活性过高也会影响贮存稳定性。反应太快还会影响成膜过程中的流平。

3. 粉末涂料的粉碎性

粉末涂料在挤出后，需要进行粉碎。要达到较好的粉碎效果，粉末涂料必须要有一定的脆性，但脆性太高，形成漆膜的韧性必然受到影响。脆性的大小和脆折温度及玻璃化温度有关，而脆折温度和玻璃化温度又和相对分子质量大小及结构有关(见第十章)。

4. 粒径

粉体的粒径不能太大，因为粒径大小和涂层厚度有关，粒径大，涂层厚。另外，粒径大，粉体的流动性差，特别是用流化床时，粉体不易形成漂浮状；但粒径太小也会引起粉体飞散的问题。一般要求为通过 200 目筛。

5. 粉末涂料的熔融温度

粉末涂料的熔融成膜必须在熔融温度以上。挤出机温度，被涂物预热温度以及烘烤温度的确定都和熔融温度有关。温度太高，树脂可能会热老化使性能变差。

可以看到上述的要求都是相互关联的，必须全面进行考虑，才能设计出优良的粉末涂料配方。

20.2　几种主要的粉末涂料

粉末涂料中的热塑性涂料是以热塑性树脂为成膜物质的。热塑性树脂随温度升高而变软，熔融并流平成膜，冷却后变硬形成固态漆膜。热塑性粉末树脂的主要品种有聚乙烯、聚氯乙烯、尼龙等。聚氯乙烯树脂粉末涂料非常便宜，耐药品性和防腐蚀性优良，涂膜厚，但它需要用增塑剂，烘烤温度受到限制，附着力差，需有底涂。聚乙烯主要是高压聚乙烯粉末，它具有优异的耐药品性、耐寒性、柔韧性、电绝缘性，而且无毒，但是它和金属间密合性差。尼龙粉末涂料具有非常优良的性能，如尼龙 1010 具有优异的耐磨性、耐候性、耐冲击性、耐水性等，但价格昂贵，需要有底涂。

热固性粉末涂料以热固性树脂作为成膜物，通常是由含有活性基团的聚合物和交联剂组成。热固性粉末涂料是粉末涂料发展的主流，主要品种有环氧树脂、聚酯、环氧树脂-聚酯混合物、聚氨酯和丙烯酸树脂等。

20.2.1　环氧粉末涂料

环氧树脂粉末涂料的漆膜附着力、硬度、柔韧性、耐化学药品和电性能优良，它具有优异的反应活性和贮藏稳定性。环氧树脂非常适于粉末涂料的制备：它具备各种熔融温度的树脂，容易调节熔融性能；熔融黏度低，易于流平；树脂相对分子质量不高，性质较脆易于粉碎；固化时不产生小分子；体积收缩小；不易产生气泡等。它的缺点是室外耐候性差，容易光老化，因此主要用于功能性粉末涂料，即高防腐的粉末涂料，如管道内外壁、汽车零部件、电绝缘涂层、海运集装箱等的涂料。

环氧树脂粉末涂料用的粉末树脂，主要是双酚 A 环氧树脂，其环氧当量一般为 700~1000。熔融混合是在 100℃左右温度下进行，在这个温度下树脂应有适当的熔融黏度。树脂熔融温度一般应在 90~100℃，若树脂熔融温度比此值低，容易结块；比此值高，粉碎困难，成膜时流平性差。线型酚醛环氧树脂，环氧基团数多，和双酚 A 树脂混用，可增加平均官能度数和交联点，使固化速度加快，而且能得到耐热性，耐化学药品性更好的漆膜。

环氧树脂粉末涂料的固化剂包括酚、酸酐、双氰胺及其衍生物、酰肼等。固化剂的种类对固体漆膜的性能有很大的影响。对固化剂一般有如下要求：

(1) 常温下是固体。

(2) 在与树脂熔融混合时不发生反应。

(3) 涂料的贮存稳定性好，固化温度低，固化时间短。

(4) 无刺激性臭味和毒性。

(5) 不会使漆膜带色。

(6) 价格便宜。

主要的固化剂介绍如下：

(1) 双氰胺(见第十五章)：双氰胺的熔点为 210℃，130℃以下不与环氧树脂反应，不带色，价格便宜，使用方便，但烘烤时间长，一般需用三级胺和咪唑等固化促进剂。

(2) 酚醛树脂：酚醛树脂的苯酚基可与环氧基反应，酚醛树脂和环氧树脂相容性很好，因此所得漆膜光泽高，贮存稳定性好，反应活性可通过促进剂予以调节，无毒，可用于金属管的内壁涂装。一个简单的配方介绍如下：

双酚 A 环氧树脂	75.0 份
流平剂	0.7 份
酚醛树脂(VARCUM 5416)	25.0 份
三乙醇胺	0.75 份

固化时间 180℃，15min，膜厚 20~30μm

(3) 酸酐：酸酐可以为均苯四酸酐、偏苯三酸酐、二苯甲酮四酸酐(Ⅰ)。酸酐固化的漆膜交联密度高，物理性能、耐化学药品性能及耐热性能都好，但易产生橘皮。由偏苯三酸酐和环脒形成的盐(Ⅱ)可作为固化剂，此固化剂含两个组分，它们的反应性不同，可以引起消光，所以(Ⅱ)可用于平光漆。下面是用(Ⅱ)为固化剂的一个配方，固化条件为 180℃，20min。

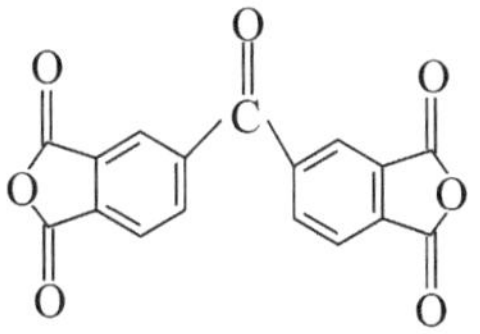

（Ⅰ） 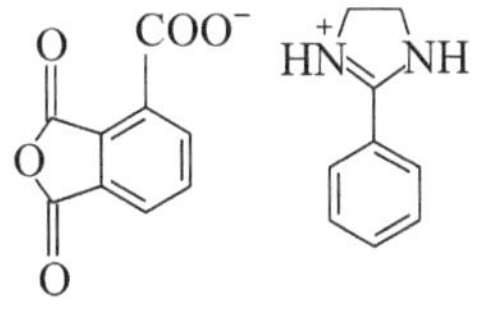　　　　　　　　　　　　　（Ⅱ）

```
双酚 A 环氧树脂                    56.0 份
(Ⅱ)(hardner B55)                3.5 份
流平剂(安息香)                    0.5 份
钛白                              40.0 份
```

(4) 二酰肼(Ⅲ)：二酰肼作为固化剂有固化速度快、漆膜柔韧性好的特点，主要有己二酸、癸二酸和苯二甲酸衍生的酰肼。

$$H_2NHN-\overset{\overset{\displaystyle O}{\|}}{C}-R-\overset{\overset{\displaystyle O}{\|}}{C}-NHNH_2$$
$$(Ⅲ)$$

20.2.2　环氧/聚酯粉末涂料

环氧/聚酯粉末涂料的成膜树脂为双酚 A 环氧树脂和羧端基聚酯的混合物，是一种混合型粉末涂料，显示出环氧组分和聚酯组分的综合性能。环氧树脂起到了降低配方成本，赋予漆膜耐腐蚀性、耐水等作用，而聚酯树脂则可改善漆膜的耐候性和柔韧性等。这种混合树脂还有容易加工粉碎，固化反应中不产生副产物的优点，是目前粉末涂料中应用最广的一类。

聚酯的羧基和环氧树脂的环氧基在固化温度下发生反应(一般要加催化剂)，导致形成交联的固化漆膜。聚酯树脂的组成、相对分子质量、平均官能度对粉末涂料的性质影响很大。关于端羧基聚酯的制备已在第十一章中作过讨论。粉末涂料用聚酯平均官能基团应有 2~3 个，大于 3 个可提高硬度和化学稳定性，但树脂难以制备，而且熔融黏度高，流动性降低，流平性变差。聚酯的玻璃化温度以 50~80℃之间为宜，低于 50℃贮存时会结块，高于 80℃熔融黏度太高使颜料、助剂等组分不能与其很好混合，控制聚酯的玻璃化温度和熔融黏度除了选择的组成外，相对分子质量调节非常重要。

环氧树脂的选用要依据聚酯的羧基量(用酸值表示)和相对分子质量决定,高酸值低相对分子质量的聚酯要用更多的双酚 A 环氧树脂。

下面列举一种端羧基的聚酯配方和相应的环氧/聚酯粉末涂料配方。

1. 端羧基聚酯制备配方

```
乙二醇                           124 份
新戊二醇                         1872 份
1,4-环己烷-二甲醇                 272 份
三羟甲基丙烷                     3320 份
己二酸                           292 份
对苯二甲酸                       3320 份
锡盐(FASCAT)                     6.63 份
乙酸锂                           18 份
偏苯三酸酐                       615 份
2-甲基咪唑(催化剂)                6 份
```

聚合方法是二步法，先制成端羟基聚酯，再加过量多元酸，最后得端羧基聚酯，其性能如下：

酸值	80
羟值	3
软化点	110℃

2. 粉末涂料的配方

羧端基聚酯树脂	50 份
环氧树脂(环氧当量 810)	50 份
流平剂(modaflow)	0.36 份
钛白	66.66 份

在粉末涂料的配方中还往往要加防针孔剂安息香，反应促进剂铵盐等等。

20.2.3 聚酯粉末涂料

聚酯粉末涂料主要是指由端羧基聚酯和交联剂 TGIC(见第十五章)组成的粉末涂料，其反应表示如下：

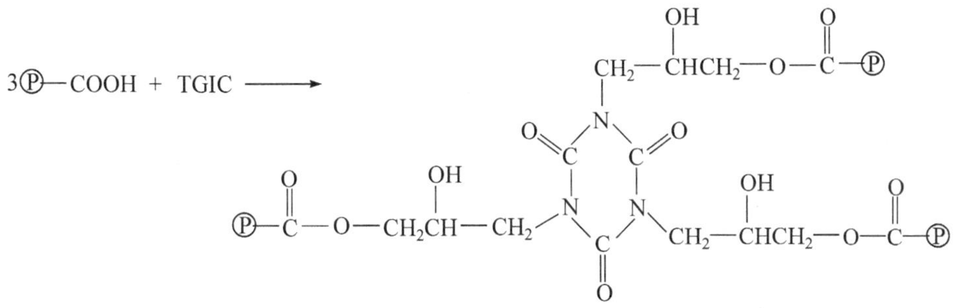

P 代表聚合物

由于 TGIC 是一种脂肪族的环氧化合物，因此改善了耐光老化性。为了降低成本，减少 TGIC 的用量，一般采用高相对分子质量的端羧基聚酯。此种涂料所得漆膜光泽高，耐化学药品性、防腐蚀性、耐候性和保光性都很好，受到广泛重视，但由于有报道认为 TGIC 可能对人体有很严重的毒害，其发展势头受到了影响。现在有一种称为 Primid 的固化剂可以取代 TGIC，是一种四官能基的 2-羟烷基酰胺,它无毒、固化速度快、用量小,所得漆膜耐候性更好(参见 13.2.2)。

20.2.4 聚氨酯粉末涂料

聚氨酯粉末涂料主要指羟端基的聚酯和各种封闭型多异氰酯为成膜组分的粉末涂料，由羟基和异氰酸酯反应生成含氨基甲酸酯结构的聚氨酯交联漆膜。这种粉末涂料有很多的优点：由于封闭型异氰酸酯需在高温下解封，因此延缓了粉末涂料的固化，允许在较长的时间进行流平，封闭剂的析出相当于增塑剂可降低熔融黏度，而羟端基的树脂一般也都含有一些羧基，可以改善对颜料的润湿性，总之，聚氨酯粉末涂料有突出的流动性。所得漆膜光泽高、耐候性好、机械物理性能和耐化学性能都十分优越，适用于室内外的装饰性薄层涂料以及各种工业涂料。

端羟基聚酯的制备和端羧基聚酯的制备非常类似，在第十一章中已作过讨论。封闭型异氰酸酯主要有己内酰胺封闭的多异氰酸酯和丁酮肟封闭的多异氰酸，前者解封出来的己内酰胺有助于熔融流动性，可得到流平好的漆膜，适用于薄涂层，后者解封温度低，反应活性高，可在较低温度下固化。多异氰酸酯可以是芳香族异氰酸酯如甲苯二异氰酸酯和脂肪族二异氰酸酯如异佛尔酮二异氰酸酯。前者比较便宜，但光照下易变黄。后者具有很好的光稳定性，但价格昂贵，为降低其用量，一般要采用相对分子质量高的端羟基聚酯，羟值一般小于 50(mgKOH/g)，而以 30 为宜。封闭型异氰酸酯特别是丁酮肟封闭的异氰酸酯解封闭时要释出挥发性有机物，对环境有一定污染，这是一缺点。己内酰胺作封闭剂解封时有部分可聚合成不易挥发的低聚物留于薄膜内。为了克服释放封闭剂带来对环境污染的问题，已研制出一种内封闭的异佛尔酮二异氰酸酯，但固化温度高、流平差，还未能实际使用。

20.2.5　丙烯酸粉末涂料

丙烯酸粉末涂料可分为三类：第一类由含丙烯酸缩水甘油酯的丙烯酸共聚树脂和多元酸(固化剂)组成成膜树脂，在高温下由多元酸和缩水甘油基上的环氧基团反应形成交联结构。为了满足粉末涂料制备上的要求，丙烯酸树脂要求有一定脆性，为了保证漆膜的柔韧性，多元酸一般使用长链脂肪族二元酸，如癸二酸、壬二酸等予以补偿。第二类树脂是由羟端基的丙烯酸树脂和封闭型多异氰酸酯组合。第三类丙烯酸粉末树脂由自交联的丙烯酸树脂为成膜物，自交联基团是通过 N-羟甲基丙烯酰胺、N-(甲氧基甲基)丙烯酰胺、丙烯酰胺、顺丁二酸酐等共聚单体引入共聚物的。丙烯酸粉末涂料有特好的抗老化性和抗洗涤剂性能，宜用于洗涤机，但它的抗冲击性能不如聚酯，合成和加工又比较困难，价格较高，因此用量不大。

20.2.6　氟树脂粉末涂料

由于氟树脂所具有的性能优点(见 17.2.1 节)，氟树脂在粉末涂料中已得以应用。氟树脂粉末涂料包括热塑性和热固性两类，热塑性氟树脂粉末涂料以热塑性氟树脂为成膜物，主要由氟化乙烯单体聚合而成，品种有聚偏氟乙烯(PVDF)、乙烯-三氯氯乙烯聚合物(ECTFE)、聚全氟乙丙烯、氟烯烃和乙烯基醚的共聚物。PVDF 是传统的氟树脂粉末涂料用成膜物，它的涂膜冲击强度、耐热性、耐化学药品性、耐油性、耐污染性和耐候性很好，现有技术已可将 PVDF

粉末涂料的粒径从 30~50μm 降至 25μm 以下；涂膜厚度从 60~80μm 降低至 30~40μm，可制备薄而均匀的涂层，用于化工设备、管道的涂装和槽的衬里。ECTFE 粉末涂层对大多数的化学药品有非常好的抗腐蚀能力，涂层在高温下，对氯和氯衍生物的抗蚀性能很好，可用于氯气洗涤塔、氢氟酸输送管路和次氯酸钠处理系统的涂装。热塑性氟树脂粉末涂料的主要缺点有颜料分散性差、涂膜的表面光泽低及需要高温烘烤。

粉末涂料用热固性氟树脂为带有羟基或羧基等可参与交联反应基团的氟树脂，它的相对分子质量比热塑性氟树脂低，热固性氟树脂用作粉末涂料成膜物时，具有颜料分散性好、软化点低和烘烤温度低的优点。热固性氟树脂主要有氟烯烃-乙烯基醚共聚物和氟烯烃-乙烯基酯共聚物，其中氟烯烃包括三氟氯乙烯和四氟乙烯。如采用环己基乙烯基醚、异丁基乙烯基醚、4-羟基乙烯基醚、烯酸和四氟乙烯为共聚单体，在过氧化物的引发下，可制备带羟基的热固性氟树脂。氟树脂含有的羟基可与异氰酸酯交联固化；侧链上的羧基可以促进颜料的分散；侧链上的其他极性基团可提高与基材的附着力，降低氟树脂的结晶性与熔点并提高涂膜的透明性。热固性氟树脂粉末涂料适用于需要超耐候性和优异防腐性能要求的高端应用领域，如超耐候铝型材、合金铝幕墙板和化工重防腐领域。但纯氟树脂粉末涂料的涂膜对金属附着力差、底材需铬化处理、抗冲击性能差、制备成本高。需选用机械性能良好的、超耐候的羟基聚酯与之复配，用封闭型脂肪族异氰酸酯固化的复配树脂可提高涂膜的附着力，最小程度地影响耐候性，较大程度地降低制粉成本，适应无铬化前处理的环保要求。聚酯改性氟树脂粉末涂料可采用共挤出及外混工艺制备，氟树脂占成膜物的 10%~50% 时，性能优异，性价比高，可满足户外铝型材 15~20 年耐候要求。

20.3 粉末涂料的应用与发展

粉末涂料应用极广，从金属丝、提篮到大型机械。从应用角度来看，粉末涂料可分为两大类，一类是装饰性的，一类主要是功能性的。前者用于家用电器、金属家具、汽车部件、机械、办公用品等，它要求有较好的装饰效果，较好的流平性，同时还要求有防腐蚀性能，最常用的是环氧/聚酯、聚酯和聚氨酯涂料；功能性粉末涂料主要用于防腐蚀，特别是管道和建筑材料的防腐，主要是环氧粉末涂料。尽管粉末涂料有很多优点，但也有一些不足之处，现将其特点总结如下：

(1) 无有机溶剂挥发，但粉尘在空气中有爆炸危险。

(2) 涂料利用率高，溅落的粉末可回收使用。

(3) 颜色改变比较困难，配色也比较困难。

(4) 固化温度高。

(5) 流平一般较差，漆膜表观不及溶剂型涂料。

(6) 一次性涂布可得到 100~500μm 涂层，但难以得到厚度低于 45μm 的涂层。

(7) 需要专用的生产和施工设备。

(8) 不能用于对热敏感和大的部件。

克服粉末涂料的不足，进一步发展新型的粉末涂料的研究很受重视。以下是几个发展的方向：

(1) 低温固化粉末涂料：制备低温固化涂料的难点在于固化温度与挤出熔融混合温度间的矛盾难调，采用超临界二氧化碳的方法可制备固化温度低，涂层很薄的粉末涂料。

(2) 自分层粉末涂料(self-stratifying coatings)：自分层涂料由两种或两种以上的不相容树脂组成，由于表面能的差别或其他原因，在成膜过程中，可自动地分层形成连续的但性能不同的两层或多层的漆膜。它具有施工效率高、节约成本、层间附着力好等优点。自分层涂料首先应用于粉末涂料，后推广至溶剂型和水性涂料。

(3) 光固化粉末涂料：可用于对热敏感的材质，在光固化前有充足时间进行低温熔融流平。克服了一般粉末需要高温烘烤、流平差、漆膜表观差的缺点(见21.6.4)。

(4) 近红外(NIR)固化粉末涂料：NIR 固化是以近红外高辐射能量去激发涂料分子的剧烈振动而使涂层受热固化。NIR 光能转化效率是热风转化率(15%)的 4 倍，生产效率高，设备占地面积小，运行成本低。在 0.8~1.2μm 的波长范围内，可快速穿透涂层，使涂层受热固化。NIR 固化粉末涂料有一些与紫外光固化粉末涂料相似的特点，还有一些如无膜厚限制、固化时间短及无涂膜颜色限制等紫外光固化粉末涂料不具备的优点，可用于纸张、木材、中密度纤维板(MDF)、塑料、电子产品的组装件等热敏性产品的粉末涂装。也可用在大型钢结构如桥梁、高层建筑、船舶、储槽和工业厂房等的粉末涂装中；还可作为热源，用在紫外光固化粉末涂料的熔融流平中，可扩大紫外光固化粉末涂料的应用范围。

第二十一章　辐射固化涂料

辐射固化涂料包括光固化涂料和电子束固化涂料。一般用紫外光、可见光和电子束作为漆膜固化的能源，它是一种几乎无溶剂的涂料，具有节省能源、减轻空气污染、固化速度快、占地少、适于自动化流水线涂布等特点，特别适用于不能受热的基材的涂装。它的应用范围很广，发展很快。辐射固化涂料中以光固化涂料为最重要，所以本章主要讨论光固化涂料。

21.1　基本光化学知识

光按其波长分为远紫外(200nm 以下)、紫外(200~400nm) 及可见光(400~800nm)。光碰到物体时一部分可透过，一部分被反射，一部分被吸收。被物质吸收的光可引起光化学反应。光的吸收服从比尔-朗伯定律(参见 8.1.2 小节)，即

$$I = I_0 e^{-kl}$$

式中，I_0 为入射光强；I 为透过的光强；l 为光经过物质的长度；k 和 ε 为吸收系数。如果通过的物质是溶液，上式可改为

$$I = I_0 e^{-kcl}$$

其中，c 为摩尔浓度。将上式取对数，得

$$\lg \frac{I_0}{I} = A$$

A 为吸光度，吸光度和吸收系数及浓度成正比。若令 I_A 为吸收的光强，即

$$I_A = I_0 - I$$

经简单推算可得

$$I_A = I (1-10^{-A})$$

当 $A = 1$ 时，

$$I_A = 0.90 \times I$$

表示有 90% 的光被吸收。有人认为 $A = 1$ 时是 100% 被吸收，这是错误的。

在一定浓度下，用不同波长的光透过某物质的溶液测得 A 值并作出曲线，即为该物质分子的光谱。图 21.1 是二苯酮分别以乙醇和环己烷为溶剂时的紫外光谱图，它在 260nm 和 340nm 处有最大吸收峰，由 A 值和浓度可以算出其吸收系数分别为 20 000 和 100，图的纵坐标为吸收系数的对数。

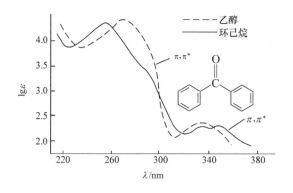

图 21.1　二苯酮的紫外吸收

一般是具有羰基或具有共轭体系的化合物才能吸收紫外光。未受光照的状态称为基态，用 S_0 表示。受光照吸收光子后分子便升至激发态，首先是激发的单线态，用 S_1 表示。单线态的寿命很短，因为有自旋相反的价电子，很不稳定，它可以很快再回到基态并发出荧光，这叫做衰减。也可以通过系间交叉转变为激发三线态 T_1。

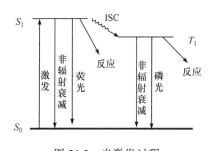

图 21.2　光激发过程

三线态的价电子是自旋平行的，比较稳定，寿命较长，三线态的分子也可衰减到基态同时发出磷光，其过程用图 21.2 表示。处于激发态的分子除了因衰减回到基态外，由于能量高，可以发生反应，如本身的分解或与其他的分子反应，这就是光化学反应，也可以将能量转移到其他分子身上，使其他分子激发并反应，而本身回到基态，这叫增感效应或敏化效应。能接受激发态分子能量的化合物叫做猝灭剂，能给予能量的叫做增感剂或光敏剂。整个过程可作如下表示，用 B 表示酮类化合物：

$B \longrightarrow {}^1B^*$　　　　　　激发

${}^1B^* \longrightarrow {}^3B^*$　　　　　系间交叉

${}^1B^* \longrightarrow B$　　　　　　衰减

${}^3B^* \longrightarrow B$　　　　　　衰减

$B^* \longrightarrow$ 产物　　　　　光反应

$$B^* + Q \longrightarrow B + Q^* \qquad 猝灭作用$$
$$B^* + P \longrightarrow B + P^* \qquad 增感作用$$
$$P^*或 B^* \longrightarrow 产物 \qquad 光反应$$

21.2 自由基光固化体系

光固化涂料成膜物主要由光敏聚合体系或称光固化体系组成。光固化体系主要有两部分，一是引发体系，一是光固化树脂(包括活性稀释剂和低聚物)。自由基聚合体系是最早被应用的体系。

自由基聚合的单体是烯类单体或相应的低聚物，普通单体如丙烯酸酯、乙酸乙烯酯和苯乙烯在紫外区都有特征吸收，并可导致聚合，但是聚合速度慢，效率低，实际应用都要添加光引发剂。光引发剂生成自由基的过程可用下式表示：

$$B^* \longrightarrow 2I\cdot \qquad 或 \qquad B^* + HR\cdot \longrightarrow R\cdot + BH$$
$$B^* + Q \longrightarrow B + Q^*$$
$$B^* \longrightarrow B$$

激发态的光引发剂 B^* 可以分子内裂解，生成自由基，也可和含活泼氢的化合物反应生成自由基。激发态的光引发剂还可以衰减回到基态，也可为其他物质 Q 所猝灭，主要的猝灭剂有 O_2 和单体，即

$$B^* + O_2 \longrightarrow B + O_2^*$$
$$B^* + M \longrightarrow B + M^*$$

氧和单体的猝灭作用，可使引发剂效率大大降低。

生成自由基后，即可引起聚合，表示如下：

$$I\cdot + M \longrightarrow IM\cdot(P\cdot) \qquad 引发$$
$$2I\cdot \longrightarrow I{-}I \qquad 结合$$
$$I\cdot + O_2 \longrightarrow IO_2\cdot \qquad O_2 加成$$
$$P\cdot + M \longrightarrow PM\cdot(P\cdot) \qquad 增长$$
$$P\cdot + O_2 \longrightarrow PO_2\cdot \qquad O_2 加成$$
$$P\cdot + I\cdot \longrightarrow PI \qquad 终止$$

由上述过程可知，O_2 在光敏聚合反应中有很不好的影响，一是猝灭激发态，二是起阻聚作用。单体的选择也很重要，有的单体(如苯乙烯)可以猝灭某些光引发剂，苯乙烯的三线态能量较低，仅 255kJ/mol，而甲基丙烯酸酯或丙烯酸酯类的三线态能量比较高，约为 287kJ/mol，因此后者不容易使光引发剂的激发态猝灭。

21.2.1　光引发剂

光引发剂有两种类型，一种是光引发剂受光激发后，分子内分解为自由基是单分子光引发剂，另一种是需要和含活泼氢的化合物(一般称助引发剂)相配合，通过夺氢反应形成自由基，是双分子光引发剂。这两种类型分别以安息香和二苯酮为代表，介绍如后。

1. 二苯酮光引发体系

单独使用二苯酮时，不能使烯类单体进行光聚合，要使它成为引发剂需要和醇、醚或胺合用，其中醇和醚与二苯酮配合的反应机理与二苯酮和胺的配合是不同的，表示如下：

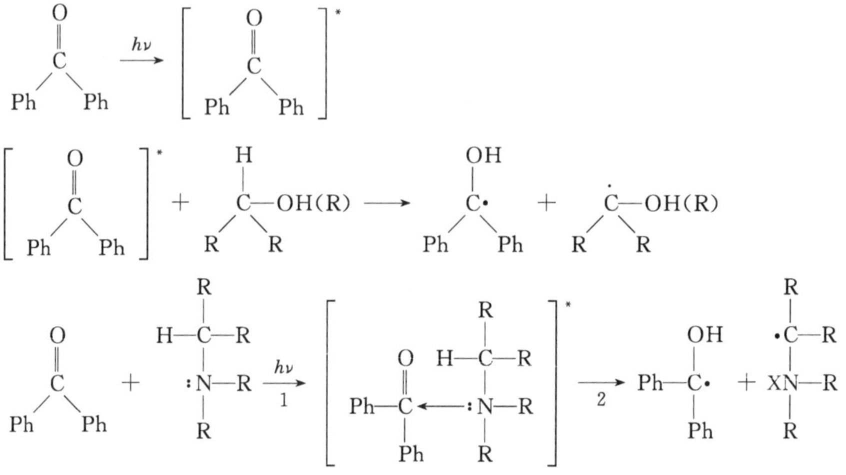

式中，R 可以是不同的烷基或芳基。从醇或醚中提取氢原子时，氧气很容易猝灭三线态的二苯酮。从胺中提取氢原子的情况比较复杂，首先是由激发的二苯酮与胺发生电荷转移，形成一个激发态络合物(激基络合物)(1)，然后再发生质子的转移，同时氮原子旁边的α-碳原子上的一个电子转移到氮原子上，形成自由基(2)。前后两步合起来看，仍然可看做一个氢原子提取过程。胺的体系不易为 O₂ 所猝灭，因为酮形成激发态后马上与胺形成激发态络合物，避免了向氧分子的能量转移，和醇醚体系相比，也减少了向单体发生能量转移的可能性。实际应用中，一般采用胺的体系。除二苯酮外，一些稠环酮吸收光的光波较长，效率较高，如硫杂蒽酮(Ⅰ)及其衍生物。

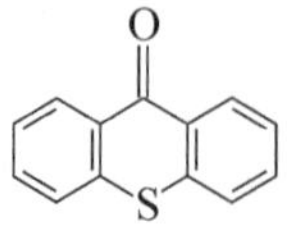

联苯酮(Ⅱ)和醌蒽类(Ⅲ)也是常用的光引发剂。它们和二苯酮一样需要有活泼氢化合物。

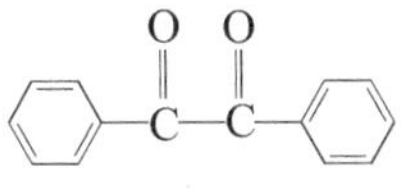

(Ⅱ) 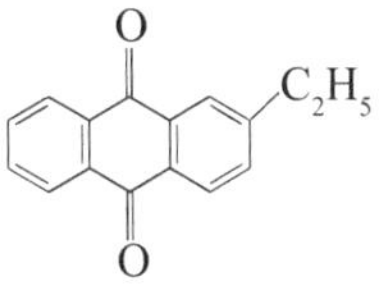 (Ⅲ)

胺类化合物最好是三级胺，但不能用三苯胺，因为没有 α-活泼氢，米蚩酮(MK)是既有二苯酮结构又含有 6 个活泼氢的胺，常用于光敏引发体系中，它和二苯酮有协同效应，但易引起变色。

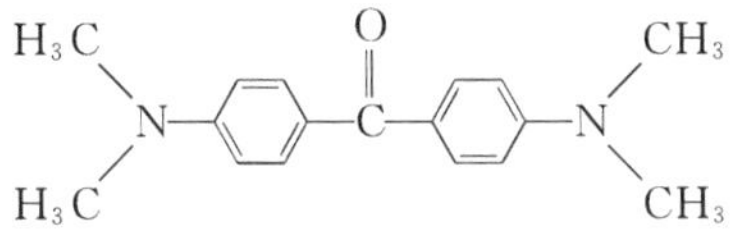

(MK)

2. 安息香类光引发剂

安息香(Ⅴ)及其脂肪醚(Ⅵ)曾是实际应用最广的一类光引发剂。它的特点是激发态可直接分解成两种自由基。

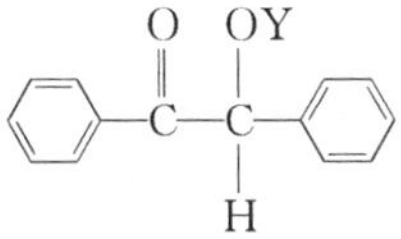

Y＝H (Ⅴ)
Y＝R (Ⅵ)

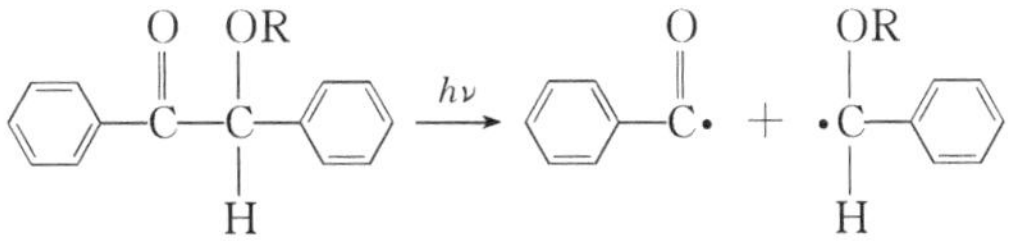

生成的自由基都可以引发单体聚合。安息香和安息香醚作为光引发剂，其效率是不同的，Y 为不同基团时，一般有如下顺序：

$$烷基 > 苯基 > H$$

安息香甲醚和乙醚及丁醚曾是最常用的光引发剂。安息香醚的激发态寿命短，不易为 O_2 猝灭，也不能为苯乙烯所猝灭，所以可用于苯乙烯的聚合。安息香或其醚，即使不见光也有不同程度热分解，贮存稳定性不好，一般要加稳定剂或阻聚剂，醚的稳定性随 OR 中 R 基的不同而变化，其稳定性按下列次序递减：

$$一级烷基 > 二级烷基 > 三级烷基$$

其顺序与光分解速度相反。平衡光分解速度与稳定性，常采用异丁基醚和异丙基醚为引发剂，安息香醚也常与米蚩酮配合，它们有协同作用。

3. 其他光引发剂

以下几类光引发剂和安息香类一样，是比安息香醚更有效的单分子光引发剂。

(1) α,α-二甲氧基-α-苯基苯乙酮(DMPA)：具有较好的贮存稳定性和较高的引发效率，但光解后变黄。

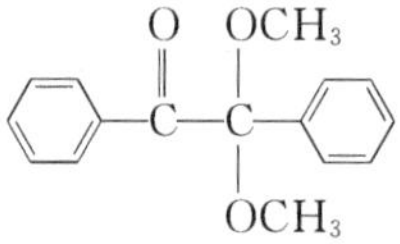

(DMPA)

(2) α-羟基-α,α-二甲基苯乙酮(HMPP)和 1-羟基环己基苯基酮(HCPK)：它们的商品名依次为 1173 和 184，不仅有高的引发效率，而且不会变黄。

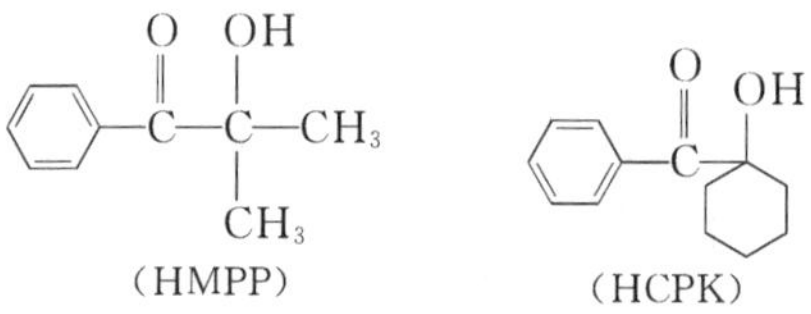

(HMPP)   (HCPK)

(3) α-氨基酮衍生物：有很高的引发效率，适用于着色的固化体系。其中有 1-[4-甲巯基苯基]-2-甲基-2-吗啉基丙酮(MMMP 商品名为 907)和 2-苄基-2-二甲氨基-1-(4-吗啉苯基)丁酮(BDMB，商品名为 369)，经常和其他引发剂合用。

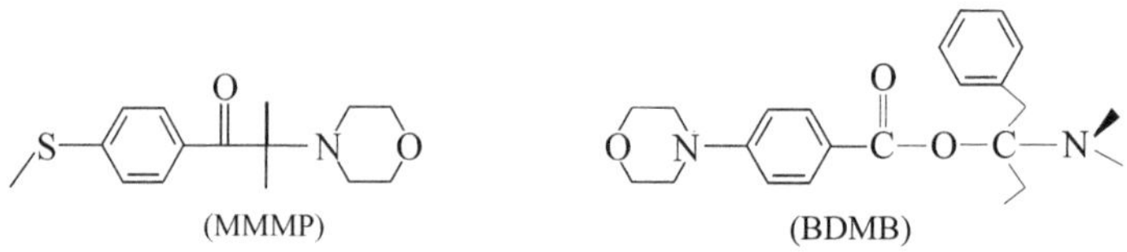

(MMMP)   (BDMB)

图 21.3 为 1173、184 和 907 的 0.001%乙腈溶液的吸收光谱，由图可知，907 与 1173 和 184 的最大吸收峰位置基本不重合，将 907 与 1173 或 184 合用，可实现多个波长的光吸收，从而提高引发效率。

(4) 酰基膦氧化物：主要的品种是 2,4,6-三甲基苯甲酰二苯基氧膦(TPO)和二(2,4,6-三甲基苯甲酰)苯基氧化膦(BAPO)，TPO 在可见光区有吸收，两者都可用于 UV-LED 灯固化体系，是比较理想的光引发剂。它们具有很高的光引发活性，对长波长的近紫外有吸收，适用于白色涂料和膜较厚的情况。它有很好的稳定性，不会变黄。此类引发剂本身具黄色，分解后不显颜色，因有光漂白作用，也适用于透明涂层和要求低气味的制品。

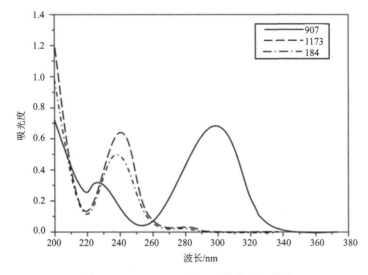

图 21.3 907、1173 和 184 的紫外吸收谱

（TPO） （BAPO）

4. 无引发剂的光固化体系

光固化涂料中的光引发剂在光照引发后，在固化材料中仍会有残留，引发剂的分解产物会有异味，不符合卫生要求，不能直接用于食品和饮料的包装。为了克服这一问题除了改用电子束固化体系外，开发无引发剂的光固化体系是另一条途径。当前研究的无引发剂光固化体系主要是由取代的马来酰亚胺或马来酸酐作为电子受体和乙烯基醚或/和苯乙烯的衍生物等为电子给体组成，它们在紫外光照下，形成激基复合物，通过电荷转移，进行自由基引发聚合。详细的机理目前还不太清楚。

21.2.2 光固化树脂

光固化树脂主要有两大类：一类是不饱和聚酯型，它由线型不饱和聚酯与活性稀释剂(主要是苯乙烯)组成；另一类是丙烯酸酯型，它由低聚物和活性稀释剂组成。它们都是通过光敏聚合形成交联结构而固化。

1. 不饱和聚酯

不饱和聚酯型的光固化树脂是发展最早和销售量最大的光固化树脂，它的最大优点是便宜，主要用于木器漆。关于不饱和树脂的制备及性质在 12.3 节已经有过介绍，现在补充讨论如下问题：

(1) 相对分子质量：相对分子质量和聚合度($\bar{X}_n$)直接有关，聚合度则和反应程度有关(参见 3.1)：

$$\bar{X}_n = \frac{1}{1-P}$$

当反应程度为 50%时，平均聚合度为 2，反应程度达 98%时，聚合度也只有 50，这相当于马来酸酐和丙二醇的聚酯的数均相对分子质量为 4400。实际生产过程中常用过量的二元醇来控制相对分子质量，并降低羧基含量，一般 $\bar{X}_n$ 在 10~15 之间。相对分子质量愈高，光固化速度愈快，但相对分子质量过高，流动性和附着力都会变差。

(2) 组成：在热聚合的不饱和聚酯中，一般马来酸酐含量在 12%~30%(摩尔分数，以全部酸为基准)，但作为光固化树脂，当马来酸酐(或富马酸)占 50%时具有最好的固化速度，漆膜的硬度也比较适中。

关于二元醇和二元酸对不饱和聚酯性能的影响已有很多研究，苯酐的固化速度高于间苯二甲酸和四氢苯酐，二元醇中新戊二醇的光固化速度最慢。

活性稀释剂苯乙烯的含量在 30%左右为佳，在 40%时，光固化速度下降。单体的类型和浓度既影响涂料性能，也影响价格，虽然用丙烯酸酯单体可以代替苯乙烯，使光固化速度增加，但价格上升。

2. 丙烯酸树脂

不饱和聚酯和苯乙烯的光固化树脂的光固化速度慢，不适用于高速涂布线，另外苯乙烯的挥发性较大，漆膜易变黄。丙烯酸酯型光固化树脂具有较快的光固化速度，可以用于厚膜涂布。光固化丙烯酸树脂分两个部分，一是丙烯酸酯化的低聚物(又称齐聚物)，二是活性稀释剂。

(1) 丙烯酸酯化的低聚物：低聚物是树脂的主体，主要有四类，聚氨酯型、环氧树脂型、聚酯型和丙烯酸树脂型。

丙烯酸酯化的聚氨酯用于光固化涂料，可提供很好的弹性和柔韧性。其一般制备方法是先使二异氰酸酯(用 OCNRNCO 代表)，如 TDI 与低聚物二元醇(用 HOPOH 代表)反应，反应完成后再加丙烯酸羟乙酯进行反应，引进丙烯酸酯。这种反应方式减少了丙烯酸酯的受热时间，可避免由此引起的聚合。但也有报道，认为先用异氰酸酯和丙烯酸羟乙酯反应，然后再加低聚物二元醇反应，可以减少丙烯酸羟乙酯等的毒性。若使用脂肪族异氰酸酯制备聚氨酯，则可不变黄，但用芳香族的比较便宜。其一般分子式为

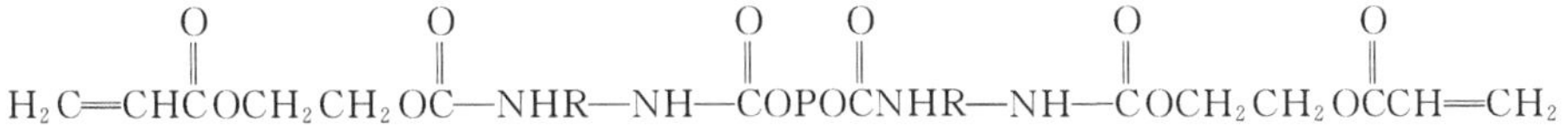

$$H_2C{=}CHCOCH_2CH_2OC{-}NHR{-}NH{-}COPOCNHR{-}NH{-}COCH_2CH_2OCCH{=}CH_2$$

式中，R 可以是聚醚，也可以是聚酯。

丙烯酸酯化的环氧树脂中最重要的品种是双酚 A 环氧树脂的双丙烯酸酯，它固化速度快，漆膜硬度高，耐化学性优良，价格便宜，但是柔顺性差，容易变色。由丙烯酸和双酚 A 型环氧树脂反应，即可得产物。其最简单的分子式可表示如下：

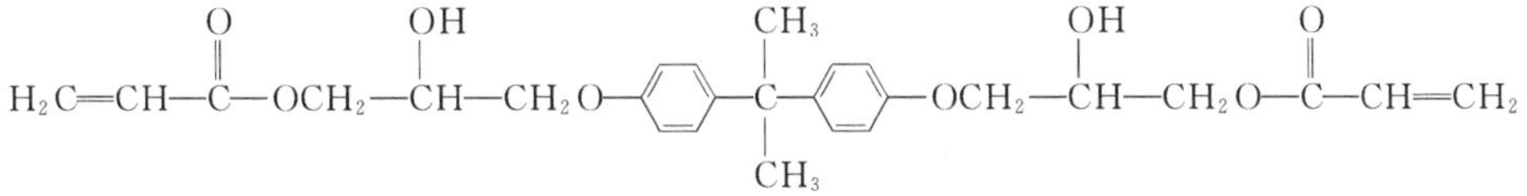

$$H_2C{=}CH{-}C{-}OCH_2{-}CH{-}CH_2O{-} \bigcirc {-}C{-} \bigcirc {-}OCH_2{-}CH{-}CH_2O{-}C{-}CH{=}CH_2$$

另外两类低聚物是由端羟基的低聚物与丙烯酸反应制得的。其中聚酯低聚物的性能可通过改变结构进行调节。丙烯酸树脂低聚物用量较少。

(2) 活性稀释剂：活性稀释剂分单官能基单体和多官能基单体两种，多官能基单体一般指含两个以上丙烯酸酯、甲基丙烯酸酯或烯丙基等结构的单体，如三羟甲基丙烷三丙烯酸酯(TMPTA)、季戊四醇三丙烯酸酯(PETA$_3$)、季戊四醇四丙烯酸酯(PETA$_4$)，己二醇二丙烯酸酯(HHDA)、新戊二醇二丙烯酸酯(NPGDA)，二乙二醇二丙烯酸酯(DEDA)、三乙二醇二丙烯酸酯(T$_3$EDA)、四乙二醇二丙烯酸酯(T$_4$EDA)等。单官能基单体，常用的有丙烯酸异辛酯(2-乙基己酯，EHA)、甲基丙烯酸羟乙酯、丙烯酸羟乙酯(HEA)、丙烯酸二甲氨基乙酯(DMAEA)、乙烯基吡咯烷酮(VP)以及乙酸乙烯酯、甲基丙烯酸甲酯、丙烯酸异冰片酯和苯乙烯等。下面是几种重要的活性稀释剂。

在选用稀释剂时，要注意下列因素：

(1) 降低黏度的效率和相溶性：一般多官能基单体降低黏度的效率不及单官能基单体，官能基数愈高，降低黏度效率就愈低，所以有下列顺序：

四丙烯酸酯 < 三丙烯酸酯 < 二丙烯酸酯 < 丙烯酸酯

在单官能基单体中，乙烯基吡咯烷酮有最好的降低黏度效率。缩乙二醇或其单醚的丙烯酸酯，含有极性基团，有助于极性大的低聚物溶解。丙烯酸异辛酯具有长烷基链，有时和极性高的低聚物相混时不能互溶，而发生混浊。

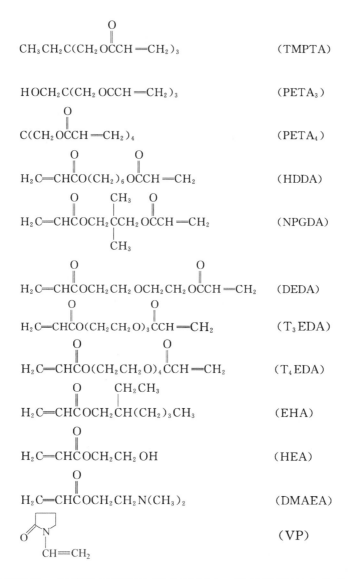

$$CH_3CH_2C(CH_2 \overset{O}{\overset{\|}{O}}CCH=\!\!=CH_2)_3 \qquad (TMPTA)$$

$$HOCH_2C(CH_2OCCH=\!\!=CH_2)_3 \qquad (PETA_3)$$

$$C(CH_2 \overset{O}{\overset{\|}{O}}CCH=\!\!=CH_2)_4 \qquad (PETA_4)$$

$$H_2C=\!\!=CHCO(CH_2)_6OCCH=\!\!=CH_2 \qquad (HDDA)$$

$$H_2C=\!\!=CHCOCH_2CCH_2OCCH=\!\!=CH_2 \qquad (NPGDA)$$

$$H_2C=\!\!=CHCOCH_2CH_2OCH_2CH_2OCCH=\!\!=CH_2 \qquad (DEDA)$$

$$H_2C=\!\!=CHCO(CH_2CH_2O)_3CCH=\!\!=CH_2 \qquad (T_3EDA)$$

$$H_2C=\!\!=CHCO(CH_2CH_2O)_4CCH=\!\!=CH_2 \qquad (T_4EDA)$$

$$H_2C=\!\!=CHCOCH_2CH(CH_2)_3CH_3 \qquad (EHA)$$

$$H_2C=\!\!=CHCOCH_2CH_2OH \qquad (HEA)$$

$$H_2C=\!\!=CHCOCH_2CH_2N(CH_3)_2 \qquad (DMAEA)$$

$$(VP)$$

　　(2) 低挥发性：在紫外灯照射和聚合过程中，体系的温度会升高，因此挥发性高的稀释剂便会受热挥发。挥发不仅浪费了材料，而且污染大气，蒸气还会降低射线的强度，并可影响漆膜的表观。上述活性稀释剂中 EHA 有一定的挥发性，苯乙烯的挥发性更大，许多丙烯酸酯单体不能作为稀释剂的主要原因便是其挥发性高。乙烯基吡咯烷酮的挥发度非常小。一般低聚物和多官能基单体基本都是不易挥发的。

　　(3) 固化速度：固化速度高可以节省能源，提高效率。丙烯酸酯和甲基丙烯酸酯相比，后者固化速度低得多，所以低聚物、多官能基单体等一般都用丙烯酸酯。交联单体可以提高固化速度，因为聚合时可提供较高的交联密度，三羟甲基丙烷三丙烯酸酯和季戊四醇的四丙烯酸酯等固化速度最快，乙二醇二丙烯酸酯较慢，但它比新戊二醇二丙烯酸酯固化速度要快得多，其原因是后者容易分子内聚合而减少分子间的交联反应，乙烯基吡咯烷酮是单官能基稀释剂中光固化速度最快的。

丙烯酸二甲氨基乙酯和含醚键的丙烯酸酯，如丙烯酸的缩乙二醇酯，它们都含有可被提取的活泼氢，在二苯酮引发体系中，它们可代替胺，提高光引发效率，氨基和醚键边上的α-位还可吸收氧气发生氧化反应，有助于光聚合的进行。

(4) 对漆膜物理性质的影响：多功能基单体一般提供较高的交联密度，而丙烯酸异辛酯则可降低玻璃化温度，丙烯酸羟乙酯和丙烯酸二甲氨基乙酯中的羟基和氨基可以提高树脂的附着力。乙烯基吡咯烷酮可以增加树脂的抗张强度，但却对树脂的弹性影响很小。

(5) 毒性：稀释单体的毒性是设计配方中应考虑的。毒性大小和对人的危害并非完全一致，毒性大，但挥发性小，不一定构成很大的危害。丙烯酸羟乙酯、丙烯酸甲氧基乙基酯的毒性较大，一般甲基丙烯酸酯的毒性较丙烯酸酯的低。乙烯基吡咯烷酮也是有毒的单体。

3. 硫醇-烯体系

硫醇-烯体系发展较晚，它的特点是可控制交联度。它由多硫醇和多烯如多元醇丙烯酸酯组成。其反应可表示如下(以二苯酮为光引发剂)：

$$Ar_2C{=}O \xrightarrow{\ h\nu\ } Ar_2C{=}O^*$$

$$Ar_2C{=}O^* + RSH \longrightarrow Ar_2\dot{C}{-}OH + RS\cdot$$

$$RS\cdot + CH_2{=}CHR' \longrightarrow RSCH_2{-}\dot{C}HR'$$

$$RSCH_2{-}\dot{C}HR' + RSH \longrightarrow RSCH_2{-}CH_2R' + RS\cdot$$

其中 RSH 为多元硫醇，如(Ⅵ)，$CH_2{=}CHR'$为多丙烯酸酯，如(Ⅶ)，因此通过系列反应可得一个交联网状聚合物。从反应式中可以看出，控制加入单体的结构以及硫醇与多烯的量，便可控制这种固化体系的交联度，硫醇-烯体系固化速度快，体积收缩率小，固化过程中极少氧阻聚，对烯类单体的适用面广。其缺点是贮存稳定性差，而且有硫醇臭味。

$$\underset{(Ⅵ)}{HS{-}\wedge\wedge\wedge\overset{\displaystyle SH}{|}{-}SH} \qquad \underset{(Ⅶ)}{CH_2{=}CH{-}\wedge\wedge\wedge\overset{\displaystyle CH{=}CH_2}{|}{-}CH{=}CH_2}$$

21.2.3 氧气阻聚问题

自由基光固化过程中，氧气是一个干扰因素，它使光固化速度变慢，使漆膜表面发黏。氧气的有害作用来自两方面：一是对引发体系的影响，它可使激发态的光敏剂猝灭，降低了光引发的效率；二是在聚合过程中作为阻聚剂。

　　为了避免氧气的干扰，可以用物理的方法将氧气与固化体系隔离，如用氮气保护，或在光固化体系中加石蜡，它可浮于表面，隔绝树脂与空气的接触，但温度高时，氧仍可透过石蜡。另外的途径是选择好光引发体系，例如，安息香醚在光解过程中对氧不敏感，因其三线态寿命短。又如，二苯酮和胺的体系，对氧气也不敏感。但即使光引发剂对氧不敏感，能高效地产生自由基，但并不一定能阻止氧对聚合的阻聚作用，为了消除氧气的影响，可用光化学方法消除溶解的氧气，使空气扩散到树脂的氧及时消灭。例如，在体系中加入增感染料，如亚甲基蓝(MB)，它在红光作用下，可形成激发的三线态，而它的三线态能量可传递给 O_2 使氧气成为激发的单线态氧，单线态氧可和接受体如1,3-二苯基异苯并呋喃(Ⅷ)生成过氧化物，并最终形成邻苯二甲酰苯，可作为光引发剂：

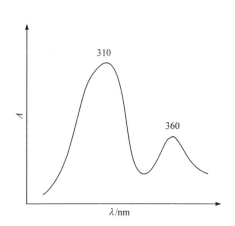

也可采用大曝光量和高光引发剂浓度的办法，将表面的氧气迅速消灭，从而导致表面迅速固化。固化的表面可阻挡 O_2 的扩散。但光引发剂量太大，将影响紫外光进入底层，为克服这一问题，可以选用两个吸收峰强度不同的引发剂，其光引发体系有如图 21.4 所示的光谱形状，310nm 的强吸收可用来抵消氧的作用，而 360nm 的吸收较弱，光线可进入底层，使底层树脂聚合。

图21.4　有两个吸收峰强弱悬殊的光引发体系

　　第三个方法是选择合适的固化树脂，例如，在固化树脂中加有消耗氧气的单体或基团，如含烯丙基、醚键及氨基的单体，它们具有活泼的 α-氢原子可被提取并易与 O_2 生成过氧化氢，其反应用胺代表，表示如下：

$$(RCH_2)_2N\overset{H}{\underset{|}{—}}CHR + O_2 \longrightarrow (RCH_2)_2N\overset{OO\cdot}{\underset{|}{—}}CHR$$

$$(RCH_2)_2N\overset{OO\cdot}{\underset{|}{—}}CHR + (RCH_2)_3N \longrightarrow (RCH_2)_2N\overset{OOH}{\underset{|}{—}}CHR + (RCH_2)_2N\overset{\cdot}{C}HR$$

国内还有人在光固化树脂中引入干性油,利用干性油吸氧固化的特性来减少 O_2 的影响。

21.3　阳离子光固化体系

阳离子光敏聚合体系是 20 世纪 70 年代末才发展起来的,最早商业化的阳离子光引发体系是重氮盐,如苯基重氮硼氟酸盐。苯基重氮硼氟酸盐光解产生 BF_3,氮气和氟代苯。

$$ArN_2^+BF_4^- \xrightarrow{h\nu} ArF + BF_3 + N_2$$

生成的 BF_3 是一种路易斯酸,可以直接引发阳离子聚合。BF_3 也可以和 H_2O 或其他化合物反应生成质子,然后引发聚合:

$$BF_3 + H_2O \longrightarrow H^+ + BF_3(OH)^-$$

例如,环氧化合物的阳离子聚合过程为

在这里重氮盐的阴离子必须是亲核性非常弱的阴离子,除 BF_4^- 外,还可以是 PF_6^-,AsF_6^- 及 SbF_6^- 等。阳离子聚合在室温下很容易链终止和链转移,但亲核性很弱的阴离子可降低链终止反应,因而室温下可进行聚合反应。另外,我们可以看到,链终止进行时产生一个新的路易斯酸,仍可再引发聚合反应,这一点是和自由基光引发聚合完全不同的,自由基是短命的,而阳离子是长命的。另外一个优点是阳离子光引发聚合可以不受氧的影响。重氮盐作为阳离子光引发剂,其最大缺点是光解时有 N_2 析出,这限制了它的实际应用,因为在聚合物成膜时会导致气泡或针眼生成；另一个缺点是不稳定，它不能长期贮存，由于这两个原因阳离子光敏引发聚合的发展非常慢。

GE 公司的 Grivello 和 Lan 1977 年首先发表了关于三芳基硫鎓(sulfonium)和二芳基碘鎓(iodonium)的金属络合卤化物作为光引发剂的研究，开始了阳离子光引发聚合的第二代。这些引发剂在光解时，没有 N_2 生成，也非常稳定，因此克服了重氮盐所存在的问题。

21.3.1　硫鎓盐和碘鎓盐的光引发作用

热稳定的阳离子聚合光引发剂主要是三芳基硫鎓或二芳基碘鎓的六氟锑酸盐、六氟砷酸盐、六氟磷酸盐：

$$Ar_3S^+X^- \qquad Ar_2I^+X^-$$

$$X^- = SbF_6^-,\ AsF_6^-,\ PF_6^-$$

当光照射这些盐时，Ar—S(或 Ar—I)键可以断裂生成一个活泼的自由基阳离子，如下式所示：

$$Ar_3S^+X^- \xrightarrow{h\nu} Ar_2S^{+\cdot}X^- + Ar\cdot$$

$$Ar_2I^+X^- \xrightarrow{h\nu} ArI^{+\cdot}X^- + Ar\cdot$$

$Ar_2S^{+\cdot}$ 或 $ArI^{+\cdot}$ 可以直接和单体(如环氧化物)反应引发聚合，也可以夺取一个氢生成质子，由质子引发聚合，如

$$Ar_2S^{+\cdot} + HR \longrightarrow Ar_2S + H^+ + R\cdot$$

硫鎓盐和碘鎓盐也可和增感剂组合，在光照下按电子转移的方式(氧化还原)产生活泼的阳离子。增感剂与硫鎓盐(或碘鎓盐)间的电子转移，可以有两种形式，直接电子转移和间接电子转移，作者还发展了一种分子内电荷转移增感的方式。

1. 直接电子转移

其过程表示如下：

$$PS \xrightarrow{h\nu} PS^*$$
$$PS^* + Ar_3S^+X^- \longrightarrow PS^{+\cdot}X^- + Ar_3S\cdot$$
$$PS^{+\cdot}X^- \xrightarrow{M} 聚合物$$

PS 为增感剂，光照后 PS 吸收光能后成为激发态 PS^*，激发态 PS^* 的电子可以直接转移到硫鎓盐上，产生一个活泼的增感剂自由基阳离子，此阳离子可直接引

发聚合或夺取 H 而生成质子，由质子引发聚合。增感剂可以是芘、蒽和吩噻嗪(Ⅸ)，也可以是硫杂蒽酮和氧杂蒽酮(Ⅹ)，但后两者仅可以与碘鎓盐配合，因为碘鎓盐更容易被还原。三苯基硫鎓盐还原势为−1.2V，而二苯基碘鎓盐为–0.2V。

2. 间接电子转移

第二种氧化还原的机理是光照后增感剂先生成自由基，然后从自由基上将电子转移到鎓盐，例如，二苯酮为增感剂时，有如下反应：

$$Ph_2C=O \xrightarrow{\ h\nu\ } [Ph_2C=O]^* \tag{1}$$

$$[Ph_2C=O]^* + (CH_3)_2CHOH \longrightarrow Ph_2\dot{C}OH + (CH_3)_2\dot{C}OH \tag{2}$$

$$Ph_2\dot{C}OH + Ph_2I^+ \longrightarrow Ph_2\overset{+}{C}OH + Ph_2I\cdot \tag{3}$$

$$(CH_3)_2\dot{C}OH + Ph_2I^+ \longrightarrow (CH_3)_2\overset{+}{C}OH + Ph_2I\cdot \tag{4}$$

$$Ph_2I\cdot \longrightarrow PhI + Ph\cdot \tag{5}$$

$$Ph\cdot + (CH_3)_2CHOH \longrightarrow (CH_3)_2\dot{C}OH + PhH \tag{6}$$

$$Ph_2\overset{+}{C}OH \longrightarrow Ph_2C=O + H^+ \tag{7}$$

$$(CH_3)_2\overset{+}{C}OH \longrightarrow (CH_3)_2C=O + H^+ \tag{8}$$

增感剂二苯酮光解产生自由基时，需要有氢给体(如异丙醇)存在。激发态的二苯酮从氢给体上夺取氢原子，于是生成两个酮自由基，它们可以还原碘鎓离子而得质子化的二苯酮和质子化丙酮以及二苯碘的自由基，二苯碘自由基很易分解为碘苯和苯基自由基，苯基自由基又可从氢给体异丙醇中提取氢原子，重新产生酮自由基，它们可再参加碘鎓盐的还原。按上述过程可知，其量子效率将超过 1，光子的增值来自式(3)~(5)的反应。这个过程的增感剂除二苯酮外还可以是硫杂蒽酮和氧杂蒽酮，安息香醚类也可作为这一过程中的增感剂，但是此类过程，目前只存在于用碘鎓盐的体系，对于普通硫鎓盐并不适合，其原因仍在于碘鎓盐的还原势较高。

3. 增加光引发效率的途径与分子内敏化鎓盐

二苯基碘鎓盐和三苯基硫鎓盐在中压或高压汞灯的光谱区，吸收很少，因而光利用率很低，例如，在 313nm 的摩尔吸收系数三苯基硫鎓盐为 5mol^{-1}·cm^{-1}，二苯基碘鎓盐为 44mol^{-1}·cm^{-1}，在 366nm 碘鎓盐为 1mol^{-1}·cm^{-1}，

而硫鎓盐则少于 $1\,mol^{-1}\cdot cm^{-1}$，它们的最高吸收在230nm左右，为了增加对光的吸收，需将硫鎓盐和碘鎓盐光谱吸收向长波移动。其中方法之一就是将芳基的共轭体系加大，例如，用苯硫基取代的三苯硫鎓盐[(如化合物(XI)和(XII)]的吸收区可扩展到300~400nm区域，其摩尔吸收系数在300nm可达18 000，除此以外，还可以用其他取代基。但必须要注意的是，这种向长波扩展的方法，并不是无限制的，所吸收光波的能量 $E=h\nu$ 需大于 Ph—S(或 Ph—I)断裂所需的能量，否则，即使能够吸收长波长的光，也不能引起光解产生有效的阳离子。

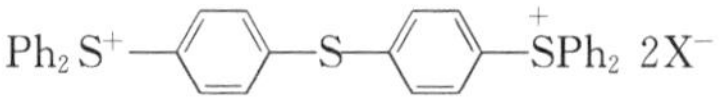

第二个方法也就是加入增感剂，很多增感剂以使碘鎓盐和硫鎓盐的光敏体系在363nm处产生阳离子，也就是说，可以利用低能量的光来产生可以引发聚合的阳离子，这对能量的要求可比断键所需的要低。前面已经讨论过，由于碘鎓盐一般还原势较高，大量的增感剂可以利用，而且还可以利用间接的电子转移光引发原理来提高光敏性；硫鎓盐则受到一些限制，因为它不易被还原。利用增感剂作为增加效率的手段受到扩散速度限制，因为增感剂必须和鎓盐相互作用(双分子反应)，但光固化系统的黏度是随着聚合进行而升高的，在黏稠介质中，分子运动困难，相应碰撞的机会越来越少，增感的效率也越来越低。为了克服这个问题，我们曾做了一些有用的工作，其主要原理是利用分子内的电子转移作用，合成了一些具有分子内敏化作用的新鎓盐，它的敏化作用发生于分子内，有单分子反应的特点，不受扩散速度的影响。以 2-苯硫甲基-2,4-二甲基二苯硫鎓六氟砷酸盐(XIII)为例，表示如下：

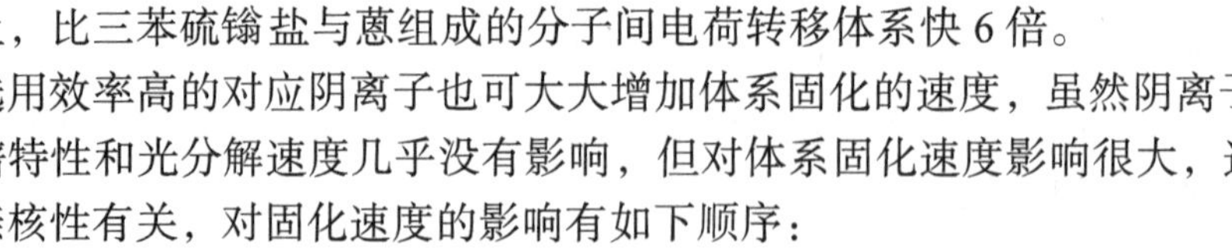

式中，An 为蒽基。(XIII)比相应三苯硫鎓盐引发多环氧化合物固化的速度快10倍以上，比三苯硫鎓盐与蒽组成的分子间电荷转移体系快6倍。

选用效率高的对应阴离子也可大大增加体系固化的速度，虽然阴离子对鎓盐光谱特性和光分解速度几乎没有影响，但对体系固化速度影响很大，这和它们的亲核性有关，对固化速度的影响有如下顺序：

$$SbF_6^- > AsF_6^- > PF_6^- > BF_4^-$$

21.3.2　芳茂铁光引发体系

芳茂铁盐(XIV)光引发体系是继二芳基碘鎓盐和三芳基硫鎓盐后发展的一

种阳离子光引发体系，在环氧化合物存在时，其光聚合机理表示如下：

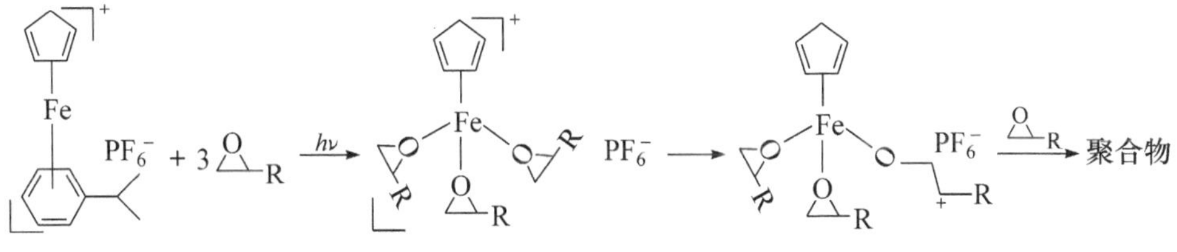

（XIV）

按此机理，在光照下芳茂铁盐离子首先脱去芳香配位体，同时产生与一个环氧化合物分子配位的不饱和铁的络合物，此络合物具有路易斯酸的特点并接着形成与三个环氧化合物分子配位的络合物，其中一个环氧化合物可开环形成阳离子，它能引发阳离子开环聚合反应，形成聚合物。

21.3.3 阳离子光固化树脂

凡可进行阳离子聚合的单体均可由锍盐进行光敏引发聚合，例如环醚、环形缩醛、内酯、环硫醚、乙烯基醚、乙烯基咔唑和各种环氧化合物。作为光固化的单体，一般用多官能基的单体。

对于多环氧化合物来说，其聚合活性是很不同的，它与环氧化合物的电荷分布、空间阻碍等都有关系。作为光固化树脂的基本低聚物，应尽可能选用商品环氧化合物，如双酚 A 环氧树脂，因为它的价格便宜，而且有很好的性能，但它本身黏度太大，而且光诱导交联固化太慢，因此需要和其他更活泼的低黏度的环氧化合物合用，特别是环氧值高的双环氧化合物，但问题在于它们都比较贵，有的还有挥发性，现在最常用的有 3,4-环氧环己基甲酸-3′,4′环氧环己基甲基酯(国外 Ciba 公司的牌号是 CY179，国内牌号为 6221，参见 15.3 节)等，一般用量在 20%以上。即使环氧树脂与 CY179 合用黏度仍嫌太高，需要添加稀释剂。稀释剂有惰性的，有活性的，活性的稀释剂可以是呋喃、内酯、二甘醇、乙烯基醚，特别是一些二乙烯基醚，如聚丙二醇的二乙烯基醚(XV)：

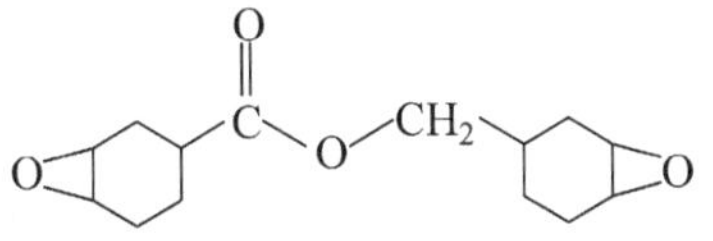

$$H_2C=CH-(O-CH-CH_2)_{\overline{n}}O-CH=CH_2 \qquad (XV)$$
$$CH_3$$

(XV)作为稀释剂可进一步提高固化速度，并改善树脂的附着力。醇类化合物是聚合反应的链转移剂，可以调节反应。为了改善树脂的物理性质，还可以加入增塑剂，例如环氧化的油类等。含有硅氧烷结构的环氧化合物被发现具有更高的活性，如(ⅩⅥ)可用于紫外固化的剥离纸涂料。

$$O\!\!\!\diagup\!\!\!\diagdown\!\!\!-CH_2CH_2\overset{\overset{\displaystyle CH_3}{|}}{\underset{\underset{\displaystyle CH_3}{|}}{Si}}-O-\overset{\overset{\displaystyle CH_3}{|}}{\underset{\underset{\displaystyle CH_3}{|}}{Si}}CH_2CH_2-\diagup\!\!\!\diagdown\!\!\!O \qquad (ⅩⅥ)$$

除了环氧型光固化树脂或低聚物外，其他光固化树脂的发展也值得注意，如多烯丙基醚、多乙烯基醚型低聚物，它们具有固化速度极快、引发剂用量小、无毒的优点。它们可以由双酚 A 或聚氨酯低聚物等衍生出来，如(ⅩⅦ)：

$$CH_2\!=\!CHOCH_2CH_2O-\!\!\diagup\!\!\diagdown\!\!-\overset{\overset{\displaystyle CH_3}{|}}{\underset{\underset{\displaystyle CH_3}{|}}{C}}-\!\!\diagup\!\!\diagdown\!\!-OCH_2CH_2OCH\!=\!CH_2 \quad (ⅩⅦ)$$

多乙烯基醚除了自身作为主体树脂外，低相对分子质量者可作为环氧树脂固化的稀释剂，它还可用于自由基光固化体系中用以吸氧增进聚合速度。

环形化合物的阳离子固化树脂，聚合时体积收缩很少，有时还可膨胀，这是自由基光固化树脂所不能达到的，也是烯类阳离子固化树脂所不及的。

另一个重要的光固化体系，是酸催化的聚合物多元醇与 MF 树脂的固化交联固化体系。HMMM 和多元醇如酚醛树脂、聚酯多元醇(用 POH 代表)等反应必须有强酸作为催化剂(参见 13.1)，阳离子光引发剂是光敏产酸物，因此HMMM-聚合物多元醇体系可以成为光固化体系，这种体系已用于光刻胶中，其反应表示如下：

$$Ar_2I^+X^- \xrightarrow{h\nu} H^+ + 其他$$

$$M\!-\!N\!\!\begin{matrix}CH_2OCH_3\\ \\ CH_2OCH_3\end{matrix} \ + \ P\!-\!OH \xrightarrow{H^+} M\!-\!N\!\!\begin{matrix}CH_2OP\\ \\ CH_2OCH_3\end{matrix} \ + \ CH_3OH$$

21.3.4　光致产碱剂

光致产碱剂(PBG)是光照下产生碱性物质的光引发剂，目前，光致产生的碱主要是胺。胺在成膜化学中非常重要，它和异氰酸酯反应可以生成脲，是聚脲涂料的重要组分；也可作为环氧树脂的固化剂；还可作为阴离子聚合体系的催化剂，因此研制高效的产碱光引发剂就很重要。最早光致产碱剂是钴-胺(氨)络合物，光照后可产生氨或胺。目前的光致产碱剂主要有酮肟酯类，氨基甲酸酯类和季铵盐类，它们的产胺反应举例如下：

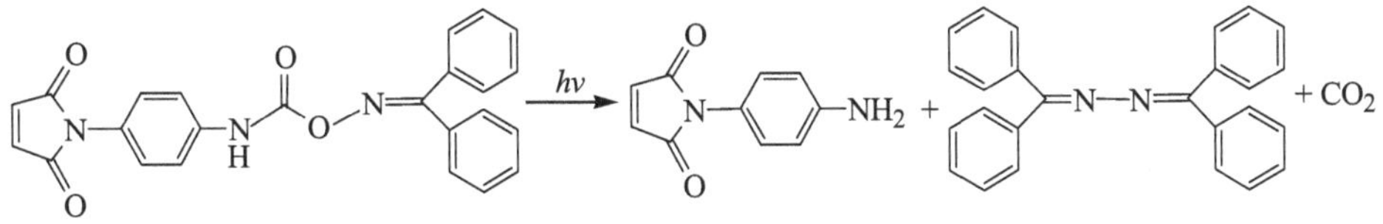

(1) 酮肟酯类产碱剂产胺反应

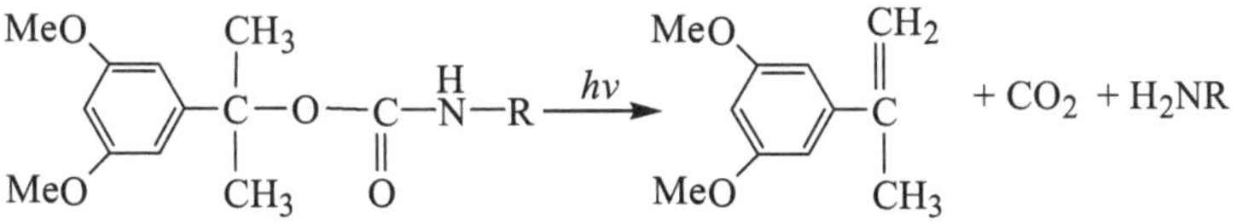

(2) 氨基甲酸酯类产碱剂产胺反应

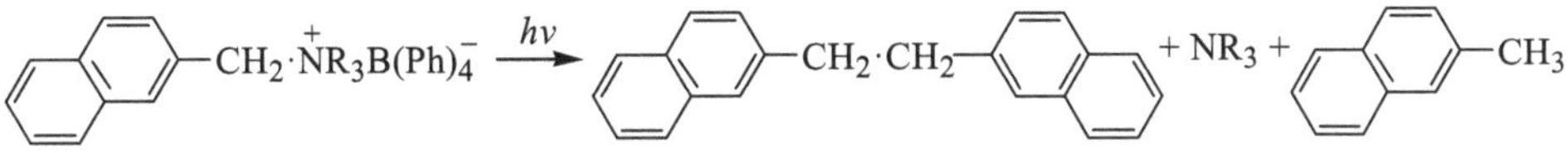

(3) 季铵盐类产碱剂产胺反应

其中酮肟酯和氨基甲酸酯类光产碱剂产生的伯胺反应性较高,可用于环氧树脂固化和制备聚脲,而季铵盐类光产碱产生的是无活泼 H 的叔胺,反应活性较弱,不能直接参与有关固化反应,但可用于硫醇-烯聚合体系和硫醇-环氧固化体系的催化剂。

最近发展的羧酸盐型光产碱剂,产碱机理为脱羧机理,光照下,脱去羧基,释放二氧化碳,产生自由基和碱,主要有苯乙酸盐、氧杂蒽酮类羧酸盐、硫杂蒽酮类羧酸盐等,碱性物种的选择面广,具有一定的应用前景。羧酸盐型光致产碱剂的产胺反应举例如下:

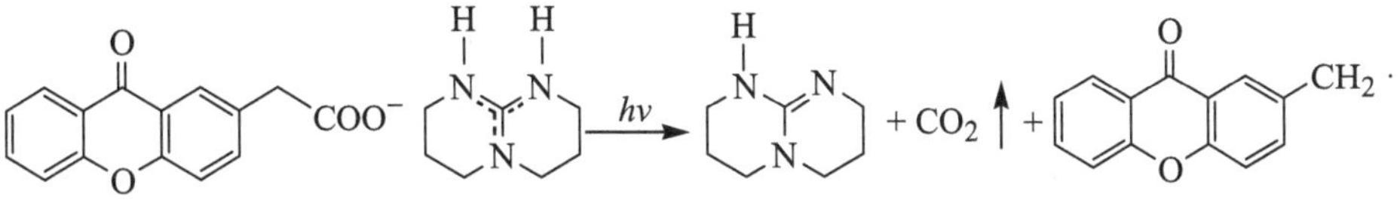

光产碱剂目前应用受到限制,因为光产生的胺作为反应物时,要求其产胺的效率高且所产胺的活性大;而所产胺作为催化剂时胺的碱性不够强;酮肟酯和氨基甲酸酯类光产碱剂在光解时产生气体,在膜层中可能导致针孔或涂膜缺陷;且光致产碱过程中常有其他产物,因此必须考虑副产物对固化膜性能的影响。

由于光产碱剂的光敏性较低,通过一种所谓碱增值剂,可将产碱过程变成一种自催化过程,因碱增值过程可与随后的碱催化反应偶合,产生各种类型的非线性化学转换,从而大幅度提高产胺效率。如 9-芴基甲基氨基甲酸酯便是一种碱增值剂,它在受到 PBG 光分解产生的胺(base)催化后,可以热分解出环己胺，产生的环己胺对 9-芴基甲基氨基甲酸酯的产胺过程又有催化作用，使得产胺速率呈几何级数增长，它的作用机理示意图如下：

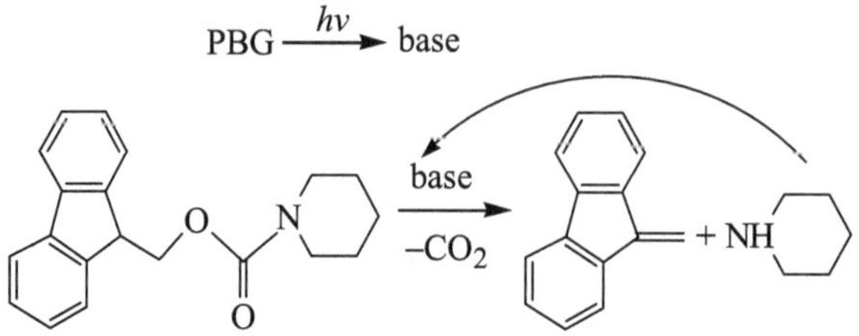

21.4　混杂与双重光固化体系

混杂与双重光固化体系是指包含两种不同类型的固化反应的固化体系，两种固化反应同时发生的称混杂光固化体系，两种固化反应是前后发生的称双重固化体系。

21.4.1　混杂光固化体系

自由基-阳离子混杂光固化体系是典型的，同时也是具有实际意义的混杂光固化体系。介绍如下。

硫鎓盐和碘鎓盐作为光引发剂在产生阳离子同时，还有自由基产生，因此它们既是阳离子聚合引发剂也可是自由基聚合的引发剂，可以应用于一个混合单体的固化系统，例如有丙烯酸酯/环氧化物或丙烯酸酯/乙烯基醚的混合单体或低聚物的光固化体系，这种混合体系可以增加固化深度和固化速度，并可有较多的单体供选择，用来调节黏度和最后产物的硬度、柔度和附着力等。例如环状单体进行阳离子开环聚合时，体积变化很少，有时还可能有膨胀，相反丙烯酸酯聚合时，收缩很厉害，从而导致内应力，因此在丙烯酸酯体系中引入环氧化合物可以平衡丙烯酸酯的体积变化，自由基-阳离子混杂光固化体系，一方面可以有效地提高固化产物的机械性能和耐溶剂性能，在实际生产中有良好的应用前景。另一方面，由于体系中碱性杂质的存在，阳离子聚合的诱导期一般较长，但自由基可以提供迅速的聚合，而阳离子是长命的，在光照以后，还可以继续进行暗聚合，自由基则迅速消失，因此，阳离子聚合可弥补光固化不足。在实际应用中，在自由基-阳离子混杂光固化体系通常要有两种引发剂，分别引发自由基聚合和阳离子聚合反应。阳离子引发剂二苯碘鎓盐在使用中通常需要增感剂配合，而在混杂体系中，自由基光引发剂恰好可以对鎓盐起到增感的作用，不需要额外添加增感剂。当 α-羟基环己基苯基酮和二苯碘鎓盐配合时，可使固化速度大大提高，表现出明显的协同效应。协同效应的反应可表示如下：

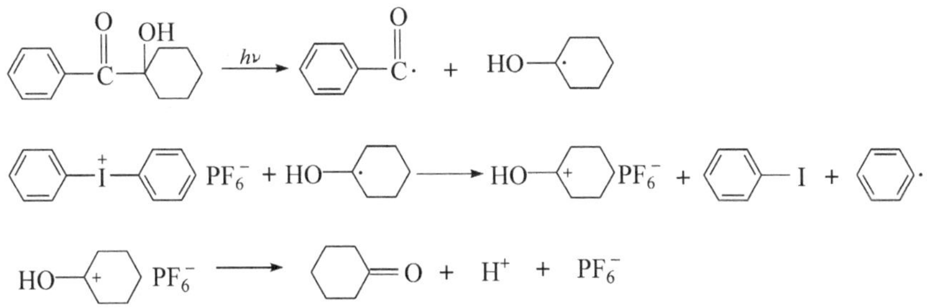

21.4.2 双重固化体系

对于一些部件来说，无论如何设计固化装置和灯源，总有一些部位灯光不能照射到或者光强不足，因此纯粹的光固化涂料不能满足要求。为了解决这一问题，发展了同时或先后发生光固化与热固化的混杂或双重固化体系。一般双重固化是首先进行光固化，然后再进行其他固化反应。尽管双重固化失去了光固化涂装速度快的特点，但仍有一些优点：由于物件的大部分在光照时已实干，防止了涂料的流挂，同时也方便了后续操作，减少了物件被沾污的可能性。体系中的后固化反应的固化温度一般较低、固化时间较短。双重固化涂料的方法有不同类型，例如，由具异氰酸酯基团的丙烯酸酯化的聚氨酯与具双键多元醇组成的双重固化体系是光固化与羟基-异氰酸酯基团缩合反应的结合，其反应表示如下：

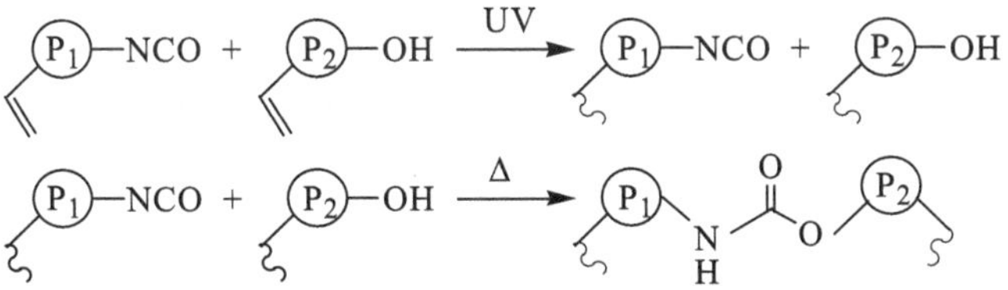

另一个例子是，将具异氰酸酯基团的丙烯酸酯化的聚氨酯先后进行光固化和湿固化。其反应表示如下：

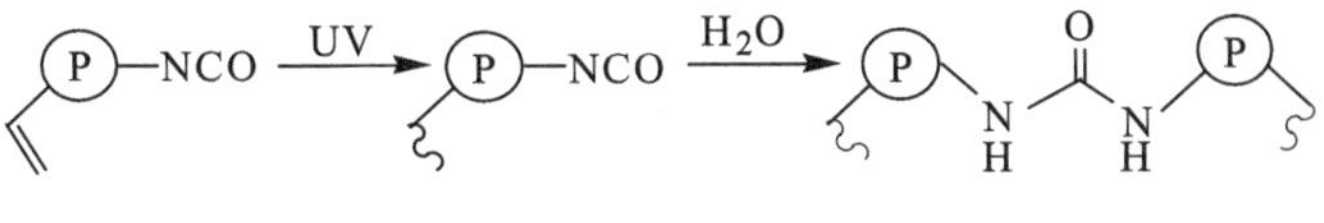

21.5 光　　源

紫外光光源主要是汞弧光灯。正确选用光源非常重要。光固化涂料对光源的选择应考虑如下因素：①紫外灯所发射的光，应能为光引发剂所利用，即灯的发射光谱和引发体系的光谱需有很好的匹配；②电能转换为紫外光能的效率应较高；③强度必须适当，例如对自由基光固化聚合体系来说，光太强，自由基产生很快，浓度过高，终止反应速度升高，对交联反应有不利的影响；强度太低，自由基产生过慢，空气阻聚作用会很严重；④紫外灯可逐渐老化，用已过期的紫外灯所发出的光达不到预期效果；⑤应有很好的灯罩(反射镜)聚光，同样一个灯，灯罩的好坏，效率可相差十几倍；⑥形状合适，能使光线均匀分布在被涂物上。

21.5.1　弧光灯

紫外灯一般用弧光灯(包括汞灯和氙灯)，弧灯的石英灯管充有汞蒸气或氙气，在电极上施加高电压使两极间的气体电离，两极间便形成电弧并使其中气体放电，于是射出光线。弧光灯中最重要的汞弧灯，它依靠汞蒸气的弧光放电发光。按灯内汞蒸气压高低分为低压汞灯(0.1kPa)、中压汞灯(100~200kPa)和高压汞灯(大于 200kPa)。国内的所谓高压汞灯包括了中压汞灯，压力为100~500kPa，而高于 500kPa 的称为超高压汞灯。低压汞灯主要发出 254nm 和 185nm 的紫外光，强度低，功率低(4~25W)，可在室温使用，不需冷却，使用寿命长达 1 万小时。高压汞灯，功率可达几千瓦，光谱宽，强度大，但温度高，需用水冷却，使用寿命短到仅 200h 左右。

中压汞灯是普遍采用的光源。工业上流水涂布装置一般采用管形灯，管形灯的强度以线功率密度表示。图 21.5 为管形灯的示意图。

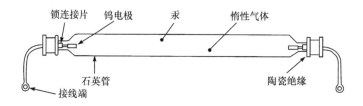

图 21.5　管形灯的示意图

中压汞灯主要发射下列波长的光：405nm(42), 365~366nm(100), 312~313nm(49), 302~303nm(24), 297nm(16.6), 265nm(15.3), 254nm(16.6), 248nm(8.6)，括号内表示它们的相对能量，除此以外还有可见光和红外光，红外光虽不能起引发作用，但对于链生长有协同效应。中压汞灯的线功率密度一般为 40~240W/cm或更高。灯长可从几厘米到 200cm，直径为 15~25mm，它的应用温度较高，需要空气冷却，使用寿命在 1000~1500h。汞灯需有镇流器，灯的强度一定，电流和电压可以调节；高电流低电压，或高电压低电流。高电流对于得到的紫外光含量有利。

汞弧灯在开动以后需有一段预热时间，以便汞的蒸发，在预热时间不能得到应有的紫外光。汞灯在关闭以后，不能马上再启动，需要冷却一段时间，使用不太方便。

21.5.2 无极汞灯

无极汞灯不用电极而用微波驱动，无极汞灯启动快，可以瞬时开关。可见光和红外部分输出比例低，紫外部分高，产生热量少，寿命长，功率可达 240W/cm 或更高。

21.5.3 UV-LED 灯

发光二极管(LED)是一种半导体发光光源，能将电能转化为光和辐射能。UV-LED 根据其波长常被分为 UVC(200~280nm)、UVB(280~315nm) 和 UVA(315~400nm)。用于 UV 固化的 UV-LED 当前主要集中在 UVA。和汞灯多波长显著不同的是，UV-LED 的发射光谱属于单波长，其峰值波长的半宽在 ±(8~15)nm。现在固化应用中使用的 UV-LED 光源的波长在 405nm，395nm，385nm 和 365nm，前面三个波长的强度差别不大，而 365nm 比前三者要低 35%~40% 左右(图 21.6)。

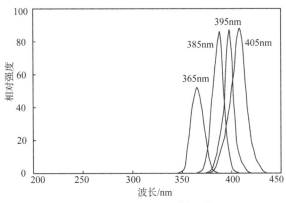

图 21.6 LED 的发射光谱

由于 UV-LED 发射光谱在长波方向光谱很窄，与现在光引发剂吸收光谱不匹配，目前可使用的光引发剂有 TPO、2,4,6-三甲基苯甲酰基膦酸乙酯(TPO-L)、2-异丙基硫杂蒽酮(ITX)、2,4-二乙基硫杂蒽酮(DETX)、BAPO、4,4′-双(N,N-二烷基氨基)二苯甲酮等。图 21.7 为 TPO、BAPO 和 BDMB 在 LED 发射波长 395nm 处的吸收示意图。由图可看出，TPO 和 BAPO 适用于 LED 灯，BDMB 稍差，但因吸收波长与 395nm 处的发射波长有一定重合，可以使用。这些引发剂在 365nm、385nm、395nm、405nm 的波段并没有非常强的吸收峰，因此引发效率低，聚合速度慢，O_2 与自由基的反应比例高，从而使表面氧阻聚。因此需研制与 LED 光源发射波长相匹配的光引发剂或能与现有光引发剂相匹配且适用于

UV-LED 光源的增感剂，在设备上可将不同单波长的 UV-LED 进行组合，得到混合而均一的紫外光输出，拓宽引发剂的选用范围。

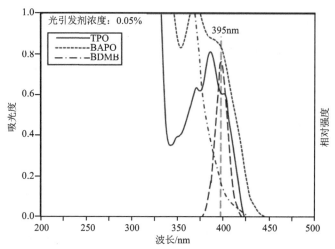

图 21.7　部分光引发剂在 UV-LED 发射波长 395nm 处的光吸收示意图

　　UV-LED 与汞灯相比，优势在于：没有红外和热，对光敏和热敏基材有利、环境友好(无臭氧、无汞)、设备可即刻使用、输出的能量可调、使用寿命为汞灯的 10 倍以上、设备设计灵活，可以按需组合成不同形状，如点光源、线光源和面光源，可用于异形固化。UV-LED 在 UV 喷墨、牙科材料、黏合剂、印刷和光纤等诸多领域，已经得到了越来越广泛的应用。但 UV-LED 光源的发散性会导致当光源离固化基材较远时设备可利用功率较低，辐照能量不高，尤其是油墨类有色体系，若印刷速度过快，易导致油墨固化不彻底。早期 UV-LED 只是一些低速的应用领域，对于这些应用来说不太要求有高的辐照度。比如在点胶和数字喷墨中的应用中，所需要的固化设备尺寸较小，而且光源很贴近固化基材。而对于高速应用(>120m/s)、大面积固化系统、深度固化系统或者要求辐照距离长以及基材面上的辐照度高的应用领域，UV-LED 的采用率比较低，尚待进一步发展。根据水俣条约，汞将被限制使用，汞灯的使用也会受到限制，因此 UV-LED 光固化系统的发展特别受到关注。

21.5.4　反光镜

　　紫外灯发射紫外光是向各个方向同时发出的，它投在被涂物上的强度随灯距的增加而迅速减弱。为了最大限度地增加紫外光的利用率，并使光能均匀地照射到被涂物上，需要精心设计具反光镜作用的灯罩用于聚集光束定向投射到器物上，反光罩一般为椭圆形或抛物线状(见图 21.8)，椭圆反光罩最为常用。使用椭圆形灯罩，灯管置于椭圆的第一焦点上，灯光则聚焦在第二焦点上，聚焦形成狭窄的高辐照度的光束。但由于光的发散，偏离此点后，辐照度迅速减低。使用抛物线灯罩，在较宽的范围内均可得到平行紫外光束，但光强较弱，照射在三维物件时易出现阴影。

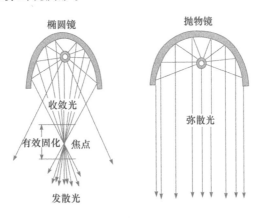

图 21.8　椭圆形和抛物线状反光罩示意图

21.5.5　辐照装置

(1) 固化机：　固化机用于形状简单物件，特别是平面物件的光固化装置，构造非常简单，主要由灯管、反射罩、冷却系统、充氮系统及传送带构成。传送带进入固化机前要通过涂布装置。由于在紫外灯光照射下，空气中会有臭氧产生，所以应有通风设备。

(2) 三维固化：　对于不同形状和大小、角度、弯曲、边缘、凹凸情况的三维 (3D) 部件光固化时，需要有光投射到所有的表面上，且应有可靠和足够的能量。为了得到整个表面的充分固化，需要采取一些措施：一是改善椭圆形灯罩形状，变化光的焦点，使它离灯面更远，使聚焦面更宽，虽然这样会减少高辐照的峰值，但可以使光的强度比较均匀，在离灯较远的地方也可以得到足够的辐照，同时又保持了聚集和发散光的优点减少阴影出现；第二是优化工艺条件，紫外光投射到物体的能量要与加工速度相匹配；涂料光敏性及涂层的厚度要优化，在较大光强度变化范围内都能使表面涂料彻底固化。当然对于 3D 固化装置也有特殊要求，要根据物体大小和形状，物体是垂直的还是水平的，能否通过旋转使潜在的阴影部位得到照射等实际情况设计生产线。为了调节光固化能量与固化速度，将灯源装在机器人上是一个有效的方法。采用机器人有很多优点，许多固定灯源不能照射到的部分都可得到有效的照射。

21.6　光固化涂料的制备及应用

21.6.1　光固化涂料中颜料的影响

　　光固化涂料除了选用合适的光敏引发体系与光固化树脂以外，需要一些特殊的添加剂，如润湿剂、流平剂、消泡剂和稳定剂，但应尽量少加，一般要控制在1%以下。为了降低黏度有时可加少量溶剂。

　　制备色漆，需要添加颜料，颜料对光敏体系的影响很大，它使固化速度降低，其原因是：

　　(1) 颜料与光引发剂(或光敏剂)吸收相同波长的光，使光引发剂减少了对光的吸收。颜料还可散射掉部分引发剂可吸收的光。

　　(2) 颜料可以是自由基的捕捉剂，使聚合过程受到干扰；或者是碱性物质，阻碍阳离子聚合；它还可使光敏引发剂的激发态猝灭。

　　但各种颜料的情况不同，并和漆膜厚度等有关，现简单讨论如下。

1. 彩色颜料和惰性颜料

　　大部分彩色颜料和惰性颜料对紫外光固化的速度影响不大，但像酞菁酮类的有机颜料有严重的阻滞作用，因为它是自由基捕捉剂。

2. 炭黑

　　炭黑强烈吸收紫外光，并可起阻聚作用，因此炭黑体系的涂料只可能涂得很薄才有可能彻底固化，即使漆膜为1μm厚，到达底部的光线也非常少。一般只在油墨中才可用炭黑系涂料。炭黑粒子大一些，可减少对紫外光的吸收。

3. 白色颜料

　　二氧化钛是广泛应用的白色颜料，具有很好的遮盖力。金红石型二氧化钛在450nm以下就开始有吸收，因此紫外光可被消耗掉，对光固化起着阻碍作用。二苯酮、安息香乙醚等的强吸收区都和金红石 TiO_2 的吸收区重合，因此不宜用作光引发剂；联苯酰、2-氯硫杂蒽酮特别是酰基膦氧化物引发剂可吸收长波长，甚至可见光，在该光谱区金红石二氧化钛吸收较少，因此为有效的光引发剂；2-甲基蒽醌和安息香醚混用也是较好的光引发体系，金红石二氧化钛的粒径一般在 0.17~0.23μm，粒径愈大吸收愈少，一般取粒径的上限为佳。但是，当金红石 TiO_2 粒子增大时，遮盖力却下降了。

　　锐钛型二氧化钛对紫外光吸收比金红石型的低。它对 400nm 以下的紫外光才有吸收，主要在 360nm 以下，因此从光吸收的角度来看，它比金红石型的更宜用于光固化涂料，但它的遮盖力小，而且它的粒子较细(0.14~0.10μm)，相对吸收光效率较高。

白色颜料中氧化锌对固化速度影响最大，氧化锑和硫化锌对固化速度影响较少，但它们没有遮盖力。如果以中空微胶囊作为颜料，它们只散射可见光，而不增加吸收，对固化速度影响最小。有些颜料影响光固化涂料的贮藏稳定性，可能其中含有的微量金属锰离子，对过氧化物分解有催化剂作用，从而使单体聚合。

21.6.2 光固化涂料中的光引发剂

1. 色漆中光引发剂的选择

在色漆中颜料和光引发剂都吸收紫外光，形成竞争吸收，光引发剂的引发作用将被削弱甚至被阻止。但是，如果色漆中的颜料吸收光谱的窗口(吸光系数很弱的位置)与光引发剂的最大吸收相重合，且灯源的发射光谱亦能和光引发剂的最大吸收相重合，那么光引发剂在色漆中仍能有效地引发光固化反应，因此选择合适的光引发剂十分重要。在白色涂料中使用酰基膦氧化物(BAPO 和 HMPP 混合体)，便是一个例子。因为二氧化钛对长波长光吸收较弱，而酰基膦氧化物却有较强吸收。

2. 光引发剂浓度

涂料中光引发剂浓度增加时，总的吸收就增加，但漆膜上部的吸收将成为总吸收的主要部分，可达到底部的光线强度将减弱，从而固化不足，引起附着力不好与表面起皱等弊病。所以光引发剂(或光敏剂)的浓度不是愈高固化愈快，必然有一个最佳的浓度。对于厚膜，往往要求光引发剂的量低于薄膜的量，这是配方当中最需注意的。加颜料以后，光在表面的相对吸收量更大，因此到达漆膜底部的光强更低，更需要调整引发剂的用量与种类。

21.6.3 光固化涂料的应用

光固化涂料是光敏聚合物应用的一个主要部分，光敏聚合物除了应用于光敏涂料外，还可用于黏合剂、油墨、电子工业上的封装材料、光剂胶、阻焊剂及印刷版材等。它们的原理和光固化涂料基本是一致的。

光固化涂料的应用范围很广，但一般用于形状不复杂的基物，例如，可用于木器漆、金属的装饰涂料、塑料地板漆、塑料制品漆、纺织品和纸张的涂层、电线漆和光纤保护涂层等。根据不同的要求，选用不同的成膜物。

1. 木器漆

(1) 封填底漆(腻子)：腻子是木器涂装的底漆，用于填平木器的小孔和表面的缺陷，并封闭表面使后涂的漆不致渗入木器或引起木器的膨胀。对腻子的要求是要能填平最深的小孔，固化速度达每灯每分钟为 1.5~6m，容易打磨，对上层漆有好的附着力。由于通常的腻子的固含量不高，干燥体积收缩很厉害，而光固化的腻子是 100%的固含量，所以收缩小，因此优点显而易见。

通常光敏腻子用不饱和聚酯/苯乙烯型光固化树脂为黏合剂，但其固化速度较慢。下面是一个具体配方：

组分	含量/份
丙烯酸酯化植物油(低聚物)	40
新戊二醇二丙烯酸酯	30
丙烯酸异辛酯	30
α, α-二乙氧基苯乙酮	1
碳酸钙	71
滑石粉	142
添加剂	0.6

这个配方所得腻子的黏度可达 1174Pa·s，光固化速度较快，可在空气中固化，漆膜的硬度、打磨性能和稳定性都很好。

配方中使用丙烯酸酯化的油作为主体，它的长链烷基有一定韧性并有自干性，所以可吸氧，新戊二醇二丙烯酸酯通过增加交联度使漆膜有合适的硬度，丙烯酸异辛酯用于调节黏度，降低成本。α, α-二乙氧基苯乙酮(DEAP)是一个很有效的光引发剂，它比安息香丁醚、α, α-二甲氧基-α-苯基苯乙酮的效率要高，其光分解过程除了单分子分解外，还可形成双自由基，表示如下：

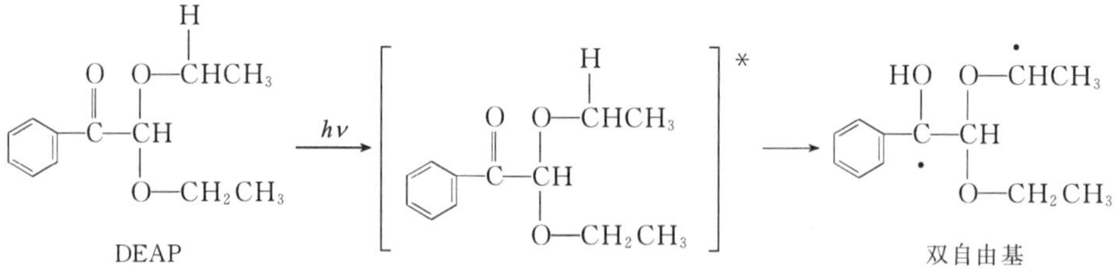

填料全部为惰性的透明颜料，对紫外光几乎没有吸收。滑石粉为两种不同规格的混合物，可增加填充量。配方的颜料体积浓度很高，提供了良好的打磨性。

(2) 中间涂层(二道漆)：中间涂层一般是彩色的或白色的涂层，它提供遮盖和颜色。因此需要较高的二氧化钛含量。因为有二氧化钛存在，需要选择合适的引发体系，下面是一个具体配方。

组分	含量/份
丙烯酸酯化环氧树脂	50
金红石型二氧化钛	25.47
己二醇二丙烯酸酯	10.19
季戊四醇三丙烯酸酯	10.19
2-氯硫杂蒽酮	0.02
六氯乙烷	2.00
二甲氨基乙醇	2.00
添加剂	0.13

配方中的 2-氯代硫杂蒽酮和二甲氨基乙醇组成光引发体系。己二醇二丙烯酸酯和季戊四醇三丙烯酸酯既是稀释剂，也是交联剂，可以互相配合影响漆膜的物理性质。丙烯酸酯化的环氧树脂是主体，它赋予涂料很好的物理和化学性能。

(3) 面漆：面漆一般为清漆，种类很多，如有的要有光泽，有的要消光，有的有中间涂层，有的没有中间涂层等。面漆必须同时具有装饰和保护木器的双重性能。不饱和聚酯的光固化速度较低，而丙烯酸酯型的固化速度高，下面是一个丙烯酸酯型光敏面漆的配方。

组分	含量/份
丙烯酸酯化的环氧树脂	50
季戊四醇三丙烯酸酯	10
丙烯酸异辛酯	25
丙烯酸羟乙酯	10
二苯酮	2.5
二甲氨基乙醇	2.5

配方中主体仍选用环氧树脂型的丙烯酸酯，因为它既便宜，又有很好的物理性能，如硬度和耐溶剂性能等，丙烯酸异辛酯和丙烯酸羟乙酯互相配合作为稀释剂，后者较贵且有毒，应尽量少加。二苯酮与二甲氨基乙醇是引发体系。

2. 辐射固化汽车涂料

汽车涂料被认为是涂料最高水平的体现，它要求有高装饰性，并且有优良的耐候性和机械性能及防腐蚀性能(参见 24.4)。

光固化涂料有种种优点，要使光固化涂料进入汽车涂料行列，除了涂料本身要达到要求外，还需要有合适的涂装和固化设备，通常光固化涂料一般用于平面和简单形状器物的涂装，由于汽车部件形状各不相同，因此要求有符合三维(3D)涂装和固化的设备，两者结合才有可能完全进入汽车领域。

(1) 汽车面漆：汽车面漆最重要的作用是装饰，除了要求有美丽的外观外，同时还要求抗光氧化、抗水解、抗划伤、抗酸雨和汽油、抗撞击、抗雷雨及抗曝晒等性能。现在面漆一般由两层涂料组成，下层涂料称底色漆，加有各种颜料如彩色颜料、闪光颜料等；上层涂料为清漆，它能赋予涂层高的光泽并满足面漆的各种要求，因此是至关重要的。光固化涂料难以用于底色漆，但可用于透明清漆。光固化透明清漆具有无溶剂、快速固化、耐刻划、耐擦伤、高光泽、高硬度等固有的优点，但它的耐候性不是很好，这是它较长时间难以被接受的原因之一。光固化清漆不仅机械性能应达到或超过双组分聚氨酯清漆，而且耐候性也要达到满意的要求。尽管可以通过添加光稳定剂等抗老化剂改善涂膜的耐气候性能，但是光稳定剂的加入会影响光固化速度，这是一个难以解决的问题，是阻碍光固化清漆在汽车上使用的关键问题之一。近年来通过选用合适的引发剂及紫外光吸收剂和其他防老剂，较好地解决了汽车面漆的防光老化问题。汽车透明清漆一般采用丙烯酸化的聚氨酯光固化树脂，选用的光引发剂一般为BAPO 和(或)HCPK，同时在配方中加入紫外光吸收剂如 HPT (hydroxyphenyl-S-triazine) 及采用受阻胺 HALS 为自由基除去剂，实验证明通过合适的组分调节，可以达到满意的固化速度及优良的耐候性。

(2) 塑料部件涂料：汽车的部件很多已采用工程塑料或者聚合物基复合材料，不仅需要涂料来改善其表观，而且需要涂料改善其表面性质，光固化涂料在这方面具有十分突出的优势，特别是阳离子光固化涂料和混杂光固化涂料，由于具有表面力学性能好、附着力强的优点，更宜于作为塑料涂料。

① 车灯灯罩：聚碳酸酯灯罩早已代替了玻璃灯罩，聚碳酸酯具有易加工成型、质量轻和柔性不易破碎等优点，但它的表面强度不够，不耐刻划和刮擦而且耐候性差，易变黄，采用光固化涂料可以改善表面性质，不仅大大节约了涂装时间，而且涂层有很好的光学和耐擦性能，并可满足长期耐候性要求。

② 反光镜：汽车反光镜也是用塑料制备的。为了达到高反光性能这一目的，塑料表面须经三次紫外照射处理。首先塑料要经紫外照射使表面产生光化学反应增加表面张力，以利于光固化涂料的流平与附着，经过涂布光固化清漆并固化后，塑料表面变得平坦而易于金属化，然后在真空沉积箱中完成金属沉积。在塑料表面金属化后还需要再涂布一层光固化涂料，它的作用是保护金属反光层。

③ 玻璃纤维增强复合材料部件：复合材料已大量应用于汽车的各种部件，为了保护表面及美观，可使用光固化涂料进行涂装。在体积很大的部件上使用光固化涂料的一个关键问题是设计便于车身整体涂装的涂装固化室。

3. 光纤涂料

光纤为现代信息产业的重要材料，光纤有塑料光纤和石英光纤两种，石英光纤占主要地位。石英光纤光传输性能好，但脆性高，易折断，需要涂装保护。光纤涂料分内层涂料和外层涂料两大类。其中内层涂料最为重要，它要在光纤高速拉出通过模孔时立即涂装保护以免光纤沾污、吸收水汽和氧化以及机械损伤，从而保护玻纤的强度和光学性能。为了保证光纤的光学性质，要求涂料有高的固化速度，由于光固化涂料固化速度快，最宜在高速的光纤生产线上使用。内层光纤涂料形成的漆膜应有较高的折光指数，低的析氢量及低的吸水性。光纤在不同环境下使用，因此要求耐低温，有很好的机械性能，既要有很好的柔韧性，又要有很好的硬度及抗张强度，并且具有抗氧化，抗水解及尺寸稳定性。对于外层涂料则要求表面固化优良，耐刮擦，耐磨损，耐酸、碱、溶剂等介质，有优良的抗老化和抗水解能力，有较高模量和较高的玻璃化温度。光纤涂料通常用具柔韧性的丙烯酸化的聚氨酯、丙烯酸化的聚硅氧烷及改性的丙烯酸化环氧树脂。在选择稀释剂时，要避免固化时过度的收缩。

4. 柔性涂料

所谓柔性涂料指用于软材料如地板革、纺织品及塑料膜的涂料。柔性涂料一个重要的要求是希望有耐磨的特性。聚氨酯涂料能赋予漆膜以最好的耐磨性能，同时也可使漆膜具有柔顺性。例如，用于地板革的涂料，对光固化涂料要求耐磨、耐擦洗、耐刻伤、耐脏，并要求边缘平整，当然也要求不能变色，下面是一个具体配方。

组分	含量/份
丙烯酸化聚氨酯	76
丙烯酸异辛酯	19
丙烯酸羟乙酯	5
安息香甲醚	1

配方中的丙烯酸化聚氨酯是由异佛尔酮二异氰酸酯与丙烯酸羟乙酯制备的，但这个配方固化速度较慢，希望在氮气保护下固化。所得光固化涂料黏度达 $1\sim6Pa\cdot s$，要求用辊涂或幕涂。

5. 光固化油墨

油墨也是一种表面涂料，但它有本身的特点。特别是因印刷方法不同，基材不同，各种不同油墨本身也有各自独特的要求，但一般有如下两个明显特点：

(1) 油墨的膜要比涂料膜薄得多，例如平版印刷油墨的膜厚度只有 $2\sim6\mu m$，丝网印刷的膜厚为 $12\sim25\mu m$，而涂料的膜厚为 $12\sim150\mu m$，由于膜薄，即使有颜料也有可能使紫外光透过，这对光固化是很有利的。

(2) 由于要求在很薄的膜上有强烈的颜色，因此一般颜料(或染料)的浓度相当高，这不仅增加了对光的吸收而且对黏度、流变性及稳定性等都有很大影响，这些颜料的本身或它所含的杂质有可能阻滞反应或引起暗反应。光固化油墨的配方原则基本与涂料相似。丙烯酸光固化树脂是采用最多的载体，选择光引发剂对油墨非常重要。应根据光源的发射光谱及颜料和引发剂的光谱吸收，选择合宜的颜料和引发剂，使引发剂有合适的透过窗口，另外，作为平版印刷油墨，胺类便不能作为促进剂，因为它可溶于水；对于白色油墨，带色的引发剂便不宜使用。在进行配方研究时，要根据各种印刷要求调节油墨黏度并赋予一定的触变性。丝印和胶印油墨的黏度可超过 10Pa·s，其至更高，柔版印刷油墨要求低黏度，一般在 0.1~10Pa·s。

目前光固化油墨用量较大的是平版印刷油墨，其次是丝网印刷油墨及凸版和胶版印刷油墨。

6. 光固化牙科材料

20 世纪 60 年代在牙科治疗中采用了化学固化的双组分复合树脂，60 年代末开始采用紫外光固化的树脂代替化学固化树脂，用于防龋齿涂料及治疗四环素牙、斑釉牙的涂料。涂料主要由丙烯酸光固化树脂组成。下面是一个治疗儿童龋齿和防护酸侵蚀的光固化涂料配方：

组分	含量/份
甲基丙烯酸甲酯	70.0
甲基丙烯酸酯化环氧树脂	30.0
安息香乙醚	1~2

将上述混合液在牙齿上涂布后，用 40W 的手轮式紫外光灯照射 20~30s 即可固化。作为治疗四环素牙、斑釉牙的涂料除加光固化树脂外，还应加入二氧化钛等遮盖颜料，并加超细二氧化硅用以调节流变性能，减少固化时体积的收缩，这种光固化涂料用在外牙上可得到和天然牙色调一致的涂层，具有非常好的美容效果。

现在紫外光牙科固化涂料，已为可见光牙科固化涂料所取代，对于可见光固化涂料，主要是选用合适的引发剂来代替紫外光涂料中的光引发剂，如用樟脑醌：

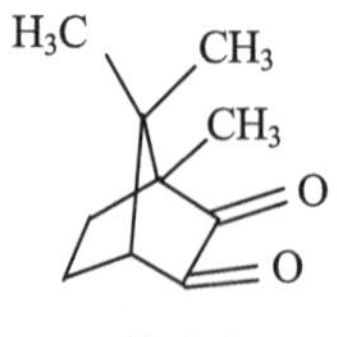

(樟脑醌)

21.6.4　光固化粉末涂料与水性光固化涂料

光固化树脂中需要加入较多的低相对分子质量活性稀释剂。加入稀释剂会引起如下几个问题：①一些稀释剂有刺激性并对人体有害；②稀释剂可渗入木材、水泥、纸张等多孔底材的孔隙中，它们不易受到光照，不能固化，因此会慢慢地从孔隙中扩散出来，使被涂物件长期有异味；③稀释剂影响漆膜性质，自由基固化体系中的稀释剂双键密度比齐聚物大，固化时收缩大。因此在光固化体系中减少稀释剂用量或不用稀释剂是非常有意义的。水性光固化涂料和光固化粉末涂料是少用或不用稀释剂的两类光固化涂料。

1. 光固化粉末涂料

粉末涂料是一种无公害涂料，但一般粉末涂料需要高温固化，且装饰性较差，不能用在对热敏感的材质，如木材、塑料上。光固化粉末涂料综合了粉末涂料及光固化涂料的优点，弥补了一般粉末的不足。

光固化粉末涂料在熔融温度下是比较稳定的，不易发生热反应，因此在挤出混合时不会因热反应而结块，但由于紫外光固化粉末涂料的玻璃化温度和软化点低，它在贮存时易结块，在设计配方时需添加松散剂如气相二氧化硅、气相三氧化二铝等。光固化粉末涂料的熔融温度可以很低，喷涂后，可先用红外线加热使其熔融和流平，然后用紫外灯光照射固化。由于熔融温度低，因此可用于对热敏感的底材，由于流平过程与固化过程是分别完成的，因此可以控制表面流平，达到所需的装饰效果。光固化粉末涂料用途极为广泛。除一般钢铁、铝材等耐热材质外，还可用于木材、纸材、塑料、镁铝合金制品等。

光固化粉末涂料有自由基和阳离子两类。相应的树脂要求有一定的可聚合基团，同时又要有较高的玻璃化温度，制备上有一定困难。阳离子光固化粉末涂料一般采用双酚 A 环氧树脂、线型酚醛改性双酚类树脂、脂环族环氧化合物、乙烯基醚类、缩水甘油醚基(甲基)丙烯酸酯及它们的混合物为基料并加入引发剂。自由基光固化涂料一般采用丙烯酸酯化的环氧树脂、聚酯或聚氨酯。用不饱和聚酯和乙烯基醚化聚氨酯配制的粉末涂料有一定优点，这两种树脂虽然都有双键，但单独不能或不易聚合，只有均匀混合以后，才可由自由基引发剂引发聚合。光固化粉末涂料一般采用静电粉末涂装法进行涂装。对于木质材料和塑料制品的施工，常用的静电喷涂法受到一定限制。木材表面吸附有微量水分可以带上静电，但塑料则不能，塑料制品要先涂上一层具可带静电的底涂才可进行静电涂装。

光固化粉末涂料的缺点在于：不适用于三维工件的涂装，涂膜的厚度有限制及涂膜颜色有限制，如不适用于颜料浓度高的黄色粉末体系。

2. 水性光固化涂料

为了降低黏度，使光固化涂料适用于喷涂及薄涂的要求(如油墨)，有人将涂料中加入溶剂，但这引起了污染。光固化涂料水性化是为满足使用要求发展起来的，水性光固化涂料损失了光固化涂料的节能与快速两大优点，但也带来了以下优点：水性光固化涂料用水代替稀释单体，调节光固化体系的黏度和流变性，因此不存在稀释单体带来的易燃性、毒性和刺激性等问题，涂装设备易于清洗，容易用水调低黏度使其适用于喷涂和薄涂层的要求。可通过加水或传统的增稠剂、流变剂来调节涂料的黏度和流变性能。水性光固化涂料由于是分散体系，黏度与相对分子质量无直接关系，齐聚物的相对分子质量可以较高，可进一步减少双键反应，减少体积收缩从而减少内应力，提高附着力。易于添加消光剂，水分蒸发也易于形成消光表面，还可和其他类型水性树脂混拼。但它也有一些和水有关的问题，首先是光照之前需将水分除去，因此需添加预干燥设备，由于水的蒸发热高，使得预干燥不仅消耗能量且浪费时间，对于铁质基材还可能引起"瞬时锈蚀"等问题。

水性光固化涂料一般由水性 UV 树脂或低聚物、光引发剂、助剂和水组成。其中水性 UV 树脂根据制备方法的不同可分为两大类，一是乳液型，可用机械乳化方法制备，一般树脂需加入乳化剂和保护胶体，对于一些具有亲水基团的树脂或经过亲水改性的树脂易于乳化或可自乳化；二是水稀释型，但为了避免乳化剂对涂膜性能产生不利影响，水性光固化树脂主要通过类似水稀释性树脂的方法制备。

21.7　电子束(EB)固化涂料

电子束(EB)固化涂料用电子束作为引发固化的能源。电子束是一种高能量电子流($0.15 \times 10^6 \sim 10 \times 10^6$MeV)，穿透力强，不受涂层颜色影响，可固化厚涂层也可用于黏合剂，层压材料等方面。紫外光固化在用于色漆特别是黑漆和白漆以及厚涂层方面受到很大限制，用电子束(EB)来代替紫外光进行固化可克服这一问题，妨碍电子束固化涂料发展的原因是其设备成本高，运行费用高，但由于电子束固化设备——电子束加速器已有了很大进步，特别是低能量电子束加速器的发展，电子束固化的成本逐渐可和紫外固化的成本相比。

电子加速器是发生电子束的设备，它由三部分组成，即电源、加速器和控制台。电子加速器可看作一个真空三极管，电子由阴极表面产生，通过加速电压使其加速飞向阳极，用电或磁的聚焦装置使其在指定表面上有最高浓度。电子密度由电流安培数控制。电子的加速在真空中进行，通过钛或铝的窗口射向固化室。固化室有传送带的进出口，室内为惰性气氛，被涂物由传送带送进固化室接受辐照。电子加速器有不同类型，其中电子帘加速器适用于电子束固化涂料。这种加速器的阴极为灯丝状，它被安装在真空圆筒中央，由阴极产生的电子经加速后通过金属窗形成连续的帘状束流，其加速电压一般在 150~300kV，造价比较低。

电子束固化的机理基本上和紫外固化机理相同，但引发机理不同，电子束自由基固化不需加引发剂，高能的电子束可以裂解化合物生成高活性的离子和自由基，因此可解决自由基光固化涂料中光引发剂碎片残留的难题。目前已用于食品包装印刷、烟包印刷等领域。但电子束阳离子固化需要加入碘鎓盐或硫鎓盐，电子束辐照产生的自由基可以诱导它们产生阳离子。

电子束固化时，氧气阻聚更为明显，须有惰性气氛保护，运行过程中有大量臭氧产生，要有良好的通风防护措施。

第二十二章　钢铁的防腐蚀涂料

金属腐蚀是世界上最大的浪费，每年约占国民生产总值 2%~3%的财富因腐蚀而化为灰烬。防腐蚀是各个行业都普遍关心的问题，有机涂料是防腐蚀的重要手段之一。腐蚀的原因很多，如金属的氧化和酸碱的反应等，本章主要讨论防止钢铁的电化学腐蚀。

22.1　电化学腐蚀的机理

22.1.1　电化学腐蚀

钢铁的电化学腐蚀是非常复杂的，钢铁组成的不均匀性，受到外界的冲击和内部应力的不均匀性可使不同的部位形成阴、阳两极，当有可导电的水存在时，即形成电池，在阴、阳两极发生反应如下：

$$阳极：Fe \longrightarrow Fe^{2+} + 2e$$

$$阴极：H_2O \Longleftrightarrow H^+ + OH^-$$

$$2H^+ + 2e \longrightarrow H_2 \uparrow$$

总的反应是：

$$Fe + 2H_2O \longrightarrow Fe(OH)_2 + H_2 \uparrow$$

于是钢铁变成铁锈。

如果只有上述的反应，那么反应可很快终止，不再进一步进行，因为阴极区的 H^+ 可被耗尽。在阳极由于 Fe^{2+} 的累积也会使阳极反应停止。但当有氧气存在时，阴极便有另一反应发生：

$$O_2 + 2H_2O + 4e \longrightarrow 4OH^-$$

于是整个反应可写成：

$$2Fe + O_2 + 2H_2O \longrightarrow 2Fe(OH)_2$$

这时阴极反应不再和 H^+ 有关，反应可继续进行。如果水有流动，那么 Fe^{2+} 可进行较快的扩散，阳极也可继续反应。

22.1.2 盐、pH 和温度对腐蚀的影响

腐蚀进行时，必须有一个完整的电回路，水作为导体，其导电率愈高，腐蚀必然愈快。盐(NaCl)可以增加导电度，故可加速腐蚀，NaCl 还可以在阳极区与 Fe^{2+} 形成溶解度较大的碱式氯化铁，因此易于扩散。另外，Na^+ 和 OH^- 形成 NaOH，可以和钢铁表面的氧化铁反应，进一步加剧腐蚀。但 NaCl 浓度太高时，可能因抑制了 O_2 的溶解，腐蚀速度反而有下降现象。NaCl 在浓度为 3%左右，即海水的浓度有最高的腐蚀速度。

pH 低时，腐蚀速度快是明显可见的，即使没有电化学腐蚀，酸也可溶解铁。pH 在 4~10 时腐蚀速度和 pH 有关，也和 O_2 扩散有关，pH 高时，因为有钝化作用，腐蚀速度下降。

一般说来，温度越高，腐蚀越快；但温度高，因 O_2 的溶解度下降，也可以导致腐蚀速度下降。

22.1.3 腐蚀的抑制与钝化作用

有许多因素可以抑制腐蚀，其中钝化作用对抑制腐蚀有重要意义。当 O_2 浓度超过一定量时，氧气到达阳极的量比消耗所需量大，因此可氧化 Fe^{2+} 为 Fe^{3+}，形成氢氧化铁沉淀在表面而成致密层，防止了进一步的腐蚀，这叫做钝化。可以引起钝化的 O_2 的浓度叫做临界浓度。在 pH=10 时，临界浓度相当于空气在水中的饱和浓度(6mL O_2/L 水)；pH 愈高，临界浓度愈低，因此高 pH 有利于钝化。

在 pH 低于 10 时，要增加 O_2 至临界浓度是很困难的，但可加各种氧化剂，如铬酸盐、硝酸盐、铅酸盐、钨酸盐等进行钝化。但其浓度应超过一定值，否则起去极化作用，反而可使腐蚀加速。这些盐可使钢铁表面形成保护层，被称为钝化剂，其中用得最多的是铬酸盐。

非氧化性的试剂，如碱性的硼酸、碳酸、磷酸和苯甲酸的碱金属盐也可作为钝化剂，可能是因高的碱性降低了 O_2 的临界浓度。

胺是很好的抑制剂，清洁的表面用胺擦后，可以有防腐蚀作用。胺的作用在于它是一个碱，可以中和酸，它在铁的表面吸附力很强，由于氢键或与水合氢氧化铁成盐，这层吸附层可防止氧和水进入表面。

22.1.4 阴极保护与牺牲阳极

如果钢铁和一直流电源的负极相连，而正极和一碳极相连，并将两者埋入土中或浸入水，由于整个钢铁都成了阴极，因此不会被腐蚀，只有 H_2O 被电解。如果将钢铁和电源正极相连，由于阳极钝化，钢铁也不会被腐蚀，前者称为阴极保护，后者称为阳极保护。

在钢铁表面涂上一层更活泼的金属，如锌，由于它标准氧化电极势较高，在形成微电池时，锌成为阳极，Zn 溶解成 Zn^{2+}，并和在阴极的 OH^- 形成 $Zn(OH)_2$，$Zn(OH)_2$ 再与 CO_2 反应形成 $ZnCO_3$，它们都是碱性的，因而可保护钢铁不被腐蚀。另一种方法是将活泼的金属(如镁和锌)和钢铁固定在一起，锌可保护钢铁不致被腐蚀，但本身却被牺牲，称为牺牲阳极。铝不是好的牺牲金属，因为它表面形成致密的 Al_2O_3 层，是绝缘的，起不到作用。金属表面镀锡，标准氧化电极势高于铁，反而可促进铁的腐蚀。

22.2　有机涂料的防腐蚀作用

有机涂料广泛应用于金属防腐蚀，涂料的防腐蚀作用的机理曾有很多研究，以前一直认为涂料主要起屏蔽作用，它阻止水与氧气到达钢铁表面，后来发现涂料透水和氧的速度往往高于裸露的钢铁表面腐蚀消耗的水和氧的速度，因此涂料的作用不可能是简单的屏蔽作用。有人认为涂料的防腐蚀作用是因导电度低而防止了腐蚀的进行，虽然导电度高的涂料，防腐蚀能力的确不好，但导电度低的涂层，防腐蚀性能并不一定好，导电率和防腐蚀性能并没有明确的关系。后来，Funke 教授认为涂料与钢铁表面间的湿附着力对防腐蚀起着重要作用，从而使涂料的防腐蚀研究迈进了一大步。因此，有三个因素共同起防腐蚀作用。

22.2.1　湿附着力

所谓湿附着力是指在有水存在下的附着力。若湿附着力差，透过漆膜到达钢铁表面的水分子与钢铁表面的作用就可以顶替掉原有的漆膜和钢铁表面的作用而形成水层，而透过漆膜的 O_2 便可以溶解于漆膜下部的水。由于有 O_2 和 H_2O，钢铁便有了发生腐蚀的条件。腐蚀一旦发生，便有 Fe^{2+} 离子产生，此时水成为盐的溶液，于是有渗透压产生。在渗透压作用下，H_2O 和 O_2 可非常迅速地通过漆膜，此时的漆膜相当于半透膜，漆膜的附着受到进一步破坏，导致与钢铁表面脱离(气泡因之生成)。另一方面，腐蚀发生时，体系中有 OH^- 离子产生，它可使一些易水解的基团水解，如酯基，使漆膜失去应有的机械物理性能，从而失去保护钢铁的作用。因此如何改善漆膜的湿附着力是相当重要的。当然，漆膜的防腐蚀作用和漆膜的透 H_2O 和 O_2 的能力及漆膜的机械物理性质有关，涂料中的颜料对腐蚀能力也有很大的影响，有的颜料(如玻璃磷片、铝粉)有屏蔽作用，有的可起钝化作用(钝化颜料)，还有如富锌漆中的锌粉则起牺牲阳极的作用。

22.2.2　屏蔽作用

由于漆膜的作用，H_2O 和 O_2 不能直接和钢铁表面接触，它们必须透过漆膜，

因此漆膜透过 H_2O 和 O_2 的快慢将对腐蚀的快慢有着重要的影响，在涂料中加入玻璃磷片、铝粉、云母等就是为了这一目的。

22.3　防腐蚀涂料及其应用问题

22.3.1　烘干与气干体系的比较

一般来说，烘干漆比气干漆有较好的防腐蚀能力，因此当有可能采用烘干体系时，最好采用烘干体系，不要因一时的方便或节约能量而采用气干体系，倘若这样做，最终结果是得不偿失。烘干漆之所以具有较好的防腐蚀能力，有如下几个原因：

(1) 湿附着力和涂料中树脂的分子结构有关。树脂分子中含有极性基团，有利于附着，但是只有当极性基团和钢铁表面相互作用时，才能提高附着力，也就是希望极性基团要排列在钢铁表面。另一方面树脂分子为刚性分子有利于湿附着力，这可用一浅显例子说明，聚乙烯醇和纤维素都是多羟基的聚合物，分子之间可以形成氢键，但聚乙烯醇是可溶于水的，而纤维素则不溶，亦即水分子可以进入聚乙烯醇分子间，顶替掉聚乙烯醇分子间的作用，但水不能破坏纤维间的氢键作用，其原因在于纤维素是刚性链，而聚乙烯醇是柔性链。刚性链在室温下运动困难，极性基团不易取向，因而降低极性基团对湿附着力的贡献，但在高温下，刚性链活动容易，可使极性基团较好地排列在钢铁表面，这样刚性分子和极性基团都能同时对湿附着力有贡献。

(2) 钢铁表面常常有许多微孔，特别是表面经喷砂打磨以后，若涂料中的漆料黏度太大，漆料不能进入微孔将其填满。这样，在漆膜下部就有一些空穴，H_2O 和 O_2 可通过漆膜在空穴中聚集，形成腐蚀的条件，导致腐蚀。高温下漆料黏度变低，比较容易流入微孔，从而可防止腐蚀发生。

(3) 烘干漆的交联度一般高于气干漆，相应的玻璃化温度 T_g 较高，因而 H_2O 和 O_2 的透过率降低。

(4) 漆膜中常有一些裂缝和微孔等，加温时，因分子活动容易，可以得到弥合。从而减少或消除了通过裂缝或小孔进入钢铁表面的 H_2O 和 O_2。

22.3.2　表面情况与涂料的选择

表面处理对防腐蚀涂料的保护效果所起的作用是众所周知的，因此当有可能进行表面清洁和处理时，都应该进行这一道工序。在无法进行表面处理时，则应该进行特殊考虑。下面是结合表面情况提出一些需要注意的问题：

(1) 表面清洁和处理后应立刻涂漆，特别是在海边，风中夹带的海水留下的痕迹是引起腐蚀的隐患。即使干净手指的触摸也可留下油和盐迹，指纹迹是腐蚀的发源地。

(2) 喷砂和打磨使表面粗糙，可以提高附着力，但同时也留下了微孔，如前所述，这是引起腐蚀的隐患。必须选用黏度低的漆料使其将微孔填满。倘若使用乳胶漆，就会发生严重的问题，因为乳胶的颗粒不易进入微孔，因此乳胶漆不作改进，难以满足防腐蚀涂料的要求。为了克服乳胶漆的这一缺点，可在乳胶中混入一些干性油乳液，也可以选用玻璃化温度低、粒子细的乳胶，或使用更多的助成膜剂等方法。

(3) 当使用水性漆时，钢铁表面上的有机物会严重影响水性漆在钢铁表面上的润湿，因为水的表面张力要比有机物大。经清洁后的表面一经接触水，马上就会在表面上生锈，即"闪锈"。为了防止闪锈可在水相中加低挥发性的胺，如 2-氨基-2-甲基-1-丙醇，也可以加一些钝化剂，如硝酸钠，但硝酸钠会引起渗透压作用，从而导致漆膜起泡。

(4) 对镀锌的钢铁，要选用耐皂化的涂料如丙烯酸类涂料，因为其表面的 $Zn(OH)_2$ 有很强的碱性，可以导致酯基皂化，如果使用油基漆或醇酸漆，因为皂化作用，很快会起泡掉皮。

(5) 当钢铁表面不能进行清洗时，为达到防腐目的，可选用干性油和钝化颜料配合的体系(称渗透型带锈涂料)，其原因分析如下：

① 附在钢铁表面的油，表面张力是很低的，为使涂料很好地润湿被涂物的表面并铺展，需要用比油表面张力更低的涂料，其中最好是该涂料可以将油溶解，使其脱离钢铁表面，以达到较好地附着，能满足此项要求的是干性油。

② 钢铁表面的锈粒和尘埃必须为涂料中的树脂固定，因此漆料应能通过锈粒和尘埃进入底部并充满锈粒、尘埃之间的空间，这种要求可为低黏度的干性油所满足。

③ 干性油有易皂化和附着力差的缺点，但在这种特殊情况下，和一些高级漆相比，仍是用干性油为好。为了弥补干性油的缺点，可以在涂料中用钝化颜料。

22.3.3 面漆与底漆

总的来说，底漆应有很好的湿附着力，抗水解性能好，而面漆则要考虑 H_2O 和 O_2 的透过率，要求耐候性好，既要求抗光老化和抗水解性能好，也要求机械物理性能好，下面进行较详细讨论。

(1) 底漆应有非常好的湿附着力，因此希望树脂上有极性基团，特别是氨基，它可以和钢铁表面生成很强的氢键。底漆应是不能或难以皂化的，其黏度不能太高，所用溶剂不能挥发太快，在涂布后要有足够时间使漆料进入钢铁表面的微孔。底漆的交联度要适中，颜料的体积浓度(PVC)应稍高于临界体积浓度(CPVC)，这样可使面漆有较好的附着力。底漆中的颜料最好不要有可溶于水的组分，例如 ZnO，它可以生成溶于水的 $Zn(OH)_2$ 或 $ZnCO_3$，从而导致漆膜起泡。

有机溶剂中一些亲水的残余物(它在溶剂挥发后以不溶物的形式存在于漆膜中)也可导致起泡。

当钢铁表面带锈,漆膜的湿附着力差或漆膜不完整,有裸露的钢铁表面时,应该在涂料中加钝化颜料。

环氧-胺体系是很好的底漆,因为它含有极性基团,而且有氨基存在,主链中有芳基,比较刚性,因此湿附着力好;主链中以醚键相连,因此是抗水解的,这些都符合上面提及的作为底漆的条件,但环氧树脂耐光老化性很差,因此不宜作为面漆使用。

(2) 面漆应该有较低的 H_2O 和 O_2 的透过率,因此应在不影响机械物理性能的前提下尽量提高交联度和玻璃化温度。加入片状颜料如铝片(银粉)、云母和玻璃磷片等,可起到屏蔽作用,有助于降低 H_2O 和 O_2 的透过率。当在烘漆中加进片状颜料时,要注意溶剂"暴沸"问题,不要用挥发快的溶剂。含卤素的聚合物透 H_2O 能力差,适于作为面漆。

面漆应有很好的耐光老化和耐冲击性能,并且应该有一定厚度,以保证漆膜中即使产生裂缝,也不至于直达底部。

(3) 富锌漆与相应的面漆:富锌漆是锌的作用(牺牲阳极)的延伸,作为底漆特别适用于那些漆膜不完整或漆膜易受损伤的情况。富锌底漆的颜料(锌粉)体积浓度要求超过临界体积浓度,只有这样锌粉间才有可能直接接触,其间的空隙是水的聚集地,水可溶解锌盐,成为导电介质,因此富锌漆内部可形成完整的电路,这是牺牲阳极作用的要求。富锌漆中锌粉含量高过 90%(质量分数)以上,而且很贵,即使用一些惰性颜料来取代其中的 10%,也会严重影响防腐蚀效果,这可能是影响了其导电性;但可用有导电性的颜料(如 FeP_2)来取代部分锌。富锌漆中的黏合剂即基料不能用易皂化的树脂,因为它的碱性很强,醇酸树脂自然是不能用的,一般用四乙基原硅酸酯或环氧树脂,前者可导致聚硅酸锌盐的生成。

富锌漆的颜料体积浓度超过临界体积浓度,意味着漆膜中有空穴,因此机械强度很差,需要有面漆保护。但面漆的黏度不能低,不能使漆料填满锌粉间的空隙,而且要求有抗皂化性能,在这种情况下丙烯酸乳胶是合适的选择。如果面漆有导电性能,即使渗入富锌漆底漆中也无太大影响。

22.3.4　钝化颜料及有机防腐蚀剂

在某些条件下不管涂料设计得如何好,漆膜总有破裂或不完整的可能,这时金属就可能裸露,于是 H_2O 和 O_2 可直接和表面接触,从而腐蚀开始。若周围底漆的附着力差,水就可以侵入漆膜下部,使漆膜和金属表面间的结合破坏,腐蚀便蔓延到漆膜下部。在这种情况下,为了防止腐蚀,除要用湿附着力好、耐皂化的涂料外,可以在涂料中加入钝化颜料或金属锌粉,后者即为富锌底漆。

常用的钝化颜料，如前所述，可能有两种作用，一是提高介质的碱性，降低氧的临界浓度；一是起氧化作用，将亚铁离子氧化成铁离子，以形成氢氧化铁的保护层。钝化颜料要起作用，必然要求在水中有一定的溶解度，特别对氧化性的颜料，若水中浓度太低，不仅不能钝化，反而起去极化作用。但有水溶性的颜料时，涂料在潮湿环境中易起泡，在受水浸渍时，颜料易被溶出，从而失去防腐能力。常见的颜料有红丹(Pb_3O_4)、一氧化铅(PbO)、碱式铬酸铅，红丹和PbO(2%~15%)的组合有最好的防腐效果，其原因可能是同时有氧化和提高 pH 的作用。铅颜料有毒，不宜用于民用涂料。铬颜料，如锌黄 [$3ZnCrO_4 \cdot K_2CrO_4 \cdot Zn(OH)_2 \cdot 2H_2O$]，四盐基铬酸锌[$ZnCrO_4 \cdot 4Zn(OH)_2$]，以及其他各种铬酸盐，也有好的防腐蚀效果，它们在水中都有一定的溶解度。铬酸铅在水中不溶，不能起钝化作用，而重铬酸钠溶解度又太高，在涂料中很快就会被浸出，也不宜使用；铬酸锶溶解度很合适，可用于水质底漆中。铬颜料和铅颜料一样有毒。现在已发展了许多其他类型的防腐蚀颜料，如碱式钼酸锌或钼酸锌钙，偏硼酸钡，磷酸锌($Zn_3(PO_4)_2 \cdot 2H_2O$)、磷硅酸钡和钙、硼硅酸盐等。有机颜料(如硝基邻苯二甲酸的锌盐)据说可以替代锌黄。Ciba 公司曾发展了一类可溶的高效而无毒的有机防腐蚀剂，2(苯并噻唑基硫)丁二酸(MBTS)，可用于溶剂型和水性防腐蚀涂料，包括色漆和清漆，其防腐蚀机理可能是能与亚铁离子生成不溶的络合物，形成钝化层，吸收铁溶解时在阳极上放出的电子，增加湿附着力，减少漆膜的多孔性及透气性等效应的综合。

涂料中加入导电聚合物，具有很好的防腐蚀性能。由于可以通过低成本的方法制成乳胶聚苯胺或可溶的聚苯胺，聚苯胺在防腐蚀涂料方面的研究已取得重要进展。

石墨烯在防腐涂料中已有应用，它除了具有导电性外，在防腐涂料中还可充分发挥小尺寸效应，填补涂料缺陷，有效地阻隔水和氧气进入涂层底部。另外，石墨烯具有优良的机械性能和摩擦学性能，可以提高材料的减摩、抗磨性能。它与钢铁复合的协同作用，可提高涂层的防腐性能，是防腐涂料用颜料的新品种。

22.3.5　水性防腐蚀涂料

水性涂料可以节约溶剂又可以避免污染空气，因此发展很快，但作为防腐蚀涂料要特别注意钢铁表面的清洁以及闪锈问题。现讨论如下：

(1) 水稀释性的丙烯酸树脂和环氧体系都可用于防腐，它们的羧基是为氨或胺中和的。在氨或胺挥发完之前漆膜对水是很敏感的。氨是常用的易挥发的碱，它的碱性较强，开始时挥发虽然很容易，但随着涂层黏度的增加，挥发的速度逐渐取决于扩散的速度，强碱不易扩散，因而挥发速度下降。弱碱易于扩散，因此中和用的胺最好用氨和弱碱(如吗啉)的混合物。

(2) 丙烯酸乳胶漆具有突出的抗水解能力，也有很好的机械物理性能，因此特别适合为镀锌钢板的涂料，但当直接用于钢铁表面时，防腐能力很差，其原因可能是水和氧的透过率大，湿附着力差。为了改善其湿附着力，可以用含氨基的单体参加共聚；为了改进其渗入微孔的能力，可混入干性油乳液；为克服其透 H_2O 和 O_2 速度高的缺点，可以用含卤素的单体共聚，或加片状颜料；还可加一些钝化颜料或有机防腐蚀剂来提高防腐蚀能力。经过努力，防腐蚀乳胶漆研究已取得很大进展，如许多桥梁已使用了丙烯酸乳胶漆。但因固有的性质如易透气等，性能上还不能赶上溶剂型的环氧-胺体系底漆。

(3) 电泳漆可以克服喷漆难以使形状特殊的器件得到完整漆膜的缺点，使一些喷漆中的死角得到涂布。阳离子电泳漆有损害磷化层和易遭水解的缺点，阴离子电泳漆一般含有氨基，因此湿附着力好，又不损害磷化层，也不怕水解，是发展的方向。电泳漆不能使颜料体积浓度超过临界体积浓度，因此影响对面漆的附着力，这是要注意的。

22.3.6　带锈涂料

对一些表面不易进行除锈的，可在带有锈蚀的表面上直接涂布具有防腐蚀效果的涂料，这种涂料称为带锈涂料，带锈涂料主要有三种类型，即渗透型、转化型和稳定型。渗透型主要是利用流动性好的漆料渗透到疏松的铁锈内并使铁锈润湿，最后将锈粒包围固定在漆料之内，同时借助防腐蚀颜料的作用，阻止锈蚀的进一步发展。也可利用一些能和铁离子发生螯合作用的多羟基、多羧基树脂作为成膜物，它们渗入铁锈中后，可和铁离子及钢铁表面生成有机金属螯合物，从而使活泼的铁锈层和钢铁表面钝化，达到防锈的目的。转化型涂料也叫反应型带锈涂料，主要利用各种能与铁锈反应的物质，把铁锈转化为无害的或具有保护能力的物质。转化型涂料常由转化液和成膜液组成，成膜液一般为环氧树脂、聚乙烯醇缩丁醛等，转化液通常有两种主要类型，一是磷酸和亚铁氰化钾组成的转化液，它可以将铁锈转化为普鲁士蓝(亚铁氰化铁)络合物的蓝色沉淀，同时磷酸与二价铁作用生成磷酸盐钝化膜，起到钝化作用。其主要反应表示如下：

$$K_4Fe(CN)_6 + 4H_3PO_4 \longrightarrow H_4[Fe(CN)_6] + 4KH_2PO_4$$

$$Fe_2O_3 \cdot xH_2O + H_4[Fe(CN)_6] \xrightarrow{H^+} Fe_4[Fe(CN)_3]_6 + H_2O$$

另一种类型为磷酸-丹宁酸型的转化液,丹宁是一种棓酸的高相对分子质量缩合物,在酸性条件下可与铁锈络合,生成的单宁酸螯合物,可稳定铁锈,同样磷酸还可以和二价铁反应生成钝化膜。稳定型带锈涂料主要依靠活性颜料来稳定铁锈层,例如,某些活性颜料可通过缓慢水解和相互作用形成杂多酸,杂多酸可与铁锈反应生成难溶的杂多酸络合物,从而抑制铁锈的发展并钝化钢铁表面,所用的颜料主要有磷酸铁和铬酸盐组成的体系,其机理不完全了解。

22.3.7　防腐性检测

检测防腐性最好的办法是实际使用结果,其次是作样板曝晒实验或海洋挂板实验,但时间长,因此需用一些加速办法,如盐雾、电化学方法。但需要注意,这些方法对同一种涂料有效,比较不同涂料品种时往往会发生偏差。

检测涂膜耐腐蚀性最简便的方法为泡盐水。涂膜在盐水中受水浸泡溶胀,同时受到氯离子的渗透而引起腐蚀,漆膜易出现气泡、变色、锈点和锈蚀,所以可用耐盐水性试验判断涂膜防护性能。盐水为质量分数 3%的恒温氯化钠溶液,测试时,将试板 2/3 的面积浸入,按标准规定的时间浸泡后取出并检查。

盐雾试验是检测涂膜耐腐蚀性最普遍的方法,试验中采用的盐雾模拟沿海或近海地区的大气盐雾环境,包括中性盐雾与酸性盐雾。中性盐雾为纯的氯化钠盐水,pH 为 6.5~7.2,浓度为(50 ± 10)g/L,温度为$(35 \pm 2)℃$。酸性盐雾为醋酸盐雾,即用醋酸将氯化钠盐水调至 pH 为 3.1~3.3,酸性盐雾的腐蚀速度高于中性盐雾。测试过程中,带压力的空气通过盐雾箱内的喷嘴,将盐水喷成连续雾状而沉降在试验样板上,样板涂料表面与垂线成 $20° \pm 5°$角放置。盐雾结果通过观察涂膜状况有无变色、起泡、生锈和脱落现象,按轻重程度、起泡大小和面积、锈点大小根据相关标准评级。若涂膜在测试前被斜十字切割露底,其结果以在切痕周边锈蚀蔓延的距离和附着力损失的距离来评定。盐雾试验结果的可靠性与试板的制备、涂层厚度、试板在盐雾箱中放置的位置及角度和划痕的粗细及均匀度有关,测试时需进行平行试验。

涂膜的金属防腐蚀性能取决于多个因素,如前述的湿附着力、屏蔽作用和防腐蚀颜料的作用等,但因为钢铁腐蚀主要是由于电化学反应,在钢铁表面加上涂膜后,改变了原电池阴极和阳极之间的电阻,它势必影响腐蚀反应的速度,因此检测涂膜的电性能及其变化对了解涂膜的防腐情况及研究腐蚀机理很有帮助,因此防腐蚀涂料的电化学检测是非常重要的手段。

电化学方法是指直流电阻法、交流电阻法、电位-时间法、电化学交流阻抗法等,其中直流电阻法简述如下:将待测金属基的涂层(或自由涂膜)与已知电阻值的电阻串联,加上直流电,测电阻值,将已知电阻值与被测物电阻所引起的电位降进行比较,即可算出涂层电阻值。由于采用直流电有时会影响被测物的状态,因而又发展了交流法测定。所谓的电位-时间法,是指通过测定腐蚀电位随时间的变化来判断防腐蚀性能好坏及失效时间。

电化学阻抗谱(EIS)是向被测涂层施加小幅正弦波电压扰动信号，由被测体系的电流响应信号得到的阻抗谱或导纳谱。将有机涂层看成一个线性元件，采用等效电路模型对涂层体系阻抗谱进行解析，得到涂层电容(C_c)、涂层电阻(R_{po})、涂层/金属界面双电层电容(C_{dl})、反应电阻(R_{ct})等和涂层老化过程相关的电化学参数，根据这些参数可计算不同浸泡时间的涂层表面微孔率及界面区面积，从而研究涂层的防护性能。该方法能在短时间内对涂料防护性能做出评价。

第二十三章 特 种 涂 料

特种涂料泛指为特殊用途设计的涂料或称功能性涂料。特种涂料的品种十分繁多，这是和涂料的特点分不开的，因为涂料是对材料改性或赋予特殊功能最简便的方法，因此一旦对材料有某种特殊的要求，首先考虑到的便是发展一种新的涂料，而且各种新的研究成果也最容易被吸收到涂料中来，作为各种特殊要求的基础。特种涂料是和尖端科学技术的发展密切相关的一类涂料。特种涂料可按不同方式分类，如果按其功能分类，则主要有如下几类：

(1) 电、磁功能涂料，包括电气绝缘涂料、导电涂料和磁性涂料等。

(2) 热功能涂料，包括耐高温涂料、防火涂料、温控涂料、烧蚀和隔热涂料等。

(3) 机械功能涂料，包括防碎裂涂料、润滑涂料、可剥涂料、阻尼涂料(隔音防震涂料)、弹性涂料等。

(4) 光学功能涂料，包括发光涂料、荧光涂料、光反射涂料、太阳能选择性吸收涂料、各种特殊用途的光敏涂料、伪装涂料、光刻胶等。

(5) 界面功能涂料，包括防雾涂料、防水涂料、防结冰涂料、防雪涂料、防粘纸涂料等。

(6) 生物功能涂料，包括防霉菌涂料、防污涂料、灭蝇涂料、牙科涂料等。

限于篇幅，本书不能一一介绍，在以前的章节中曾简单地介绍过一些特种涂料，现在再选取几个例子予以介绍，作为发展涂料新领域的参考。

23.1 防 火 涂 料

火灾给人类的生命财产和文明带来的灾难是非常巨大的。火焰和由它引起的高温可以使木材、塑料等化为灰烬，使钢材失去强度而弯曲变形，使混凝土碎裂，玻璃熔化，巨大的财富和文明顷刻间化为乌有。防火从古到今都受到人类的高度重视。用涂料防火，即使用防火涂料(包括阻燃涂料)，是防火的一种重要手段，防火涂料使用方便，防火效率高，适应性强，因此应用范围很广，涉及建筑、交通工具、文物、电器、电缆、军工、宇航等方面的应用。防火涂料具有涂料的一般功能，即装饰性和保护作用如防腐蚀等，但它还有两个主要的性能，一是涂层本身具有不燃烧或难燃烧性，即能防止被火焰点燃；二是能阻止底材的燃烧或对其燃烧的蔓延有阻滞作用，为人们争取较充分的时间去进行灭火工作。本身不燃或难燃但无第二种功能的涂料称为阻燃涂料，但必须注意在大火蔓延的时候，单靠防火涂料灭火是不可能的。

23.1.1　燃烧与阻燃机理

燃烧是一种快速的、有火焰发生的氧化反应，反应非常复杂，但大多为链式自由基反应。燃烧的进行必须同时具备三个条件，即可燃物质、助燃剂(空气、氧气或氧化剂)和火源(如高温或火焰)。有机聚合物固体在燃烧时，一般均有如下过程(如图 23.1)：在高温下可燃固体发生熔融和热分解，形成一个凝聚相热分解区，析出可燃性气体的同时放热；可燃性气体和助燃剂(如空气)混合并受到进一步加热(预热)；经预热的混合气体达到燃点后开始燃烧，同时放出大量的热。由于燃烧时放出的热量又反过来对可燃固体及其分解放出的气体进行加热，于是形成一个循环的过程，使燃烧愈来愈猛烈。为了阻止燃烧的进行，必须切断燃烧过程中的三个要素中的任何一个，如降低温度、隔绝空气或可燃物。

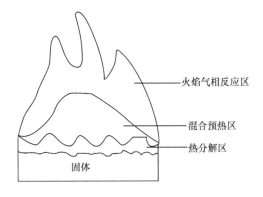

图 23.1　固体燃烧示意图

防火涂料要起防火作用首先要求防火涂层自身是不燃或难燃的。但有机涂料的基料——有机聚合物一般都是可燃的或易燃的，为使有机涂层难燃，可通过以下方法来实现，一是采用难燃的有机聚合物为基料，即在聚合物分子中引入难燃的元素，如卤素，也可用无机成膜物代替有机聚合物；二是在涂料中加入阻燃剂。当然，更好的方法是两种方法并用。

阻燃剂的种类很多，但主要是氢氧化铝、氢氧化镁、卤化物、磷酸酯和含卤磷酸酯、硼化合物、氧化锑等。含卤阻燃剂在发挥阻燃的同时析出有毒的气体可使人窒息而死。因此含卤阻燃剂的使用越来越受到限制。无卤阻燃剂的研究和开发受到重视，并已取得重要成果。阻燃剂可以添加剂形式加入，也可以反应的方式，如共聚，结合在成膜物上。它们的阻燃机理介绍如下：

(1) 阻燃剂在高温或火焰作用下,发生吸热反应,使被燃物凝聚相升温减慢,如氢氧化铝在 200~300℃间会急剧分解，脱水量可达其含量的 35%，分解的水汽化时又能吸收大量的热。

$$2Al(OH)_3 \longrightarrow Al_2O_3 + 3H_2O - 290kJ$$

(2) 阻燃剂分解出自由基链式反应的阻断剂, 使火焰反应的速度减慢。如前所述, 火焰反应是一个自由基链式反应, 而此反应的程度是由反应中产生的自由基 HO· 增值速度所决定的, 其反应主要步骤表示如下:

$$CO + HO· \longrightarrow CO_2 + H·$$
$$H· + O_2 \longrightarrow HO· + O·$$

含卤素的有机物在分解时放出卤化氢 HX, HX 能把高能量的 HO· 捕获并转换成低能量的自由基 X· 和 H₂O, 同时自由基可与可燃性气体(RH)反应重新生成 HX, 如此循环下去, 可将 HO· 自由基反应的连锁反应切断:

$$HO· + HX \longrightarrow X· + H_2O$$
$$X· + RH \longrightarrow HX + R·$$

通过这样的途径可将聚合物等有机物经热分解转化成 H₂O 和碳, 使火焰熄灭。在塑料和纤维中常通过加入卤化物的方法进行阻燃, 如氯化石蜡、氯化聚乙烯、溴化聚苯醚等。但涂料中可以直接将卤素引入成膜物中, 所以防火涂料的基料常用氯化醇酸、氯化聚酯、氯化环氧、氯乙烯共聚物、氯化聚氯乙烯等。

(3) 催化可燃物发生脱水和碳化作用, 形成碳化层。碳化层可阻碍热的传导, 阻挡外部火源直接作用, 可使可燃物温度降低。碳是单质, 它不能发生火焰也无可燃气体放出, 所以将有机物迅速脱水成为炭, 不停留在可燃物阶段, 可使燃烧停止。不管无机磷酸盐或有机磷酸酯, 它们均可使有机物碳化。有机磷化合物在火焰中可最终分解为聚偏磷酸, 它是非常强的脱水剂。

(4) 阻燃剂分解形成不挥发的覆盖层, 隔绝了可燃物和空气的接触。聚磷酸铵、硼酸盐、硼酸、钨酸盐等在火焰或高温下可形成不燃性的黏稠熔融体, 它能将可燃物表面覆盖起来, 也可和有机可燃物脱水形成的碳结合起来, 形成一层牢固的固化层。

(5) 分解出惰性气体将可燃性气体稀释: 含氮的化合物(铵盐和有机胺)、碳酸盐和含卤素有机物及金属氢氧化物分解时析出大量不燃气体, 如 NH₃、H₂O、CO₂、HCl、HBr 等, 可将热分解生成的可燃气体和空气中的氧的浓度冲淡, 从而延缓燃烧发生。

(6) 协同作用: 阻燃剂的复配, 可大大提高阻燃效果, 因为它们有协同作用。氧化锑(Sb₂O₃)是无机阻燃剂中使用最广的品种, 但它单独使用时并没有什么阻燃效果, 只有和卤化物复配, 通过协同作用才能得到优良的阻燃效果, 其主要原因是在高温下生成了卤化锑:

$$Sb_2O_3 + 6HX \longrightarrow 2SbX_3 + 3H_2O$$

$SbCl_3$(沸点 223℃)和 $SbBr_3$(沸点 288℃)都是沸点较高的挥发性物质，蒸气相对密度大，可较长时间停留在燃烧区，具有排氧作用。卤化锑能分解产生卤素自由基(如 Cl·和 Br·)，卤素自由基可捕获 HO·自由基；它还可以促进卤化物脱卤化氢和聚合物表面碳化；另外，它在火焰上空可凝成固体微粒，能散射大量热能。

23.1.2 防火涂料中的成膜物

为了使涂料本身不燃或难燃，防火涂料中的成膜物常选用含卤素的聚合物，如氯乙烯、偏氯乙烯的共聚物、氯化橡胶、氯化聚烯烃以及氯化聚氯乙烯等，但这些含卤素成膜物的性能往往不能满足特定的要求。另一个方法是对醇酸、聚酯、环氧树脂、聚氨酯等主要成膜物进行结构改性，主要是在合成时使用含卤素的单体或用含卤素的单体共聚，主要单体简介如下。

1. 卤代酸酐

主要有四卤代邻苯二甲酸酐(TCPA 和 TBPA)、氯茵酸酐(HET 酸酐)和多卤代多氢化桥氯亚甲基萘二甲酸酐如(Ⅰ)等，它们可用于醇酸、聚酯、环氧和聚氨酯防火涂料。

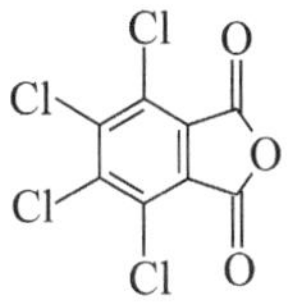

TCPA 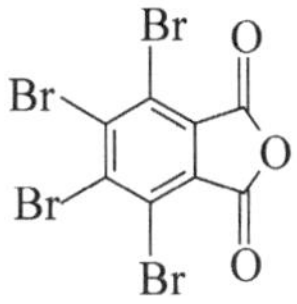　　　　　　　TBPA 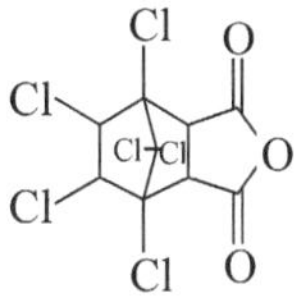　　　　　　HET 酸酐

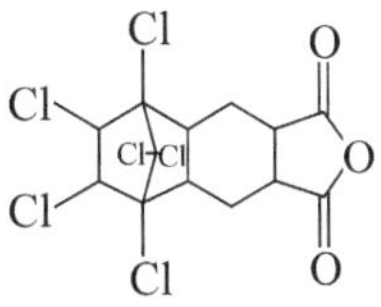

(Ⅰ)(桥二氯亚甲基四氯代八氢化萘二甲酸酐)

2. 含磷多元醇和含卤素多元醇

主要用于聚酯和聚氨酯防火涂料，含磷多元醇种类很多，例如 N,N-二(α-羟乙基)-氨甲基膦酸二乙酯(Ⅱ)：

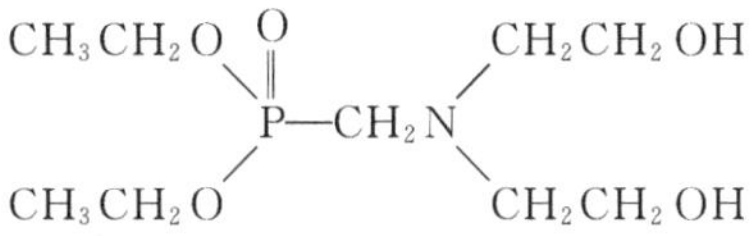

(Ⅱ)

含卤素二元醇主要有二卤新戊二醇(Ⅲ)和四溴双酚 A 双(2-羟乙基)醚(Ⅳ)：

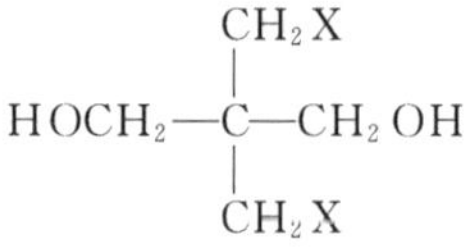

$$
\begin{array}{c}
CH_2X \\
| \\
HOCH_2-C-CH_2OH \\
| \\
CH_2X
\end{array}
$$

（Ⅲ）

$$
HOCH_2CH_2-\underset{Br}{\overset{Br}{\bigodot}}-\underset{CH_3}{\overset{CH_3}{C}}-\underset{Br}{\overset{Br}{\bigodot}}-OCH_2CH_2OH
$$

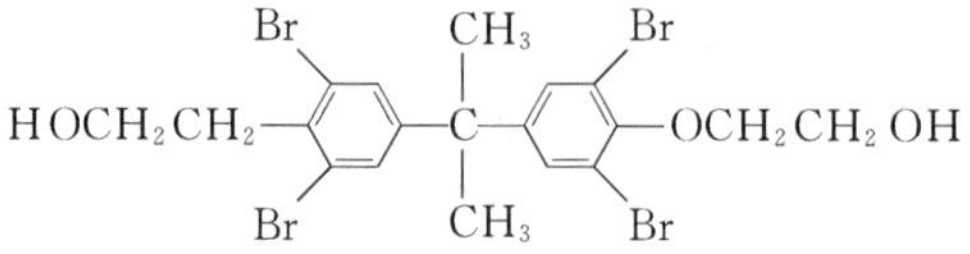

（Ⅳ）

3. 四卤代双酚 A(Ⅴ)

主要用于环氧树脂防火涂料，其中溴代的双酚 A 性能较好，但价格较高：

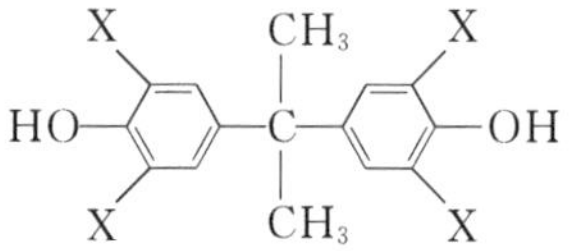

$$
HO-\underset{X}{\overset{X}{\bigodot}}-\underset{CH_3}{\overset{CH_3}{C}}-\underset{X}{\overset{X}{\bigodot}}-OH
$$

（Ⅴ）

4. 卤代乙烯基类

主要有溴代乙烯、氯代乙酸乙烯酯、丙烯酸三溴苯酯和溴代苯基烯丙基醚等，用于烯类聚合物的改性。

23.1.3　防火涂料的分类与组成

防火涂料可分为两大类：一是非膨胀型的；一是膨胀型的。其中有机非膨胀型涂料实际便是阻燃涂料，分别介绍于后。

1. 非膨胀型的防火涂料

非膨胀型防火涂料是通过涂层自身的难燃性或不燃性，在火焰或高温下释放出灭火性气体及形成无机釉状保护层隔绝空气来达到防火的目的。非膨胀型防火涂料按照成膜物的不同可分为无机和有机两种类型。

无机非膨胀型涂料以无机盐如水玻璃、硅溶胶、水泥等为成膜物(黏合剂)，掺入云母、石棉、硼化物等无机颜料，有时也加一些有机聚合物乳胶来改善涂层性质。无机防火涂料多用于建筑防火，或暂时性的防火保护。

有机非膨胀型防火涂料即阻燃涂料，一般用含卤素的成膜物。含卤素树脂具难燃自熄性，效果为碘>溴>氯>氟，若不用含卤素的成膜物，则必须加含磷或卤素的阻燃剂。为了提高阻燃性能，配方中还要加氧化锑。和无机非膨胀型涂料一样，配方中需要加入大量的无机颜料，除氧化锑外，还有氢氧化铝、石棉、云母粉、磷酸盐、二氧化钛、玻璃粉、硼酸盐等，颜料不仅起到阻燃作用，而且它们是燃烧时形成釉状保护层的主要物质。实验证明纳米氢氧化铝具有突出的阻燃效果。

由于非膨胀型防火涂料在燃烧时形成的保护层比较薄，隔热较差，受它保护的材质干馏出来的气体可冲破它，引起"轰燃"。所以涂层要厚一些。此种防火涂料只能抗瞬时的高温和火焰。

2. 膨胀型防火涂料

膨胀型防火涂料的涂层在火焰和高温下可膨胀碳化而形成均匀而致密的蜂窝状或海绵状的碳质泡沫层，这层泡沫层比原来膜厚达几十倍甚至上百倍，不仅有很好的隔绝氧气的作用，而且有非常良好的隔热效果。除了形成不燃性的泡沫状外，和一般阻燃材料一样，涂层中组分的分解和熔融等化学与物理变化可吸收大量热能，涂层分解出的不燃性气体为氨和水等可稀释可燃气体的浓度，这些作用使膨胀型防火涂料能遇小火不燃，中火自熄，在较大火势下能阻止火焰蔓延，减弱火苗的传递速度，是真正有效的防火涂料。

膨胀型防火涂料是通过基料、发泡剂、成碳剂、脱水成碳催化剂及颜料和助剂配制而成的，这些组分必须互相匹配，才能得到最佳的膨胀发泡及防火的效果。

(1) 基料：常用含卤素的水性树脂，如氯乙烯-偏氯乙烯共聚物乳胶、氯丁橡胶乳胶以及聚丙烯酸酯和聚乙酸乙烯酯乳胶等。溶剂型的基料常用的有聚氨酯、酚醛、氯化聚氯乙烯、醇酸树脂、环氧树脂等。无阻燃性质的基料要加阻燃剂。

(2) 脱水成碳催化剂：磷酸盐、聚磷酸铵、有机卤代磷酸酯(如三氯乙烯基磷酸酯)等在 100~250℃的温度下可分解产生出磷酸或聚磷酸，磷酸和聚磷酸是很强的脱水剂，可使含羟基的有机物或碳水化合物脱水成碳，而不致生成可燃性的气体。

(3) 成碳剂：主要是一些含碳量高的多羟基化合物或碳水化合物，如淀粉、季戊四醇、山梨醇等，它们在催化剂的作用下可脱水生成具有多孔结构的碳层。

(4) 发泡剂：常用的发泡剂有三聚氰胺、六亚甲基四胺、碳酸盐、偶氮化合物、氨基树脂、磷酸胺、尿素等，它们在高温下可放出难燃气体。

(5) 颜料：为了保证膨胀发泡效果，涂料中只加很少的无机颜料，通常只用一些着色颜料以满足遮盖力的要求。

为了提高涂料的强度和涂料的应用要求，配方中还有其他各种助剂。膨胀型防火涂料中的各种组分必须配合恰当。当涂料受热时，首先是基料软化熔融，涂层软化，这时发泡剂达到分解温度，释放出不燃性气体，使涂层膨胀成泡沫层，同时脱水催化剂使有机物脱水碳化。当泡沫达最大体积时，泡沫应凝固碳化，生成多孔的海绵状碳化层。若各种反应配合不当，则达不到防火的效果。一般来说，防火涂料强度差，装饰性差，但若为了改善它们的强度和外观，加上一层罩面漆，这往往要犯大错误，这层罩面漆可能妨碍气体释放，完全破坏膨胀发泡的效果，导致防火涂料失效。

膨胀防火涂料中的某一组分往往起多种作用，例如多聚磷酸铵是成碳催化剂，又是发泡剂和阻燃剂，含卤素的聚合物既是成膜物又是阻燃剂。

和非膨胀型防火涂料相比，膨胀型防火涂料效果好，涂层可以比较薄，但因涂料中没有或只有少量无机颜料，强度很差，而且许多组分是水溶性的，受潮时易吸水，性能会更差。

防火涂料在高温下释放出的气体往往是有毒的，这是需要注意的。发展无有害气体释放的防火涂料和装饰性好强度高的防火涂料是防火涂料发展的主要课题。

23.2 防污涂料

海上设施特别是各种船舶都会受到海洋生物的侵害，如木船受到蛀蚀；现代船舶在被海生物附着后，船行的摩擦力和质量增大，从而船速下降，动力消耗增加，造成巨大的损失。为了防止海洋生物的这种污损，研究了许多种防止海洋生物污损的办法，但到目前为止，使用防污涂料是最佳的手段。目前，防污涂料主要是通过漆膜中防污剂(毒料)的逐步渗出来防止海洋生物污损的。

23.2.1 防污剂的品种与选择

海洋中对船体等可造成污损的生物种类繁多，有动物性的，也有植物性的，各海区的情况也很不同。能杀死生物的防污剂(毒料)种类也很多，但有的只对部分生物有效，有的则对人体和环境危害很大，因此在使用上受到严格限制，例如 HgO 的效率很高，但许多国家已禁用。防污涂料的效果主要由漆膜中毒料渗出量决定的，防止生物附着所要求的毒料最低渗出率称为临界渗出率，临界渗出率的高低意味着对生物毒性的高低。防污涂料中的毒料一般是以添加剂形式加入的，但也可通过反应接在成膜物上，然后通过降解逐步释放出来，如通过共聚合将有毒的功能单体引入共聚物。以下介绍几种常用的防污剂。

1. 氧化亚铜和铜粉

铜离子可降低生物机体中酶对生物生命代谢的活化作用，以此缩短生物寿命，并可使生物体内的蛋白质凝固。铜类毒剂中最主要的品种是氧化亚铜，氧化亚铜对人体毒害较小，临界渗出率为 $10\mu g/(cm^2 \cdot d)$，但它在涂料中的实际渗出率往往超过临界渗出率，造成铜离子的大量流失，渗出率不仅和漆膜结构有关，也和氧化亚铜的质量有关，氧化亚铜和少量氧化汞合用有增效作用。铜粉也是一种有效的防污剂，它的污染程度较低。

2. 有机锡及有机化合物毒料

有机锡的临界渗出率只有氧化亚铜的十分之一，它的种类很多，主要有三丁基锡和三苯基锡两大类，如三丁基氟化锡、双三丁基氧化锡、三苯基氟化锡等。有机锡可和氧化亚铜合用，其效果非常明显。有机锡容易通过反应接到成膜物上制成自抛光防污涂料。有机化合物作为毒料的有 DDT 和二硫化四甲基秋兰姆等。DDT 对防止藤壶等贝类动物附着有特效，与 Cu_2O 配合可改善漆膜龟裂和降低铜离子的渗出率。二硫化四甲基秋兰姆对防止贝类生物有很好效果，常用作有机锡的辅助毒料，它不仅可减少有机锡用量，而且增加了效率。但 DDT 和有机锡因污染海洋环境都已被禁用。

23.2.2 防污涂料的主要类型

1. 溶解型防污涂料

溶解型防污涂料是靠海水对毒料和部分基料的溶解作用来实现防污的。基料由可溶性的松香和不溶性的树脂(如沥青、油)组成，后者可增加漆膜强度，调节渗出率。毒料，如氧化亚铜可和海水作用生成可溶性的 $CuCl_2^-$：

$$\frac{1}{2}Cu_2O + H^+ + 2Cl^- \rightleftharpoons CuCl_2^- + \frac{1}{2}H_2O$$

可溶性的铜离子在漆膜表面形成有毒溶液的薄层，它可杀死或排斥企图在漆面上停留的生物。松香的溶解主要是因它含有松香酸，海水的 pH 一般在 7.5~8.4，因此可使松香酸不断溶解。由于松香酸也可和有机锡反应生成不溶物，所以松香不宜和有机锡防污剂配合。防污涂料不断地溶解，漆膜会愈来愈薄。另一方面，防污涂料和海水的反应比较复杂，不仅可使基料和氧化亚铜溶解，也有一些反应可导致不溶物的生成，这些不溶物沉淀在漆膜的表面，加上残留的不溶性基料，它们覆盖在漆膜表面，而且愈来愈厚，最终可导致溶解过程慢到失去防污作用。

2. 接触型防污涂料

和溶解型防污涂料不同，接触型防污涂料的基料是不溶解的，它要有一定的强度，一般可用氯乙烯-乙酸乙烯共聚物、氯化橡胶及其他聚合物。和溶解型防污涂料一样，防污作用也是通过氧化亚铜的溶解实现的，不同的是溶解作用是通过海水和漆膜中的氧化亚铜颗粒直接接触后完成的，因此氧化亚铜的含量要比溶解型的高。因为基材是不溶解的，当氧化亚铜粒子溶解后，便在漆膜上留下细小的孔穴，通过这些孔穴，海水又可以和新露出的氧化亚铜粒子接触，这样由表及里的溶解作用，可留下一个多孔的漆膜的骨架(漆膜基本不减薄)。如果漆膜的通道被不溶物(如碳酸铜)所堵塞，下层的氧化亚铜便不能和海水接触，防污作用便不能发挥。接触型防污涂料的有效期比溶解型的要长，为了控制氧化亚铜的渗出量，在接触型防污涂料中要加入一定量的松香或填料(如氧化锌)来代替部分氧化亚铜。

3. 扩散型防污涂料

扩散型防污涂料的特点是防污剂主要使用和基料相容的有机锡。这样，毒料和作为基料的树脂间形成固体溶液，毒料是均匀分布在漆膜中的。当扩散型防污涂料形成的漆膜表面和海水接触时，表层的有机锡浓度下降，于是内层的有机锡分子可以通过扩散补充到表层中来。由于毒料是以分子形式扩散的，不会留下孔穴，因此表面不致很粗糙，这样可减少船舶航行的阻力。为了提高防污效率，在扩散型防污涂料中也要加入一定量的氧化亚铜和其他一些辅助毒料，如二硫化四甲基秋兰姆等，这样的复合型毒料是广谱的，可防除大型污损生物也可防除微型污损生物。

4. 自抛光型防污涂料

这种防污涂料的代表是有机锡自抛光防污涂料，它的基料是丙烯酸有机锡酯的共聚物，如丙烯酸三丁基锡/甲基丙烯酸甲酯的共聚物，它和海水接触可发生水解，释放出有机锡毒料，并逐渐变成水溶性的聚丙烯酸盐而与下层漆膜分离，这一过程可用下式表示：

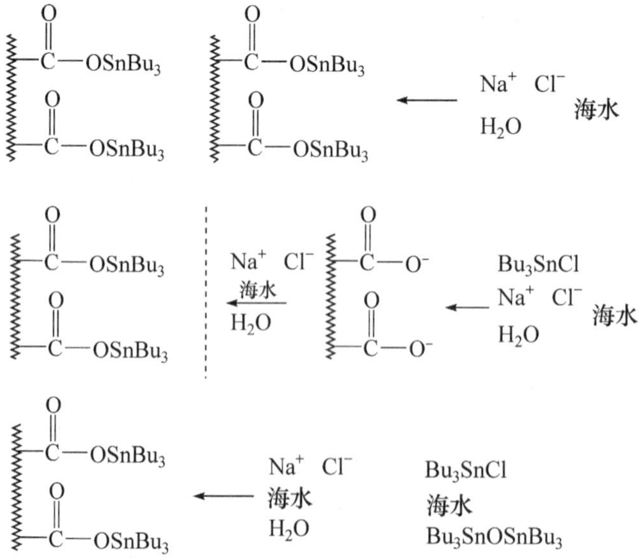

在自抛光防污涂料中还有可溶于海水的活性颜料(如氧化锌)，以及控制有机

锡共聚物水解的疏水性有机物(阻滞剂)等。这种涂料形成的漆膜不仅有防污作用，而且涂层在水流作用下表层颜料和失去毒料的聚合物均可均匀地与漆膜分离，露出新鲜的涂层，起到了自抛光的作用，因而可保持船体的平滑度。船体的平滑度对于船舶来说是十分重要的性能，船舶粗糙度增加可降低船速，增加燃料消耗，缩短船舶寿命，造成很大的经济损失。含有机锡的自抛光防污涂料有效防污期长，可达 5 年以上，但由于对海水污染严重，已被禁止使用。为了减轻污染要求用无锡自抛光防污涂料取代有锡自抛光涂料。

无锡自抛光防污涂料的原理与有锡自抛光的相同，不同处是采用毒性较低的丙烯酸铜聚合物、丙烯酸锌聚合物等取代丙烯酸锡聚合物或在聚合物链上接上可水解的酚、喹啉等防污基团。

23.2.3 防污涂料的发展

除了上述四种典型的防污涂料外，还有一些长效、低污染的新品种。但是用毒料来杀生物，必然引起海洋环境的污染，而且由于毒料含量的限制，不可能解决真正长效的问题。要发展无污染的长效的防污涂料必须从传统的防污作用中解放出来，采用其他措施。现代生物学、表面物理学等的发展为新的防污涂料提供了可能性。

1. 可溶性硅酸盐为主防污涂料

海洋生物适宜的生长环境是 pH 为 7.5~8.0 的微碱性海水，强碱性或强酸性环境下均不易生存。用碱式硅酸盐为成膜物的防污涂料，在海水中可形成长期稳定的高碱性表面，因此可获得防污效果。但此种涂料的有效防污期不长，理化性能差，与实际应用尚有一段距离。

2. 低表面能型防污涂料

低表面能防污涂料，主要是指基于氟碳树脂及有机硅树脂的低表面能防污涂料。它们不含毒料，其共同的特点就是表面能都非常低，海洋生物在其上的附着力非常弱，利用自重、航行中水流的冲击或辅助设备的清理可以轻易除去。

3. 生物防污剂与仿生防污涂料

传统的防污涂料通过防污剂的渗出，对附着生物进行毒杀以达到防污目的。然而，生物界通过非常"友好"的方法，同样可以达到防损目的。因此发展生物防污剂和仿生防污涂料应该是一个方向。

已发现海洋生物中有 60 余种具有生物防污活性的物质。这些物质结构复杂，防污机理尚不清楚，它们可以防止海洋生物附着，但自身是无毒的。理想的海洋防污剂应当同时满足：①低浓度下具有活性；②经济；③对人体及其他有机体无害；④具有广谱性；⑤无污染；⑥具有生物可降解性。

生物防污剂是设计仿生低毒防污剂的先导化合物，现在防污涂料的可控释放技术日趋成熟，若与高效的生物防污剂相配合，应该可以制出无污染、高效的仿生防污涂料。目前，生物防污剂离实际应用还有相当距离。

4. 微相分离结构的防污涂料

具有微相分离结构的高分子材料是优良的抗凝血材料，而生物污损与人体内的"污损"，如血管内血栓的形成和人工脏器的凝血现象有很大的相似性，荷叶效应是基于低能表面的高粗糙度的特殊结构。微相分离是获得这种表面高度粗糙结构的重要方法。因此通过微相分离结构涂料是实现无毒防污的一条途径(参见 5.2.4 节)。虽然通过化学方法(如合成嵌段共聚或接枝共聚方法)和物理方法(如共混)可以达到纳米级微相分离，但实际使用困难很大。

5. 导电防污涂料

导电防污涂料有两种：①在漆膜表面通过微弱电流，使海水电解产生次氯酸离子达到防污。由于产生的离子膜仅 $10\mu m$ 厚，在海水中的浓度比在自来水中的浓度还低，不污染环境。②不通弱电流的方法。以电导率为 $10^{-9}S/cm$ 以上掺杂的导电高分子材料为有效成分的涂料具有防污性。现在可溶性本征导电聚合物的制备进展很快，为导电防污涂料的发展提供了条件。

6. 主链降解型自抛光防污涂料

传统的侧链水解型自抛光防污材料的主链不可降解，在静态环境下的防污效果不理想。主链降解型自抛光防污材料在传统自抛光树脂主链上引入可降解的酯键，使其在具备侧链水解性能的同时兼具主链降解性能：如采用巯基-烯点击反应制备的侧链为聚丙烯酸硅烷酯、主链含聚酯可降解单元的聚氨酯(图23.2)。

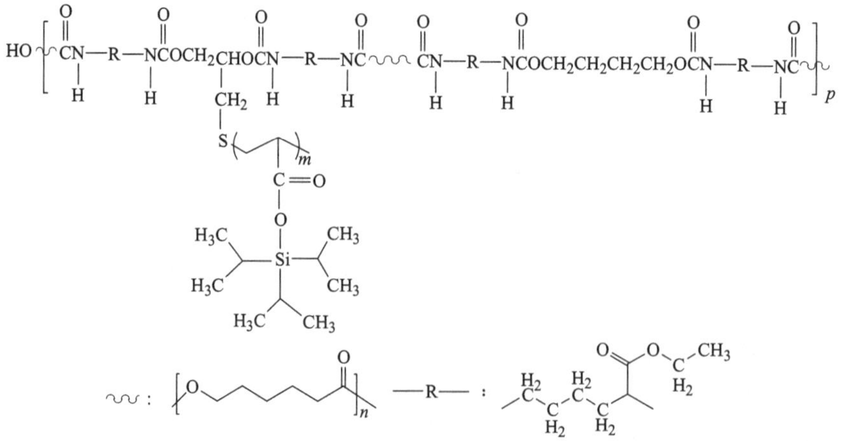

图 23.2　主链降解型聚氨酯的结构

23.3 变 色 涂 料

变色涂料指涂层的颜色随环境条件如光、温度、湿度、pH、电场、磁场等变化而变化的涂料。此类涂料种类很多，用途广泛，本节仅以示温涂料和变色龙涂料为代表作简单介绍，前者为对温度变化敏感的涂料，后者为光色互变涂料的一种，是一种伪装涂料。

23.3.1 示温涂料

示温涂料是通过涂层颜色的变化来测量物体表面温度及温度分布的特殊涂料。和一般测温方法相比，示温涂料具有独特的优点，它可测量用温度计无法测量的温度或温度分布，而且使用方便。它的主要用途有如下几方面：①超温报警，将某种设备如反应器涂上示温涂料，当由于某种原因设备局部超过规定温度时，涂层就会发生明显的变色，对操作人员发出危险信号；②大面积物体表面温度分布的测量，例如在发动机叶片上涂上示温涂料，就可以得到叶片的温度分布图，从而可了解发动机叶片冷却的效果；③高速运动物体及复杂表面的温度测量；④非金属材料温度的测量；等等。

示温涂料中最重要的成分是变色颜料或变色染料，基料及助剂的选择既要保证涂料的一般要求，又要保证变色的敏感性及稳定性。示温涂料可分为可逆示温涂料和不可逆示温涂料两种，这两类涂料中各自又可有单色示温涂料和多色示温涂料，用以适应不同使用要求。示温涂料的变色原理取决于变色颜料或染料的变色原理，分述如下。

1. 可逆型变色

分为如下几种情况：

(1) 晶型转变：变色颜料为晶体，在一定温度下其晶格可发生位移，晶型可发生转变，从而导致颜色的变化，例如碘化汞(HgI_2)，它在常温下为红色正方晶型，在 137℃时可转变为青色的斜方晶型，冷却后颜色又可恢复(式(23.1))。其他一些银、铜、汞的碘化物也有类似的性质。三价铬与铝、镓、镁-铝等的混合氧化物加热时由于离子晶格膨胀，可导致铬离子的变色，例如红→紫→绿。

$$HgI_2(正方) \xrightarrow{137℃} HgI_2(斜方) \tag{23.1}$$
$$\quad\ 红 \qquad\qquad\qquad\quad 蓝$$

(2) 结晶水的得失：含有结晶水的颜料，热到一定温度会失去结晶水，从而引起变色，但一经冷却又可吸收空气中的水汽恢复原来的颜色，如粉红色的氯化钴·六亚甲基四胺可由 35℃失去结晶水变为天蓝色(式(23.2))。其他一些 Co、

Ni 盐与六亚甲基四胺的复盐也有同样性质。

$$CoCl_2 \cdot 2C_6H_{12}N_4 \cdot 10H_2O \Longrightarrow CoCl_2 \cdot 2C_6H_{12}N_4 + 10H_2O \qquad (23.2)$$

$\qquad\qquad$ 粉红色 $\qquad\qquad\qquad\qquad\qquad\qquad$ 天蓝色

(3) 互变异构:一些有机染料可在温度变化时明显改变其互变异构反应的平衡,从而导致颜色的变化。

2. 不可逆型变色

有如下几种情况:

(1) 升华:具色的颜料在加热到一定温度时,可从漆膜中逸出,如靛蓝在 240℃左右时,便可升华,这样漆膜便失去了蓝色。

(2) 熔融:带色的结晶物质在熔融变为液体时,会失去原有颜色,例如白色的硬脂酸铅加热至 100℃可熔融,失去遮盖力,可显示出底材颜色,硬脂酸铅在漆膜中不易重新恢复其结晶状态。又如双三氟乙酰丙酮酯与铜的复合物为蓝色,熔化后变为深绿色。

(3) 热分解:在一定温度下带色的无机或有机颜料(或染料),由于不可逆的热分解反应而展现新的颜色,这样的例子非常多,如白色颜料碳酸镉分解时放出 CO_2,并转变为黄棕色的氧化镉(式(23.3))。有的化合物在高温时放出酸或碱,染料因而变色。

$$CdCO_3 \xrightarrow{300℃} CdO + CO_2 \qquad (23.3)$$

$\qquad\qquad$ 白色 $\qquad\qquad\qquad\qquad$ 黄棕色

(4) 热反应:变色的颜料在加热的情况下和涂层中其他组分或者空气中的氧气发生反应,生成新的化合物,从而改变颜色(或失去原有的颜色)。例如红色的硫化镉在一定温度下可被空气氧化为白色的硫酸镉,黑色的硫化铅和过氧化钡混合加热时可变为白色的硫酸铅;钢灰色的氧化钴与白色的氧化铝配合,加热至 1000℃可因生成铝酸钴而变成蓝色。

3. 多变色型示温涂料

利用几种不同热变色颜料或染料的混合可组成多色的体系。例如以碳酸铅、品红、孔雀绿为颜料所得的示温涂料在升温时有如下的颜色变化:

温度/℃	室温	60	170	240	320	390	450
颜色	紫	绿	白	棕	黑	黄	红

由二丁基双(丁氧基乙基四溴邻苯二甲酸单酯)锡、苯胺蓝、六甲氧基红等组成

的示温涂料，加热时涂层颜色有如下的变化：

温度/℃	20	40	60	80	100	120
颜色	赤	橙	黄	黄绿	绿	青

23.3.2　变色龙涂料

变色龙涂料是伪装涂料的一种。伪装涂料主要用于军事上，在各种设施和仪器上涂上一层伪装涂料后，在可见光、红外光、紫外光、雷达等侦察条件下，可不被敌人发现。最普通的伪装涂料是迷彩涂料，属可见光伪装，它是通过减少或消除目标与背景的颜色区别来实现的。随着科学技术的不断发展，侦察手段也越来越复杂、越精确，因此更加新型的伪装涂料也相继出现。变色龙涂料是一种可随环境自动变色而达到与背景色调一致的涂料。

变色龙涂料主要是根据光色互变现象设计的。所谓光色互变是指某些化合物受到电磁波(包括红外线、可见光、紫外光)辐射时可以变色，但在无辐射时又可恢复原有颜色的现象，其中光致变色现象为受可见光照射而可逆互变的现象。变色龙涂料的主要特点便是在涂料中加有光色互变物质，特别是光致变色物质。

许多有机化合物或无机化合物都有光致变色现象，变色的原因可以有多种，如在光照下发生解离、异构化和电荷转移等，举例如下。

1. 键的解离

螺吡喃(BIPS)在光照下可发生异裂而得到颜色：

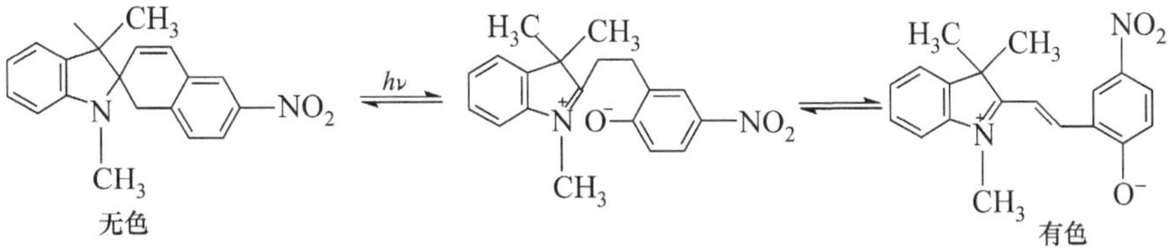

2. 互变异构

2-(2,4-二硝基甲苯)吡啶可在光照下发生互变异构生成带色的异构体：

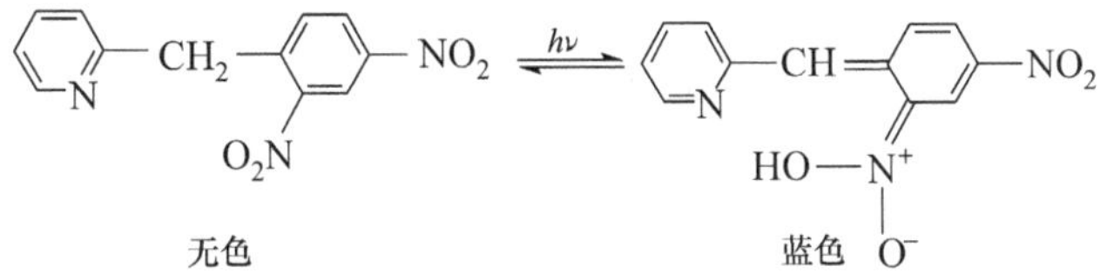

3. 氧化还原

双二甲氨基取代噻嗪化合物在光照下可发生氧化还原反应而形成带色的氧化态:

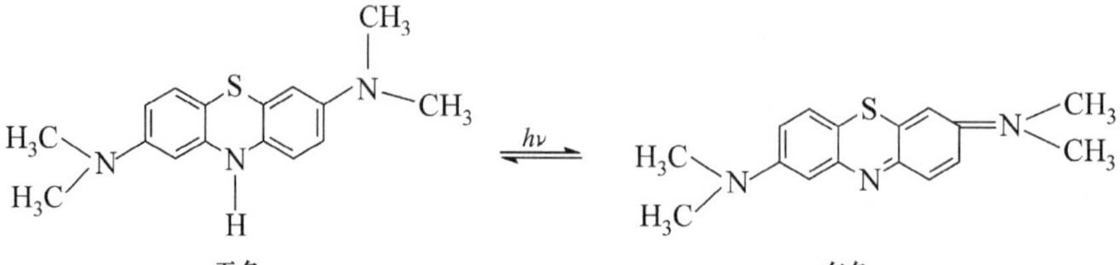

无色   有色

4. 有机金属络合物的光致变色

有机金属络合物的光致变色反应已有深入研究,其中双硫腙的金属络合物,特别是二价汞的络合物性能最佳,可用于涂料,如:

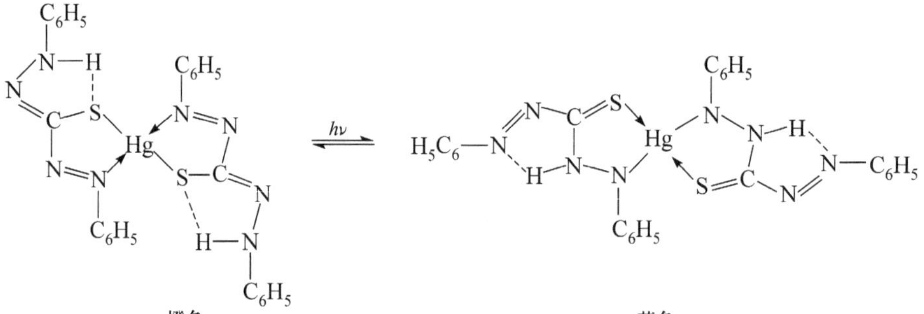

橙色   蓝色

光致变色物质是变色龙涂料中重要的添加物质,但在一些特殊环境中,不一定需要光致变色,例如海上的军事设施,由于背景变化比较简单,为防止可见光区和红外区的光谱侦察,其伪装涂料可按以下方式设计:涂料为三个组分或三层组成,A 组分为黑色,加有能吸收红外线的炭黑等颜料;B 组分为淡绿色,加有能透过红外线的颜料,如酞菁颜料;C 组分加有荧光颜料和白色颜料。荧光颜料发出的光与绿光互补,这样在阳光明亮时涂层呈现灰色而且发亮与水面协调;在阴天由于紫外线和蓝光很弱,荧光也就很弱,涂层呈绿色,也与海水背景协调;到了黑夜,红外线透过 B、C 组分后为 A 组分所吸收,涂层呈黑色。

23.4 导电涂料和磁性涂料

导电涂料和磁性涂料都是在现代科学技术,特别是信息和电子技术中,起重要作用的涂料，它的发展和现代前沿研究领域有着十分重要的联系。

23.4.1　导电涂料

涂层具有导电性能或者排除积累静电荷能力的涂料，都称为导电涂料。涂料中的成膜物基本上都是绝缘的，为了使涂料具有导电性，最常用的方法便是掺入导电微粒。现在高分子科学关于导电聚合物、超导聚合物的研究，预示着新型的本征性导电涂料将在不久问世。

1. 掺和型导电涂料

将具有导电性的微粒如炭黑、金属粉末等作为颜料配制而成的具有导电性的涂料称为掺和型导电涂料。这种导电性涂料的导电性能(电阻值高低)和导电颜料的电阻值有关，也和它们在漆膜中的浓度有关。由于成膜物基本上是绝缘物，在干膜中导电粒子必须彼此接触或非常接近，电子才能克服粒子间的成膜物的阻挡形成电流，因此导电颜料的 PVC 要求很高，但超过 CPVC 时，导电性能并不好，而且漆膜性能变差。由于导电性和粒子间接触的情况有关，所以微粒的形状、大小和大小分布对涂料的导电性能也有影响。对于炭黑来说，粒子小并能形成粒子链结构的，导电性能好。金属粉末一般用银粉、镍粉和铜粉。铝粉表面上有一层不导电的氧化物，不宜使用。成膜物主要根据物化性能的要求选择，在满足性能前提下要求电阻变化小，稳定性好，导电微粒的分散好。

掺和型导电涂料用途很广，例如可用于电气或电子设备塑料外壳的电磁波屏蔽，房间取暖用和汽车玻璃防水、防起雾的发热涂料也是一种导电涂料，在涂层上附上两个接头通电时，电流经过涂层便可释放出热量，由于导电涂层电阻低，可以使用低压供电，非常安全。

2. 防静电涂料

绝缘体受摩擦易产生静电，各种塑料用品往往因静电累积而使人触电，有的输送管道由于静电可使物料黏附于内壁造成堵塞，静电压过高还可以造成灾害。导航设备、雷达等通信设施易受静电干扰。防静电涂料可以克服这些问题。防静电涂料还可用于处理录音磁带、纺织品的静电和防止灰尘。

防静电涂料可用加防静电剂的方法制备，将表面电阻率降至 $10^{12}\Omega$ 以下时，即可消除静电荷。上述的导电颜料炭黑和金属粉末便是一种防静电剂。由于防静电涂料对导电性能要求并不高，所以也可用加有机抗静电剂的办法制备，所谓有机抗静电剂实质上便是表面活性剂，表面活性剂之所以有抗静电性能，主要是因为它们存在于漆膜表面，其亲水基团可吸收空气中水汽形成含水的薄膜。如果是离子型表面活性剂，含水薄膜可使静电分散而不致累积。作为防静电剂的表面活性剂不仅要求防静电效果好，而且要求与成膜物有良好的相容性，并且不损害漆膜的其他性能。抗静电的表面活性剂可以是离子型的，如长链烷基磺酸钠、烷基硫酸钠、长链的季铵盐、磷酸盐等，也可以是非离子型的，包括烷基苯酚聚氧乙烯醚。离子型抗静电剂比非离子型的效率高，其中又以季铵盐型阳离子表面活性剂的效果最为突出。表面活性剂在漆膜表面除了吸水形成水膜外，还有可能降低表面的摩擦系数，从而减少静电的产生。用表面活性剂为抗静电剂的涂层的缺点是不耐水，抗静电性能受湿度影响大。

3. 导电聚合物与本征性导电涂料

1977 年发现聚乙炔掺碘后具有金属特性，从而导电聚合物的研究受到了系统的深入研究，目前碘掺杂的聚乙炔的室温电导率已可与铜相比。继聚乙炔后，聚吡咯、聚噻吩及聚苯胺等导电聚合物也相继问世。尽管导电聚合物在导电性能上已可与金属比拟，但在加工性能和稳定性上仍有待改进，近年来有关研究已有了很大进展。可溶性聚噻吩类衍生物、可溶性聚苯胺和聚苯胺乳胶等已可用于涂布。导电聚合物还可以粉末涂料形式涂装或通过电化学法、电沉积法直接在基材上成膜，天然橡胶成膜后经碘掺杂，可由绝缘体转变为导体。这些研究成果将可望在涂料上得到应用，得到以导电聚合物为成膜物的本征型导电涂料。它们可用于隐身吸波，电磁屏蔽，也可用于防腐蚀涂料。

23.4.2　磁性涂料

磁性涂料主要是指用来制备各种磁性记录材料的涂料，如磁带、磁盘、磁卡、磁鼓和磁轮等，其中用于磁带的涂料用量大而且具有代表性。

磁性涂料的特点在于它以磁性粉末如针状 $\gamma\text{-}Fe_2O_3$ 磁粉、含钴 $\gamma\text{-}Fe_2O_3$ 磁粉、CrO_2 磁粉和金属磁粉等为颜料，其中以针状 $\gamma\text{-}Fe_2O_3$ 用量最大。磁性涂层的磁性是磁粉赋予的，因此磁粉的质量对磁性涂料具有决定性的影响，磁粉决定磁性涂层的记录密度和存储量、磁特性、稳定性等，但是，除了磁粉的因素外，磁性材料，特别是用于磁带的涂料还有其他要求，而这些要求则是和成膜物及配方设计密切相关的。

(1) 颜料的体积浓度：为了提高磁记录密度和灵敏度，应尽可能加大磁粉用量，但不应超过 CPVC，否则涂层强度下降。

(2) 磁粉的分散：磁粉的分散效果影响磁性涂层的平整光滑度和频率特性(信噪比)等磁特性。如分散不佳可导致内部信号泄漏，因此选择合适的分散设备和分散条件是至关重要的。在分散中要注意不能破坏磁粉的结晶状态，否则磁粉的矫顽力 H_c 会下降。

(3) 成膜物：成膜物对磁性涂层与底材的附着力，涂层的耐磨性、耐热性等有决定性影响，除此之外，成膜物对涂料中磁粉的分散性和涂布时的流平性也有重要影响，因此选择合适的成膜物是非常关键的。不同品种的磁性材料可选用不同的成膜物,对于录像带等选用聚氨酯为成膜物,应是非常理想的。

(4) 助剂:为了改进磁性涂料的各种性能,需要添加各种助剂。例如,为了使磁粉在涂料中均匀分散,不沉降,不聚结,要添加分散剂和偶联剂,后者可大大提高磁粉与成膜物的亲和性;为了降低磁性涂层表面的摩擦系数,要加润滑剂,如少量硅油和液体石蜡等;为了避免研磨时磁粉表面因静电而发生的灰尘富集,要加入抗静电剂;为了增强磁性涂层的强度,要加入增强剂,如 Al_2O_3 等。其他助剂应尽量少加。

磁性涂料无论是在配方上和制备工艺上都是要求非常严格的,只有这样才能保证磁性材料的质量。磁性材料在现代社会中有重要意义,为了提高记录密度和其他性能,对性能更好的磁粉,如钡铁氧体($BaO \cdot 6Fe_2O_3$),以及具有特殊性能的涂料和涂料制造工艺等方面的研究仍然受到重视。和本征性导电涂料一样,现在正进行的对于有机铁磁体的研究可能为新一代的磁性涂料打下基础。

23.5 航空航天特种涂料

航空航天工业要求各种高性能的材料,其中包括各种高性能的涂料,航空航天工业的发展促进了许多特种涂料的开发与研究。

23.5.1 阻尼涂料

阻尼涂料是减弱振动、降低噪声的涂料,它有着广泛的用途。航空航天器的发动机工作时引起的振动和噪声,直接影响仪器仪表的正常工作,它降低材料强度,影响工作环境,可威胁飞行的成败。阻尼涂料可以减振降噪,因此是不可缺少的航空航天特种涂料。

阻尼涂料是通过将振动能转化为热能来阻尼的,对于高分子材料来说,这一功能是通过力学损耗过程来完成的(第十章),因此阻尼性能取决于聚合物材料的损耗因子,即 $\tan\delta$,$\tan\delta$ 值愈高效果愈好,$\tan\delta$ 和聚合物结构有关,也和温度有关。聚合物在玻璃转化态有最高的损耗峰(α 损耗峰),阻尼性能好的涂料,其漆膜在环境温度下应处于玻璃态转变区,因此在选择成膜物时,要求同时具有合适的玻璃化温度和高的损耗因子。玻璃化温度可通过添加增塑剂和共聚合的方法调节,为了在较宽的温度范围内都有阻尼作用,成膜物通常由几种玻璃化温度不同的聚合物组成。采用互穿网络(IPN)的聚合物合金可取得较好的阻尼效果并使漆膜具有较好的强度。成膜物在需要加热交联时,需要控制好交联度,交联度过高,聚合物不能进入黏弹态,不会出现损耗峰。通过复合材料的途径也可取得减振降噪的效果,在涂料中加入片状颜料,不仅可以起补强作用,而且可增加阻尼效果和扩大工作温度范围。

23.5.2　吸波涂料

最重要的隐身涂料是吸波涂料。它是一种防雷达侦察的涂料。吸波涂料主要分干涉型和吸收型两类。

干涉型吸波涂料是通过波的干涉作用来吸收电磁波的。当雷达波射到隐身涂层时，一部分反射，另一部分透过涂层经底部反射再穿出涂层，通过涂层的设计和层内铁氧体的吸收作用，这两部分波的位相相反，而振幅相当，因此雷达波可因干涉而被消除或减弱。吸收型吸波涂料是涂层本身对波的吸收，即将电磁波吸收变成热能耗散掉，从而达到隐身目的。吸波材料(填料)是吸波涂料的核心，吸波材料有如下几类：

(1) 铁氧体：铁氧体是最常用磁性吸波材料，它的吸波性能好，价格低廉，但相对密度太大，若采用纳米磁性材料则用量可大大减少。

(2) 纳米吸波材料：一些纳米材料有极高的吸波性能，如纳米合金、纳米碳化硅和碳纳米管等，它们近年来备受重视。

(3) 导电高分子吸波材料：导电高分子的密度小，可溶性导电高分子加工性能良好，可使隐身装备轻量化，导电高分子热稳定性好，在空气中开始分解的温度在 300℃以上，环境适应性好。单一导电高分子材料虽然有较好的吸波性能，但吸波频带比较窄。为了展宽频带，通常要添加磁损耗型材料。加入磁损耗型材料不影响导电率，但对提高吸收率和展宽频带有明显效果。减薄涂层厚度，改善导电高分子的磁损耗是导电高分子吸波材料实用化的关键。导电高分子吸波材料有望发展成为一种新型的轻质、宽带吸波材料。

23.5.3　透波涂料

透波涂料也是隐身技术中必要的材料，要求电磁波在通过透波涂层时，不吸收，不反射，透过率达到 90%以上。航天透波涂料是保护航天飞行器在恶劣环境条件下通信、遥测、制导、引爆等系统能正常工作的一种多功能介质材料，在运载火箭、飞船、导弹及返回式卫星等航天飞行器的雷达罩和无线电系统中得到广泛的应用。随着航空航天技术的发展以及现代化战争的需要，航空、航天飞行器的飞行马赫数不断提高，处于飞行器气动力和气动热最大、最高位置的天线罩需承受的温度和热冲击越来越高，因此高温透波涂料成为研究重点。要求高分子材料在很宽温度范围内具稳定的介电性能：介电常数 ε 低，损耗角正切值 $\tan\delta$ 小，以及良好的热冲击性和耐热性，低的热膨胀系数，并抗粒子云侵蚀，因此选择低介电常数的基料和颜料构筑特殊的涂层非常重要。

23.5.4　烧蚀涂料

高速的航天器由于和空气的剧烈摩擦，产生的气动热可达几千度，最好的耐高温合金也会在此温度下融化、烧毁，而且可迅速将热量传入飞行器内部，因此必须采用有效的防热措施。烧蚀涂料便是一种在高热流下瞬时防热手段，它用于各种飞行器的表面，可保证飞行器内部温度正常。有机烧蚀涂料由成膜物如酚醛、环氧、聚甲基丙烯酸甲酯、聚氨酯、有机硅和有机氟等和无机物如 SiO_2 纤维等组成。

为什么不耐高温的有机聚合物能取代耐高温的合金用于航空器表面呢？这主要是因为在高温下有机聚合物发生的化学物理变化可带走惊人的热量，同时又留下隔热性能极好的碳化层(或硅层)，起到冷却和隔热的作用。在高温下发生的这一过程称为烧蚀过程，烧蚀过程的吸热和隔热作用包括以下几个方面：在高温下聚合物的熔融气化、升华、反射和辐射的物理吸热过程；聚合物裂解，解聚，以及裂解后生成的碳与无机物发生的一系列吸热反应的过程；烧蚀过程中形成的传导系数非常低的碳化层和反应中生成的气体进一步降低热传导速率等，因此可在被保护的物体内外形成很大的温差，使内部温度保持正常。虽然金属、陶瓷等也能发生烧蚀过程，但它们有相对密度大、吸热量低、传热快等缺点。

23.5.5 温控涂料

航天器在太空中飞行时，其环境温度差可达 ±200℃，背阳的温度可低至 4K。为了保证航天器的各种仪器、设备及宇航员的正常工作环境，必须对航天器的温度进行控制，使用温控涂料(或称热控涂料)是进行温度控制的手段之一。

温控涂料是通过涂层的吸收辐射比的调节来达到温控的目的。所谓吸收辐射比是指物质吸收太阳能的吸收系数 α，与其热发射系数 ε 之比 α/ε。α/ε 愈高表明升温程度愈大，α/ε 愈低，降温程度愈大。例如金属的 ε 值一般很小，所以 α/ε 值很大，在阳光照射下它的表面平衡温度可很高，而陶瓷和有机温控涂料的 α/ε 值较小，将它们涂于金属表面上可降低其平衡温度。

有机温控涂料和其他温控方法相比，具有工艺简便，能大面积施工，成本低等优点，更重要的是可通过对颜料和成膜物的选择来调节 α/ε 值。低吸收辐射比的温控涂料一般为白色涂料。因颜料散射入射光的能力愈强，反射光的能力愈强，吸收愈弱，白色颜料反射光可大于 99%，吸收光量很低。涂层的散射能力取决于颜料与基料的折光指数之差，所以金红石 TiO_2 为温控涂料中最重要的白色颜料，其 α/ε 值约为 0.15~0.28，但 TiO_2 对 400nm 以下的紫外光有较强的吸收，而正钛酸酯和氧化锌则较 TiO_2 理想，分别只吸收 367nm 和 340nm 以下的波长，它们都比 TiO_2 对紫外光的反射性能好，因此也是重要低辐射比的白色颜料。对于高吸收辐射比的涂料，一般采用黑色涂料，颜料可用硫化铅等，它们在太阳辐射波长下有较高的吸收系数，而在常温−300℃左右辐射系数很低，因此可构成高 α/ε 值。航行器外壳一般采用低 α/ε 值的白色涂料，而在需要高 α/ε

的地方，一般不用涂料，而采用别的措施。炭黑是一种既有高的吸收系数，又有高辐射系数的颜料，可用于高吸收和高辐射涂料的制备，主要用在以辐射为主散热的散热器上。

由于在太空环境中，涂层要遭受真空紫外线和宇宙粒子辐照、高速度气体、强磁场、高频振动等恶劣条件的作用，因此要根据这些与地球表面完全不同的情况选择好成膜物和涂料的配方。

23.6　自修复涂料

自修复涂料常指涂层遭到破坏后具有自修复功能，或者在一定条件下具有自修复功能的涂料。如镀锌钢板的钝化层就是一种自修复涂层，一般情况下，钝化层为含铬的无机复合涂层，涂层被破坏后，钝化层中的 6 价铬发生氧化还原反应，生成 3 价铬，形成新的致密涂层，起到自修复作用。根据修复成分及机理，此处主要介绍两种具代表性的自修复涂料。

1. 助剂型(添加型)自修复涂料

这类涂料需要加入特定的修复剂，修复剂可封装在微胶囊或中空纤维中。含修复剂的微胶囊埋植于涂层基体内，涂层损伤后释放出修复剂，修复剂因毛细现象在基体中扩散，最终按某种机制黏合裂纹(图 23.3)，如采用脲醛树脂作为微胶囊，包覆二环戊二烯，二环戊二烯为修复单体，并将能使二环戊二烯聚合的催化剂分散于基体中，当基体产生的裂缝使微胶囊破裂时，由于毛细管的虹吸作用，修复单体充满到微裂纹内部，与催化剂接触后，二环戊二烯发生开环聚合反应，从而修复裂纹，部分恢复材料性能。但微胶囊的包覆材料与涂料基体一般为非均相体系，加入量过大会影响涂料的性能，用量小又达不到修复的效果。也可采用中空纤维代替微胶囊对修复试剂进行封装，在树脂基体内部形成自愈合网络，当材料出现裂纹时，部分液芯或空心纤维中的黏合剂液体流出渗入裂缝，使受损区域愈合，如将未固化环氧树脂与固化剂分别封装在中空纤维中，当涂层破坏后，经过中空

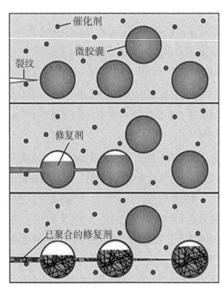

图 23.3　微胶囊修复机理示意图

纤维释放出的修复剂修复后，涂层的强度可恢复至较高水平。

2. 本征型自修复涂料

本征型自修复涂料依靠涂层基体组分的可逆反应或物理反应，使涂料本身产生微小的流动和形变，自动将缝隙修复，主要包括可逆反应自修复涂层和形状记忆自修复涂层，它不需要加入特定的修复剂，可修复较大尺寸的损坏。

可逆反应自修复涂料成膜物处于聚合物状态时，涂膜具有良好的性能，当需要修复时，部分成膜物处于单体、低聚物或未交联状态，可以流动到受损处，重新形成共价键，进行自修复。呋喃与马来酰亚胺之间的狄尔斯-阿尔德反应(DA反应)被广泛应用于自修复涂料，DA反应是烯烃与平面二烯烃之间的化学反应，在相对较低的温度下，形成环化物，温度升高时，开环可逆到单体状态，具有流动性(图23.4所示)。利用这种反应的可逆性设计的自修复涂料，基于加热-冷却循环，具备多次自修复的能力。将DA反应基团接入单体或聚合物上，可制备含此类反应基团的涂料成膜物。DA自修复体系的主要问题是修复温度太高，目前自修复温度高于100℃。

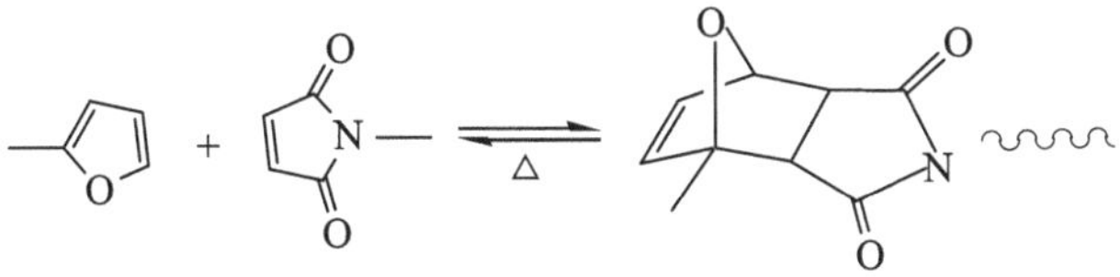

图 23.4　DA可逆反应示意图

利用聚合物之间氢键的作用，在缝隙两边施加适当的外力和加热也可达到修复的目的。还可利用二硫键在光诱导下或氧化剂/还原剂诱导下的可逆反应，设计自修复涂料。

23.7　智　能　涂　料

智能涂料是可以感应外界环境的变化，并以可控的方式做出响应，同时保持涂层有效完整性的涂料。智能涂料的组成和配方设计与传统涂料类似，除了添加一些响应型原材料。智能涂料的特殊性能主要由响应型聚合物、响应型颜料或响应型助剂提供。为了实现响应效果，需先给材料一个刺激信号，该信号诱导物理或化学反应发生。刺激分为物理和化学两类。物理刺激包括温度、光、声、电、电场和电磁波、溶解性、pH、离子强度、压力、电能或表面张力梯度。化学刺激除了化学键的形成和断裂，还包括酸碱反应、光化学、电化学、氧化还原和生物化学反应。

本章中的示温涂料(见23.3节)、变色龙涂料(见23.4节)、温控涂料(见23.5.5

节)和自修复涂料(见 23.6 节)等均可认为是智能涂料，这里不再一一介绍。随着科学技术的发展，对智能涂料的要求将越来越多，科学技术的发展也为智能涂料的研究打下了基础，开辟了新天地，智能涂料已成为涂料研究的热点。

第二十四章　工 业 涂 料

工业涂料主要是指用于大宗工业产品的涂料，一般称原厂(OEM)涂料。对于工业化生产的大宗产品，无论是重工业的钢铁、机床、汽车、造船或航空工业的飞机等，还是轻工业的家电、仪器等，它们用涂料进行涂装时，通常都是在机械化和连续化的生产线上进行，作为生产工艺中的一个步骤，对涂料的质量要求较高，规模和批量也较大，工艺规范、严格。工业涂料通常按照供需合同供货，从涂料组成到涂装工艺都按照产品的具体特点进行设计，分类很明确，例如用于金属防腐的涂料、汽车涂料、船舶涂料、航空涂料等。这里仅对几种有代表性的工业涂料作简单介绍。

24.1　卷 钢 涂 料

涂有涂料的成卷金属薄板材，称卷钢、预涂卷材或彩钢。金属板材主要是指钢板材和铝板材，钢板材包括热镀锌板、电镀锌板、冷轧钢板，电镀锌镍、不锈钢板。一般，板宽 0.6~1.8m，长可达 600~1800m，它们是由成卷的金属薄板材在连续生产线上涂装后得到的。用户可直接将预涂卷材加工做成各种部件使用，不需要再进行涂装。用于预涂卷材的涂料称预涂卷材涂料或卷钢涂料。预涂卷材最早出现于美国，最初是用作建筑材料，然后迅速扩展到汽车制造、船舶装修、家用电器、家具、集装箱、炊具等各个方面。

1. 卷钢的涂装

卷钢的涂装基本流程由四部分组成：引入段、预处理段、涂装段和引出段。原料卷材首先要通过刷洗和打砂除去尘埃和污渍后再进入引入段，在预处理段先要用清洗剂洗涤脱脂和冲洗，然后进行磷化等表面处理。涂装段一般采用辊涂法，由涂覆辊将涂料涂到经预处理的卷钢的上下两表面，涂料中的溶剂挥发后经烘烤固化再经水冷却完成涂装。为了达到预定厚度，需要多次涂布。达到需要后，在引出段收卷和裁切成产品。生产线的速度一般在 100~200m/min，高的可达 250m/min。在高速生产线上，经过烘箱时间一般在 1min 以内，烘箱内热空气的温度可达 400℃。

2. 卷钢涂料

如果是铝板材，经常只涂一层涂料。但对于钢板则分底漆、面漆和背面漆。

底漆和面漆需要很好地配合，双酚 A 环氧树脂漆、环氧酯及环氧/氨基树脂是最常用的底漆，水性底漆用量日益增多。

背面漆是用于钢板反面的涂料，主要起防锈蚀及保护正面涂膜不被擦伤的作用，往往用一层涂料即可。其基料与底漆基料类似，要求有良好的防腐蚀、防划伤及加工性能。

面漆主要有醇酸氨基烘漆、聚酯型氨基烘漆或聚酯型聚氨酯烘漆。聚酯型氨基漆较醇酸氨基漆防腐性和抗老化性好，特别是只用单层涂料时，它是较好的选择；采用聚酯-封闭异氰酸酯烘漆可提供极好的耐磨性和柔顺性；有机硅改性聚酯和丙烯酸树脂/氨基树脂涂料和氟碳涂料也是性能很好的面漆；有时也用聚氯乙烯溶胶涂布，厚度可为 25~50μm 或更高。

水性漆、粉末涂料与光固化涂料是卷材涂料发展的方向。

24.2　木　器　涂　料

24.2.1　木器漆的作用

天然木材主要由纤维素、木质素和半纤维素以及树胶等组成。木器所用的木材品种很多，既有天然树木直接制作的实木，也有经人工改制的胶合板和再生板材如刨花板、纤维板。木材的种类不同，它们的结构不同，性质不同，如密度、质地，纹理，可抽取物、树胶、油量以及吸水性等都不同。木材的用途很多，但直接用做木器，会有如下的一些问题：

(1) 由于外界湿气的作用，木器的尺寸大小会发生变化。

(2) 木器在风吹雨打、日晒夜露的侵蚀下可发生风化作用，在风化过程中浅色会变深，深色会变浅，整体颜色趋黑。由于反复收缩，表面会龟裂，木材表面细胞逐渐损坏，木器最终会变成朽木。

(3) 木器会受虫蛀和霉变，最终腐烂。

为了保护木器，有两类方法，一是将油、防水剂、防腐剂和各种表面处理剂渗入木材内部进行保护。采用这种方法，木器在表面不形成明显的涂膜；二是采用涂料的方法，涂料可在表面形成保护膜，同时也有一定的渗透性。涂料是保护木器最佳的办法。在木器表面涂装涂料不仅可保护木器的长期使用性能，而且可起装饰作用，使木器更美观。木器用途不同，对涂料的要求不同，涂装方式也很不同。这里将以家具漆为代表介绍木器涂料。

24.2.2　木质家具漆

家具漆的特点是要有高度的装饰性。人的审美观、传统和习惯不同，对装饰性要求也各不同。如有的人习惯高光泽漆，而另外一些人则喜欢亚光漆；有的人喜爱仿古典雅，有的人则喜欢鲜艳活泼等等。为了满足不同爱好，就需要有不同的涂装方式和相应的涂料。木器涂料有不透明的色漆、半透明的色漆及透明的清漆等品种。前者将木质底材完全遮盖，而后两种则可显现出美丽的木纹。一般木质家具都采用透明或半透明涂料。

24.2.3　涂装过程

(1) 预处理：不管什么样的家具或木器，在使用涂料之前它们的共同点是要根据材质的不同对底材进行一系列的处理，如干燥、刨平、除油脂、除毛刺，对于浅色木器则要求进行漂白。

(2) 染色：若直接采用木材本身较浅的色彩，可不染色。当木材表面颜色深浅不一，或要仿造各种贵重木材颜色时，则需要通过染色工序。染色时采用水性、醇溶性或油溶性着色剂。通常使用水性着色剂，水对木材可以进行较长时间渗透，可穿透木材内部，使着色的颜色均匀。

(3) 填孔：分两类，一是保持木材天然纹理的木纹色填孔，又称润粉；一是着色填孔。润粉的目的在于用和木材折光指数相近的填孔粉料取代木材孔隙中的空气，避免空气的散射作用，增加透明度，使木材的纹理更为清晰。润粉同时起平整表面的作用。润粉材料有水性和溶剂型的两种，它由折光指数与木材相近的硫酸钡、大白粉、着色颜料浆以及水性胶或干性油、清漆组成。润粉在涂抹以后要进行擦粉，使粉料充分地进入木材空隙。着色填孔指用腻子填平补齐，遮掩木材表面缺陷，同时着色。着色填孔剂由填料、着色剂及黏结剂组成，黏结剂可以是乳胶或各种溶剂型涂料。

(4) 底漆：在已打磨的表面上需涂上底漆。底漆一般用固含量低、颜料含量较高的热塑性涂料。

(5) 面漆：将底漆打磨后，根据需要涂上高光泽的或亚光的罩面清漆。

24.2.4　主要的家具漆

(1) 硝基漆：硝基漆是由硝基纤维素和醇酸树脂及其助剂组成的热塑性漆，又称腊克。它是最古老的品种，但作为热塑性家具漆仍有重要的应用价值。它的优点是干燥快，不会留下印痕，漆膜易于修补，更重要的是它具有优良的装饰性，漆膜丰满、木纹清晰。它的主要缺点 VOC 高，耐热、耐划伤性和安全性差。硝基漆既可用于面漆，又可用于底漆和腻子。

(2) 醇酸漆：醇酸涂料在一般家具中使用量很大，它的涂刷性能优良，光泽高。但干燥时间长，耐候性差，易泛黄、失光。用于一般家具涂装。

(3) 脲醛-醇酸漆：硝基漆可为醇酸和脲醛树脂(如丁醚化脲醛)组合得到的固含量较高的清漆替代。脲醛-醇酸漆是一种热固性涂料，为了使烘干温度降至70℃以下，涂料中需要加入量较大的对甲苯磺酸作为催化剂。这种低温固化的涂料又称酸固化清漆或转化型清漆，其耐热、耐划伤性能较好，但丰满度和外观不如硝基漆。由于有大量酸残存于漆膜中，耐水解性能差，易变脆并产生裂纹。

(4) 室温固化聚氨酯固化涂料：主要是高固含量的两罐装聚氨酯清漆，它具有快速固化、漆膜丰满光亮、装饰性好、耐磨、耐化学品，耐热、耐划伤等优点。涂料的甲组分是异氰酸酯组分，乙组分是聚合物多元醇和潜胺，潜胺主要是醛或酮的亚胺，它们遇水即释出胺与异氰酸酯反应。多元醇一般用聚酯多元醇。聚氨酯漆是当前高档家具的主要品种，缺点是喷涂时有游离异氰酸酯和大量溶剂挥发，需要很好的防护。

(5) 不饱和聚酯涂料：不饱和聚酯涂料可以是室温固化涂料也可以是光固化涂料。它的优点是漆膜硬度高、易打磨、光泽高。缺点是漆膜较脆，活性稀释剂苯乙烯刺激性很大。它可用于面漆，但也宜用于底涂。

(6) 光固化涂料：光固化涂料是无溶剂的涂料，已大量用于家具和木器，主要是丙烯酸自由基固化体系，所得漆面光泽高、耐磨、耐热、性能优异，根据要求可以制备高光泽或亚光的清漆。光固化涂料是家具漆发展的方向。

(7) 低温固化粉末涂料，在 120~130℃烘烤 3~5 分钟的粉末涂料可在中密度纤维板(MDF)板上应用。

24.2.5　家具漆的水性化问题

水乳化的硝基漆、水性醇酸漆、水性热塑性和热固性丙烯酸涂料、两罐装水性聚氨酯涂料等已有很多品种投入了使用。在使用水性木器漆时往往会遇到一些涂装和质量问题。和溶剂型涂料相比，水性化木器漆在涂布性和漆膜质量上还有一定差距，需要加以克服。主要问题是：

(1) 易产生气泡、缩孔和鱼眼等漆病

这是水性涂料的通病，是水的表面张力高、汽化潜热高、挥发速度慢并受气压影响等因素所引起的，可以通过合理配方，添加助剂，改善涂装方法等来加以改进。

(2) 光泽低与丰满度低

水性涂料中的乳胶漆，触变性高，流平差，水稀释性涂料固含量低，这些因素皆可导致低的漆膜光泽与丰满度低。为了提高光泽需要改进乳胶漆的流变性，制备更细的微乳胶，避免产生絮凝。设法提高固含量，减少颜料量。

(3) 硬度和耐磨性差

水性涂料中的乳胶漆是热塑性漆，机械力学性能如耐磨性和硬度等不及交联固化的涂料。改善的途径很多，如调节树脂的共聚组分，提高玻璃化温度；也可利用核壳结构、可自交联或可形成互穿网络结构的乳胶作为基料及采用两罐装交联型水性涂料等。

(4) 涨筋问题

水性木器漆在使用过程中，常常出现各种弊病，如渗色、发花、涨筋、开裂等等，其中木材涨筋是常遇到的难题之一。由于木材本身的密度不同，含水率也不一样，且存在一定的吸水性，水性木器漆施工后，漆膜内的水分从木材表面渗入到内部，破坏了原有的含水率平衡，加上木材内部各部分吸水性的不同，木材内部各部分膨胀率不一样，导致木材湿涨；同时在漆膜干燥过程中，水分挥发，木材又因为内部透水性等差异，造成木材各部分干缩不一致，从而出现表面导管或木刺鼓胀现象，造成实木木器表面不平整，即所谓涨筋。

木材涨筋现象多是跟木材的含水率和木材本身的质地有关。木质疏松的软木木材更容易产生涨筋，如松木、杉木、桐木等；硬木结构的木材由于密度大，吸水率低，产生涨筋的情况轻微，且易处理，如水曲柳、花梨木、樱桃木等。

解决木材涨筋的关键是木材的封闭，将木材表面各向异性的特性经过封闭底漆封闭，处理成各向同性的特性，同时防止水的渗透，最终形成不溶不渗的均匀底部涂层，然后再进行后序的施工。通常水性木器封闭底漆在保证对木材底材有很好附着力的条件下，要求固含高、黏度高、干燥快、交联密度高、耐水性好。其中固含高、黏度高、干燥快能够最大限度降低漆膜内水分对木材的渗透，避免涨筋；而交联密度高、耐水性好可以减少后续水性漆施工中的水分对木材的渗透，避免再次涨筋的发生，但同时要考虑过高交联度对后续涂层润湿和附着力的影响。

24.3 塑 料 涂 料

塑料制品及工程塑料零部件的用量越来越多，它的装饰性、表面硬度和耐磨性往往不佳，需要使用涂料进行表面改性。塑料制品的涂装可有两种方式，一是模内涂装，先将塑料模具进行涂覆，然后再加塑料模塑成制品，这样所得制品不需再进行涂装；另一种是直接对制品进行涂装，也称为模后涂装。尽管许多应用原理不同，这里只讨论模后涂装的涂料。塑料品种很多，既有像ABS(丙烯腈-丁二烯-苯乙烯)共聚物表面能较高的塑料，也有表面能极低的聚烯烃塑料，还有聚合物复合材料如玻璃钢等，但它们与木材、水泥、钢铁相比，都是表面能低的物质，因此涂料在塑料表面的附着力是塑料涂料的关键问题。

24.3.1 塑料制品的表面处理

塑料制品表面处理的主要目的是改善与涂料的附着力。表面处理的方法很多，不同的塑料可采用不同的方法。和其他材料一样，在进行表面处理之前要对塑料表面要进行清洗，包括消除静电、除去灰尘，用溶剂洗去油污和脱模剂以及打磨平整表面等。在已清洁的塑料表面上可通过下列方法改性：

(1) 化学氧化法：用氧化剂如铬酸、硫酸、氯磺酸、过氧化物、高锰酸钾等处理表面，使表面氧化生成羟基、羧基等极性基团。

(2) 火焰法：利用富氧的氧化火焰对塑料表面进行火焰氧化降解处理，使表面生成羰基、羧基等极性基团。火焰温度一般在 1000~3000℃之间，为防止材料变形，喷射时间不能太长，一般为 3~5s。

(3) 电处理法：通过电晕放电，辉光放电或等离子喷枪产生的高能量带电粒子处理表面，使表面产生各种极性基团。

(4) 紫外光处理：紫外光照射可直接使表面产生极性基团。更有效的办法是通过喷涂二苯酮类引发剂，光照时在表面发生夺氢反应，引发表面的降解与氧化反应，产生极性表面。

(5) 表面接枝法：塑料表面用二苯甲酮和单体处理，紫外光照射下，吸附在塑料表面的二苯甲酮夺氢分解成自由基，所得自由基引发极性单体在塑料表面进行接枝聚合，获得高极性的表面；用等离子体也可引发表面接枝聚合。

(6) 溶剂处理：用溶剂浸渍塑料表面，溶剂可选择性地溶去塑料表面的低分子化合物、增塑剂及非晶部分。溶剂可渗入表层使表面溶胀，表面再度硬化后，便会变得很粗糙。溶剂处理后，应立即进行涂装。

(7) 表面活性剂处理：采用表面活性剂处理表面，可以改善表面的润湿性、抗静电性和可涂性。也可在塑料成型之前加入少量表面活性剂，在成型过程中表面活性剂可迁移至表面，从而改变塑料表面的极性。另外采用具有部分极性末端的超支化聚合物添加剂可取得更好效果。

24.3.2 涂料品种

1. 底漆

在塑料表面常喷涂一薄层与塑料有相容性的树脂，如氯化聚烯烃，作为底漆用以增加面漆在塑料表面的附着力。底漆成为塑料与面漆之间的过渡层，底漆的溶剂最好与塑料相溶，这样不仅可使塑料溶胀，降低玻璃化温度，增加附着力，而且底漆中的树脂容易渗入塑料表层形成牢固的结合界面。底漆主要起黏合塑料表面与面漆的作用，若底漆有导电性还有利于静电喷涂，塑料一般难以进行静电喷涂。使用丙烯酸乳胶单组分涂料与羟基丙烯酸分散体的水性双组分聚氨酯涂料，可以解决大多数塑料表面的附着力问题。

2. 面漆

在表面处理或涂布底漆之后，选择涂料的原则和金属涂料基本相同，但塑料因为耐热性差不能在过高温度下强制干燥，这和木器漆类似。两罐装的聚氨酯涂料低温固化，附着力强，漆膜柔软、耐磨，表面性能优良，是最合用的涂料之一。磁带底材是聚酯薄膜，磁性涂层是一种功能性的塑料涂料，它的基料便是聚氨酯。

紫外光固化涂料现在已大量用于塑料涂层，紫外光固化涂料室温固化，生产效率高，漆膜具有硬度高、光泽高和耐磨等优点。水性紫外光固化涂料基本无 VOC 排放，黏度小，适合喷涂，同时具有紫外光固化塑料涂料的各项优点。阳离子光固化涂料附着力强，耐磨性好，适用于聚碳酸酯等透明塑料的保护。

24.4　汽车涂料

汽车(包括轿车和卡车)所用的涂料统称汽车涂料,包括在制造过程中涂装线上使用的涂料和修补涂料。汽车部件很多，它们对涂料的要求各不相同，大多数内部器材所用涂料与通用涂料类似，但外部使用的则有特殊要求，概括起来有两点，一是极高的表观要求；二是很高的防腐蚀要求和防损伤要求。显而易见，汽车表观的好坏是购车者首先关注的，如果汽车涂料不好，即使汽车性能再好也不能吸引购车者，汽车车身的涂料实际是一种艺术品，生产者力求做到令人赏心悦目，美玉无瑕。另一方面汽车年复一年地要经受日晒雨淋，风刀霜剑的侵蚀，还有酸雨、来自融雪剂的盐水、石击等的侵蚀，在此情况下，保持美丽外观和防止锈蚀是对涂料提出的严格的要求。因此汽车涂料被认为是涂料最高水平的体现。汽车涂料品种多、用量大、涂层性能要求高、涂装工艺特殊。汽车涂料的状况基本上可以代表一个国家涂料工业发展的技术水平。

在汽车车身和部件进行涂装前都要进行预处理，包括脱脂、磷化等，然后进行底涂和面涂。不同部位有不同的涂装程序和涂料要求。不同汽车生产厂所用的涂料也不尽相同。这里以典型的车身涂料为重点进行介绍。车身涂料主要有汽车底漆、汽车中间层涂料(简称"中涂")、汽车面漆、汽车底色漆、罩光清漆、汽车修补漆等。其中汽车底色漆和罩光清漆组成双层面漆。

24.4.1　汽车底漆

伴随着汽车工业的发展，汽车用底漆发展也经历了几次大的变革。以前，汽车涂装用漆是传统的溶剂型防锈底漆。后来阳极电泳涂料在汽车工业得到迅速发展和普及，促进了汽车工业涂装自动化的进程，同时也大大减少了有机溶剂向大气的排放量。以后性能更好的阴极电泳漆又取代了阳极电泳漆，阴极电泳涂料的泳透力和抗腐蚀性都比阳极电泳高很多。车身用的底漆也可采用双组分环氧树脂类的防锈底漆，但现在主要采用阴极电泳底漆。

作为汽车涂装的阴极电泳漆本身也有更新换代的发展，新一代阴极电泳漆泳透力更高，边角覆盖效果好，无铅无锡减少了毒性。双层电泳技术的开发是汽车涂料的一项重要发展，可免除中间涂层。双层电泳的第一层为黑色导电层，具有很好的防腐蚀性能，并有良好的泳透性；第二层为灰色或彩色，主要作用是防石击和抗老化，厚度可达 40μm。电泳底漆有优越的抗腐蚀能力，但它们不能提供平坦的表面，基材的不平整可以完全表现出来，它们和面漆的附着力差。

24.4.2　中涂(二道浆)

中涂是指介于面漆和底漆之间的一层涂料，主要有如下的作用：①填平补齐底漆的凹凸不平，得到一个平坦层；②改善涂层间的附着力，一般电泳漆和面漆直接相连，附着力较差，中涂可以将两层很好地结合在一起；③涂层较厚具有一定弹性，可起到防石击作用。中涂层常采用环氧酯，或两罐装聚氨酯涂料，它们对环氧底漆和丙烯酸面漆都有很好的附着力。中涂的交联密度不要太高，但 PVC 要较高(>CPVC)，这样，不仅粗糙度高，易于附着，面漆的漆料也有可能透过中涂达到底漆，并具有较好的打磨性，易于用砂纸打平。中涂要有和面漆相协调的颜色。中涂一般为溶剂型涂料，用量较大，为了降低溶剂用量，采用水性涂料或用粉末涂料作为中涂是主要方向。为了使粉末涂料与底漆有很好的结合力，粉末涂料成膜时一般需要高的烘烤温度，如 150℃左右。

24.4.3　面漆

面漆可以是单层的，也可以是双层的，双层的由底色漆和罩光清漆组成。面漆要求有持久的高光泽和美丽的表观，为此要求涂料的成膜物和颜料都有良好的抗光老化，抗水解性，以及抗酸雨，抗擦损性，并能抗暴雨和冰雹打击，特别是要能经受烈日暴晒后马上遭到暴风雨打击的考验。车身按照需要可以用实色漆或闪光漆等装饰性漆。闪光漆由于有随角异色效应最受青睐，为了有强的随角异色效应，所用片状颜料如铝片要求在涂层介质中散射很弱，并整齐地平行于表面排列，要有很光滑的漆膜，为了减少散射，着色颜料应该是透明的，如透明氧化铁系列等纳米级颜料，也可用染料代替着色颜料。

1. 单层面漆

一般采用丙烯酸氨基烘漆，为了取得高光泽，颜料量要很低，PVC 在 9%以下，于是喷涂的涂层就要求很厚，如 50μm 左右，以达到所需的遮盖力。为了获得较好的室外耐久性，热固性丙烯酸涂料的固含量最好是 45%左右，因为固含量再高，丙烯酸树脂的低聚物相对分子质量会太低，这会导致漆膜的耐老化性能变差。

2. 双层面漆

底色漆为加有着色颜料的着色层或/和加有片层颜料的闪光层，一般用氨基醇酸、聚酯聚氨酯和丙烯酸聚氨酯烘漆。底色漆可以有较高的 PVC，所以涂层可以较单层面漆薄很多。底色漆上加一层罩光清漆后可获得高光泽。

罩光漆要求有高光泽和高保光性，耐环境侵蚀，耐磨损和耐冰雹、砂粒打击。罩光漆一般用丙烯酸氨基或丙烯酸聚氨酯清漆或有机硅改性的丙烯酸清漆和氟碳清漆等。此外紫外光固化涂料作为罩光漆极有发展前途，粉末罩光清漆是另一发展方向。

24.4.4　抗石击涂料

汽车在行驶时，底部要不断地受到路面石子的冲击，因此相应部位的底漆上需要有很好的抗石击涂层，抗石击涂层常采用聚氯乙烯溶胶，它是由聚氯乙烯粉末、增塑剂及填料组成，受热时悬浮的聚氯乙烯微粒可溶于增塑剂而成为均相，冷却后成为具弹性的聚氯乙烯漆膜。抗石击涂料也可用单组分聚氨酯，用封闭型异氰酸酯为固化剂。它们不仅抗石击，同时也具有很好的防腐蚀性。

24.4.5　汽车零部件涂料

一些汽车零部件，如车架、底盘、车轮等，对装饰性要求不高，主要是要求有特殊的防腐蚀和防护功能。它们在经磷化等处理后，可用阳极或阴极电泳漆涂装，也可用丙烯酸或丙烯酸-环氧水性涂料进行浸涂，然后加涂面漆。或用粉末涂料和光固化涂料。

24.4.6　汽车修补漆

1. 线上修补漆

汽车在装配过程中，因涂层损坏或污染需要进行修补时，往往需要除去面漆，将裸露的金属进行处理，然后涂上修补底漆和面漆，所用涂料可和原用涂料一致。若汽车涂装完毕，整车仍需要修补时，修补时不能全部使用原来的涂料。如果原来的涂料是热塑性涂料，修补较为容易，修补的热塑性涂料和原漆应有很好的相容性，能很好结合。对于热固性漆，因是整车，已不能再高温烤，最多只能用红外灯加热至 80℃，因此需要用专门低温或室温固化的涂料。低温固化的氨基漆，使用很方便，但由于有过量的酸催化剂，漆膜易水解，因而其质量将比原厂漆差。使用两罐装的聚氨酯涂料可以得到较好的漆膜。

2. 售后修补漆

汽车出厂以后，由于事故或更换部件而要在局部进行修补所需涂料用量很大，且对修补漆的要求更高。用户首先要求修补的部位的颜色和光泽与原有的漆表相一致，尽管汽车涂料生产厂家可以提供各种各样的色浆并有计标机协助，但要达到满意的结果仍然十分困难，闪光漆配色尤为困难，这要求由经验丰富的技术人员来完成配色工作。修补工作的第一步是损坏部分的彻底清洗，打磨除去旧的漆膜，对裸露出来的金属要涂去油污。并要检查修补用漆是否和原厂漆相配合，修补漆中的溶剂会不会将原涂料咬起。修配底漆和中涂可用热塑性的硝基漆和醇酸漆，也可以使用 VOC 低的环氧和聚氨酯涂料。修补单层面漆可用热塑性的甲基丙烯酸甲酯含量较高的丙烯酸树脂、乙酸丁酸纤维素酯及增塑剂的混合物。它的特点是快干，光泽高，保光性好；缺点是 VOC 高。修补面漆也可用热固性漆，主要有中油度醇酸漆。醇酸漆的优点是施工性能好，光泽可调节至和原厂漆一致，但干燥时间长，易为尘埃沾污，保光性差。喷涂前，在醇酸漆加入脂肪族多异氰酸，可促进交联，从而缩短干燥时间。使用甲基丙烯酸甲酯改性的醇酸漆也可以缩短固化时间并提高保光性。双层面漆的修补需有底色修补漆和罩光清漆，可以用快干热塑性丙烯酸涂料。对于闪光漆，要求控制好黏度，以利片状颜料排列。为了减少总的 VOC 量，可用高固体分两罐装聚氨酯清漆为罩光清漆，它的优点是干燥较快，不沾尘，光泽高，保光性好；缺点是需要有价钱较贵的双组分混合喷枪，因为可挥发出有毒的游离异氰酸酯，需要有很好的防护措施。光固化修补清漆具有固化速度快，光泽高的优点，因为有残存光引发剂，它的光老化性有一定问题，但可通过光引发剂与光稳定剂之间的配合予以解决。

24.4.7　环保型汽车涂料

1923 年以前汽车的涂装是以手工完成的，须几天时间。自杜邦公司发明硝基喷漆后，汽车涂装可在流水线上进行，此后的 80 多年来汽车涂料经历了多次飞跃，采用氨基烘漆，涂装可在数十分钟内完成。为了减少有机溶剂对大气的污染，现在涂料又进入了一个新的时期，即环境友好的涂装时期。汽车涂料除了发展高固体分溶剂型涂料外，也加快了向水性化发展的步伐，大多数汽车厂已经实现了阴极电泳底漆、水性中涂、水性底面漆和部分采用水性罩光清漆的全部水性化涂装工艺。紫外光固化涂料和粉末涂料的生产和使用技术也日趋成熟。实现环保型的汽车涂料与涂装已经具备条件。一个典型的低 VOC 环保型汽车涂料系统表示如下：阴极电泳漆—粉末中涂—水性底色漆—粉末罩光漆。修补漆水性化和无溶剂化已经商业化。

24.5　船　舶　涂　料

涂装于船舶内外各部位，以延长船舶使用寿命和满足船舶的特种要求的涂料统称为船舶涂料。船舶涂装有其自身的特点，因此对船舶涂料有一些特殊要求。首先船舶的庞大决定了船舶涂料必须能在常温下干燥。需要加热烘干的涂料就不合适作为船舶涂料。船舶涂料施工面积大，因此涂料应适合于高压无气喷涂作业。另外船舶的某些区域施工比较困难，因此希望一次涂装就能达到较高的膜厚，故往往需要厚膜型涂料。

船舶，特别是海洋上行驶的舰船，对防腐蚀涂料有特殊要求，我国海域辽阔，气候变化大，海洋环境是金属最严酷腐蚀的环境，而且还经常承受干湿交替的考验，特别是舰船的水线部位和潜艇。舰船防腐蚀措施不力，可导致腐蚀灾难。因此舰船防腐体系设计特别重要，大部分位置应该使用重防腐涂料。船舶不同位置对涂料有不同的要求，简单介绍如下。

1. 外部涂料

水线以上的船舶外部涂料称船壳漆，主要用于船舶干舷、上层建筑外部和室外船装件，不仅要求达到重防腐要求，而且要求有优良抗老化性能和机械性能。因此对涂料的选择配套和涂装工艺有极高要求。防腐蚀底漆常用的有无机富锌底漆、双组分环氧底漆、环氧-煤焦油底漆、氯化橡胶底漆、乙烯基树脂类防锈漆等。其中的环氧-煤焦油沥青底漆和氯化橡胶漆为常用的船舶防腐蚀底漆，但前者煤焦油中有致癌物，后者所用溶剂一般为含氯溶剂，既有毒又可破坏大气臭氧层，因此使用应受到限制。采用无机富锌底漆、环氧中涂、脂肪族聚氨酯为面漆可很好地满足水线以上部位的要求。若要求不是太高，也可使用双组分环氧防腐蚀底漆和有机硅改性醇酸漆等。

水下部分的船壳和船底除要求防腐蚀外，还要求防止海洋生物的生长，因此这部分船壳要在重防腐涂层上还要涂装高效的防污涂料。关于防污涂料在第二十三章已有详细讨论。

2. 舱室涂料

舱室特别是生活舱内的涂料，不但要求有保护作用和装饰性，而且更要求安全，特别是要求防火。从防火角度出发，要求用于机舱内部的涂料要不易燃烧，且一旦燃烧时也不能放出过量的烟雾，烟雾不能有毒。因此硝基漆、氯化橡胶漆均不适宜作为船舶涂料的船舱内涂料，氯化醇酸涂料具有阻燃作用可用于舱内，但燃烧时有氯化物放出。舱室涂料要求使用无卤阻燃涂料和无毒的薄型防火涂料，并要求涂装后无有害气体析出，符合有关卫生安全规定，以保证舱室内人员的健康。

3. 甲板漆

甲板漆要求耐磨防滑，加有坚硬防滑粒料的聚氨酯涂料可以很好地满足这一要求。甲板也可按需要，采用有机硅改性醇酸树脂漆、酚醛清漆、氯化橡胶漆和环氧树脂漆等，防滑粒料一般可用高聚物细粒和硅石粉、石英砂等无机物粒子，对有高防滑要求的甲板漆，要求用碳化硅、金刚石级的氧化铝等为防滑粒。

24.6　航　空　涂　料

用于涂装飞机各部位、部件的涂料称为航空涂料。航空涂料不仅要具有装饰性，而更重要的是能保护飞机结构材料不被腐蚀，保证飞机的安全飞行。制造飞机的材料中有各种金属如铝合金、镁合金、钛合金和合金钢等，也有非金属的复合材料，如碳纤维复合材料等。防止金属材料的腐蚀和延缓复合材料的老化是保证飞机安全飞行和延长飞机寿命的根本性措施。此外，某些功能性航空涂料还可以起表面温度调节作用、阻尼作用和示温作用以及吸收电磁波作用等。

航空涂料经过几十年的发展，已经形成很多性能优异的品种，环氧树脂、丙烯酸树脂、聚氨酯等都是航空涂料中常用的成膜物，用它们制备的蒙皮漆(飞机外部的保护涂料)取代了过去常用的硝基蒙皮漆和醇酸树脂蒙皮漆。其中丙烯酸涂料有优良的保色性和保光性，在大气中能经受紫外线的作用而不易分解或氧化，其色泽可以长期保持稳定，因此可制成水白色清漆和纯白色磁漆。环氧树脂涂料的突出性能是与金属表面有良好的黏附力，漆膜坚硬，耐各种化学药品和溶剂，也能耐飞机上使用的各种介质，有良好的抗腐蚀性能，作为底漆广泛用于飞机上，它可与聚氨酯面漆配套使用。聚氨酯涂料由于具有很多优异的性能，发展十分迅速。它具有良好的耐合成酯类润滑油及磷酸酯液压油的性能，良好的光泽，漆膜丰满度高，对飞机铝蒙皮有很好的附着力，以及好的耐水性和耐湿性等。脂肪族聚氨酯蒙皮磁漆可改善耐光老化性，无光脂肪族聚氨酯磁漆漆膜平整、细腻、性能优良、有较高的韧性和抗腐蚀性，是理想的飞机蒙皮涂料品种。目前，氟碳涂料(有机氟涂料)正逐步成为最受关注的航空涂料品种，氟碳涂料具有优异的化学稳定性，能抗许多强酸、强碱以及大多数化学品的侵蚀，以及良好的耐候性，耐腐蚀性，耐低温性和抗氧化性。

24.7　家　电　涂　料

电视、冰箱、洗衣机、空调以及各种类型的小家电品种近年来有了极大的发展，已经成为城镇乃至很多农村家庭的必备产品，这些产品中不仅金属部件需要涂料涂装，为了改善表面的一些性能，如增加色彩、提高防静电性、难燃性、防雾、防潮等，有些塑料构件也要经过表面改性后用涂料进行涂装。更多家电产品的外壳是采用大型的冷轧钢板整体冲压而成，如洗衣机、冰箱等，它们既要求涂料能耐腐蚀、耐污染、耐温变，同时也要求漆膜平整光滑、色彩鲜艳、装饰性强。家电产品涂装中常用的底漆有铁红环氧树脂底漆、铁红醇酸树脂底漆等，中层和面层则常用热固性的丙烯酸树脂漆、氨基醇酸树脂漆以及高固体分的聚酯聚氨酯漆等。阴极环氧电泳漆常用于需高防腐蚀性的空调器和洗衣机内部，而且只涂一层即可，不必再加面漆。在家电产品和轻工产品的许多金属部件的涂装中粉末涂料的应用越来越广泛，它们质感和手感都很好，性能突出。由于粉末涂料中不含任何有机溶剂，所以在制造和施工过程中都不会出现溶剂污染和火灾的隐患，采用彩钢制作家电是另一条重要路线。

24.8 集装箱涂料

用于集装箱的内外箱体的涂料称为集装箱涂料，使用涂料的集装箱主要有钢集装箱和铝集装箱。集装箱的营运往复于陆地和海洋，因此要求集装箱涂料有特殊的防腐蚀性和耐温变性，能承受干湿交替的考验，同时还要求装饰性好、不变色、不粉化、耐磨损、耐划伤、耐冲击等。集装箱涂料要求的性能与船舶涂料的要求基本相同，但集装箱涂料还要求具有适用流水线上大规模生产所需要的快干性，为了缩短施工时间且节约费用，集装箱涂料的一次施工干膜厚度要高，且在进行下道工序前涂料必须充分干燥。

集装箱涂料为多层配套体系，分为箱体内部涂料体系与箱体外部涂料体系。常用的溶剂型集装箱涂料体系配套如下：箱体外部为环氧富锌底漆、环氧中间漆和丙烯酸面漆，箱体内部为环氧富锌底漆和环氧内面漆配套。由于环保的严格要求，集装箱涂料的水性化已经成为强制要求。水性集装箱涂料从成膜物质层面分别对溶剂型涂料的各相应产品进行了水性化；箱体外部为水性环氧富锌底漆，水性环氧中间漆和水性丙烯酸外面漆，箱体内部则采用水性环氧富锌车间底漆与水性环氧内面漆配套。

水性集装箱涂料所用的环氧涂料主要为环氧乳液与水性胺固化剂组成的双组分涂料，施工过程中因需考虑双组分的相容性，涂料的活化期等问题，但单组分环氧很难达到双组分环氧涂料的防腐性能。单组分涂料防腐性能一般较差，但它使用方便，不存在活化期的问题，有一种单组分水性集装箱涂料体系采用水性偏氯乙烯底漆，箱体内外部均采用水性偏氯乙烯(PVDC)底漆加上水性丙烯酸面漆的配套，充分利用偏氯乙烯树脂涂料对水和氧气优异的屏蔽性能来实现对箱体的保护，并省去了环氧中间漆涂层的施工，箱体外部由三道涂装减为两道涂装，为箱厂带来了很大的施工便捷性，也减少了涂料浪费，成本更低。

第二十五章　建　筑　涂　料

　　建筑涂料是一种用于建筑物饰面，起防护、装饰或其他特殊功能的涂料。建筑涂料通常包括外墙涂料、内墙涂料、地坪涂料、防水涂料和功能型建筑涂料等，被涂物大多为非金属材料。在涂料的发展中，建筑涂料历史最长，从远古时期开始，就有用简单的颜料涂刷岩壁的记载(壁画)，而用天然的生漆和桐油制作涂料在中国已有几千年历史。建筑涂料的一个显著特点是其用量大，约占涂料总量的一半。建筑涂料的另一个特点是需要在环境温度下固化。

　　建筑涂料种类很多，名称很不一致，这里仅介绍几种典型的建筑涂料。

25.1　外　墙　涂　料

　　外墙涂料的主要功能是装饰和保护建筑物的外墙面，一般应有较好的装饰性，丰富多样的色彩并有良好的保色性。外墙涂料使建筑物外貌整洁美观的同时也能够起到保护建筑物外墙，延长其使用寿命的作用。要求能在风吹、日晒、雨淋和冰冻的条件下较长时间内保持良好的装饰性能而不褪色，这需要涂层有很好的耐候性、耐水性、耐沾污性。作为建筑涂料又必须容易施工和成膜，且价格不能太高。

25.1.1　乳胶漆

　　乳胶漆作为建筑涂料具有对环境友好、无异味、安全、不易起火、施工方便、涂膜干燥快、漆膜具有良好的透气性等优点，它可直接在新建的建筑物水泥砂浆面上涂刷，不易流挂。但乳胶漆一般需在高于 3~5℃下施工，它的流平性差，光泽低，施工性能不及溶剂型漆，它对粉化墙的附着力差，由于为非交联成膜，玻璃化温度一般较低，易沾污。乳胶漆的品种很多，作为外墙涂料需要耐水、耐碱、耐候、耐粉化和耐沾污。主要基料品种有苯丙乳胶、乙丙乳胶、全丙乳胶、叔碳酸酯-乙酸乙烯酯共聚乳胶。其中以全丙乳胶性能为最好。苯丙乳胶中含苯环，易变色，乙丙乳胶中因含乙酸乙烯酯组分，耐水性较差。现在性能更好的氟碳树脂乳胶漆也已被采用。

25.1.2　溶剂型外墙涂料

　　溶剂型外墙涂料与乳胶涂料相比，优点是可在低温下施工，光泽高、涂膜丰满度好、耐沾污性能好，具有较好的综合性能。缺点是由于使用大量有机溶剂，刺激味大，污染环境，安全性差，透气性也差。因此这类溶剂随着环保要求的提高，使用量逐渐下降，但是用低毒性、低污染的高固体分溶剂型外墙涂料仍将继续使用，因为它可满足某些建筑物高光泽和高装饰性的要求，而这是目前水性涂料较难达到的。

(1) 油基涂料与醇酸涂料：油基涂料和醇酸涂料，特别是醇酸涂料，它的涂刷性能好，可在低温下施工，对墙面清理的要求不太严格，价格较低。但耐候性差，容易粉化，透气性和透湿性也较乳胶漆差。由于是室温空气氧化交联，交联密度不断升高，会失去展性，当底材(如木材)膨胀时，容易开裂。

(2) 丙烯酸涂料：具有优良的耐水、耐碱及耐老化性能，保光与保色性好，光泽高，装饰效果理想，可在较低温度下施工而不受限制，但价格较贵。若将丙烯酸树脂改性，如丙烯酸有机硅等，其性能会更加优异，适用范围也更广泛。

(3) 聚氨酯涂料：由于其涂膜光泽而丰满，外观酷似瓷釉，在建筑涂料中有"仿瓷涂料"、"瓷釉涂料"和"液体瓷"等美称。装饰效果出众，耐污染性好，特别适用于各种高层及高级建筑物的外装饰。该涂料历久长新的装饰效果是一般普通外墙涂料难以达到的。其不足之处在于：①双组分包装，现场施工配料较麻烦；②对基材与施工要求较严格，在潮湿基材上不宜施工；③有对人体健康不利的挥发物释出，并且价格较贵。

25.1.3 氟碳涂料

氟碳涂料由于其高耐候性、表面能低，抗沾污性好而受到重视。用于外墙的氟碳涂料主要是具羟基的乙烯基醚-氟烯烃共聚物和异氰酸酯组成的室温固化溶剂型涂料，水性氟碳涂料也有部分应用。价格昂贵是其主要缺点。

25.1.4 无机外墙建筑涂料

无机外墙建筑涂料是以碱金属硅酸盐及硅溶胶为主要基料，加入颜料、填料及其他成膜材料及助剂等配制而成的一种水性涂料。与有机建筑涂料相比，无机建筑涂料最突出的优点是成膜温度低、黏结强度高、耐冻融、耐酸碱等。该涂料在 5℃以下可成膜，有利于建筑外装饰的冬季施工。无机外墙建筑涂料以水为分散介质，无毒、无气味、不燃、对环境友好。其缺点是涂膜无光泽、丰满度差，稳定性易出问题。

25.1.5 弹性外墙涂料

弹性外墙涂料是一种以装饰性和防水性为主要功能的涂料。弹性涂料最大特点是涂膜具有弹性，漆膜较厚，可达 250μm，伸长率可达 300%~700%，当基层出现宽度为 2mm 以下的微小裂纹时，涂膜不随之开裂，具有对建筑物位移及龟裂的适应性，可发挥动态防水功能，保证了对基层的保护功能和装饰功能，这是其他刚性建筑涂料不能达到的。弹性外墙涂料一般以乳胶为基料，其中主要是弹性丙烯酸乳胶。

25.1.6　装饰性外墙涂料

外墙的涂装是一种艺术，同一树脂基料可以调制出适用于不同涂装要求的涂料，从而取得最好的美化环境效果。除了平壁状的外墙涂料外，还有很多美观的装饰性涂料，以下是几种典型例子。

(1) 砂壁状建筑涂料(真石漆)：砂壁状建筑涂料俗称彩砂涂料，它以乳胶为基料，一般是由丙烯酸酯共聚乳胶，各种彩色骨料(用颜料和石英砂在高温下烧结而成)或天然骨料(如大理石碎粒、陶瓷碎粒，樱桃色砂等)等重质骨料(骨料粒度在 0.2~2mm)，和助剂配制成的水性厚质砂浆状外墙涂料，轻涂抹后，成膜物在骨料表面形成透明涂膜，使骨料水亮美观。在使用小粒径骨料情况下，砂浆状彩色涂料可直接抹涂于底材，但使用大粒径骨料时，底材应先涂一层乳胶，然后趁它还未干燥时进行抹涂，这是由于骨料越大与底材接触面积越少，所以为乳胶液的润湿面积也越小，先用乳胶打底可弥补这一不足。彩砂涂料利用骨料不同级配及颜色多样等特点，可使涂层呈现不同层次，形成类似天然石材的质感与丰富色彩。该涂料无毒、不燃，污染少，具有优良的耐光、保色性。缺点是耐污染性较差，使用受到一定限制。"真石漆"、"仿真石漆"也是一类砂壁状外墙涂料，具豪华逼真的装饰效果。不同的是真石漆中所用骨料级配更加合理，色彩更加丰富，造型更加逼真，施工方法更细腻，应用范围更广。真石漆不仅适用于外墙，还适用于室内装修、工艺美术和城市雕塑。用于室内方柱、圆柱和石膏罗马柱及天花板的装饰，可产生以假乱真的效果。

(2) 复层建筑涂料：复层建筑涂料是一种具有立体质感装饰效果的中高档建筑涂料，也称浮雕涂料、喷塑涂料或凹凸花纹涂料。饰面由底涂层、主涂层和面涂层三层组成。第一层底涂层实质是封闭层，其作用是降低底材吸水倾向，使其吸水均匀，同时改进底材对上层的附着力，一般可直接使用乳胶，但要求有较好的耐碱、耐水和防水性能的乳胶，如苯丙乳胶。第二层是主涂层，主涂层通过喷涂，形成厚度为 1~5mm 的凹凸或平伏状花纹质感涂层。喷涂花纹可根据装饰要求任意选择，既可做成大型花纹，又可做成小碎花。这层涂层要求防流挂，而且能够克服表面张力的作用，保证通过喷涂直接得到的或在喷涂后加工得到的立体花纹在固化前不变形，因此涂料应为具有屈服值的假塑性流体。第三层为罩面层，主要是赋予色彩，可分为乳胶型罩面和溶剂型罩面。前者常用丙烯酸乳胶涂料，后者常用丙烯酸涂料或丙烯酸聚氨酯涂料，要求有很好的光泽、保光性和耐污染性。根据主涂层所用基料(黏结剂)可将复层涂料分为：

① 聚合物水泥系复层涂料：用混有聚合物分散液的水泥作基料。

② 硅酸盐系复层涂料：用混有合成树脂乳胶的硅溶胶或/和水溶性硅酸盐

作基料。

③ 合成树脂乳胶系复层涂料：用合成树脂乳胶作基料。

④ 反应固化型合成树脂乳液复层涂料：用环氧树脂乳液作基料。

其中，最常用的是合成树脂乳胶复层涂料。复层建筑涂料主要用于外墙装修，近几年也将其用于内墙及顶棚的装修。装饰效果以小花型为主，显得典雅华丽。

(3) 水包水多彩外墙涂料

多彩涂料是指一次性涂装便能得到多彩花纹的涂料，多彩涂料由不相混溶的两相组成，其中一相为分散相，其中有肉眼可见的大小不等的着色颜料粒子，分散相悬浮分散在含有稳定剂的连续相中。形成悬浮型涂料，喷涂后，涂膜中的彩色粒子仍保持独立的多彩花纹，多彩涂料的特点是漆膜色彩丰富，施工方便。多彩涂料主要有两种，一种是水包油型(O/W)，它是指连续相中以有机溶剂为介质，分散相以水为介质，这种涂料溶剂量大，污染严重，已被淘汰，另外一种是水包水型的(W/W)，两相都是水性的，是符合环保要求的装饰性墙面涂料，它的制备过程介绍于下。

将含有彩色颜料的丙烯酸乳胶漆(基础漆)加入保护胶中，基础漆中的漆料和保护胶在彩色颜料粒子表面发生凝胶化，形成一层稳定的保护膜，彩色粒子呈悬浮状，将此彩色粒子悬浮液加入以另一种丙烯酸乳胶为主的连续相中，并辅以助剂，便可得到水包水多彩涂料。

(4) 水包砂多彩涂料

水包砂多彩涂料通常用于仿制荔枝面(形如荔枝皮的粗糙表面)石材。制备方法是在水包水多彩涂料的基础上，在分散相和连续相中加入石英砂，使其具有水性多彩涂料色点的丰富性，又具备真石漆的质感。石英砂的加入，会造成沉降，增加增稠剂的用量可解决这个问题，但会影响涂膜的耐水性，需要选用合适的丙烯酸乳胶来解决。

25.1.7 耐沾污外墙涂料

涂料的表面吸附灰尘、煤烟、油污以及霉菌等生长可使涂层表面丧失装饰性，涂料的沾污问题随着空气污染的程度愈显严重。由于人们对建筑物的装饰性愈来愈重视，涂料的沾污问题成为推广建筑涂料的关键问题之一。根据可能影响涂料耐沾污性的因素，可采取如下措施提高耐沾污能力。

(1) 树脂的玻璃化温度：基料树脂的玻璃化温度对沾污有很大影响。当环境温度高至树脂基料的玻璃化温度时，漆膜变软化或回黏，固体颗粒沾污的倾向性大大增加。提高玻璃化温度有助耐污染性的提高。

(2) 颜料体积浓度：当增加颜料体积浓度时，漆膜硬度增加，耐沾污性提高。但当超过临界体积浓度时，漆膜存在大量孔隙，耐沾污性变差。

(3) 漆膜的表面张力：耐沾污性随漆膜的表面张力的变化而变化。超疏水和超亲水表面都有好的耐污染性，只有漆膜表面张力处于两者之间时最易黏附尘埃。若漆膜有很强的疏水性，污染物不易被黏附。若漆膜有很强的亲水性，一方面城市中的油烟等为亲油污染物，在亲水表面附着不牢；另一方面尘埃等亲水性污染物虽易黏附，但因雨水可以在墙面上铺展流淌，尘埃易被雨水冲走。

疏水性涂料主要有有机硅涂料、氟碳涂料和氟硅涂料。亲水性涂料很难有合宜的树脂作基料。有报道认为可以用烷氧基硅氧烷或有机硅树脂作亲水剂，其原因是富集在表面的烷氧基可被雨水水解为羟基，从而增加漆膜的亲水性。也有认为可加入二氧化钛催化漆膜光老化产生亲水基团等等。

(4) 漆膜的粗糙度与荷叶效应：漆膜的表面性质和其微观结构及粗糙度关系很大。当在理想平滑平面上接触角小于90°时，表面粗糙度增大，接触角会变小，亲水性变大，在理想平面上不能铺展的，在粗糙度很大的平面上可以铺展。在理想平滑表面上的接触角大于90°时，粗糙度增加，接触角变大。若有如荷叶或其他天然植物那样的粗糙度极高的微观结构表面，则疏水的漆膜表面可成为超疏水表面或双疏表面(荷叶效应，参见5.2.4节)。因此在高亲水性表面构筑高粗糙表面，或在高疏水表面构筑具高粗糙度的特殊结构表面，都能大大提高耐沾污能力。

(5) 漆膜的微粉化：漆膜表面黏附的污染物可随漆膜表面的粉化层一起脱落，从而露出干净的新表面。表面的粉化可以通过加入光反应催化剂完成，如加入锐钛型二氧化钛，特别是纳米级二氧化钛。

(6) 纳米颜料的作用：添加纳米二氧化钛可以提高耐污染性，可能有两个原因：二氧化钛有催化有机物光解能力，有机污染物可以被光解，许多无机尘埃之所以能紧密地黏结在墙体上，是因为有有机物作为尘埃与漆面间的黏结剂。有机物被分解，尘埃便容易被雨水冲去。另一个原因是催化光氧化可使漆膜表面产生大量羟基从而成为超亲水表面。二氧化钛的光致双亲现象(参见5.2.5节)是否对二氧化钛颜料的自洁净作用有影响，有待探讨。

25.1.8 反射隔热外墙涂料

对太阳辐射反射能力越强的涂料，对太阳辐射能的吸收越少，反之亦然。建筑用反射隔热涂料通过选择高反射率的功能填料和合适的树脂，提高涂层的反射率，减小建筑物外表面对太阳辐射的吸收而达到隔热降温的目的。

空心微珠比表面积较大，具有高反射率、高辐射率以及可在真空状态下产生低导热系数和低蓄热系数等特性，光线照到涂膜表面时能够通过空心微珠产生多次反射，提高涂膜反射率。采用单一粒径的空心微珠制备的反射隔热涂层，固化后涂层内存在大量的间隙，不利于热量的阻隔，且抗渗性能较差。采用多种粒径空心微珠复配，以大粒径的空心微珠为主体，利用小粒径的空心微珠填充空隙，可以有效地提高涂层的反射能力。

除空心微珠外，冷颜料也可作为反射隔热涂料的功能填料。冷颜料是指具有高的太阳光反射比、耐候性良好，且自身化学稳定性优异的一类颜料。冷颜料大都是由几种金属混合物在经过高温(800℃以上) 煅烧后形成的复合无机颜料。优异的冷颜料，特别是深色的彩色颜料，兼具有优异的着色力、耐候性和耐温度变化性能。

反射隔热涂料所用成膜物质对涂层的隔热性能和基材的使用寿命非常关键，一般选用耐候性好的硅丙和氟碳乳胶。涂层的厚度对涂层反射隔热性能影响很大，如果涂层厚度薄至入射光线可透过，就会造成热传透效应，热量被涂层所覆基材吸收，从而起不到反射隔热的作用。而当涂层过厚，散射光线在涂层内部的散射光程增长，会加大涂层对能量的吸收，从而降低涂层的反射隔热性能。

25.2 内 墙 涂 料

内墙涂料主要功能是装饰及保护内室墙面，使其美观整洁，一般外墙涂料均可作为内墙涂料使用。内墙涂料应具有色彩丰富、细腻、调和的特点，涂层质地要平滑，色彩要柔和。涂料的耐碱性能应良好，因为墙面经常带有碱性。内墙涂料还要有较好的耐水及耐刷洗性和透气性，且要求施工方便、容易维修。特别重要的是，涂料中应无有毒的颜料、助剂和溶剂，以保证用户的健康。和外墙涂料相比，耐光老化性和抗水解性的要求都不高，因此可以选用较便宜的涂料。

25.2.1 水溶性内墙涂料

聚乙烯醇类水溶性内墙涂料是以聚乙烯醇树脂及其衍生物(如缩甲醛)为主要成膜物质的一种水溶性内墙涂料。聚乙烯醇可溶于 80~90℃的热水，成为水溶性胶结剂，有很好的成膜性，生成的膜无色透明，有一定的强度和耐磨性，但耐水性不强，单纯使用聚乙烯醇为主要成膜物质制成的涂料，其耐洗刷性更差。聚乙烯醇的水溶液可以和水玻璃(硅酸钠和硅酸钾的水溶液)混溶，制成一种聚乙烯醇水玻璃为基料的水溶性内墙涂料。其中水玻璃也是涂料的主要成膜物之一，它可以改善聚乙烯醇涂膜的耐水性。在聚乙烯醇内墙涂料中加入一些合成树脂乳胶，也可改善耐水、耐擦洗效果。这类内墙涂料原材料资源丰富，生产工艺简单，涂层具有一定的装饰效果，其价格便宜，因而在国内内墙装饰涂料中曾经占过绝对的优势。聚乙烯醇缩甲醛不断析出有毒的甲醛，有害健康，和乳胶漆等涂料相比，涂料质量也很差，因此不宜继续使用。

25.2.2　乳胶漆

乳胶内墙涂料无火灾危险，对污染环境少，施工方便，干燥迅速，是一种理想的室内装饰涂料。乳胶漆高雅清新的装饰效果和无毒无味的环保特点，使其在装饰涂料中占有重要地位，特别是住宅小区的内墙装修。因内墙装修对耐水性要求不像外墙那么高，聚乙酸乙烯类乳胶涂料大量用于内墙涂料，适用的基料有聚乙酸乙烯、EVA乳胶(乙酸乙烯-乙烯共聚物)、乙丙乳胶(乙酸乙烯与丙烯酸酯共聚物)。除此之外，还有适用于外墙的叔醋乳胶、苯丙乳胶和纯丙乳胶。根据所用基料树脂的不同，可配制不同档次、不同光泽的产品。室内用涂料不宜光泽太强，一般为平光和半光，要求色调柔和，手感好，给室内营造一种高雅温馨的氛围。乙丙乳胶涂料、苯丙、纯丙和叔丙乳胶涂料具有优良的耐水、耐碱和耐擦洗性，适用于耐水性要求较高的厨房和卫生间的墙面及顶棚。在这些场所使用时，一定要与耐水性好的腻子配套使用，才能获得满意的装饰效果。否则，即使涂料性能好，如果腻子不耐水，也易发生涂膜起泡、开裂和脱落等问题。

25.2.3　溶剂型涂料

溶剂型内墙涂料涂层光洁度好，易于冲洗，有较好的耐久性，目前主要用于大型厅堂、室内走廊、门厅等工程，主要品种包括丙烯酸酯墙面涂料、聚氨酯墙面涂料等。其中丙烯酸酯聚氨酯、聚酯聚氨酯溶剂型内墙涂料涂层光洁度非常好，类似瓷砖状，因而适宜用于工业厂房、车间及民用住宅卫生间及厨房的内墙与顶棚装饰，常称为仿磁涂料或瓷漆。由于溶剂型涂料污染环境，有害居民健康，在民用工程中一般不宜使用溶剂型内墙涂料。

25.2.4　装饰性内墙涂料

1. 多彩花纹内墙涂料

多彩内墙涂料可分为水包油(O/W)型和油包水(W/O)型及油包油(O/O)和水包水(W/W)四类，曾经被广泛使用的水包油多彩涂料，因环境污染严重而被淘汰，水包水多彩涂料因基本无VOC而成为重要的建筑涂料(见25.1.6)，在内墙涂料中实际应用的也主要是水包水多彩涂料。

2. 云彩花纹饰面涂料

云彩花纹饰面涂料又称幻彩、梦幻涂料，是一种兼具壁纸和涂料优点的建筑涂料品种。云彩涂料所用的合成树脂乳胶要具有优异的抗回黏性，良好的触变性，并要求漆膜有适度光泽，一般乳胶难以达到要求，需要专门制备的乳胶。

云彩涂料要求使用特殊的珠光颜料而非一般常用颜料，以赋予漆膜以梦幻般的感觉，由于其装饰效果是通过不同的施工手段来实现，因而必须加入相应的助剂来满足不同施工方式的要求。其中最重要、用量也最大的是保湿剂与增稠剂。

云彩涂料为水性内墙涂料，无刺激性气味、不燃，施工时对环境污染少。漆膜光滑细腻，具有优良的耐水、耐碱、耐擦洗性。贮存运输和使用的安全性好。通过不同的艺术性施工手法可获得不同图案，变幻多姿，造型丰富多彩，色彩艳丽多变，且有梦幻般、意境朦胧的写意式的装饰效果，看上去有如云雾、大理石的感觉，是一种新型艺术涂料。

3. 绒面涂料

绒面涂料是指其漆膜具有织物和绒皮一样柔和光泽，质感犹如鹿皮或天鹅绒，手感柔软有如绒面的新感觉涂料。绒面涂料主要由着色树脂微球(或称彩色聚合物微球，俗称绒毛粉)，基料，溶剂和各种助剂配制而成。绒面的着色与一般涂料的着色不同，一般涂料用颜料着色，而绒面涂料的特点是用着色树脂微球着色。绒面涂料所用的基料树脂一般为软质树脂，它能赋予涂膜以柔软性，并能提高涂膜表面的耐擦伤性，它可以是水性的，也可以是溶剂型的。作为建筑涂料多用各种水性树脂。树脂微球是中空的，着色颜料包封在内，所以也称包胶颜料。着色树脂微球种类很多，主要有聚氯乙烯微球、聚氨酯微球、丙烯酸树脂微球、氟树脂微球和聚烯烃微球等，其中聚氯乙烯微球价格最便宜，着色和粒度也容易调节，但耐溶剂性差，可用在乳胶涂料中。绒面涂料适用于许多领域，如电子产品、光学仪器和汽车工业等。在建材中，主要用于石材、木材、金属和室内装潢。绒面涂料漆膜能表现出类似皮革等表面独特的润湿感和起毛的柔软感，但实际上涂膜中并没有绒毛纤维。

4. 植绒涂料

植绒涂料是利用静电植绒技术将纤维绒毛黏附在墙面上形成饰面的涂料。植绒技术在我国早已有应用。植绒后的墙面色彩鲜艳，手感柔和，豪华舒适，装饰效果古朴典雅，具有吸音保暖和防潮的作用，适用于室内局部装潢或有特殊要求的环境中。植绒涂料由黏合剂(基料)与纤维绒毛及相关助剂组成。所用黏合剂大多为乳胶，如聚丙烯酸乳胶、聚乙酸乙烯酯乳胶、丁苯橡胶和丁腈橡胶等。其中最常用的是含有自交联单体的聚丙烯酸乳胶，因其耐水和耐洗涤性优良。除共聚物树脂外，还需加入相关助剂和其他添加剂。植绒涂料中的纤维可为黏胶丝、尼龙、丙纶和丙烯腈等多种纤维，利用高压静电感应原理进行静电植绒，其质量的优劣取决于植绒设备、工艺及原料，其中最重要的是绒毛的质量。

5. 顶棚涂料与毛面顶棚涂料

毛面顶棚涂料是指花纹凹凸起伏较大，质感明显的顶棚装饰涂料，以乙酸乙烯乳胶或 EVA 乳胶为基料，以云母粉、膨润土、珍珠岩和聚苯乙烯球等作骨料，配以其他颜填料和相关助剂组成。因用于顶棚，相关物理性能要求较低，主要要突出装饰性。这类涂料具有毛面质感，装饰美观，立体感强，对凹凸不平或麻面等缺陷有遮盖能力。顶棚一般采用白色涂料。由于顶棚涂刷困难，为了减少涂刷次数。要求顶棚涂料有很高的遮盖力。顶棚很少受到撞击、擦拭等机械作用，漆膜力学性能要求不高，因此可使顶棚涂料的 PVC>CPVC，以增高遮盖力。

25.3 地坪涂料

地坪涂料是装饰与保护室内外地面，使之清洁、美观、舒适的涂料品种。用于地面装饰的材料很多，有塑料地板、竹木地板、地面砖、地毯和地坪涂料等，其中地坪涂料主要用于有特殊要求的工矿企业的建筑物中，地坪涂料要求有好的耐磨性、耐碱性、耐水性和抗冲击性能。地坪涂料包括溶剂型和水性两类，水性地坪涂料是发展方向。一些地坪涂料如环氧树脂地坪涂料可采用流涂法或称浇涂法进行，涂料可自行流平，此种涂料称自流平涂料。

25.3.1 聚合物水泥地坪涂料

聚合物水泥地坪涂料是以聚乙酸乙烯乳胶，聚丙烯酸乳胶等与水泥一起组成有机与无机复合的水性胶凝材料，涂布于水泥基层地面上能硬结形成无缝彩色地面涂层。由于加入了高分子聚合物，其抗拉强度、抗冲击强度和耐磨性均较纯水泥地面有所提高，可解决普通水泥地面易起砂和易开裂的缺点。聚合物水泥地面涂料具有无嗅味和不易燃的优点。通过加入各色颜料和进行表面罩光处理或涂蜡等手段，可获得较好的装饰效果。该涂料施工方便，价格便宜，经久耐用，易于保养，适用于民用建筑和一般工业厂房的地面。因水泥占有较大比例，光洁度、色彩、耐污染与耐久性等还不十分理想，但价格相对便宜，十分适合新老住宅水泥地面的装饰。

25.3.2 环氧树脂地坪涂料

环氧树脂地坪涂料是以环氧树脂为主要成分的双组分常温固化涂料。双组分中的甲组分是环氧树脂溶液，乙组分是以改性胺类为主体的固化剂、颜料及稀释剂，若采用活性溶剂为稀释剂则称为无溶剂环氧涂料。环氧树脂反应时无副产物，体积收缩很小，与基材很好浸润，具有很强的黏结力。环氧树脂涂料质硬、耐磨、有优异的耐化学腐蚀性、耐水、耐碱、耐久和抗冲击性。环氧树脂地坪涂料涂层由腻子、底漆、中层漆、面漆和罩光漆组成，广泛用于建筑工程中有防尘、耐酸碱、耐有机溶剂腐蚀等要求的环境中，如工业厂房等，家庭居室装修较少使用。它的缺点是固化时间较长，低温固化性较差。现已发展应用了水性环氧地坪涂料。水性环氧地坪涂料一般由水性环氧树脂和水性固化剂组成，水性固化剂包括外乳化的固化剂，水溶性固化剂和自乳化固化剂。固化剂一般是端基为氨基的加成物，它由过量的胺和环氧树脂反应制得。水溶性固化剂有羧酸根存在，影响涂膜性能。有一种方法是在施工时将液体环氧树脂加到自乳化的固化剂中，因为固化剂上有乳化剂结构，可将环氧树脂就地乳化，这种方法成本较低。

水性环氧涂料可用于制备薄型地坪涂料，环氧砂浆地坪涂料。

25.3.3 聚氨酯弹性地坪涂料

聚氨酯弹性地坪涂料由双组分常温固化的聚氨酯组成，聚氨酯地坪涂料的优点是：涂膜坚韧而富有弹性，不会因基层的微小裂缝而开裂，黏结强度高，耐磨耗性高，有较好的耐油、耐水和耐酸碱性。与前两种地坪涂料相比，具有舒适美观的装饰效果。既可用作会议室等的弹性地面，又可用于要求耐磨、耐油和耐腐蚀的工业厂房地面，还可用在地下室和卫生间的防水装饰地面，是一种多功能的地面装饰保护材料。聚氨酯地坪涂料分薄质罩面涂料与厚质弹性地坪涂料两类。前者主要用于木质地板或其他地面的罩面上光。后者用于刷涂水泥地面，形成无缝且具有弹性的耐磨涂层，因此称之为弹性地坪涂料。若在固化剂中加入少量的发泡剂，固化后就形成含有适量泡沫的涂层。这种地面步感十分舒适。主要的问题是施工较复杂，原材料具有一定毒性。施工中应注意通风、防火及劳动保护。另外聚氨酯材料的价格较贵，限制了使用。

25.3.4 过氯乙烯水泥地坪涂料

过氯乙烯水泥地坪涂料是用作水泥地面装饰的早期地坪涂料之一，它是以过氯乙烯树脂为主要成膜物质，添加一定量的增塑剂、填料、颜料和稳定剂等经捏和、混炼、塑化等工艺而配制成的一种溶剂型地坪涂料。这种涂料的特点是干燥快，施工方便。涂膜具有很好的耐水性和耐磨性。主要的问题是因含大量的易挥发、易燃的有机溶剂，既不安全，也污染环境。

25.4　功能型建筑涂料

25.4.1　防火涂料

礼堂、影剧院、宾馆、办公楼、厂房、船舱、机舱等场所建筑中的钢结构和木结构都需要使用防火涂料。防火涂料的作用在于一方面可以防止火灾的发生，另一方面即使发生了火灾，也可阻止或延缓火势的蔓延，争取灭火时间，同时起到吸热、隔热的作用，使被涂钢材不致迅速升温而导致强度下降，建筑倒塌，从而挽救人命和财产。关于防火涂料可参见第二十三章。

25.4.2　防水涂料

防水涂料是建筑防水材料中的主要品种。防水涂料是通过完整的涂膜来阻挡水的透过，一些具有亲水基团的漆膜也具防水功能，这是因为液态水中的水分子通常是通过氢键缔合在一起的，几十个水分子形成分子团簇，它们很难透过漆膜，只有水汽(单个的水分子)可以通过吸附扩散的过程透过漆膜。另一类是具有疏水性漆膜，它们和水不相容，即使水分子也难以透过，因此具有更好的防水功能。防水涂料多用于不规则的屋顶和管道较多又相互交叉的地下室和卫生间，也可涂于其他防水层上作为保护层，有利于旧屋面及厕浴间的维修。有时也将防水涂料称为涂膜防水材料。

1. 聚氨酯防水涂料

聚氨酯防水涂料是双组分型的，分不含煤焦油和含煤焦油的两种。煤焦油中含有对人体有毒物质，含煤焦油的聚氨酯防水涂料不宜继续使用。聚氨酯防水涂料涂布后，常温固化形成柔软、耐水、抗裂并富有弹性的防水涂层。涂层的综合性能好，具有延伸性大，黏结力强、对基层裂缝有较好的适应性，耐候性好，防腐蚀能力强及施工方便，易维修等等优点。适用于一般工业与民用建筑的屋顶、地下室、厕浴室、游泳池和污水池等的防水装修。

2. 弹性丙烯酸防水涂料

弹性丙烯酸防水涂料由弹性聚丙烯酸乳胶配制而成。其中所用弹性乳胶为自交联型纯丙乳胶，能使涂膜具有"即时复原"的弹性和优良的伸长率，可适应砂浆表面上运动的"活"裂缝，使砂浆层免于破裂或起皱。这种涂料的特点是无味，光泽好，黏结强度高，耐老化和耐污染性优异，可用于中高档建筑屋面及墙体特殊部位的防水，是一类多功能防水装饰涂料。另一类弹性丙烯酸防水涂料则是以丙烯酸酯与有机硅单体共聚树脂为主体成膜物的溶剂型涂料，既可做成透明无色的，又可做成彩色的，既具防水作用又有装饰性。

3. 水性有机硅防水涂料

包括有机硅改性丙烯酸乳胶防水涂料和水性有机硅防水涂料，后者主要成膜物是羟基封端的乳胶型有机硅氧烷。有机硅防水涂料的漆膜具有弹性，涂膜既有防水功能，又有防水气渗透功能和良好的耐湿热、耐候性。

4. 氯丁橡胶系防水涂料

氯丁橡胶系防水涂料以氯丁橡胶为主要原料，加入填料和其他相关助剂配制而成。主要品种是以氯丁橡胶和沥青为基料的氯丁橡胶沥青防水涂料。它兼有橡胶和沥青的双重优点，具有防水抗渗和不燃等优点，还可低温施工，操作方便。

5. 乳化沥青防水涂料

乳化沥青防水涂料以乳化石油沥青为基料的水性沥青防水涂料。可分为薄质与厚质两大类。

(1) 乳化沥青薄质防水涂料：乳化沥青薄质防水涂料由用乳化剂乳化的沥青为基料，并掺入氯丁乳胶或再生胶等橡胶水分散体和相关助剂配制而成。根据采用乳胶的不同，可分成氯丁胶乳沥青、水乳型再生沥青和乳化沥青等。水性沥青薄质防水涂料，在常温时为液体，易于流平。

(2) 乳化沥青厚质防水涂料：乳化沥青厚质防水涂料用矿物胶体乳化剂配制的乳化沥青为基料，以石棉纤维或其他无机矿物为填料。按矿物乳化剂的不同，它可分为水性石棉沥青防水涂料、膨润土沥青乳胶防水涂料、石灰乳化沥青防水涂料等。水性沥青厚质防水涂料常温时为膏状或黏稠体，不易流平。

25.5　钢筋混凝土涂料

钢筋混凝土常常被人们认为是不需要涂料保护的，但是建筑钢筋混凝土结构往往因未保护而坍塌。因此钢筋混凝土结构的防腐越来越受到重视。

因环境中各种腐蚀介质的侵蚀，给钢筋混凝土结构造成极大损失。钢筋混凝土结构的失效原因是多方面的，有物理作用、生物作用和化学作用，其中化学腐蚀的原因在于各种腐蚀介质可渗入混凝土内部，并与之发生反应，造成化学腐蚀。化学腐蚀中最重要的是氯离子侵蚀，氯离子可以和混凝土中氢氧化钙等组份反应生成易溶于水的氯化钙，并且可以形成带有大量结晶水的化合物，体积大大膨胀，从而引起混凝土结构的破坏，更严重的是它可以吸附于钢筋钝化膜处，达到一定量时，pH会迅速降低，从而破坏钝化膜，露出铁基体，构成腐蚀电池，形成点蚀，点蚀可迅速发展，从而降低结构的强度和耐久性，导致混凝土开裂。氯离子还有去阳极化作用和导电性，可加速腐蚀，因此防止氯离子入侵是非常重要的。

对钢筋混凝土的保护，最好的方法是涂料，分两方面：一方面是钢筋本身的涂料保护，钢筋一般可采用镀锌或环氧防腐涂料保护；另一方面是对钢筋混凝土结构进行涂装保护，一般采用聚氨酯、环氧或聚脲类涂料，其中聚脲涂料无溶剂可快速喷涂，综合性能好，缺点是价格偏高。

25.6 艺术涂料

艺术涂料，国外称装饰性涂料(decorative coating 或 decorative paint)，目前并未有确切定义。涂料主要功能之一是装饰，因此艺术涂料可被认为是具有或通过涂装后具有高装饰性的涂料。

早期国外的涂料和油画用同一个单词"painting"，可见其渊源之深。我国将涂料用于装饰和艺术制品历史悠久，古代用天然漆料装饰器皿，经手工打造成的精美漆器，至今仍具有很高的艺术价值。现代艺术涂料应用范围更广，它们以现代涂料为基础，通过特殊工具和施工工艺，可制造各种纹理图案，具有很高的装饰性。早期的艺术涂料主要为溶剂型涂料如闪光漆(见 8.3.6 小节)、锤纹漆、橘纹漆和皱纹漆等，它们筛选助剂、溶剂、颜填料及成膜物组成特定的艺术涂料配方，通过适度控制涂层干燥过程中涂料的流变性、表面张力及涂层的固化速度来实现艺术效果。

锤纹漆是一种常见的艺术涂料，它的漆膜表面呈现的花纹图案类似于圆头锤敲击金属板所敲出的花纹。它被大量用于铸件，用以掩盖表面的粗糙不平，增加美感，在木器和塑料件中也有应用。锤纹漆是根据涂装中的发花现象研制而成的。涂装中的发花现象的原因是涂料中有两类大小与比重不同的颜料，由于贝奈尔漩涡的作用，在固化过程中它们分布不均匀，最后各自在某些区域内富集而使外观呈花状斑。锤纹漆中含有大粒径的非浮型铝粉、细粒径的着色颜料、快干型成膜物和锤纹助剂。锤纹助剂是一种表面张力极低的液体，一般为高分子量硅酮类化合物。由于锤纹助剂的表面张力很小，在漆膜干燥过程中易转移至涂层的表面，在涂层表面形成表面张力差，表面张力差引起涂层内部溶剂形成对流，导致涂层表面出现凹陷点，漆液从凹陷处被拉至凸起处，而漆液中的铝粉由于受到溶剂挥发的影响，一边下沉一边作旋转运动，促使清漆和颜料出现分层和离心，当喷涂的漆点在涂覆表面流动到互相连接时，颜料已经在漆点的最外边缘形成了色圈分界线，而各色圈内则是由铝粉旋转形成的旋涡。随着溶剂含量下降，清漆浮于铝粉上，当漆膜干燥收缩而产生的内应力与表面张力达到平衡时，这些固定的旋涡便形成漂亮的锤纹。

采用与锤纹漆类似的原理制备的艺术涂料还有橘纹漆，橘纹漆的配方中不含非浮型铝粉，只是通过分散于涂膜各点的橘纹剂形成表面张力差，表面张力小的地方产生凹坑，最终涂膜表面呈"凹"状分布而呈现橘纹效果。

皱纹漆和锤纹漆一样可遮盖底材的凹凸不平，获得很好的装饰效果，顾名思义，它是一种可获得皱纹装饰效果的涂料。皱纹一般是由于涂料表层的干燥速度大于底层的干燥速度所致，因涂料在涂装后，表层涂料溶剂挥发太快或反应太快而使黏度很快升高(但仍有一定流动性)，底层溶剂的挥发或固化可对表层形成作用力，导致表层形成皱纹。例如，桐油暴露于空气中会很快氧化交联使表层先固化而形成皱纹；含颜料的光固化涂料很容易发皱，因为表面可吸光产生固化，但由于表层对光起屏蔽作用，下层固化慢，因而形成皱纹；醇酸漆中的钴催干剂只是一种很好的表面催干剂，而不是有效的内层催干剂，利用它在表内层催化作用的差别，可得到具皱纹的漆膜。

裂纹漆具有裂纹状的艺术效果，施工后能迅速地产生裂纹，纹理自然美观，细长弯曲，具有极高的观赏价值，可广泛应用于木制品及工艺品的装饰。传统的硝基裂纹漆利用面漆的溶剂溶解底漆，在干燥过程中由于底、面漆的收缩程度不同，导致面漆的收缩应力大过自身的拉伸强度，从而将面漆拉成开裂状，形成各式各样的裂纹效果。双组分裂纹漆的作用原理则主要是利用双组分的快速交联反应性和高颜基比造成底、面漆的干速差异，使面漆产生一定的应力收缩而开裂。

现在发展的艺术涂料以水性建筑涂料为主，如真石漆及水包水多彩涂料等。本章中装饰性内外墙涂料的有关内容都可认为是艺术涂料(25.1.6 小节、25.2.4 小节)，这类涂料在设计调节涂料配方的基础上，主要通过特殊工具和施工工艺来获得具有艺术效果的涂层，如通过辊筒滚压复层涂层，可得到凹凸花纹的装饰效果；利用特殊喷枪喷涂含有岩片、彩砂或凝胶彩粒的涂料可得到类似天然石材的装饰效果；利用特殊的漆刷和刷涂工艺可得到各种纹理效果。通过助剂和颜填料控制涂料的流变性，特别是触变性、表面张力及固化速度是获得艺术效果的重要因素。

参 考 资 料

一、杂志

1. 英文

[1] Journal of Coatings Technology(原名：Journal of Paint Technology)

[2] Progress in Organic Coatings

[3] Modern Paint and Coatings

[4] Polymeric Materials：Science and Engineering Proceedings，ACS

[5] World Surface Abstracts

[6] European Coating Journal

2. 中文

[1] 涂料工业(化工部常州涂料工业研究所)

[2] 中国涂料(中国涂料工业协会)

[3] 现代涂料与涂装(北方涂料化工研究设计院)

[4] 上海涂料(上海市涂料工业研究所)

[5] 涂层新材料(中国氟硅有机材料工业协会)

[6] 辐射固化通讯(中国辐射固化分会)

[7] 中国涂料信息(中国涂料工业协会)

[8] 热固性树脂(天津合成材料研究所)

[9] 高分子学报(中国化学会)

[10] 高分子通报(中国化学会)

[11] 聚氨酯工业(中国聚氨酯工业协会)

[12] 腐蚀与防护(上海市腐蚀科学技术学会)

二、图书

1. 英日文

[1] T. C.Patton, Paint Flow and Pigment Dispersion, 2nd ed.，Wiley-Interscience, New York，1979

[2] D. H. Solomon, The Chemistry of Organic Film Formers, 2nd ed., John Wiley & Sons, 1984

[3] L. J. Calbo, ed., Handbook of Coatings Additives, Marcel Dekker Inc., 1986

[4] G. P. A. Turner, Introduction to Paint Chemistry and Principles of Paint Technology, 2nd ed., Chapman and Hall, New York, 1980

[5] Swara, Paul, Surface Coatings: Science & Technology, John Wiley & Sons. 1996

[6] R. Lambourne ed., Paint and Surface Coating, Theory and Practice, Ellis Horwood Limited, 1987

[7] Zeno W. Wicks Jr, Frank M. Johns and S. Peter Pappas, Organic Coatings, Science and Technology, John Wiley and Sons, Inc. 4th. 2018

[8] D. A.Wilson, J. W. Nicholson and H. J. Prosser, ed., Surface Coatings, 1~3 Vols., Elsevier Applied Sci, 1987~1990

[9] Organic Coatings, Science & Technology, Proceedings of The International Conference in Organic Coatings, Science & Technology held near Athens, Greece or in Switzerland each Summer

[10] Proceedings of The Water-borne and High-solide Coatings Symposium, Held in New Orleans, each spring

[11] D. A. Bate, The Science of Powder Coatings, 2 Vols., Selective Industrial Training Associates, London, 1990

[12] S. P. Pappas, ed., UV Curing: Science and Technology, 2 Vols., Technology Marketing Corp. Vol. 1,1978, Vol. 2,1985

[13] H. A. Gardner and G. G. Sward: Paint Testing Mannual-ASTM, Philadelphia, 1992

[14] Anonymous, Paint/Coatings Dictionay-Federation, USA. Blue Bell PA 1979

[15] R. Holman, ed., UV & EB Curing Formulation for Printing Inks, Coatings and Paints, Selective Industrial Training, Associates Limited, London, 1984

[16] R. Woodbridge, Principle of Paint Formulation, Chapman and Hall, New York, 1991

[17] Encyclopedia of Polymer, Science and Engineering, 2nd ed. Wiley-Interscience, New York, 1985-1990

[18] Kirk-Othmer Encyclopedia of Chemical Technology, 4th ed., Wiley-Interscience, New York, 1991

[19] D. B. Judd and G. Wyseaki, Color in Business, Science and Industry, Wiley-Interscience, New York, 1975

[20] G. Allen J. C. Bevington, ed., Comprehensive Polymer Science (vols), Pergamon Press. 1989

[21] W. M. Morgans, Outlinse of Paint Technology, 3rd ed., Halsted Press, 1990

[22] 桐生春雄，笠松寛编著，高機能塗料材料四開発，シーエムミー株式會社，京都，1985

2. 中文

[1] 原燃料化学工业部涂料技术训练班，涂料工艺(共 9 册)，北京：化学工业出版社，1981

[2] 高南等，特种涂料，上海：上海科技出版社，1984

[3] 蔡奋，生漆化学，贵州：贵州人民出版社，1987

[4] W. M. 摩根(王泳厚译)，涂料制造和应用概论，成都：成都科技大学出版社，1988

[5] 三原一幸(洪纯仁译)，解说涂料学，台湾：复汉出版社，1981

[6] 特纳(徐宗器等译)，涂料化学入门，上海：上海科技文献出版社，1985

[7] 大森英三(朱传棨译)，丙烯酸及其聚合物，(共二卷)，北京：化学工业出版社，1985,1987

[8] 杨玉昆等，合成胶粘剂，北京：科学出版社，1990

[9] 山下晋三(纪奎江译)，交联剂手册，北京：化学工业出版社，1990

[10] 山西省化工所，塑料橡胶加工助剂，北京：化学工业出版社，1983

[11] 室井宗一(吴国和等译)，高分子乳胶在建筑涂料中的应用，北京：化学工业出版社，1988

[12] 王锡春等，涂装技术(共 3 卷)，北京：化学工业出版社，1988

[13] 化工部涂料工业科技情报中心，中国涂料工业 40 年，1990

[14] 战凤昌、李悦良等，专用涂料，北京：化学工业出版社，1988

[15] P. C. Hiemens(周祖康等译)，胶体与表面化学原理，北京：北京大学出版社，1986

[16] 冯新德，高分子合成化学，北京：科学出版社，1981

[17] 林尚安等，高分子化学，北京：科学出版社，1982

[18] 何曼君等，高分子物理，上海：复旦大学出版社，1990

[19] 陈用烈等，辐射固化材料及其应用，北京：化学工业出版社，2003

[20] 钱逢麟、竺玉书主编，涂料助剂，北京：化学工业出版社，1990

[21] 刘国杰主编，水分散涂料，北京：中国轻工业出版社，2004

[22] 刘国杰主编，现代涂料工艺新技术，北京：中国轻工业出版社，2000

[23] 刘登良主编，涂料工艺，北京：化学工业出版社，2009

[24] 南仁值编，粉末涂料与涂装技术，北京：化学工业出版社，2014